精通 Kotlin

［捷］阿列克谢·谢杜诺夫（Aleksei Sedunov） 著

马卫东　李国庆　译

东南大学出版社
SOUTHEAST UNIVERSITY PRESS
·南京·

图书在版编目(CIP)数据

精通 Kotlin /（捷）阿列克谢·谢杜诺夫
(Aleksei Sedunov) 著；马卫东，李国庆译. —南京：
东南大学出版社，2023.10
书名原文：Kotlin In Depth
ISBN 978－7－5766－0496－2

Ⅰ.①精… Ⅱ.①阿… ②马… ③李… Ⅲ.①JAVA 语
言-程序设计 Ⅳ.①TP312.8

中国版本图书馆 CIP 数据核字(2022)第 253333 号
图字：10－2020－182 号

精通 Kotlin

著　　者：[捷]阿列克谢·谢杜诺夫(Aleksei Sedunov)
译　　者：马卫东　李国庆
责任编辑：张　烨　　责任校对：咸玉芳　　封面设计：毕　真　　责任印制：周荣虎
出版发行：东南大学出版社
社　　址：南京四牌楼 2 号　　邮编：210096　　电话：025-83793330
网　　址：http://www.seupress.com
电子邮件：press@seupress.com
经　　销：全国各地新华书店
印　　刷：常州市武进第三印刷有限公司
开　　本：787mm×980mm　1/16
印　　张：34.25
字　　数：671 千
版　　次：2023 年 10 月第 1 版
印　　次：2023 年 10 月第 1 次印刷
书　　号：ISBN 978－7－5766－0496－2
定　　价：176.00 元

本社图书若有印装质量问题，请直接与营销部联系。电话(传真)：025-83791830

献给 Tatiana

我的指路明灯和源源不断的灵感源泉

关于作者

Aleksei Sedunov 自 2008 年以来一直从事 Java 开发工作。2012 年他加入 JetBrains 后，一直积极参与 Kotlin 语言的开发，专注于 IntelliJ 平台的 IDE 工具。目前，他在 DataGrip 团队从事 JetBrains 数据库的 IDE 工作，并且持续使用 Kotlin 作为主要的开发工具。

关于译者

马卫东，工学博士，东南大学计算机科学与工程学院副研究员，中国计算机学会会员，电子学会会员，形式化方法专委会委员，嵌入式系统专委会委员；东南大学未来网络研究中心副主任，可信软件工程实验室主任。长期从事计算机系统、通信系统的科研与教学工作。主要研究方向包括：网络计算与并行计算、大数据与机器学习、物联网与嵌入式系统、可信软件构造与软件测试验证技术等。

致谢

最重要的是，我要感谢 JetBrains 的整个 Kotlin 团队，他们创造了如此美丽的语言，并继续不懈地改进——特别是 Andrey Breslav，他从第一天起就领导语言设计。

我真的很感谢 BPB 出版公司的每一个人给了我写这本书的绝佳机会，并在读者阅读之前为改进这本书提供了巨大的支持。

最后但并非最不重要的一点，我要感谢我亲爱的家人在这本书的整个创作过程中给予的支持。

——Aleksei Sedunov

译 者 序

Kotlin 是一种在 Java 虚拟机上运行的静态类型编程语言,由 JetBrains 于 2016 年设计开发并开源。2017 年,Google 宣布 Kotlin 成为 Android 官方开发语言,并称之为 Android 世界的 Swift。Kotlin 可以编译成 Java 字节码,也可以编译成 JavaScript,甚至可以在没有 JVM 的设备上运行。

Kotlin 语法非常简洁,可与 Java 代码无缝集成,也就是说,由 Java 编写的 Android 程序,可以无缝切换为 Kotlin 语言。从实际使用效果来说,使用 Kotlin 相对 Java 开发效率的确提升不少。相对 Java,Kotlin 语言更安全。

过去 20 多年基于 JVM 的编程语言,如 Scala、Groovy、JPython 等,各有优势,和 Java 相辅相成,共同发展。起初,Kotlin 团队希望设计一门没有历史包袱、比 Java 更好用、集成更多新的高级特性的编程语言,最终发展为 Kotlin 语言。而且研发 Kotlin 语言的 Jet-Brains 提供了据称是全球最好用的编程 IDE IntelliJ,给 Kotlin 语言的发展和普及带来得天独厚的优势。这使得程序员从 Java 转到 Kotlin 的成本非常低。另外,未来 Kotlin 语言将同时支持 Android、iOS、Web 前端开发,其实目前已经形成了基本雏形。

本书的作者 Aleksei Sedunov 自 2008 年以来一直担任 Java 开发人员。他不仅是经验丰富的 Java 开发人员,于 2012 年加入 JetBrains 后,一直积极参与 Kotlin 语言开发,并专注于 IntelliJ 平台的 IDE 工具,同时精通 Kotlin 语言的许多现代特性。目前他在一个 Data-Grip 团队(JetBrains 数据库 IDE)工作,继续使用 Kotlin 作为主要开发工具。他所撰写的本书融入了大量开发示例,涵盖了 Kotlin 语言的各个方面,方便读者更好、更快地掌握 Kotlin 的所有重要部分,以及高效解决方案的现代原则和方法。

本书主要面向 Java 和 JVM 开发人员,以及想学习掌握 Kotlin 并探索现代高效的程序开发技术的大学生和研究生。书中首先介绍了语言及其环境,这将帮助读者掌握 Kotlin 设计的基本概念,深入了解 Kotlin 编程的所有基本功能。读者将学习 Kotlin 工具以及该语言的核心语法和结构,掌握 Kotlin 的多范式本质,通过混合函数和面向对象编程部分,可以创建强大的信息抽象处理方式。本书讨论了如何使用标准的 Kotlin API,如标准库、反射和基于协程的并发,以及如何使用领域特定语言创建灵活的 API。

读完这本书后,读者将深入了解 Kotlin 生态系统更专业的领域,包括前端与后端的开发、本地编程和跨不同平台的代码共享,以及测试、开发 Android 应用程序、开发 Web 应用程序和开发微服务等。

本书的第 1 章至第 3 章由李国庆翻译,第 4 章至第 17 章由马卫东翻译,马卫东负责全书的审稿和校对工作。

Kotlin 语言作为集成众多现代语言特性的新世纪程序设计语言,有着鲜明的优势。笔者从事科研和教学工作二十多年,且长期从事软件设计与测试工作,在本书的翻译过程中,笔者时常思考如何更好地将现代多种不同的程序设计语言,如 Kotlin、Java、C++和 C♯融入大学教学工作中,同时让需要从事软件设计工作的工程师,可以从中受益。

本书的所有程序,笔者都在 JetBrains IntelliJ 平台上进行了测试验证。另外,本书责编张烨女士对本书的翻译工作提供了许多有益的帮助,在此表示感谢。

本书涉及内容广泛,程序示例众多,翻译过程中难免疏漏,望读者不吝斧正。

马卫东

2023 年 7 月于南京

前　　言

自 2016 年(甚至更早)首次发布以来,Kotlin 作为一个强大而灵活的工具在众多开发任务中越来越受欢迎,这些任务同样具备处理移动通信的能力,桌面和服务器端应用程序终于在 2017 年和 2018 年获得了 Google 的官方认可,成为 Android 开发的主要语言。这种流行是有道理的,因为语言实用主义设计的指导原则之一是倾向于在已知的解决方案中选择最佳实践。

手中拿着这本书,我想邀请您来到 Kotlin 编程的美丽世界,在那里您可以亲眼看到它的优异之处。完成这本书后,您将拥有所有必要的知识,可以自己用 Kotlin 写程序。

第一部分介绍 Kotlin 语言的基础知识,如基本语法、过程、面向对象和函数编程等方面,以及 Kotlin 标准库(第 1 章到第 9 章)。

第 1 章解释了语言设计背后的关键思想,概述了 Kotlin 生态系统和工具,并指导读者完成在各种环境中建立 Kotlin 项目所需的第一步。

第 2 章向读者介绍 Kotlin 语法,解释如何使用变量,并描述简单的数据类型,如整数或布尔值及其内置操作。除此之外,还提供了字符串和数组等更复杂数据结构的基础知识。

第 3 章讨论 Kotlin 函数的语法,并解释 Kotlin 支持的各种控制结构的使用,如二进制、多选、迭代和错误处理。此外,还解决了使用包构造代码的问题。

第 4 章向读者介绍了 Kotlin 中面向对象编程的基本方面。解释了如何创建和初始化类实例以及如何控制成员访问,描述了对象声明和非平凡类型属性的使用,并提出了类型可空性的概念。

第 5 章解释了 Kotlin 的函数,向读者介绍了高阶和匿名函数的概念,介绍了内联函数的使用,并解释了如何使用扩展函数和属性向现有类型添加特性。

第 6 章解释了在特定编程任务中定制的特殊类的使用:用于简单数据持有者的数据类,用于表示固定实例集的枚举,以及用于创建轻量级包装器的内联类。

第 7 章继续讨论第 4 章和第 6 章中介绍的面向对象特性,重点是类层次结构的概念。解释了如何定义子类,使用抽象类和接口,以及使用密封类限制层次结构。

第 8 章描述了 Kotlin 标准库的主要部分,该库涉及各种集合类型及其操作,以及简化文件访问和基于流的 I/O 的实用程序。

第 9 章介绍了泛型声明的思想,并解释了如何在 Kotlin 中定义和使用泛型类、函数和属性。还解释了可变类型的概念,以及如何使用可变类型来提高泛型代码的灵活性。

第二部分向您介绍更高级的 Kotlin 特性,如反射、领域特定语言和协同程序,讨论 Java/Kotlin 互操作性的问题,并解释 Kotlin 如何用于各种领域的开发,包括测试、Android 应用程序和 Web(第 10 章到第 17 章)。内容组织如下:

第 10 章介绍了注释的使用,注释允许您在 Kotlin 代码中附带各种元数据,并解释了反射 API 的基础知识,反射 API 提供了对 Kotlin 声明的运行时表示的访问。

第 11 章描述了一些帮助开发人员以领域特定语言的形式编写灵活 API 的高级特性:操作符重载、委托属性和基于高阶函数的构建器风格 DSL。

第 12 章讨论了在同一个代码库中组合 Java 和 Kotlin 代码的常见问题,并解释了在 Kotlin 代码中使用 Java 声明的细节,反之亦然。

第 13 章介绍 Kotlin 协同程序库,该库产生了一组用于编程异步计算的构建块。此外,还描述了一些简化 Kotlin 代码中 Java 并发 API 使用的实用程序。

第 14 章介绍了 Kotlin 测试,这是一个专门针对 Kotlin 开发人员的流行测试框架。描述了各种规范样式,解释了断言 API 的使用,并解决了更高级的问题,如使用夹具和测试配置。

第 15 章介绍如何使用 Kotlin 在 Android 平台上进行开发。指导读者建立一个 Android Studio 项目,并通过一个简单计算器应用程序的例子解释 Android 开发的基本方法。

第 16 章解释了 Ktor 框架的基本特征,该框架旨在开发大量使用 Kotlin 特性和异步计算的互联应用程序。

第 17 章描述了如何使用 Spring Boot 和 Ktor 框架构建微服务应用程序。

本书提供了代码下载:https://rebrand. ly/rrq2rot。读者是编者的镜子,可以及时反映和改进出版过程中出现的人为错误(如果有的话)。为了保证图书质量,并帮助编者接触到任何可能因不可预见的错误而遇到困难的读者,请写信给:errata@bpbonline. com。

目　　录

1

强大而务实的 Kotlin

本章旨在解释 Kotlin 成为现代应用程序开发中一种优秀且高效的编程语言的主要特性，以及您为什么想要学习这门语言。我们将学习 Kotlin 语言设计背后的基本理念，了解 Kotlin 面向不同应用领域的库和框架，例如 Android 应用程序、并发、测试和 Web 开发。最后，将指导您在两种流行的开发环境 IntelliJ IDEA 和 Eclipse 中建立 Kotlin 项目所需的步骤，并介绍交互式的 Kotlin Shell。

结构

- 什么是 Kotlin？
- Kotlin 语言生态的主要组件
- 在 IntelliJ 和 Eclipse 中创建 Kotlin 项目

目标

到本章的结尾，您将会了解 Kotlin 的基本原则和语言生态，以及一个简单的 Kotlin 程序的基本结构，并且学会如何在通用 IDE 中创建一个项目。

什么是 Kotlin？

Kotlin 是一种多平台和多范式的编程语言，强调安全性、简洁性和互操作性。它在 2010

年下半年被构思出来,于 2016 年 2 月首次发布,此后,在许多开发领域中越来越受欢迎,包括 Android 开发、桌面应用程序和服务器端的解决方案。JetBrains 公司支持该语言并一直在其开发方面进行投资,JetBrains 以其出色的软件工程工具(例如 IntelliJ IDEA)而闻名。

到 2019 年 11 月,Kotlin 已发布 1.3 版本,有了一个庞大的社区、完善的生态系统和广泛的工具。在超越了其创建更好的 Java 替代方案的初衷之后,Kotlin 现在支持多个平台,包括 Java 虚拟机、Android、JavaScript 和本机应用程序。2017 年,谷歌宣布 Kotlin 成为 Android 平台的官方支持语言,这极大促进了该语言的流行。如今,包括 Google、Amazon、Netflix、Pinterest、Uber 等在内的许多公司都在使用 Kotlin 进行产品开发,并且 Kotlin 开发人员的空缺职位数量也在稳步增长。

这一切之所以成为可能,是因为 JetBrains 致力于精心的语言设计,并将主要的特质付诸实践,这使 Kotlin 成为出色的开发工具。Kotlin 的语言哲学主要是基于 2010 年它所要解决的问题而产生的。在那时,JetBrains 已经为围绕 IntelliJ 平台为中心的产品积累了大量的 Java 代码库,除了最著名的 IntelliJ IDEA 之外,它还包括了一组专门用于不同技术的小型 IDE,如 WebStorm、PhpStorm、RubyMine 等。

然而,这种代码库的维护和增长受到 Java 自身的阻碍,因为 Java 自身发展速度缓慢,并且缺乏许多有用的特性,而这些特性当时已经在 Scala 和 C♯ 等语言中提供。在研究了当时可用的 JVM 语言之后,该公司得出结论,认为没有一种现有的语言能够满足他们的需求,因此决定投入资源来实现他们自己的语言。这种新语言最终被命名为 Kotlin,以向大部分开发团队的所在地——俄罗斯圣彼得堡附近的一个岛屿致敬。

那么,那些从一开始就塑造语言的特质是什么呢? 事实上,我们已经在它的定义中给出了答案。Kotlin 背后的原因是需要一种强调安全性、简洁性和互操作性的多范式语言。让我们更详细地看看这些特质。

安全性

一种具备安全性的编程语言需要能防止程序员的编程错误。在实践中,设计与安全性有关的语言是一个折中的问题,因为防止错误通常是要付出代价的:需向编译器提供关于程序的更详细的信息,或者让它花费更多的时间来推断程序的正确性(可能两者都会有)。Kotlin 的设计目标之一是找到一种黄金分割点:设计出一种比 Java 具有更强安全性保证的语言,但又不至于妨碍开发人员的工作效率。虽然 Kotlin 的解决方案并不是绝对的,但它在实践中已多次被证明是一个有效的选择。

在本书中,我们会讨论 Kotlin 安全性的各个方面。这里我们要指出一些主要功能:

- 类型推断(Type inference),允许开发人员在大多数情况下忽略显式声明类型(Java 10 为局部变量引入了此类型);
- 可空类型(Nullable types),规范了 null 的用法,并有助于防止臭名昭著的空指针异常(NullPointerException);
- 智能转换(Smart casts),简化了类型转换,减少了运行时转换发生错误的可能性。

多范式

最初,Kotlin 多范式(Multiparadigm)背后的含义是除了传统的面向对象范式之外,还支持函数式编程,这是许多主流编程语言(如 Java)的典型模式。函数编程的基本思想是将函数用作值:将它们作为参数传递或从其他函数返回、在本地声明、存储在变量中等等。函数式编程的另一个方面是不变性(immutability)的概念,这意味着操作的对象一旦创建就无法更改其状态,并且函数不能产生副作用。

此方法的主要优点是提高了编程灵活性:能够创建新的抽象,可以编写更具表现力和简洁的代码,从而提高工作效率。

注:虽然函数式编程原则可以应用于多种语言(例如,Java 在引入 lambda 之前,匿名类是明显的选择),但并不是每种语言都有鼓励编写此类代码所需的语法工具。

相反,Kotlin 从一开始就包含了必要的特性。它们特地包括了函数类型,可以顺利地把函数类型集成到语言类型系统中,以及用于从代码块创建函数类型值的 lambda 表达式。标准库和外部框架提供了广泛的 API,简化了函数式风格。如今,其中许多特性也适用于 Java,自 Java 8 开始就引入了函数式编程的支持。不过,Java 8 的表现力在某种程度上仍落后于 Kotlin。

我们会在第 5 章讨论函数式编程的基础知识,但函数编程的应用和示例则会贯穿本书的其余部分。

在 Kotlin 发展过程中,该语言也开始展现出另外两种编程范式。由于能够以领域特定语言(Domain-Specific Languages，DSLs)的形式设计 API，Kotlin 可以支持声明式的风格编程。事实上，许多 Kotlin 框架为特定的任务提供了自己的 DSLs，不需要牺牲类型安全性或通用编程语言的表达能力。例如，公开的框架包括用于定义数据库模式和操作其数据的 DSL，而 kotlinx．html 为 HTML 模板语言提供了简洁和类型安全的替代方法。在第 11 章"领域特定语言"中，我们将会更详细地讨论这些例子，并学习如何创建自己的DSLs。

另一个范式，即并发编程(concurrent programming)。随着协程(coroutines)的引入而进入到该语言。尽管包括 Java 在内的许多语言本身都支持并发，但 Kotlin 提供了一组丰富的编程模式，支持一种新的编程方法。后续将在第 13 章中讨论并发的基础知识。

总而言之，多范式的出现极大地增强了语言的表达能力，使其成为一种更加灵活和多用途的工具。

简洁而富有表现力

开发人员的生产力在很大程度上与快速阅读和理解代码的能力相关，无论是其他开发者的工作还是您自己的工作。为了理解一段特定代码的作用，还需要了解它与程序的其他部分之间的关系。这就是为什么阅读现有代码通常要比编写新代码花费更多的时间，这也是为什么语言的简洁性——在没有太多信息噪声的情况下清楚地表达程序员意图是作为开发工具的语言效率的一个关键方面。

Kotlin 的设计者尽力使语言尽可能简洁，消除了许多臭名昭著的 Java 样板代码，例如字段的 getter 和 setter 方法、匿名类、显式委托等等。另一方面，他们确保了简洁性不会被公开滥用。例如，与 Scala 不同，Kotlin 不允许程序员定义自定义操作符，只允许重新定义现有的操作符，因为前者往往会混淆操作的含义。在本书中，我们将看到这一决定的许多影响，以及它是多么有用。

Kotlin 简洁的另一个方面与 DSL 紧密相关(参见第 11 章"领域特定语言")，它极大地简化了对特定编程领域的描述，使语法噪声最小。

互操作性

Java 互操作性是 Kotlin 设计中的一个要点，因为 Kotlin 代码并不是孤立存在的，而是要与现有的代码库尽可能顺畅地协作。这就是为什么 Kotlin 的设计者要确保不仅现有的

Java 代码可以在 Kotlin 中使用,而且 Kotlin 代码也可以在 Java 中轻松地使用。该语言还包括一组专门用于优化 Java 和 Kotlin 之间互操作的特性。

随着这种语言逐渐超越 JVM 并扩展到其他平台,互操作性保证也得到了扩展,包括用于 JS 平台的 JavaScript 代码和用于本地应用程序的 C/ C++ /Objective C/Swift 代码之间的交互。

后续将在第 12 章中讨论 Java 互操作性问题,以及如何在同一个项目中将 Kotlin 和 Java 混合在一起使用。

多平台

多平台并不是 Kotlin 设计的初衷,而是语言进化和适应开发社区需求的结果。虽然 JVM 和 Android 仍然是 Kotlin 开发的主要目标,但是现在支持的平台还包括:

- JavaScript,包括浏览器和 Node. js 应用程序以及 JavaScript 库;
- 用于 macOS、Linux 和 Windows 的本机应用程序和库。

从 1.3 版本开始,Kotlin 就支持多平台开发,主要用例是在 Android 和 iOS 应用程序之间共享代码,并为 JVM/JS/本机应用创建多平台库。

Kotlin 的生态系统

在 Kotlin 的发展过程中,产生了一组丰富的库和框架,涵盖了软件开发的方方面面。在这里,我们试图提供可用工具的概述,希望这些工具能在众多可能性中起到指导作用。然而,请注意,随着生态系统的不断发展,本书目前呈现的最先进的技术将不可避免过时,所以不要犹豫,自己去寻找它。一个很好的起点是社区更新的库和框架列表,这些库和框架可以在这个很棒的 Kotlin 网站上找到:https://kotlin. link。

同样值得注意的是,由于精心设计的 Java 互操作性,Kotlin 应用程序可能会受益于大量现有的 Java 库。在某些情况下,它们具有特定的 Kotlin 扩展,允许编写更多惯用代码。

协程

得益于可挂起计算的概念，Kotlin 能够支持与并发相关的编程模式，如 async/await、futures、promises 和 actors。协程框架为 Kotlin 应用程序中的并发问题提供了一个强大、优雅且易于扩展的解决方案，无论它是服务器端、移动端还是桌面应用程序。

协同程序的主要特点包括：

- 线程的轻量级替代；
- 灵活的线程调度机制；
- 挂起序列和迭代器；
- 通过通道共享内存；
- 使用 actors 通过消息发送共享可变状态。

后续将在第 13 章"并发"中介绍协程 API 的基础知识。

测试

作为 JUnit、TestNG 和 Mockito 等熟悉的 Java 测试框架的一部分，开发人员可以轻松地在 Kotlin 应用程序中使用这些框架，这些框架为测试目的提供了有用的 DSL，无论是测试定义还是模拟对象。特别的，我们想指出：

- Mockito-Kotlin 对流行的 Mockito 框架进行扩展，简化了 Kotlin 中的对象模拟；
- Spek 是一个行为驱动的测试框架，支持 Jasmine 和 Gherkin 风格的测试用例定义；
- KotlinTest 是一个受 ScalaTest 启发的框架，支持灵活的测试定义和断言。

在第 14 章"Kotlin 测试"中，我们将更多地关注 Spek 和 Mockito 提供的特性，并考虑如何在项目中使用它们。

Android 开发

Android 是 Kotlin 的主要和增长最活跃的应用领域之一。在谷歌宣布 Kotlin 是 Android 开发语言的第一梯队之后，这一点变得尤为重要，这意味着 Android 工具的设计和开发也充分考虑了 Kotlin 的特性。除了 Android Studio 插件带来的出色编程体验外，Android 开发人员还可以从与许多流行框架（如 Dagger、ButterKnife 和 DBFlow）的流畅互操作性中获益。在针对 Kotlin 的 Android 工具中，我们需要关注 Anko 和 Kotlin Android 扩展。

Kotlin Android 扩展是一个编译器插件，其主要特性是数据绑定，它允许使用 xml 定义的视图，就像它们在代码中隐式定义一样，从而避免臭名昭著的 findViewById()调用。除此之外，它还支持视图缓存和拥有为用户定义类自动生成 Parcelable 实现的能力。因此，在纯 Kotlin 项目中不需要使用 ButterKnife 这样的外部框架。

Anko 是一个 Kotlin 库，简化了 Android 应用程序的开发。除了众多的助手之外，它还包括一种领域特定语言（Anko Layouts），用于编写动态布局，并附带 Android Studio 的 UI 预览插件以及基于 Android SQLite 的数据库查询 DSL。

后续将在第 15 章"Android 应用"中介绍其中一些功能，该章向读者介绍 Kotlin 驱动的 Android 开发。

Web 开发

Web/企业应用程序开发人员也可以从 Kotlin 中获益。流行的框架，如 Spring 5.0 和 Vert.x 3.0，包括特定于 Kotlin 的扩展，允许以更为 Kotlin 惯用的方式使用其功能。此外，还可以基于各种框架使用纯 Kotlin 解决方案：

- Ktor，用于创建异步服务器和客户端应用程序的 JetBrains 框架；
- kotlinx. html，用于构建 html 文档的领域特定语言；
- Kodein，一个依赖注入框架。

在第 16 章和第 17 章中，我们将讨论使用 Ktor 和 Spring 构建 Web 应用程序和微服务的具体细节。

桌面开发

JVM 平台桌面应用程序的开发人员可以使用基于 JavaFX 的框架 TornadoFX。它为通过 CSS 构建 GUI 和样式描述提供了有用的领域特定语言，支持 FXML 标记和 MVC/MVP 体系结构。它还附带了 IntelliJ 插件，简化了 TornadoFX 项目、视图和其他组件的生成。

开始 Kotlin 编程

现在,您应该对 Kotlin 生态系统有了一定的了解,在开始探索这门语言之前,我们需要讨论的就是如何搭建一个工作环境。

建立一个 IntelliJ 项目

尽管 Kotlin 本身像大多数编程语言一样,并不绑定到特定的 IDE 或文本编辑器,但是开发工具的选择对开发人员的生产率有很大的影响。到目前为止,JetBrains IntelliJ 平台提供了对 Kotlin 开发生命周期最强大、最全面的支持。从一开始,Kotlin IDE 就在与语言本身的紧密集成中开发,这有助于它跟上 Kotlin 的演进。因此,建议在自己的项目中使用它,并将其用于书中的示例。

自从 IntelliJ IDEA 15 开始,Kotlin 的支持被捆绑到 IDE 发行版中,所以不需要安装任何外部插件来帮助进行 Kotlin 的开发。对于这本书,我们使用的是 2019 年 3 月发布的 IntelliJ IDEA 2019.1(截至本书出版前,最新版本为 2022.3)。

如果您还没有安装 IDEA,可以从 www. jetbrains. com/idea/download 下载最新版本,并遵循安装说明 https://www. jetbrains. com/help/idea/install-and-set-up-product. html。IDEA 有两个版本:一个是免费的开源社区版,另一个是商业产品 Ultimate。主要的区别在于,Ultimate 版包括一组与 Web 和企业应用程序以及数据库工具的开发相关的特性。您可以在下载页面找到更详细的更改列表。针对本书,我们不需要终极功能,所以 IDEA 社区版就足够了。

如果您之前未在 IntelliJ 中打开项目,您将在启动时看到一个欢迎屏幕,可以在其中单击"创建新项目"(Create New Project)选项以直接转到项目向导对话框。否则,IntelliJ 将打开最近编辑的项目;在这种情况下,请在应用程序菜单中选择"文件|新建|项目..."。

在左侧面板中,可以看到被分组的多种项目类型。类别和项目的确切集合取决于已安装的插件,但现在我们感兴趣的是 Kotlin 类别,它是现成的,这要感谢捆绑的 Kotlin 插件。单击它,您将看到可用项目模板的列表(图 1.1)。

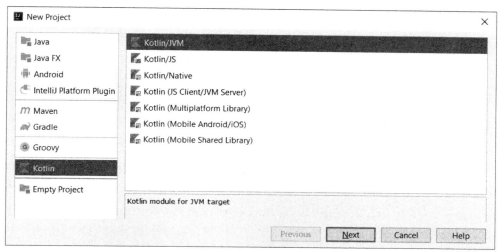

图 1.1　新建项目向导

从 1.3.21 版开始,Kotlin 插件就支持创建针对 JVM、JavaScript、本地应用程序的项目,以及针对 Android 和 iOS 的多平台项目(如移动应用程序)。平台决定了编译器工件的类型(JVM 的字节码、JavaScript 的.js 文件和 Kotlin/Native 的特定平台的可执行文件)和项目可以使用的一组可用依赖项;例如针对 JavaScript 的项目无法从 Java 类库访问类。随着本书的继续,我们的主要兴趣将是 JVM 应用程序。因此,对于本例,我们将选择 Kotlin/JVM 选项并单击下一步(Next)。

在下一步(图 1.2)中,您需要提供项目名称和位置,这是项目相关内容的根目录,包括它的源文件。请注意,IntelliJ 会根据您键入的项目名称自动提示位置,但如果需要,可以更改它。

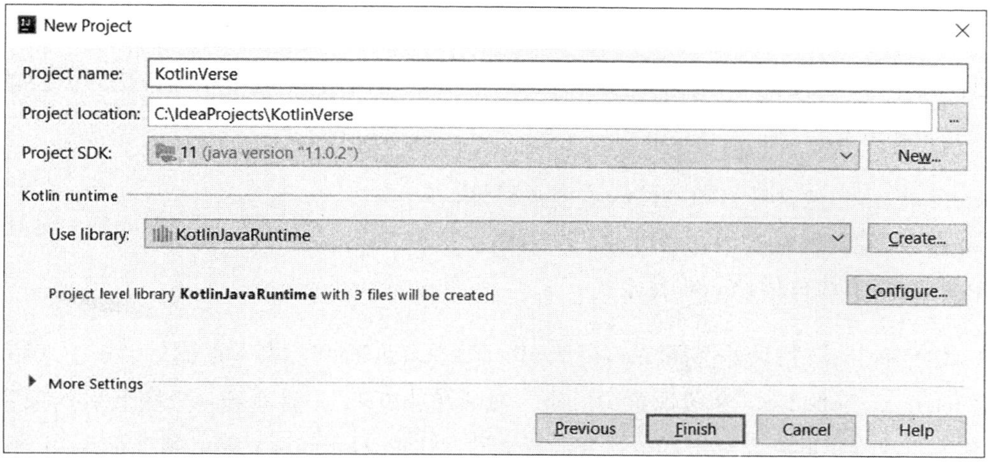

图 1.2　项目名称、位置和依赖

因为我们的项目以 JVM 平台为目标,所以还必须指定一个用于项目编译的默认 JDK。这将允许我们的项目使用 Java 标准库中的类,并在混合语言项目中编译 Java 源代码。在第 12 章"Java 互操作性",我们将更详细地介绍这些项目,并讨论如何将 Kotlin 支持引入到现有的 Java 项目中。

我们建议使用 JDK 8 或更高版本。对于本例,我们选择了 www. oracle. com 上提供的 JDK 11 的最新发布版本。通常,IntelliJ 会自动检测安装在机器上的 JDK,如果没有这样做,或者 Project SDK 列表中没有预先配置的 JDK 符合您的目的,可以通过单击"New"按钮并指定 JDK 根目录的路径来添加一个新的 JDK。您可能需要预先安装 JDK;为此,请从 https://www. oracle. com/technetwork/java/javase/downloads/index. html 下载它,并遵循安装程序的说明。

另外值得一提的是,IntelliJ 为我们的项目预先配置了一个 Kotlin 运行时库。默认情况下,项目将引用 IDE 插件目录中的一个库,这意味着当更新插件本身时,它将自动升级。然而,如果您希望项目依赖于一个特定版本的 Kotlin 运行时,就有手动更新的必要性,您可能会改变这一行为:点击"Create"按钮并选择"Copy"的选项,指定程序库所需的一个目录名称。现在到最后一步:点击"Finish"按钮,使得 IntelliJ 来生成并打开一个空项目。默认情况下,IntelliJ 在两个面板视图中显示它:左侧的项目工具窗口和占据了大部分剩余区域的编辑器区。编辑器最初是空的,因为我们还没有打开一个文件,所以我们将首先关注项目窗口,并使用它创建一个新的 Kotlin 文件。

如果没有项目工具窗口,可以点击"Project"按钮(通常在窗口边框的左边)或者使用快捷方式 Alt+1 (Meta+1)。

项目窗口显示项目的层次结构。让我们展开根节点,看看它包含什么(图 1.3)。目前我们最感兴趣的有三点:

• src 目录,作为包含项目源文件的内容根目录;
• out 目录,编译器在其中存放生成的字节码;
• 外部库,列出项目依赖的所有库。

现在,右键单击 src 目录并选择"New | Kotlin File/Class"命令。在下面的对话框中,键入文件名 main. kt,确保 Kind 字段设置为"File",然后单击"OK"。将看到一个更新后的项目窗口,该窗口显示了同时在编辑器中打开的新文件。注意,Kotlin 源文件必须具有. kt 扩展名。

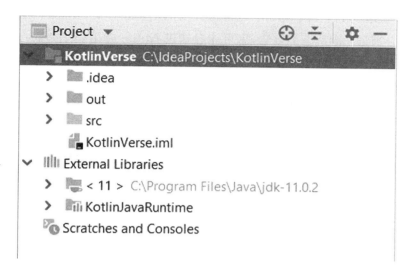

图 1.3 项目结构工具窗口

最后，准备编写实际的代码。在编辑器窗口中输入以下内容（图 1.4）：

```kotlin
fun main() {
    println("Hello, KotlinVerse!")
}
```

上面的代码定义了作为 Kotlin 应用程序入口的主函数。函数体由一条语句组成，这是对标准库函数 println()的调用，它将参数写入程序的标准输出，并在末尾添加换行。

图 1.4 Hello, World 程序

Java 开发人员肯定会认识到这段代码和下面的 Java 程序之间的相似性：

```java
public class Main {
    public static void main(String[] args) {
        System.out.println("Hello, World!");
    }
}
```

实际上,JVM 版本的 Kotlin println()函数只是对 System. out. println()的调用。由于 JVM 入口点必须是一个静态类方法,您可能想知道 Kotlin 应用程序如何在不定义单个类的情况下启动。答案是,尽管我们没有显式地定义类,Kotlin 编译器会在幕后创建一个类,将 JVM 的入口点放在那里,然后调用 main()函数。我们将在第 12 章"Java 互操作性"中回到这些所谓的 facade 类,因为它们构成了 Kotlin/Java 互操作性的一个主要方面。

还要注意的是,与 JVM 入口点不同,JVM 入口点应该以命令行参数数组作为参数,而 main()函数根本没有参数。这对于不使用命令行参数的情况非常方便。但是,如有必要,您仍然可以使用以下参数定义入口点:

```
fun main() {
    println("Hello, KotlinVerse!")
}
```

无参数 main()实际上是 Kotlin 1.3 中引入的最新特性。在早期的语言版本中,唯一可接受的入口点是获取 String<Array>参数的入口点。

您可能已经注意到在 main()定义的左边有一个小的绿色三角形。这个行标记表示作为入口点的 main()函数是可执行的。单击该标记将弹出一个菜单,允许您运行或调试其代码。让我们选择"Run MainKt"选项,看看会发生什么(图 1.5)。

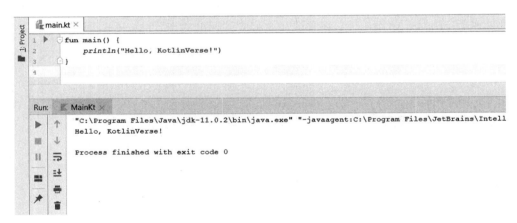

图 1.5　运行程序

顺便说一下,"MainKt"是我们在前面几段提到的编译器生成的 facade 类的名称。选择 Run 命令后,IntelliJ 编译代码并执行程序。运行工具窗口,在程序启动时打开,自动链接到它的标准 I/O 流作为一个内置控制台。如果所有操作都正确,程序将在控制台打印

Hello，KotlinVerse 并成功终止。

如果您看一下 out 目录，应该能看到 Kotlin 编译器从源文件生成的.class 文件。

恭喜您！现在，您已经了解了如何在 IntelliJ IDEA 环境中建立和运行 Kotlin 项目，并准备好深入研究 Kotlin 语言。Kotlin，我们开始吧！

使用 REPL

IntelliJ 的 Kotlin 插件提供了一个交互式 shell，它允许您即时评估程序指令：这可以用来快速测试代码或测试库函数。对于那些刚刚学习 Kotlin 语言的人来说，也非常方便，这个特性称为 REPL。这个名称背后的含义是读/求值/打印循环（Read/Evaluate/Print Loop），因为 shell 就是这样做的：读取用户键入的代码，求值，打印结果（如果有的话），然后循环整个过程。为了访问 REPL，选择 Tools｜Kotlin｜Kotlin REPL。您可以在 RE-PL 窗口中键入 Kotlin 代码，就像在编辑器中那样。主要的区别在于，每段代码都是在您输入之后立即编译和执行的。输入代码后，按 Ctrl＋Enter（Command＋Return）告诉 IDE 处理您的输入。

我们来试试：

```
println("Hello from REPL")
```

据您所见，IntelliJ 的响应是打印 Hello from REPL 到控制台，在这种情况下，控制台与 REPL 窗口共享。打印上面的字符串实际上是 `println()` 函数的副作用，该函数本身不会向调用程序返回任何结果。但是，如果我们尝试求某个表达式的值，该表达式确实有一些有意义的结果，那么输出将略有不同。让我们尝试输入 $1+2*3$（图 1.6）：

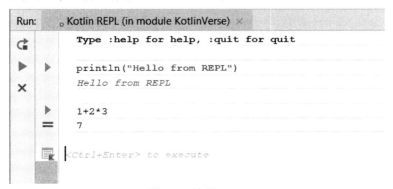

图 1.6　使用 REPL

这个表达式的结果是 7。注意字体和"＝"图标与 println() 示例的区别。这表示 7 是您键入的代码的实际结果。综上所述，我们建议您熟悉这个工具，并在整本书（及以后）中使用它来试验您认为必要的任何特性。

Kotlin 游乐场

除了 IntelliJ 中提供的 REPL shell 之外，还有一个类似但更强大的在线工具，它介于 REPL 和成熟的 IDE 之间。这里提到的工具是 Kotlin Playground。尝试一下，在浏览器中打开 https://play. kotlinlang. org（图 1.7）。

Kotlin Playground 基本上是一个在线环境，它允许您探索语言而不需要一个实际的 IDE，它仍然有一些智能的特性供您使用，包括代码编辑器，语法和错误突出显示，代码完成和控制台程序运行器。

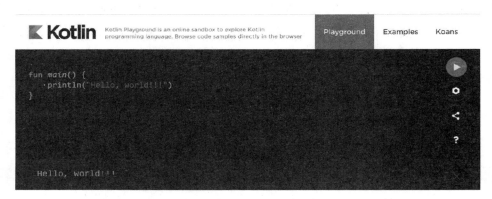

图 1.7　Kotlin Playground

Kotlin Playground 网站还包括一系列示例和练习，以使开发人员熟悉 Kotlin 的主要功能。这些练习也称为 Kotlin Koans，采用了失败测试用例的形式，必须对其进行修复才能通过（图 1.8）：

图 1.8　Kotlin Koans

我们强烈建议您通读这些例子,作为本书本身的一个有价值的补充。

创建 Eclipse 项目

Kotlin 工具不仅限于 IntelliJ:由于 Eclipse 插件,喜欢该 IDE 的开发人员也可以同样使用 Kotlin。尽管 Eclipse 中的语言支持不如 IntelliJ 中广泛,但它仍然为开发人员提供了许多代码辅助功能,如代码高亮显示、完成、程序执行和调试、基本重构等。

如果没有 Eclipse,可以从 www. eclipse. org/downloads 免费下载。运行安装程序后,为 Java 开发人员选择 Eclipse IDE 并按照说明操作。我们使用的是 2018 年 12 月发布的 Eclipse 4. 10。

与 IntelliJ IDEA 不同,Eclipse 没有附带 Kotlin 支持,这意味着在我们开始编写代码之前,插件必须从 Eclipse 市场安装。为此,选择 Help│Eclipse Marketplace 并搜索 Kotlin 插件(图 1. 9)。

单击"Install"按钮后,IDE 将下载并安装插件。确保接受许可协议并重新启动 Eclipse 以完成安装。

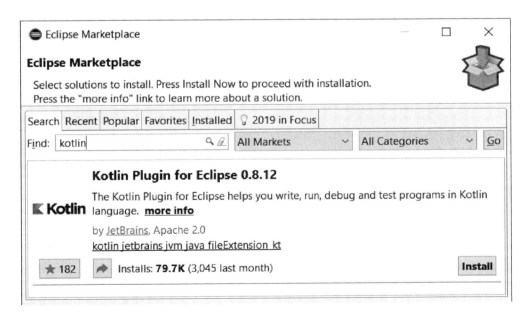

图 1. 9　通过 Eclipse 商店安装 Kotlin 插件

现在我们可以建立一个项目。首先,我们使用 Windows ｜ Perspective ｜ Open Perspective｜Other…来切换 IDE 到 Kotlin 透视图,并在下面的对话框中选择 Kotlin。除了改变布局之外,这个透视图还可以直接从应用程序菜单中访问一些 Kotlin 操作。因此,为了创建一个项目,我们需要选择 File ｜ New ｜ Kotlin Project,指定一个新项目名称,然后单击"Finish"(图 1.10)。

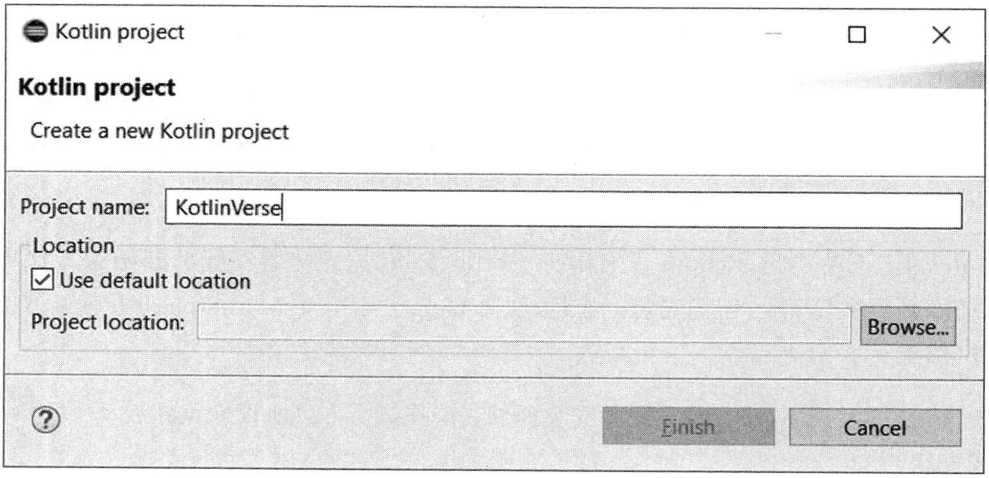

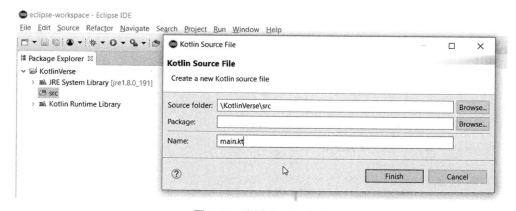

图 1.10　创建 Kotlin 项目

我们快完成了！在 Package Explorer 视图中展开 Kotlin Verse 节点,您可以看到我们新创建的项目的组件:Java 运行时环境(JRE)库、Kotlin 标准库和保存源文件的 src 目录(目前为空)。现在让我们创建第一个 Kotlin 文件:右键单击 src 目录并选择 New ｜ Kotlin File。键入文件名并单击 Finish(图 1.11)。

图 1.11　创建 Kotlin 文件

Eclipse 会在编辑器窗口中自动打开一个新文件。让我们输入"Hello，World"程序，您可以从前面的示例中认出它(图 1.12)。

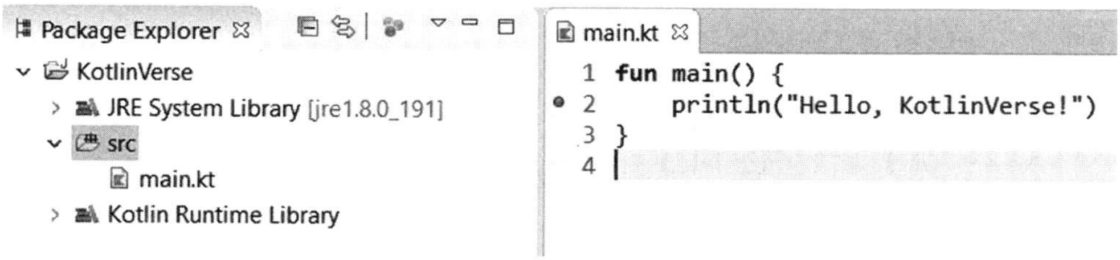

图 1.12　Eclipse 中的 Hello,World

就是这样！要运行程序，可以使用 run｜run 命令:Eclipse 将把文件编译成 JVM 字节码并启动生成的程序，将其输出重定向到控制台视图。

总 结

在本章中，我们学习了 Kotlin 语言的主要特性，比如安全性、简洁性以及对函数式和面向对象编程范式的支持。加上对多种开发平台(如 JVM、Android、JavaScript 和本地应用程序)的支持、与 Java 或其他特定于平台的代码的良好设计的互操作性，工具、库和框架的广泛生态系统以及快速增长的社区，Kotlin 成为一门绝对值得学习的优秀语言。

我们还介绍了可以用来开始进行 Kotlin 编程的常用工具，包括 IntelliJ IDEA、Eclipse IDE 和 Kotlin Playground。现在我们准备继续前行。在下一章中，我们将重点分析一些基本的语法结构，如变量和表达式，以及基本的 Kotlin 类型。

2

Kotlin 语言基础

在本章中,您将学习 Kotlin 程序的基本语法元素以及如何定义和使用变量。您将了解用于表示数字、字符和布尔值的 Kotlin 类型及其内置操作,并熟悉更复杂的结构,如字符串和数组。在此过程中,我们还会指出与 Java 语法和类型系统的主要区别,这将简化向 Kotlin 的迁移。

结构

- 变量定义
- 可变和不可变的变量
- 基本表达式:引用、调用、一元/二元运算符
- 基本类型及其操作:数字、字符、布尔值
- 字符串类型:字符串文本和模板,基本的字符串操作
- 数组类型:数组构造和基本操作

目标

了解基本的 Kotlin 类型和学习使用布尔值、字符/字符串和数组编写简单计算程序。

基本语法

在本章中,将学习如何定义和使用局部变量,并了解基本的 Kotlin 表达式,如引用、调用和一元/二元操作。

注释

像 Java 一样,Kotlin 支持三种不同的注释,您可以使用它们来注释您的代码:

- 单行注释,以//开头,一直持续到行尾;
- 由/*和*/分隔的多行注释;
- 由/**和*/分隔的 KDoc 多行注释。

KDoc 注释用于生成类似于 Javadoc 的富文本文档。

```
/*
    多行注释
    /* 嵌套注释 */
*/
println("Hello")              // 单行注释
```

Java vs. Kotlin:与 Java 不同,Kotlin 中的多行注释可以嵌套。

定义变量

Kotlin 中最简单的变量定义形式如下:

```
val timeInSeconds = 15
```

让我们看一下它的组成元素:

- val 关键字(源自 value);
- 变量标识符,它是给新变量的名称,在后面的代码中用来引用该变量;
- 定义变量初始值的表达式,初始值跟在等号(=)后面。

Java vs. Kotlin:您可能已经注意到,我们没有在变量定义的末尾加上分号,这并不是错误:在 Kotlin 中,可以在行尾省略分号。事实上,这是一种推荐的代码风格:在每行中放置一条语句,实际上您将永远不需要在代码中使用分号。

IDE 提示:IntelliJ 通过为每个不必要的分号显示一个警告来强制执行这种代码风格。

假设我们要写一段程序,要用户输入两个整数,输出它们的和。在 Kotlin 中,这段程序看上去是这样的:

```
fun main() {
    val a = readLine()!!.toInt()
    val b = readLine()!!.toInt()
    println(a + b)
}
```

让我们仔细看看它做了什么:

- readLine()是一个调用表达式,告诉程序执行一个 Kotlin 标准库函数 readLine(),它从标准输入读取一行并作为字符串返回。
- !! 是一个非空断言操作符,如果 readLine()的结果是 null,就会抛出一个异常。与 Java不同,Kotlin 可以跟踪类型可能包含 null 值,不允许我们调用 toInt()函数,除非我们能确保不为 null。现在,我们可以先简单地忽略它,因为 readLine()永远不会从控制台读取时返回 null。在第 4 章"使用类和对象",我们会更详细地讨论类型为空的问题。
- 然后在 readLine()返回的结果之上调用 toInt()函数。toInt()是 Kotlin String 类中定义的用于转换字符的方法,将其转换为整型值。如果字符串有问题,不能正确转换为有效整数值,toInt()会执行失败,产生运行错误,这种情况下,程序会终止运行。现在我们不必担心,假设所有用户的输入都是有效的,错误处理的问题我们推到下一章再讨论。
- toInt()调用返回的结果赋值给我们在同一行定义的变量 a。
- 同样的,我们定义的第二个变量 b,被赋值为第二行输入的整数。
- 最后,我们计算两个整数的和'a+b',并传给 println()函数,在标准输出中打印出来。

前面介绍的变量称为局部变量(local),因为它们是在函数体中定义的(在我们的例子中是 main())。除此之外,Kotlin 允许定义类似于变量的属性,但一般来说,可以执行一些读写计算。例如,我们后续会看到 Kotlin 中的所有字符串都有 length 的属性,它包含该字符串的字符数。

如果您熟悉 Java，可能会注意到我们没有指定变量的类型，但是程序可成功地编译并运行（图 2.1）。原因是所谓的类型推断，这是一种语言特性，在大多数情况下允许编译器从上下文推断类型信息。在这种情况下，编译器已经知道 toInt() 函数返回一个 Int 类型的值，因为我们把 toInt() 的结果赋给该变量，它假定该变量必须是 Int 型。由于有了类型推断，Kotlin 仍然是一个强类型的语言，并且也避免了开发者在代码中添加不必要的类型注释。在本书中，我们将看到类型推断如何简化 Kotlin 编程的各种示例。

Java vs. Kotlin：Java 10 为局部变量（local variables）引入了类似的特性。现在您可以写这样的代码：

```
var text = "Hello";            // 自动推断 String 类型
```

然而，在 Kotlin 中，类型推断并不局限于局部变量，我们会在接下来的章节中看到它更广泛的应用。

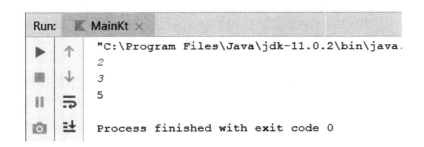

图 2.1　在 IntelliJ 中运行求和程序

您还可以在需要时显式地指定类型。这时需要把类型说明放在变量标识符之后，并用冒号分隔它们：

```
val n: Int = 100
val text: String = "Hello!"
```

注意，这种情况下，初始值的类型必须属于声明的变量类型。下面的代码会产生编译错误：

```
val n: Int = "Hello!"          // 错误:字符串赋值给整型变量
```

IDE 提示：IntelliJ 允许您查看编译器为任何表达式或变量推断的类型。要做到这一点，只需在编辑器中选择感兴趣的表达式或简单地把插入符放在变量标识符前，按 Ctrl ＋ Shift ＋ P(Command ＋ Shift ＋ P)快捷键(图 2.2)：

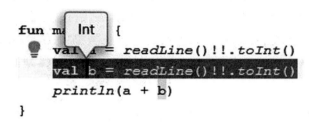

图 2.2　显示表达式的类型

在此之上，您可以使用快捷操作添加或删除显式类型。只需将编辑器插入符放到变量标识符处，按 Alt ＋ Enter 并分别选择指定显式类型或删除显式类型(后者也适用于类型说明本身)。

可以在单独的语句中省略初始值并稍后再初始化变量。在不能把初始值的计算放入单个表达式中的时候，这可能会很有帮助。在这种情况下，您必须明确指定变量类型：

```
val text: String
text = "Hello!"
```

注意，在读取变量的值之前，必须先对其进行初始化。如果编译器不能保证一个变量在使用前肯定是初始化的，它会报一个错误：

```
val n: Int
println(n + 1)                    // 错误：变量 n 没有被初始化
```

标识符

标识符是给程序中定义的实体的名称，比如变量或函数。Kotlin 标识符有两种形式。第一个非常类似于 Java 标识符，可以是符合以下规则的任意字符串：

- 它只能包含字母、数字和下划线(_)，不能以数字开头；
- 完全由下划线组成：名称如_,__,___等是保留的，不能用作标识符；
- 不能用一个硬关键字(hard keywords)作为标识符。

硬关键字(如 val 或 fun)被认为是关键字，而与它们在代码中的位置无关。

另一方面，软关键字(soft keywords)，如 import，仅在特定上下文中解析为关键字，在上下文之外它们可以用作普通标识符。可以在 kotlinlang. org/docs/reference/keyword-reference. html 上找到完整的软硬关键词列表。

像 Java 中的字母和数字,不仅限于 ASCII 码,还包括国家字母和数字字符。然而,使用基于英语单词的名称被认为是一个好习惯。

Java vs. Kotlin:与 Java 不同,Kotlin 标识符中不允许使用美元符号($)。

第二种形式是带引号的标识符,它是一个任意的非空字符串,包含在反引号(`)中:

```
val'fun' = 1
val 'name with spaces' = 2
```

带引号的标识符本身不能包含新行和反引号。除此之外,它们还必须满足特定平台的需求。例如,在 Kotlin/JVM 代码中,这样的标识符可能不包含以下任何字符,因为它们是由 JVM 本身所保留的:. ;[ ] / < > : \.

但是,为了更好的可读性,不应该滥用这个特性。它主要是为 Java 互操作性而存在的,因为 Java 声明名称可能与 Kotlin 关键字一致(例如,fun 在 Kotlin 中是一个关键字,但在 Java 中不是),并且 Kotlin 代码应该能够在必要时使用它们。另一个用例是测试用例方法的命名,我们将在第 14 章"Kotlin 测试"中看到。

可变变量

到目前为止,考虑的变量实际上是不可变的。换句话说,一旦它们被初始化,您就不能重新给它们赋值。在这方面,它们类似于 Java 中的 final 变量。您应该尽可能地将所有变量声明为不可变变量,因为使用这种不可变变量并避免带有副作用的函数可以改进函数风格并简化代码的推理。

但是,如果有必要,您仍可以使用 var 关键字(源自 variable)而不是 val 来定义一个可变的变量。基本的语法保持不变,但是现在我们可以随心所欲地改变变量的值。我们用来改变变量值的操作(=)称为赋值。我们已经看到它用于不可变变量的初始化。

```
var sum = 1
sum = sum + 2
sum = sum + 3
```

注意,无论变量是否可变,在其声明中指定或推断的变量类型都保持不变。赋值类型错误是编译时错误：

```
var sum = 1
sum = "Hello"               // 错误：字符串赋值给整型变量
```

此外，Kotlin 还支持所谓的增广赋值（augmented assignments），即通过二元操作符＋、
一、＊、/、％来改变变量的值。例如：

```
val result = 3
result * = 10               // result = result * 10
result + = 6                // result = result + 6
```

只要二元运算符对给定变量是有意义的，就可以使用这种赋值。

Java vs. Kotlin：与 Java 相反，Kotlin 赋值是语句，而不是表达式，并且不返回任何值。这就
意味着在 Kotlin 中不能形成类似于 Java 中的 a ＝ b ＝ c 的赋值链，这种赋值在 Kotlin 中是
被禁止的，因为它们被认为是容易出错且很少有用的，这其中也包括增广赋值。

还有另外两种运算符与更改变量的值有关：自增（＋＋）和自减（一一）。它们最明显的用
法是将数值变量增加或减少 1。像在 Java 中一样，这些操作以前缀和后缀的形式出现：

```
var a = 1
println(a+ + ) // a 为 2, 打印 1
println(+ + a) // a 为 3, 打印 3
println(- - a) // a 为 2, 打印 2
println(a- - ) // a 为 1, 打印 2
```

这些示例演示了当前缀和后缀操作都修改变量时，前者的结果是一个新值，而后者在更
改之前返回变量的值。

表达式和运算符

我们在上面示例中使用的 Kotlin 表达式可以分为以下类别：

- 表示特定类型的特定值的字面量（如 12 或 3.56）；
- 变量/属性引用和函数调用（a，readLine()，"abc". length，"12". toInt ()）；
- 前缀和后缀一元运算（一a，＋＋b，c一一）；
- 二进制运算（a ＋ b，2 ＊ 3，x ＜ 1）。

每个表达式都有一个明确的类型，它描述一个可能的取值范围和允许的操作。例如，字

面量 1 的类型是 Int,而 readLine()!! 调用的类型是 String。

还要注意的是,变量引用和函数调用可能有一个点分隔的接收方表达式,就像 readLine()!!. toInt():这意味着我们在 readLine() 的上下文中,使用为 String 类型(即 readLine()!! 返回值的类型)定义的 toInt()函数。

一元运算和二元运算具有不同的优先级,这决定了求值的顺序:例如,在 2 ＋ 3 * 4 表达式中,我们先求值 3 * 4,然后将结果加到 2,得到 14。可以用括号改变顺序,因此(2 ＋ 3)* 4 将等于 5 * 4,或者改为 20。表 2.1 总结了本章涉及运算符的优先级:

表 2.1 运算符优先级

分类	运算符	示例	

后级	++ ——	a * b++
		++b——
		a * b. foo()
			//a * (b++)
			//++(b——)
			//a * (b. foo())

前级	＋ － ++ —— !	+a * b ++a * b ! a || b	//(+a) * b //(++a) * b //(! a) || b
乘除法	* / %	a * b ＋ c a － b%c	//(a * b) ＋ c //a － (b%c)
加法	＋ －	a ＋ b and c	// (a ＋ b) and c
中级	命名操作符	a < b or b < c a == b and b == c	//(a < (b or b)) < c //(a == b) and (b == c)
关系运算	< > <= >=	a < b == b < c a < b && b < c	//(a < b) == (b < c) //(a < b) && (b < c)
条件等	== ! =	a == b || b ! = c	//(a == b) || (b ! = c)
条件与	&&	a || b && c	//a || (b && c)
条件或	||	a && b || c	//(a && b) || c
赋值	= += —— * = /= %=	a = b * c a * = a ＋ b	//a = (b * c) //a * = (a ＋ b)

具有相同优先级的二元运算符是从左到右计算的。例如：

```
a.foo().bar()                    // (a.foo()).bar()
a* b% c                          // (a* b)% c
(a = = 1) or (b < 1) and (c > 1) // ((a = = 1) or (b < 1)) and (c > 1)
```

在本书中，我们还会介绍一些额外的运算符来改进这个表。

基本类型

在本节中，我们将描述 Kotlin 的简单类型，如数字、字符和布尔值。如果您熟悉 Java，可以将它们看作 Java 基本类型的对等物，但这种类比并不完美。在 Java 中，您可以清楚地区分基本类型（如 int）和基于类的引用类型（如 String），前者的值直接存储在方法的预分配内存中，后者的值只是对相应类的动态分配数据的引用。在 Kotlin 中，这种区别有些模糊，因为相同的类型，比如 Int 可以根据上下文表示为原语（primitive）或引用（reference）。Java 包含特殊的装箱类，可用于包装原值，但 Kotlin 在必要时隐式地执行装箱。

Java vs. Kotlin：与 Java 相反，所有的 Kotlin 类型最终都基于某些类定义。特别的，这意味着即使是类似于基元类型，比如 Int，也有一些成员函数和/或属性。例如，您可以编写1.5. toInt()来对 1.5（类型为 Double 的值）调用 toInt()操作，从而将其转换为整数。

类型基于子类型化的概念可以形成层次结构：从本质上说，当我们说类型 A 是 B 的一个子类型，即意味着任何 A 类型的值都能在需要 B 值的上下文中使用。例如，所有 Kotlin 类型都不允许 null 值直接或间接的作为内置类型 Any 的子类型，所以下面的代码是正确的，尽管它强制对 1 执行了装箱操作。

```
val n: Any = 1                    // 正确：Int 是 Any 的子类型
```

整型

Kotlin 有四种表示整数的基本类型（表 2.2）：

表 2.2 整型

Kotlin 类型	大小（bytes）	范围	Java 类型
Byte	1	$-2^7 \sim 2^7-1$	byte
Short	2	$-2^{15} \sim (2^{15}-1)$	short
Int	4	$-2^{31} \sim (2^{31}-1)$	int
Long	8	$-2^{63} \sim (2^{63}-1)$	long

表示某个整数类型的值的最简单形式是一个数字：

```
val n = 12345
```

自 Kotlin 1.1 起，您可以像在 Java 7＋中一样，在数字中添加下划线以提高可读性。当数字较大时，这就很方便了：

```
val n = 34_721_189
```

一个字面量本身的类型是 Int 还是 Long 取决于它的大小。不过，您也可以为较小类型的变量赋值，前提是它们能符合预期的取值范围。

```
val one: Byte = 1                                    // 正确
val tooBigForShort: Short = 100_000                  // 错误：对于 Short 类型，值太大了
val million = 1_000_000                              // 正确：推断 Int 型
val tooBigForInt: Int = 10_000_000_000              // 错误：对于 Int 类型，值太大了
val tenBillions = 10_000_000_000                    // 正确：推断 Long 型
val tooBigForLong = 10_000_000_000_000_000_000     // 错误：对于 Long 型，值太大了
```

添加 l 或 L 后缀使之变为 Long 型：

```
val hundredLong = 100L                               // 正确：推断 Long 型
val hundredInt: Int = 100L                           // 错误：把 Long 型数值赋给 Int 型
```

还可以用二进制或十六进制数字指定字面量，分别在前面加上 0b 和 0x：

```
val bin = 0b10101                                    // 21
val hex = 0xF9                                       // 249
```

注意，数字字面量不能以 0 开头，除非它本身是 0。一些编程语言（包括 Java）使用 0 前缀的字面量来表示八进制数，这在 Kotlin 中并不支持，因为它们很少有用，而且常常是一种

误导。因此,0 前缀的数字是被禁止的,以免使习惯于八进制表示法的开发人员感到困惑。

```
val zero =  0                            // 正确
val zeroOne =  01                        // 错误
```

像－10 这样的负数,技术上并不是字面量,而是应用于字面量上的一元减法表达式。

```
val neg =  - 10
val negHex =  - 0xFF
```

每个整数类型定义了一对常量,其中包含其最小值(MIN_VALUE)和最大值(MAX_VALUE)。要使用它们,只需用类型名称限定常量:

```
Short.MIN_VALUE                          // - 32768
Short.MAX_VALUE                          // 32767
Int.MAX_VALUE +  1                       // - 2147483648 (整型溢出)
```

浮点型

与 Java 一样,Kotlin 提供了对 IEEE 754 浮点数的支持,浮点数的类型为 float 和 double。您可能已经猜到,与它们相对应的 Java 类型分别是 float 和 double。

浮点字面量最简单的形式是由整数和小数部分组成的十进制数,由一个点隔开:

```
val pi =  3.14
val one =  1.0
```

整数部分可能是空的,在这种情况下,它被假定为零。小数部分则是必需的:

```
val quarter =  .25                       // 0.25
val one =  1.                            // 错误
val two =  2                             // 没有错误, 但它是整型值
```

Kotlin 也支持科学计数法,十进制数字后面的指数部分表示 10 的幂:

```
val pi =  0.314E1                        // 3.14 =  0.314* 10
val pi100 =  0.314E3                     // 314.0 =  0.314* 1000
val piOver100 =  3.14E- 2                // 0.0314 =  3.14/100
val thousand =  1E3                      // 1000.0 =  1* 1000
```

注意在科学计数法中,小数部分是可选的。

Java vs. Kotlin:与 Java 6＋不同,Kotlin 不支持十六进制表示的 Float 和 Double 类型。

默认情况下,浮点字面量是 double 型。用 f 或 F 标记它们可以强制为 float 类型(在这种情况下小数部分也是可选的):

```
val pi = 3.14f
val one = 1f
```

Java vs. Kotlin:在 Java 中,可以用 d 或 D 标记字面量,强制其类型为 Double(如 1.25d)。然而,Kotlin 没有这样的后缀:默认情况下会被赋值为 Double 类型。

注意,float 字面量不会自动转换为 Double 类型。以下代码将导致编译时错误:

```
val pi: Double = 3.14f                    // 错误
```

Float 和 Double 定义了一组常量,表示这些类型的一些特殊值:

- MIN_VALUE, MAX_VALUE:该类型所表示的最小/最大的正有限值;
- NEGATIVE_INFINITY, POSITIVE_INFINITY:负/正无穷大值,分别为该类型的最小/最大值;
- NaN:不确定情况下的非数值,比如 0/0。

```
println(Float.MIN_VALUE)                  //1.4E- 45
println(Double.MAX_VALUE)                 //1.7976931348623157E308
println(Double.POSITIVE_INFINITY)         //无穷大
println(1.0/Double.NEGATIVE_INFINITY)     //- 0.0
println(2 - Double.POSITIVE_INFINITY)     //负无穷大
println(3 * Float.NaN)                     //NaN
```

算术运算

所有数值类型都支持基本的算术运算(表 2.3):

表 2.3 算术运算

运算符	含义	示例	
＋（一元）	同一值	＋2	// 2
－（一元）	取反值	－2	// −2
＋	加法	2 ＋ 3	// 5
		2.5 ＋ 3.2	// 5.7
－	减法	1 － 3	// −2
		3.4 － 1.8	// 1.6
＊	乘法	3 ＊ 4	// 12
		3.5 ＊ 1.5	// 5.25
/	除法	7/4	// 1
		−7/4	// −1
		7/(−4)	// −1
		(−7)/(−4)	// 1
		6.5/2.5	// 2.6
		−6.5/2.5	// −2.6
		6.5/(−2.5)	// −2.6
		(−6.5)/(−2.5)	// 2.6
％	求余	7％4	// 3
		−7％4	// −3
		7％(−4)	// 3
		(−7)％(−4)	// −3
		6.5％2.5	// 1.5
		−6.5％2.5	// −1.5
		6.5％(−2.5)	// 1.5
		(−6.5)％(−2.5)	// −1.5

算术运算的行为与 Java 是一致的。注意,整数除法操作将结果四舍五入为零,而求余与分子有相同的符号。浮点运算是根据 IEEE 754 规范执行的。

数值类型支持＋＋/－－操作,即值增加/减少 1。

一元 +/- 运算的结果与它们的参数具有相同的类型,但 Byte 和 Short 的结果是 Int 类型。

```
val byte: Byte = 1
val int = 1
val long = 1L
val float = 1.5f
val double = 1.5

- byte                    // - 1: Int
- int                     // - 1: Int
- long                    // - 1: Long
- float                   // - 1.5: Float
- double                  // - 1.5: Double
```

每个二进制算术操作都有多个变体,涵盖数值类型的所有可能组合。因为有 6 个数字类型,这意味着每个操作有 6 * 6 = 36 个版本。它允许在算术表达式中组合不同的数值类型,而无须显式转换。这种运算结果的类型是其参数中最大的类型。类型的大小指的是:

```
Double > Float > Long > Int > Short > Byte
```

对于大多数类型,它本质上意味着更大的值的集合,但情况并非总是如此:一个明显的例子是从 Long 到 Float 的转换可能导致精度的损失。注意,即使参数有 Byte 或 Short 类型,结果类型也不会小于 Int。

继续我们之前的例子:

```
byte+ byte                // 2: Byte
int + byte                // 2: Int
int + int                 // 2: Int
int + long                // 2: Long
long + double             // 2.5: Double
float + double            // 3.0: Double
float + int               // 2.5: Float
long + double             // 2.5: Double
```

位运算

Int 和 Long 支持一组按位运算(表 2.4):

表 2.4 位运算

运算	含义	示例	对应 Java 运算符
Shl	左移	//13：0...00001101 13 shl 2 // = 52：0...00110100 //−13：1...11110011 (−13) shl 2 // = −52：1...11001100	<<
Shr	右移	//13：0...00001101 13 shr 2// = 3：0...00000011 //−13：1...11110011 (−13) shr 2 // = −4：1...11111100	>>
Ushr	无符号右移	//13：0...00001101 13 ushr 2// = 3：0...00000011 //−13：1...11110011 (−13) ushr 2 //= 1073741820：001...111100	>>>
And	按位与	//13：0...00001101 //19：0...00010011 13 and 19// = 1：0...00000001 //−13：1...11110011 //19：0...00010011 −13 and 19 // = 19：0...00010011	&
Or	按位或	//13：0...00001101 //19：0...00010011 13 or 19// = 31：0...00011111 //−13：1...11110011 //19：0...00010011 −13 and 19 // = −13：1...11110011		

运算	含义	示例	对应 Java 运算符
Xor	按位异或	//13：0...00001101 //19：0...00010011 13 xor 19// = 30：0...00011110 //−13：1...11110011 //19：0...00010011 −13 xor19// = −32：1...11100000	^

Inv	按位取反	//13：0...00001101
		13. inv()// = −14：1...11110010
		//−13：1...11110011
		(−13). inv() // = 12：0...00001100
			~

注意，inv 不是一个二元运算，而是一个使用点符号调用的简单方法。

Kotlin 1.1 后，and、or、xor 和 inv 运算符也可用于 Byte 和 Short 类型。

Java vs. Kotlin：如果您熟悉 Java，可能知道按位操作符：＆，｜，^，～，＜＜，＞＞ 和 ＞＞＞。这些操作符目前在 Kotlin 中不受支持：您必须分别使用 and、or、xor、inv、shl、shr 和 ushr，它们在 JVM 上具有完全相同的语义。

字符型

Char 类型表示单个 16 位 Unicode 字符。这种类型的字面量只是由单引号括起来的字符本身。

```
val z = 'z'
val alpha = 'α'
```

对于像换行符这样的特殊字符，Kotlin 提供了一组转码序列：\t（制表符）、\b（退格符）、\n（换行符）、\r（回车符）、\'（单引号）、\"（双引号）、\\（反斜杠）、\$（美元符号）：

```
val quote = '\''
val newLine = '\n'
```

还可以使用\u 后跟 4 位十六进制字符代码将任意 Unicode 字符放入字面量中。

```
val pi = '\u03C0'                                    // π
```

虽然在内部，Char 值只是字符码，但在 Kotlin 中，Char 本身并不被认为是数值类型。但是，它确实支持一组有限的算术操作，这些算术操作与在 Unicode 字符集中的移动有关。

这就是您可以对字符做的事情：

- 添加/删除带有＋/－运算符的整数，该运算符使字符移动相应的步数；
- 减去两个字符，得到它们之间的步数；
- 使用 ＋＋/－－ 操作符的字符递增/递减。

让我们来看一些例子：

```
var a = 'a'
var h = 'h'
/* 'a'之后第 5 个字符 * /println(a + 5)         // f
/* 'a'之前第 5 个字符 * /println(a - 5)         // \
/* 'a' 和 'h'的距离 * /println(h - a)           // 7
/* 'h'之前的字符 * /println(- - h)              // g
/* 'a'后面的字符 * /println(+ + a)              // b
```

Java vs. Kotlin：注意，在 Java 中，对字符的所有算术操作的结果都隐式地转换为 Int，而在 Kotlin 中，字符型操作（除了两个字符的比较）的结果还是字符型。

数值转换

每个数值类型定义了一组操作，用于将其值转换为任何其他数值类型和字符。这些操作具有与目标类型对应的自解释名称：toByte()、toShort()、toInt()、toLong()、toFloat()、toDouble()和 toChar()。这组相同的操作也适用于 Char 类型。

Java vs. Kotlin：与 Java 不同，较小范围类型的值不能用于需要较大类型的上下文中。例如，不能将 Int 值赋给 Long 型变量。下面的代码将产生编译错误：

```
val n = 100                                  // Int
val l: Long = n                              // Error: 不能把 Int 赋值给 Long
```

这背后的原因是我们前文提到的隐式装箱。因为通常 Int（或任何其他数值类型）的值不一定表示为原语类型，所以这种扩展转换可能会产生不同装箱类型的值，从而违反相等性并导致细微的错误。如果认为上面的代码是正确的，那么

```
println(l = = n)
```

将输出 false,这是一个相当出乎意料的结果。在 Java 中,有一个与装箱类型相关的类似
问题:

```
Integer n = 100;
Long l = n;                                    // 错误: Integer 不能赋值给 Long
```

当目标类型的范围较大时,整型之间的转换是无损的。否则,它基本上会截断额外的有
效位,并将剩余部分重新解释为目标类型,这同样适用于 Char 类型的转换:

```
val n = 945
println(n.toByte())                            // - 79
println(n.toShort())                           // 945
println(n.toChar())                            // α
println(n.toLong())                            // 945
```

通常,无论目标类型是什么,涉及浮点类型的转换都会导致精度损失,比如,将一个非常
大的 Long 值转换为 Float 可能会使一些较低位的数字置 0。将浮点数转换为整数基本
上与四舍五入到 0 相同。

```
println(2.5.toInt())                           // 2
println((- 2.5).toInt())                       // - 2
println(1_000_000_000_000.toFloat().toLong())  // 999999995904
```

布尔类型和逻辑运算

Kotlin 有一个表示逻辑运算的布尔类型,该逻辑操作可以为真或假:

```
val hasErrors = false;
val testPassed = true;
```

像在 Java 中一样,Kotlin 的 Boolean 与数值类型不同,不能隐式地转换为数字(反之亦
然),也不能通过一些内置操作(如 toInt())进行转换。开发人员应该使用比较操作和条
件(见下面)从非布尔值构建布尔值。

布尔类型支持的操作符:

- !:逻辑非;

- or, and, xor:即时(Eager)逻辑或、逻辑与、逻辑异或;

- ||, &&:惰性(Lazy)逻辑或,逻辑与。

惰性操作与它们的 Java 对应操作具有本质上相同的语义。如果第一个为真,操作||就不再计算它的右边的参数。同样在 && 操作中,如果第一个为假,则不再对右边的参数进行计算。如果计算右侧的参数会带来一些副作用,那么这样做是有用的。

Java vs. Kotlin:不像 Java,Kotlin 没有 & 和 | 操作符。它们的角色分别由 and / or 来替代。

让我们考虑一些使用相等/不等操作==和!=的示例(下一节将详细介绍它们):

```
println((x == 1) or (y == 1))         // true
println((x == 0) || (y == 0))         // false
println((x == 1) and (y != 1))        // true
println((x == 1) and (y == 1))        // false
println((x == 1) xor (y == 1))        // true
println((x == 1) xor (y != 1))        // false
println(x == 1 || y/(x - 1) != 1)     // true
println(x != 1 && y/(x - 1) != 1)     // false
```

在最后两个示例中,使用惰性操作是必要的,因为尝试在 x == 1 时计算正确的参数将会因除零而导致运行时错误。

注意即时/惰性逻辑与和或之间的优先级差异。即时操作 and,or,xor 被命名为中缀操作符,因此具有相同的优先级,同时优先级大于 && 操作,而 && 操作又大于 ||。例如,下面的表达式:

```
a || b and c or d && e
```

实际计算优先级:

```
a || (((b and c) or d) && e)
```

在有疑问的情况下,我们建议使用括号来澄清代码背后的含义。

比较和相等

到目前为止我们所考虑的所有类型都支持标准的比较操作集:==(相等),!=(不等),<(小于),<=(小于或等于),>(大于),>=(大于或等于):

```
val a = 1
```

```
val b = 2
println(a = = 1 || b ! = 1)          // true
println(a > = 1 && b < 3)            // true
println(a < 1 || b < 1)              // false
println(a > b)                       // false
```

通常,相等操作 == 和 != 适用于任何类型的值。但是,对于数字类型,Char 和 Boolean,有一个例外。来看以下代码:

```
val a = 1                            // Int
val b = 2L                           // Long
println(a = = b)                     // 错误: 比较 Int 和 Long
println(a.toLong() = = b)            // 正确: 二者类型都为 Long
```

基本上,对于这类类型,Kotlin 在两个参数类型相同时,只允许 == 和 !=。例如,当一个参数是 Int 而另一个是 Long 时,不能应用 ==。这可以用我们在赋值中看到的相同的推论来解释:根据值是否装箱,等式检查将产生不同的结果,而且由于装箱在 Kotlin 中是隐式的,如果允许任何类型,它可能会导致混淆。

不过,<,<=,>,>= 操作允许比较任何数值类型,就像算术操作一样,它们被重载以覆盖所有可能的情况。例如,您可以写:

```
1 < = 2L || 3 > 4.5
```

注意,Char 和 Boolean 值也支持比较操作,但只能与相同类型的值进行比较。

```
false= = true                        // false
false <true                          // true
false > 1                            // Error: comparing Boolean and Int
'a' < 'b'                            // true
'a' > 0                              // Error: comparing Int and Char
```

注意,假设 false 小于 true,并且 Char 值按其字符码排序。

Java vs. Kotlin:在 Java 中,装箱的值和未装箱的值由不同的类型表示(比如 long vs. Long),基本数值类型(包括 char)可以使用 ==/!= 以及 </<=/>/>= 运算符。然而,Java 中的布尔值不是有序的,只能检查是否相等。

在浮点类型的上下文中,比较操作遵循 IEEE 754 标准。特别是,需要对 NaN 值进行具体处理:

```
println(Double.NaN = = Double.NaN)                        // false
println(Double.NaN ! = Double.NaN)                        // true
println(Double.NaN<= Double.NaN)                          // false
println(Double.NaN<Double.POSITIVE_INFINITY)             // false
println(Double.NaN>Double.NEGATIVE_INFINITY)             // false
```

基本上，NaN 不等于任何东西，它既不小于也不大于任何其他值，包括无穷大。

但是，只有当编译器静态地知道感兴趣的值是浮点类型时，这些规则才会发挥作用。在更一般的情况下，例如，涉及在集合中存储数字，编译器回到使用由装箱类型施加的相等和比较规则。在 JVM 上，这相当于比较 Double/Float 封装类型的实例：

```
val set = sortedSetOf(Double.NaN, Double.NaN,Double.POSITIVE_INFINITY,
    Double.NEGATIVE_INFINITY,0.0)
println(set)                    // [- Infinity, 0.0, Infinity, NaN]
```

上面的代码创建了一个按元素类型的自然顺序在内部排序的树（在 JVM 上，这基本上是一个 TreeSet），并打印它的项。这个例子的输出显示了：

• NaN 等于自身，因为只有一个这样的值被添加到集合中；

• NaN 被认为是 Double（甚至大于正无穷）的最大值。

在接下来的章节中，我们将更详细地讨论相等和排序的概念。

字符串

字符串 String 类型表示一串字符。像在 Java 中一样，Kotlin 中字符串是不可变的。换句话说，一旦创建了字符串对象，就不能更改其字符，只能读取它们或基于现有的字符串创建新的字符串。在这一节中，我们将考虑如何构造新的字符串并使用它们执行一些基本操作。

字符串模板

定义字符串文字最简单的方法，正如本章中所示，像在 Java 中那样用双引号括起内容：

```
val hello = "Hello, world!"
```

如果字符串必须包含一些特殊符号，如换行符，您必须使用一个转义字符（参见 Char 类型部分）：

```
val text =  "Hello, world! \nThis is \"multiline\" string"
println("\u03C0 \u2248 3.14")                              // π ≈ 3.14
```

这些字面量与 Java 中的基本相同。除此之外，Kotlin 还提供了一种更强大的方法来定义字符串，当您想用不同的表达式组合字符串时，这种方法非常有用。例如，假设我们想用一个"说 hello 并打印当前日期和时间"的消息来欢迎用户：

```
import java.util.Date
fun main() {
    val name =  readLine()
    println("Hello, $ name! \n Today is $ {Date()}")
}
```

基本上，您可以将字符串的任何部分替换为有效的 Kotlin 表达式，方法是将其放入 ${ } 中。如果表达式是一个简单的变量引用，就像我们示例中的 name 一样，您可以在它前面加上一个美元符号 $。这样的字面量被称为字符串模板。

注意，字符串模板中的表达式可以接受任何值：它们被自动转换为字符串，使用 toString() 方法对任何 Kotlin 类型都可用。

如果您运行程序并输入某个名称（例如，John），会看到类似这样的内容：

```
Hello, John!
Today is Sat Dec 28 14:44:42 MSK 2019
```

结果可能因您所在的地区而异。

我们在第一行中使用的 import 指令允许我们通过简单的名称引用 JDK 类 Date，用于替代 java. util. Date。在下一章中，我们将更详细地讨论导入和包的问题。

另一种字符串文本称为原始字符串。它允许您编写没有转义字符的字符串。这种字面形式由三重引号括起来，可以包含任意字符，包括换行符：

```
val message =  """
Hello, $ name!
Today is $ {Date()}
""".trimIndent()
```

trimIndent() 是一个标准的 Kotlin 函数，它删除了一般的最小缩进。

在极少数情况下,当您仍希望将某些特殊字符序列放入原始字符串(如三重引号)中时,必须将它们嵌入 $ { }:

```
val message =  """
This is triple quote:'$ {"\"\"\"":}'
""".trimIndent()
```

在以 JVM 为目标的应用程序中,字符串由 JVM String 类的实例表示。

基本字符串操作

每个字符串实例都有 length 和 lastIndex 属性,分别包含字符数和最后一个字符索引:

```
"Hello!".length                          // 6
"Hello!".lastIndex                       // 5,索引从 0 开始
```

您还可以使用 [ ] 内零基下标的索引操作符访问单个字符。在 JVM 上,类似 Java,传递无效索引将产生 StringIndexOutOfBoundsException。

```
val s =  "Hello!"
println(s[0])                            // H
println(s[1])                            // e
println(s[5])                            // !
println(s[10])                           // 无效索引
```

您还可以使用运算符 + 连接字符串。实际上,第二个参数可以是任何值,通过调用其 toString()函数自动转换为字符串。不过,在大多数情况下,我们建议使用字符串模板,因为它们通常更简洁。

```
val s =  "The sum is: " + sum            // 可替换为"The sum is $ sum"
```

字符串可以用操作符 == 和 ! = 进行相等性比较。这些运算符比较字符串内容,因此,如果两个不同的实例包含相同的字符序列,则认为它们是相等的:

```
val s1 =  "Hello!"
val s2 =  "Hel" + "lo!"
println(s1 = = s2) // true
```

Java vs. Kotlin:在 Java ==和! =操作符中检查引用是否相等,因此必须使用 equals()方法比较实际的字符串内容。在 Kotlin 中,==基本上是 equals()更方便的同义词,因此通常不需要直接调用 equals()。撇开空值检查不说,上面的代码相当于 Java 中的 s1. equals(s2)。

那么 Kotlin 中的引用相等性如何判断呢？为此，可以使用＝＝＝和！＝＝操作符。

字符串是按字典顺序排列的，因此可以使用操作符＜,＞,＜＝ 和 ＞＝ 对它们进行比较：

```
println("abc" < "cba")                // true
println("123" > "34")                 // false
```

字符串还支持数值类型和布尔类型的转换函数：toByte()，toShort()，toInt()，toLong ()，toFloat()，toDouble()，toBoolean()。注意，如果字符串不包含格式良好的数字，数字转换将产生运行时错误。

这里是一些字符串能够提供额外有用的函数列表：

isEmpty isNotEmpty	检查字符串内容是否为空	"Hello". isEmpty()　　　　// false "". isEmpty()　　　　// true "Hello". isNotEmpty()　　　　// true
substring	提取子串	"Hello". substring(2)　　　　// "llo" "Hello". substring(1, 3)　　　　// "el"
startsWith endsWith	检查前缀/后缀	"Hello". startsWith("Hel")　　　　// true "Hello". endsWith("lo")　　　　// true

indexOf()	获取字符或者子串的首个索引	//从头开始检索
		"abcabc". indexOf('b')　　　　// 1
		"abcabc". indexOf("ca")　　　　// 2
		"abcabc". indexOf("cd")　　　　// −1
		//从给定索引值开始检索
		"abcabc". indexOf('b', 2)　　　　// 4
		"abcabc". indexOf("ab", 2)　　　　// 3

贯穿全书（特别是第 7 章，"探索 Collections 和 I/O"），我们将看到更多 Kotlin 字符串 API 的例子。要获得更多信息，我们建议您访问文档页面：kotlinlang. org/api/latest/ jvm/stdlib/kotlin/－string/index. html.

数组

数组 Array 是 Kotlin 内置的数据结构，它允许您存储固定数量的相同类型的值，并通过索引使用它们。它们在概念上类似于 Java 中的数组——实际上在 Kotlin/JVM 应用程序中用作数组的表示。在本节,我们将考虑如何定义数组并访问它的数据。

构造一个数组

实现数组结构的最常见的 Kotlin 类型是 Array<T> ,其中 T 是其元素的一般类型。在第 1 章中我们已经看到了一个 main() 函数接受 Array<String> 类型参数的例子。它包含传递给程序的命令行参数。如果预先知道元素的数量,我们可以使用一个标准函数创建数组:

```
val a = emptyArray<String>()          // Array<String>(0 个元素)
val b = arrayOf("hello", "world")      // Array<String>(2 个元素)
val c = arrayOf(1, 4, 9)               // Array<Integer>(3 个元素)
```

这些函数是泛型的,这意味着它们引用的未知元素类型必须在调用中指定。但是,多亏了类型推断,编译器可以使用我们传递的参数在第二次和第三次调用中找出未知类型:例如,如果我们从一系列整数创建数组,它显然有 Array<Integer> 类型。然而,在第一次调用中,编译器没有这样的信息,因此我们必须在调用表达式的尖括号中指定元素类型。现在,我们将把这种语法视为理所当然,并将泛型类型和函数的详细讨论推迟到第 9 章。

通过描述如何使用给定索引计算元素,有一种更灵活的方法来创建数组。下面的代码生成一个数组,其中包含从 1 到用户输入的整数的平方。

```
val size = readLine()!!.toInt()
val squares = Array(size) { (it + 1)* (it + 1) }
```

大括号内的结构,也称为 lambda,定义了一个表达式来根据它的索引计算元素值,该索引由自动声明的变量 it 表示。因为数组索引的范围从 0 到 size－ 1,所以它的元素将采用 1、4、9 等形式。现在,我们只使用这种语法,后续在第 5 章"利用高级函数和函数编程"中会讲到 lambda 表达式。

使用 Array<Int> 是一个有效的但不切实际的解决方案,因为它将强制数值装箱。因此,Kotlin 使用特定的数组类型(如 ByteArray、ShortArray、IntArray、LongArray、FloatArray、DoubleArray、CharArray 和 BooleanArray)提供了更高效的存储。在 JVM 上,这些类型由 int[]或 boolean[]等 Java 基元数组表示。它们每个都伴有类似于 arrayOf()和

Array() 的函数：

```
val operations = charArrayOf('+ ', '- ', '* ', '/', '% ')
val squares = IntArray(10) { (it + 1)* (it + 1) }
```

Java vs. Kotlin：与 Java 不同，Kotlin 没有 new 操作符，因此数组实例的构造看起来像普通的函数调用。还要注意，在 Kotlin 中，必须在创建数组时显式地初始化数组元素。

使用数组

数组类型与 String 非常相似。特别是，它们有 size 属性（类似于字符串的长度）和 lastIndex 属性，它们的元素可以通过索引操作符访问。

使用无效索引将在运行时产生 IndexOutOfBoundsException：

```
val squares = arrayOf(1, 4, 9, 16)
squares.size                         // 4
squares.lastIndex                    // 3
squares[3]                           // 16
squares[1]                           // 4
```

与字符串不同的是，数组元素可以被改变：

```
squares[2] = 100                     // squares:1,4,100,16
squares[3] += 9                      // squares:1,4,100,25
squares[0]- -                        // squares:0,4,100,25
```

注意，像在 Java 中一样，数组变量本身存储对实际数据的引用。因此，赋值数组变量之间基本共享同一组数据：

```
val numbers = squares
numbers[0] = 1000                    // squares 和 numbers 共享可变数据
println(squares[0])                  // 打印 1000
```

如果您想创建一个单独的数组，可以使用 copyOf() 函数，它也可以产生不同大小的数组：

```
val numbers = squares.copyOf()
numbers[0] = 1000                    // squares 不受影响
squares.copyOf(2)                    // 缩短：1, 4
squares.copyOf(5)                    // 用 0 填充：1, 4, 9, 16, 0
```

注意，不同类型的数组不能相互分配。以下代码会出现编译错误：

```
var a = arrayOf(1, 4, 9, 16)
a = arrayOf("one", "two")        // 错误：Array<String> 不能赋值给  Array<Int>
```

Java vs. Kotlin：在 Java 中，可以将子类型数组分配给其超类型的数组。由于数组是可变的，这可能导致运行时出问题：

```
Object[] objects = newString[] { "one", "two", "three" };
objects[0] = new Object();            // ArrayStoreException 错误
```

因此，Kotlin 数组类型不被认为是任何其他数组类型的子类型（除了它自己之外），而且这种赋值是被禁止的。即使 String 是 Any 的子类型，Array<String> 并不是 Array<Any> 的子类型：

```
val strings = arrayOf("one", "two", "three")
val objects: Array<Any> = strings        // Error
```

事实上，这是我们将在第 9 章"泛型"中讨论的强大的泛型协变（Variance）概念的一个特殊例子。

虽然数组创建后不能改变长度，但可以通过＋操作添加额外的元素来生成新的数组：

```
val b = intArrayOf(1, 2, 3) + 4            // 添加单个元素：1,2,3,4
val c = intArrayOf(1, 2, 3) + intArrayOf(5, 6)   //加另外一个数组：1, 2, 3, 5, 6
```

与字符串不同，数组中的＝＝和！＝操作符比较的是引用，而不是元素本身：

```
intArrayOf(1, 2, 3) = = intArrayOf(1, 2, 3)              // false
```

如果您想比较数组内容，应该使用 contentEquals()函数：

```
intArrayOf(1, 2, 3).contentEquals(intArrayOf(1, 2, 3))  // true
```

 IDE 提示：当您尝试使用＝＝或！＝比较数组时，IntelliJ 会发出警告，并建议使用 contentEquals()调用替换它。

当使用数组时，有一些有用的标准函数：

isEmpty isNotEmpty	检查是否为空	intArrayOf(1, 2).isEmpty()	// false
		intArrayOf(1, 2).isNotEmpty()	// true
indexOf	获取元素的索引	intArrayOf(1, 2, 3).indexOf(2)	// 1
		intArrayOf(1, 2, 3).indexOf(4)	// −1

在后续章节中,我们会考虑额外的数组函数。我们将主要在第 7 章"探索 Collections 和 I/O"中介绍,处理 Kotlin 集合 API。

总结

在这一章里,我们已经首次体验到了 Kotlin:了解了变量和类型推断,理解了基本类型以及基本操作数字、字符和布尔值以及构建和操纵的形式更复杂的数据字符串和数组。我们还看到了 Kotlin 设计如何帮助避免 Java 世界中常见的编程错误的示例。在此基础之上,我们准备开始下一步。在第 3 章"定义函数",我们将学习 Kotlin 控制结构,以及如何用函数和包来构建代码。

3

定义函数

本章的中心主题是函数的概念。我们将学习基本的函数结构，并解决一些重要的问题，例如使用命名参数、默认值和 vararg 风格（可变参数）函数。我们还将向您介绍 Kotlin 语言的命令式控制结构。本章将向您展示如何使用 if 和 when 语句实现二元和多项选择，并讨论各种形式的迭代器和错误处理。我们还会看到许多这样的构造与 Java 所使用的构造非常相似（事实上，还有许多其他支持命令式范例的编程语言），并且了解这些差异，这些差异将简化具有 Java 经验的开发人员向 Kotlin 的迁移。另一个有趣的话题是用包（packages）对相关的声明进行分组，并使用 import 指令进行跨包引用。

结构

- Kotlin 函数的剖析：定义和调用语法，函数参数细节
- 控制结构：条件、循环、错误处理
- Kotlin 包的结构和导入

目标

本章的目的是让您熟悉 Kotlin 中条件、迭代和错误处理控制结构的命令式编程的基础知识，以及使用函数和包构造代码的方法。

函数

与 Java 的方法类似,Kotlin 函数是可重用的代码块,它接受一些输入数据(称为参数),并可能向其调用代码输出返回值。在本节中,我们将学习定义函数并了解它们的结构。

Kotlin 函数的剖析

让我们从一个简单的示例开始,定义一个函数,该函数计算具有给定半径的圆的面积:

```
import kotlin.math.PI

fun circleArea(radius: Double): Double {
    return PI* radius* radius
}

fun main() {
    println("Enter radius: ")
    val radius = readLine()!!.toDouble()
    println("Circle area: $ {circleArea(radius)}")
}
```

请注意,我们使用了标准常数 PI,它表示 π 的近似值。开头的 import 指令允许我们通过简单的名称来引用 PI。

现在,让我们仔细研究一下 circleArea 定义的组成部分:

- fun 关键字(函数),它告诉编译器其后是函数定义;
- 函数名称 circleArea 与变量名一样,可以是任意标识符;
- 括号中用逗号分隔的参数列表:告诉编译器可以在调用时将哪些数据传递给我们的函数;
- 返回类型 Double,它是返回给函数调用者的值的类型;
- 包含在{ }块中的函数主体,描述了函数的实现。

请注意,即使函数没有参数,函数定义及其调用中的括号也是必需的。例如:

```
fun readInt(): Int {
    return readLine()!!.toInt()
}
fun main() {
    println(readInt())
}
```

与 Java 类似，函数结果由 return 语句指定，该语句终止执行并将控制权返回给调用者。放置在 return 语句之后的任何代码实际上都是无效的，也就是说，永远不会执行。

Java vs. Kotlin：与 Java 相反，Kotlin 中无法访问的代码不是编译时错误。但是，编译器将报告警告，IDE 会突出显示，这清楚地标记了代码的哪一部分无效，如图 3.1 所示：

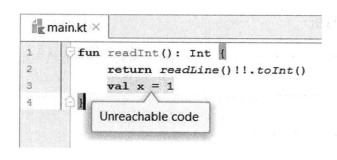

图 3.1　突出显示无法访问的代码

类似于 Java，在 Kotlin 中，有一个语句块，该语句基本上是用 { } 括起来的一组语句。语句由换行符（这是首选样式）或分号分隔，并按顺序执行。

我们已经在编写函数体时使用了块，但是实际上，只要我们需要在语法上仅需一个语句的上下文中执行多个语句，就可以使用它们，例如循环体或某些条件语句的分支。块还用于提高代码的可读性。例如，即使循环主体由单个语句组成，也经常将其括在块中。

块可以包含局部变量和函数的定义。此类声明的范围仅限于块本身。

参数定义基本上是一个隐式局部变量，在执行主体之前会自动将其初始化为在其调用中传递的值。

Java vs. Kotlin：与 Java 的方法参数默认情况下是可变的，并且必须使用 final 修饰符标记以禁止方法主体进行进一步的更改不同，Kotlin 的参数是不可变的。换句话说，更改函数体内的参数值是编译错误：

```
fun increment(n: Int): Int {
    return n+ +  // 错误:无法更改不可变变量
}
```

另请注意，禁止使用 val 或 var 关键字标记参数。其背后的原因是参数分配被认为容易出错，而将参数用作不可变值会导致代码更清晰易懂。

Kotlin 遵循按值调用语义,这意味着参数值是从相应的调用参数中复制的。特别是,这意味着对作为调用参数传递的某些变量的更改(例如上面主函数中的 radius)不会影响被调用函数内部的参数值。但是,当参数是引用时(例如,具有数组类型),复制的内容仅是引用本身,而其背后的数据在函数与其调用者之间共享。因此,即使参数本身不能在函数内部更改,但它们引用的数据通常可能是可变的。例如,以下函数对整数数组采用(不可变的)引用,并修改影响其调用方的第一个元素:

```kotlin
fun increment(a: IntArray): Int {
    return + + a[0]
}
fun main() {
    val a =  intArrayOf(1, 2, 3)
    println(increment(a))       // 2
    println(a.contentToString) // [2, 2, 3]
}
```

请注意,与变量不同,参数始终具有显式类型,因为编译器无法从函数定义中进行推断。

相反,可以从函数参数的类型推断返回类型,但仍必须明确指定。此决定的基本原理是,函数通常具有多个出口点,可以在这些出口点确定其结果,程序员仅通过查看函数定义可能很难理解返回值的类型。在这种意义上,显式返回类型用作一种文档,该文档立即告诉您该函数可以产生的值。

但是,此规则有两个例外,在这些情况下,您可以省略返回类型。第一个是所谓的 Unit 类型的函数,它是 Java 的 void 的 Kotlin 对应物,并且基本上表示不需要有意义的返回值的函数。此函数的实际返回值是一个常数单位,也是内置 Unit 类型的单个值。如果您在函数定义中跳过返回类型,则 Kotlin 编译器会自动假定您在声明一个 Unit 函数。换句话说,以下定义彼此等效:

```kotlin
fun prompt(name: String) {
    println("* * * * * Hello, $ name! * * * * * ")
}

fun prompt(name: String): Unit {
    println("* * * * * Hello, $ name! * * * * * ")
}
```

我们已经通过 main() 的例子看到了这样的功能。请注意,Unit 函数无须返回语句即可指定其结果,因为它始终是相同的。但是,您可以使用 return 语句在函数到达其函数体结尾之前终止函数执行(return Unit 有效,但是在这种情况下是多余的)。

另一个例外是所谓的表达式函数。如果函数可以由单个表达式实现,则可以删除 return 关键字和大括号,并以以下形式编写:

```kotlin
fun circleArea(radius: Double): Double = PI * radius * radius
```

前面的语法类似于变量定义,在其中您可以在=符号后指定初始化表达式。像变量一样,表达式函数允许您省略结果类型:

```kotlin
fun circleArea(radius: Double) = PI * radius * radius //推断出 Double
```

表达式函数被认为足够简单,可以省去显式类型说明。但是,应谨慎使用此功能。为了获得更好的可读性,通常值得以普通的块形式编写复杂的表达式。

请注意,如果尝试将{}块放置在=号之后以定义块体函数,则不会获得预期的结果,因为该位置的块解释为 lambda(基本上是匿名函数的简化语法)。例如,考虑以下函数:

```kotlin
fun circleArea(radius: Double) = { PI* radius* radius }
```

上面的定义对应于一个有效函数,该函数返回另一个函数,该函数计算半径为固定值的圆形区域。另一方面,在块内返回的类似定义将产生编译时错误。例如:

```kotlin
fun circleArea3(radius: Double) = {
    return PI * radius * radius          //期望是函数,但返回 Double
}
```

该错误是由于类型不匹配以及默认情况下在 lambdas 中禁止返回值所致,正如我们将在第 5 章"利用高级函数和函数编程"中所看到的那样。

位置与命名参数

默认情况下,调用实参按其位置映射到函数形参:第一个实数对应于第一个形数,第二个对应第二个,依此类推。在 Kotlin 中,此类参数称为位置参数,如以下代码所示:

```kotlin
fun rectangleArea(width: Double, height: Double): Double {
    return width* height
}
fun main() {
    val w = readLine()!!.toDouble()
    val h = readLine()!!.toDouble()
```

```
    println("Rectangle area: $ {rectangleArea(w, h)}")
}
```

除了 Java 和许多其他语言中已知的位置参数外，Kotlin 还支持所谓的命名参数，这些参数通过显式名称而不是位置映射到参数。例如，我们可以像下面这样编写对 rectangleArea()的调用：

```
rectangleArea(width = w, height = h)
```

甚至像这样：

```
rectangleArea(height = h, width = w)
```

使用命名参数样式时，实际参数顺序无关紧要。因此，两个调用的语义与 rectangleArea(w, h)完全相同。

您也可以在同一调用中混合使用位置参数和命名参数。但是请注意，一旦使用了命名参数，同一调用中的所有后续参数也必须被命名。例如，考虑一个在字符串中交换两个字符的函数（由于 String 值是不可变的，因此原始字符串当然不受影响）：

```
fun swap(s: String, from: Int, to: Int): String {
    val chars = s.toCharArray()                  // 转换为数组
                                                 // 交换数组元素：
    val tmp = chars[from]
    chars[from] = chars[to]
    chars[to] = tmp
    return chars.toString()                      // 转换回
}

fun main() {
    println(swap("Hello", 1, 2))                 // Hlelo
    println(swap("Hello", from = 1, to = 2))     // Hlelo
    println(swap("Hello", to = 3, from = 0))     // lelHo
    println(swap("Hello", 1, to = 3))            // Hlleo
    println(swap(from = 1, s = "Hello\", to = 2)) // Hlelo
                                                 // 位置和命名参数的不正确混合
    println(swap(s = "Hello", 1, 2))             // 编译错误
    println(swap(s = "Hello", 1, to = 2))        // 编译错误
}
```

重载和默认值

像 Java 方法一样，Kotlin 函数可以重载：换句话说，您可以定义多个共享相同名称的函数。重载的函数必须具有不同的参数类型，以便编译器可以在分析调用时区分它们。例如，以下定义包含有效的重载：

```
fun readInt() = readLine()!!.toInt()
fun readInt(radix: Int) = readLine()!!.toInt(radix)
```

但是，以下一对函数会导致编译错误，因为它们仅在返回类型上有所不同：

```
fun plus(a: String, b: String) = a + b
fun plus(a: String, b: String) = a.toInt() + b.toInt()
```

在为给定的调用表达式选择函数时，编译器将遵循与 Java 重载解析非常相似的算法：

1）根据参数计数和类型，收集可以使用给定参数调用的所有函数。

2）删除所有不太具体的函数：如果某个函数的所有参数类型都是候选列表中某个其他函数的对应参数的超类型，则该函数的特异性就不太高。重复此步骤，直到没有剩余的特定功能为止。

3）如果候选列表简化为一个函数，则将其视为调用目标；否则，编译器将报告错误。

请考虑以下函数定义：

```
fun mul(a: Int, b: Int) = a* b              // 1
fun mul(a: Int, b: Int, c: Int) = a* b* c   // 2
fun mul(s: String, n: Int) = s.repeat(n)    // 3
fun mul(o: Any, n: Int) = Array(n) { o }    // 4
```

以及某些调用的重载解析结果：

```
mul(1,2)            //由于 Int 是的 Any 的子类型,因此在 1 和 4 之间选择 1
mul(1, 2L)          //错误:没有重载接受(Int,Long)
mul(1L,2)           //选择 4,因为它是唯一可以接受的重载
mul("0",3)          //在 3 和 4 之间选择 3,因为 String 是 Any 的子类型
```

如果要调用原本认为不太具体的重载，则可以使用类型转换操作将某些参数显式转换为它们的超类型，如以下行所示：

```
mul("0" as Any, 3) //选择 4 作为唯一可接受的重载
```

我们将在第 8 章"了解类层次结构"中讲到 as 操作,在此我们将进一步研究 Kotlin 中的子类型化和继承。

在 Java 中,重载的方法通常执行相同的操作,并且仅在其参数集中有所不同,从而允许用户在函数调用中忽略一个或多个参数(假设它们采用一些默认值)。查看本节开头定义的一对 readInt()函数,我们看到它们都将输入字符串解析为整数,而第二个则更通用,允许您解析某些数字系统范围内的数字,而第一个仅解析小数。实际上,我们可以将第二个函数的第一个函数重写为:

```
fun readInt() = readInt(10)
```

在 Kotlin 中,您无须在这种情况下使用重载函数。多亏了一个更优雅的解决方案:您只需要为感兴趣的参数指定默认值,就像指定变量初始值设定项一样:

```
fun readInt(radix: Int = 10) = readLine()!!.toInt(radix)
```

现在,您可以使用 0 或一个参数调用此函数:

```
val decimalInt = readInt()
val decimalInt2 = readInt(10)
val hexInt = readInt(16)
```

请注意,如果某些非默认参数位于默认参数之后,则调用此类函数并省略默认参数的唯一方法是使用命名参数:

```
fun restrictToRange(
    from: Int = Int.MIN_VALUE,
    to: Int = Int.MAX_VALUE,
    what: Int
): Int = Math.max(from, Math.min(to, what))
fun main() {
    println(restrictToRange(10, what = 1))
}
```

但是,将具有默认值的参数放在参数列表的末尾是一种好方法。

默认值在某种程度上会使重载复杂化,因为某些函数可能会使用不同数量的参数来调用。请考虑以下定义:

```
fun mul(a: Int, b: Int = 1) = a * b          // 1
fun mul(a: Int, b: Long = 1L) = a * b        // 2
```

```
fun mul(a: Int, b: Int, c: Int = 1) = a* b* c    // 3
```

以及相应的调用：

```
mul(10)                    //错误:无法在 1 和 2 之间选择
mul(10, 20)                //在参数 1 和 3 之间选择 1,因为参数较少
mul(10, 20, 30)            // 选择 3 作为唯一可接受的候选对象
```

可以看到,对于两个参数的 mul(10,20),函数 3 被认为比 2 不那么具体,因为它基本上通过添加第三个参数 c 来扩展第二个签名。但是,如果我们将第一个定义更改为：

```
fun mul(a: Number, b: Int = 1) = a* b
```

mul(10,20)将解析为第三个函数,而第 1 个函数由于 Number 是 Int 的超类型而被认为不太具体。

可变参数

我们已经看到了一些函数示例,例如 arrayOf(),它们接受可变数量的参数。您在自己的代码中定义的功能也可以使用此功能。您只需要在参数定义之前放置 vararg 修饰符即可：

```
fun printSorted(vararg items: Int) {
    items.sort()
    println(items.contentToString())
}

fun main() {
    printSorted(6, 2, 10, 1)       // [1, 2, 6, 10]
}
```

在函数本身内部,此类参数可用作适当的数组类型：例如,在我们的 printSorted()情况下,它是 IntArray。

您还可以传递一个实际的数组实例代替可变参数列表,用一个扩展运算符 * 作为前缀：

```
val numbers = intArrayOf(6, 2, 10, 1)
printSorted(* numbers)
printSorted(numbers)                        //错误:传递 IntArray 而不是 Int
```

请注意,参数传递会创建数组副本；因此,对 items 元素的参数所做的更改不会影响 number 元素的值：

```
fun main() {
    val numbers = intArrayOf(6, 2, 10, 1)
    printSorted(* numbers)                  // [1, 2, 6, 10]
    println(numbers.contentToString())      // [6, 2, 10, 1]
}
```

但是，参数复制是浅拷贝：如果数组元素本身是引用类型，则复制该引用会导致在函数与其调用者之间共享数据：

```
fun change(vararg items: IntArray){
    items[0][0] = 100
}
fun main() {
    val a = intArrayOf(1, 2, 3)
    val b = intArrayOf(4, 5, 6)
    change(a, b)
    println(a.contentToString())            // [100, 2, 3]
    println(b.contentToString())            // [4, 5, 6]
}
```

禁止将多个参数声明为 vararg。但是，此类参数可以接受逗号分隔的普通参数和可变参数的任意组合。在调用时，它们合并为一个保留原始顺序的数组：

```
printSorted(6,1,* intArrayOf(3,8),2)       // [1,2,3,6,8]
```

如果 vararg 参数不是最后一个参数，则后面的参数值只能使用命名参数符号传递。与默认值类似，将 vararg 参数放在参数列表的末尾也被认为是一种很好的样式。除非您使用传播运算符，否则 vararg 本身不能作为命名参数传递：

```
printSorted(items = * intArrayOf(1,2,3))
printSorted(items = 1,2,3)                  //错误
```

注意，具有默认值的参数不能与 vararg 很好地混合。在 vararg 之前放置默认值将强制把 vararg 参数的第一个值解释为先前默认值，除非您以命名形式传递 vararg 从而违反了使用 vararg 的目的：

```
funprintSorted(prefix: String = "", vararg items: Int) { }
funmain(){
    printSorted(6, 2, 10, 1)               // Error: 6 is taken as value of prefix
    printSorted(items = * intArrayOf(6, 2, 10, 1))
                                           // Correct
}
```

另一方面,将默认值放在 vararg 参数之后,将要求您使用命名形式作为默认值:

```
fun printSorted(vararg items:Int,prefix:String = ""){}
fun main(){
    printSorted(6,2,10,1,"!")                //错误:""被作为可变参数的一部分
    printSorted(6,2,10,1,prefix = "!")       //正确
}
```

可变参数 vararg 也会影响重载解析。在其他条件相同的情况下,具有可变参数的函数被认为没有具有固定数量的相同类型参数的函数那么具体。例如,在下面的代码中,编译器会倾向于使用三个参数调用时的第二次重载:

```
fun printSorted(vararg items: Int) { }       // 1
fun printSorted(a: Int, b: Int, c: Int) { }  // 2
fun main() {
    printSorted(1, 2, 3)                      //在 1 和 2 之间选择 2 作为非可变参数
    printSorted(1, 2)                         //选择 1 作为唯一可接受的候选对象
}
```

函数作用域和可见性

Kotlin 函数可根据定义位置分为三类:

- 顶级函数:直接在文件中声明的函数;
- 在某种类型中声明的成员函数;
- 在另一个函数内部声明的局部函数。

在本章中,我们将专注于顶级和局部函数,而成员函数将推迟到第 4 章"使用类和对象"中,到时我们将讨论 Kotlin 类的概念。

到目前为止,我们仅定义了诸如 main()之类的顶级函数。默认情况下,这些函数被视为公共函数。换句话说,它们可以在项目中的任何地方使用,而不仅仅是在其随附文件中使用。例如,让我们在同一目录中创建两个 Kotlin 文件 main. kt 和 util. kt。我们可以看到 main. kt 文件中定义的 main()函数调用 util. kt 中定义的 readInt()函数(图 3.2)。

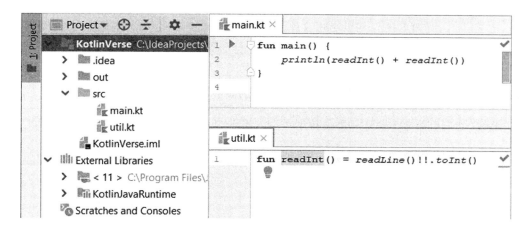

图 3.2　从另一个文件调用公共函数

在某些情况下，您可能希望隐藏一些项目的其他部分的实现细节，从而缩小函数范围或者可以使用它的代码范围。为此，可以在顶层函数定义之前添加关键字"private"或"internal"（称为可见性修饰符）。

将函数标记为私有函数使其只能在包含文件中访问。例如，如果将 readInt( ) 设为私有，我们仍然可以在 util. kt 中使用它，但不能在 main. kt 中使用它（图 3.3）：

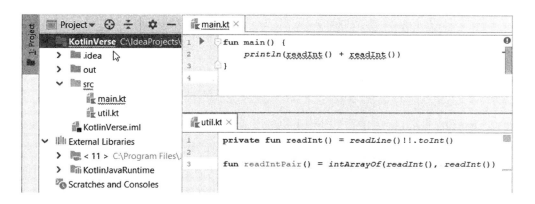

图 3.3　从另一个文件调用私有函数

使用 internal 修饰符可让您将函数用法限制在其包含的模块中。Kotlin 模块基本上是一起编译的一组文件。它的具体含义取决于您用来组织项目的构建系统。但是，对于 IntelliJ IDEA，它对应于单个 IDE 模块。因此，将函数设为内部允许您从同一模块中的任何其他文件中使用它，但不能从项目的其他模块中使用它。

IDE 提示：可以使用"文件|新建|模块"向导创建一个单独的模块。类似于我们在第 1 章中讨论的"新建项目"向导。

您也可以使用 public 修饰符，但这是多余的，因为默认情况下，顶级函数是 public。

局部函数（如局部变量）在另一个函数中声明。此类功能的范围仅限于封闭的代码块：

```kotlin
fun main() {
    fun readInt() = readLine()!!.toInt()
    println(readInt() + readInt())
}
fun readIntPair() = intArrayOf(readInt(), readInt()) // 错误
```

局部函数能够访问封闭函数中可用的声明，包括它们的参数：

```kotlin
fun main(args: Array<String>) {
    fun swap(i: Int, j: Int): String {
        val chars = args[0].toCharArray()
        val tmp = chars[i]
        chars[i] = chars[j]
        chars[j] = tmp
        return chars.toString()
    }
    println(swap(0, chars.lastIndex))
}
```

请注意，局部函数和变量可能没有任何可见性修饰符。

Java vs. Kotlin：通常，Java 语言和 JVM 要求所有方法都必须是某个类的成员。因此，您可能想知道如何在 JVM 平台上编译 Kotlin 顶级和局部函数。在第 1 章中，我们已经看到，从 JVM 的角度来看，顶级 main() 函数实际上是每个 Kotlin 文件生成的特殊门面类的静态成员。对于局部函数，Kotlin 编译器执行类似的技巧，其中涉及一个特殊类的声明（您可以将其与 Java 中的局部类进行比较），该类包含局部函数作为其成员并捕获其上下文，如变量和封闭函数的参数。请注意，这暗示了一些性能开销，因为您的程序可能需要在每次调用本地函数时创建此类的新实例。我们将在第 5 章"利用高级函数和函数编程"中讨论 lambda 时再回到这个问题。

包和导入

Kotlin 包是对相关声明进行分组的一种方式。任何包都有名称,并且可以嵌套到其他包中。这个概念与 Java 非常相似,但是有其自身的细节,我们将在接下来的部分重点介绍。

包和目录结构

与 Java 相似,您可以在 Kotlin 文件的开头指定包名称,从而使编译器将文件中列出的所有顶级声明放入相应的包中。如果未指定软件包,则编译器会假设您的文件属于默认的根软件包,其名称为空。

package 指令以 package 关键字开头,并包含点分隔的标识符列表,这些标识符组成了包的合格名称,这基本上是从根开始到项目包层次结构中当前包的路径。例如,以下文件:

```
package foo.bar.util
fun readInt() = readLine()!!.toInt()
```

属于 util 包,它包含在 bar 包中,而 bar 包又包含在 foo 包中,而下面的文件被放到包 util 中,该文件包含在包层次结构根目录中:

```
package numberUtil
fun readDouble() = readLine()!!.toDouble()
```

如果多个文件具有相同的包指令,则它们共享同一包。在这种情况下,软件包将包括这些文件的所有内容的总和。

包的顶级声明包括类型、函数和属性。我们已经熟悉了顶级函数定义,并将在下一章中了解如何定义类型和属性。在同一包中,您可以使用其简单名称引用其声明。到目前为止,这是我们在示例中所做的,因为所有文件都是隐式地放在相同的根包中。

图 3.4 展示了一个类似的示例,其中包含非默认的程序包名称:

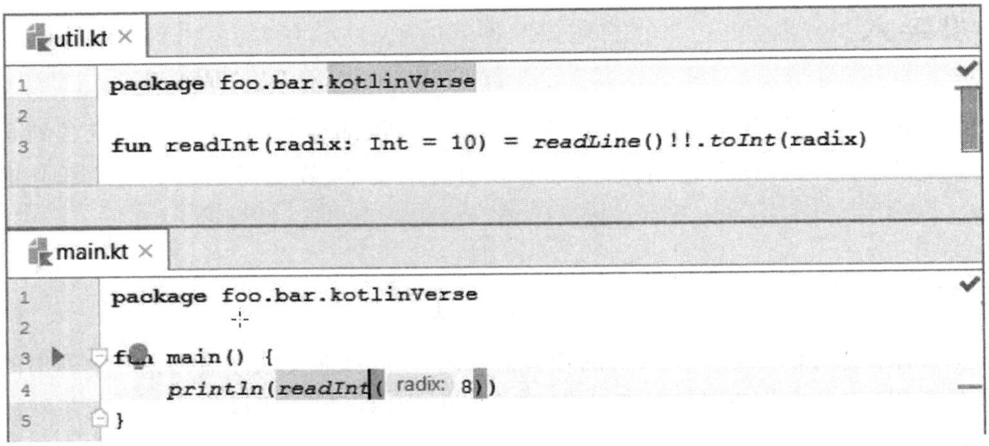

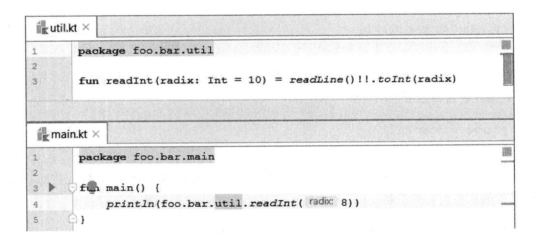

图 3.4　在同一个包中调用一个函数

如果您要使用的声明属于另一个包怎么办？在这种情况下，您仍然可以使用其限定名称来引用它，该限定名称基本上是一个简单的名称，并带有封闭包的限定名称（图 3.5）：

图 3.5　使用限定名称从其他程序包调用函数

通常，这种方法不切实际，因为它会产生难以理解的名称过长的代码。因此，Kotlin 提供了导入机制。通过在文件的开头放置一个带有正确声明名称的导入指令，可以使用简单名称对其进行引用（图 3.6）。

```
util.kt ×
1    package foo.bar.util
2
3    fun readInt(radix: Int = 10) = readLine()!!.toInt(radix)
```

```
main.kt ×
1    package foo.bar.main
2
3    import foo.bar.util.readInt
4
5  ▶  fun main() {
6        println(readInt( radix: 8))
7    }
```

图 3.6　使用导入指令

IDE 技巧：IntelliJ 插件会处理许多繁琐的导入操作。特别是，如果您尝试使用位于另一个包中的某些声明，但仅使用简单名称引用它，则 IDE 将自动弹出一个窗口，建议从相关的包中将其导入。它还突出显示了未使用的导入，并允许您通过删除未使用的导入并使用 Ctrl ＋ Alt ＋ O(Command ＋ Alt ＋ O)快捷键提供的"优化导入"命令对其余指令进行排序来优化整个导入列表。

请注意，程序包层次结构是一个单独的结构，纯粹是根据源文件中的程序包指令推断出来的。它可能与源文件树的目录结构一致，但这不是必需的。例如，源文件可能位于同一目录中，但属于不同的包，反之亦然。

Java vs. Kotlin：相反，在 Java 中，包结构必须是编译根目录中源码树目录的直接反映。任何不匹配均被视为编译错误。

但是，建议保持目录和程序包结构匹配，因为这样可以简化项目不同部分之间的导航。

IDE 技巧：默认情况下，IntelliJ 插件强制执行程序包/目录匹配，并在违反该规则时显示警告。您可能已经注意到，图 3.6 中的 package 指令被突出显示：这是因为我们放置了与目录路径不匹配的 package 指令。通过在突出显示的区域中按 Alt ＋ Enter，可以更改指令本身，也可以将包含的文件移动到其相应的目录中。

使用导入指令

我们已经了解了导入指令如何使您避免使用限定名称并简化代码。在本节中,我们将更仔细地研究 Kotlin 中可用的导入指令类型以及它们与 Java 对应版本之间的区别。

在前面的示例中,我们已经看到了最简单的形式,您可以通过指定其限定名称来导入一些特定的声明:

```
import java.lang.Math                    // JDK 类
import foo.bar.util.readInt              // 顶级函数
```

import 指令不限于顶级声明,例如类或函数。它也可以用于导入各种成员声明,例如嵌套类或枚举常量,如以下示例所示:

```
import kotlin.Int.Companion.MIN_VALUE
fun fromMin(steps: Int) = MIN_VALUE + n      // 简单地引用 MIN_VALUE
```

在第 4 章"使用类和对象"和第 6 章"使用特殊情况类"中,我们会更详细地讨论此问题。

Java vs. Kotlin:与 Java 不同,Kotlin 没有单独的构造函数来导入类型成员,类似于 Java 的 import static。Kotlin 中的所有声明都是使用常规 import 语法导入的。

在某些声明中,驻留在不同包中的名称可能相同。如果需要在单个文件中使用它们怎么办?假设我们分别在 app. util. foo 和 app. util. bar 包中有两个 readInt()函数。尝试如下所示将它们都导入不能解决问题:

```
import app.util.foo.readInt
import app.util.bar.readInt
fun main() {
    val n = readInt()        //错误:无法在 readInt()的两个变体之间进行选择
}
```

您始终可以使用限定名称来区分这些替代方法,但是 Kotlin 为您提供了更好的解决方案,称为导入别名。此功能使您可以为导入的声明引入新名称,这会影响整个文件的范围:

```
import foo.readInt as fooReadInt
import bar.readInt as barReadInt
fun main() {
    val n = fooReadInt()
```

```
        val m =  barReadInt()
    }
```

导入指令的另一种形式允许您从给定范围导入所有声明。要使用它,您只需将 * 放在合格名称的末尾。语法与 Java 非常相似,如以下行所示:

```
import kotlin.math.*          //从 kotlin.math.package 导入所有声明
```

请注意,此类按需导入的优先级低于引用某些特定声明的 import 指令。如果考虑带有两个 readInt()函数的示例,但将其中一个导入指令更改为按需输入,则特定的指令将接管,如以下代码所示:

```
import app.util.foo.readInt
import app.util.bar.*
fun main() {
    val n =  readInt()          //无歧义:解析为 app.util.foo.readInt
}
```

条件

条件语句使您可以根据某些条件的值选择两个或多个操作之一。在 Kotlin 中,它们由 if 和 when 语句表示,可以将其粗略地与 Java 中的 if 和 switch 进行比较。

使用 if 语句进行决策

使用 if 语句,您可以根据某些布尔表达式的值在两个备选方案之间进行选择。它具有与 Java 中类似语句相同的语法:

```
fun max(a: Int, b: Int): Int {
    if (a>b) return a
    else return b
}
```

基本上,当括号中的条件为真时执行第一个语句,否则执行第二个语句(else一分支)。else一分支可能不存在,在这种情况下,如果条件为假,则 case 语句不执行任何操作。这两个分支中的每一个都可以是一个块语句,它允许在相同的选择中执行多个语句:

```
fun main(args: Array<String> ) {
    if (args.isNotEmpty()) {
```

```
val message = "Hello, $ {args[0]}"
println(message)
} else {
println()
}
}
```

请注意,条件必须是布尔类型的表达式。

与 Java 中的 if 语句的主要区别在于 Kotlin 中的 if 语句也可以用作表达式。例如,我们可以用更简单的形式编写 max 函数:

```
fun max(a: Int, b: Int) = if (a>b) a else b
```

当一个或两个分支都是块时,也是如此,在这种情况下,整个条件语句的值与相应块中的最后一个表达式一致:

```
fun main() {
    val s = readLine()!!
    val i = s.indexOf("/")
    // 将 10/3 之类的行拆分为 10 和 3,然后执行除法
    val result = if (i>= 0) {
        val a = s.substring(0, i).toInt()
        val b = s.substring(i + 1).toInt()
        (a/b).toString()
    } else ""
    println(result)
}
```

请注意,将 if 用作表达式时,两个分支都必须存在。以下代码由于错过了 else 分支而无法编译:

```
val max = if (a>b) a
```

Java vs. Kotlin:Kotlin 没有您可能在 Java 中使用过的三元条件运算符。但是,如果 if 既可以用作语句又可以用作表达式,则可以大大缓解这一问题。

有时在 if 表达式中使用 return 可能会有所帮助。return 语句可以用作 Nothing 的特殊类型的表达式,表示不存在的值。基本上,如果某个表达式具有 Nothing 类型,则表明该程序的顺序控制流有所中断,因为此类表达式永远不会达到任何确定的值。如果返回,则意味着封闭函数。Nothing 类型的一个有用方面是,它被视为每种 Kotlin 类型的子类

型,因此,它的表达式可以在任何需要表达式的上下文中使用。假设我们给了一个合格
的包名称,并且想知道如果简单名称被更改,它将是什么样子。我们可以通过以下方式
实现它:

```kotlin
fun renamePackage(fullName: String, newName: String): String {
    val i = fullName.indexOf('.')
    val prefix = if (i >= 0) fullName.substring(0, i + 1) else return newName
return prefix + newName
}
fun main() {
    println(renamePackage"foo.bar.old", "new"))          // foo.bar.new
}
```

注意,返回 e 中的 e 值不是 return 表达式的值,而是封闭函数的结果值。返回表达式本
身没有值,就像 Nothing 类型的任何表达式一样。还要注意 Unit 与 Nothing 之间的区
别。与 Nothing 相反,Unit 具有一个实例,通常用于表示没有任何有用的值,而不是根本
没有任何值。

范围、级数和 in 操作符

Kotlin 包含几种内置类型,这些类型表示一定数量的有序值。它们对于使用 for 循环在
数字范围内进行迭代特别有用。在 Kotlin 中,这些类型统称为范围(range)。

构造范围的最简单方法是对数值使用 .. 运算符。例如:

```kotlin
val chars = 'a'..'h'              // 从'a'到'h'的所有字符
val twoDigits = 10..99           // 从 10 到 99 的所有两位整数
val zero2One = 0.0..1.0          // 所有 0 到 1 的范围内的浮点数
```

使用 in 操作符,可以检查给定值是否在该区间内。这基本上等效于一对比较:

```kotlin
val num = readLine()!!.toInt()
println(num in 10..99)           // num >= 10 && num <= 99
```

还有一个相反的操作! in,允许您编写这样的表达式作为!（a in b)的简化形式:

```kotlin
println(num ! in 10..99)              // !（num in 10.99)
```

实际上,.. 操作可用于所有可比较的类型,包括数字、字符、布尔值和字符串。基本上,只
要可以使用<=或>=,就可以使用.. 构造范围,如下所示:

```
println("def" in "abc".."xyz")          // true
println("zzz" in "abc".."xyz")          // false
```

..操作产生的范围是闭区间,这意味着它们包括起点和终点。还有另一种操作,可让您创建一个排除端点的半封闭范围。此操作仅适用于整数类型,并且基本上会产生一个具有较小端点的范围。在以下示例中,上限 100 不包括在结果范围内:

```
val twoDigits =  10 until 100           //与 10..99 相同,不包括 100
```

请注意,终点严格小于起点的范围为空。例如:

```
println(5 in 5..5)                      // true
println(5 in 5 until 5)                 // false
println(5 in 10..1)                     // false
```

通常,如果对给定类型的比较行为不正确,结果也不会为真。特别是,如果它不是可传递的,则即使 a>b,x in a..b 也可能为真。

还有一个相关的级数的概念,它是由一些固定步数分隔的整数或 Char 值的有序序列。这些类型中的每一个范围都是按 1 递增的级数,但是一般来说,级数会给您提供额外的选项。例如,您可以使用 downTo 操作定义降序级数,如下所示:

```
println(5 in 10 downTo 1)               // true
println(5 in 1 downTo 10)               // false: 级数为空
```

您还可以指定自定义的级数步长:

```
1..10 step 3                            // 1, 4, 7, 10
15 down 9 step 2                        // 15, 13, 11, 9
```

级数的步长必须是正的,因此,如果想构造一个降序序列,您应该像前面的示例一样,在使用步长的同时,使用 downTo 操作。

级数元素是通过向起始点连续添加一个步长而生成的。因此,如果终点实际上不对应级数值中的一个值,它便会自动调整到最近的级数元素:

```
1..12 step 3                            // 1, 4, 7, 10: 与 1..10 step 3 相同
15 down 8 step 2                        // 15, 13, 11, 9: 与 15 downTo 9 step 2 相同
```

使用范围您可以提取字符串或数组的一部分。注意 substring()函数取一个封闭的整数范围,与取一对不包括端点的索引的函数之间的区别:

```
"Hello, World".substring(1..4)        // ello
"Hello, World".substring(1 until 4)   // ell
"Hello, World".substring(1, 4)          // ell: like substring(1 until 4)
IntArray(10) { it* it }.sliceArray(2..5)    // 4, 9, 16, 25
IntArray(10) { it* it }.sliceArray(2 until 5)  // 4, 9, 16
```

范围和级数类型在 Kotlin 标准库中定义为一组类，如 IntRange、FloatRange、CharProgression、IntProgression 等。您可以在 kotlin. ranges 包的文档页面上找到类及其函数和属性的详尽列表：kotlinlang. org/api/latest/jvm/stdlib/kotlin. ranges/。

一般来说，使用范围而不是比较会带来轻微的开销，因为范围是动态分配的对象。然而，编译器尽可能避免创建实际对象。例如，在以下程序中，不在运行时创建内部消息实例；相反，它只是将 5 与输入的值进行比较：

```
fun main() {
    val a = readLine()!!.toInt()
    val b = readLine()!!.toInt()
    println(5 in a..b)
}
```

所以就性能而言，它相当于一对比较：a<=5 && 5<=b。范围/级数优化的另一个主要用例是 for 循环。

IDE 提示：IntelliJ 插件包括一个 JVM 字节码查看器，它对于探索 Kotlin 代码的低级语义很有用。要打开它，请在 IDE 菜单中选择 Tools|Kotlin| Show Kotlin Bytecode。查看器会在编辑器中更新显示当前 Kotlin 文件的字节码，并自动预选择与源代码中插入符号位置相对应的字节码部分。

如果不是特别熟悉 JVM 字节码，可以单击反编译按钮将其转换为 Java 代码。请注意，由于 Kotlin 编译器生成的字节码的特殊性，这样的反编译代码在形式上可能是不正确的，但它仍然可以让您充分了解原始 Kotlin 代码的内部工作原理。

范围不是唯一支持 in/! in 操作的类型，也可以用于其他描述某种容器的类型，例如字符串或数组：

```
val numbers = intArrayOf(3, 7, 2, 1)
val text = "Hello!"
println(2 in numbers)             // true
println(9 ! in numbers)           // true
println(4 in numbers)             // false
```

```
println('a' in text)                    // false
println('H' in text)                    // true
println('h' ! in text)                  // true
```

就优先级而言,范围运算..位于加法运算符和中缀运算符之间,而 in/! in 则位于中缀运算符和比较运算符之间。换句话说,第 2 章"Kotlin 语言基础"中表格的相关部分现在如表 3.1 所示:

表 3.1　操作符优先级

加法	+ -	a + b..c - d　　　　// (a + b)..(c - d)
范围	..	a..b step c　　　　// (a..b) step c a in b..c　　　　// a in (b..c)
中缀	命名运算符	a < b or b < c　　　　// (a < (b or b)) < c a == b and b == c　　　　// (a == b) and (b == c) a in b or a in c　　　　// (a in (b or a)) in c
命名检查	in ! in	a < b in c　　　　// a < (b in c) a ! in b > c　　　　// (a ! in b) > c
比较	< > < = > =	a < b == b < c　　　　// (a < b) == (b < c) a < b && b < c　　　　// (a < b) && (b < c)

until、downTo 和 step 与其他任何命名中缀运算符(and、or、xor,仅举几例)有相同的优先级。

When 语句和多项选择

由于 if 语句可以在两个选项之间进行选择,因此实现多个选项的一种方法是将多个 if 语句组合成级联结构,从而按顺序检查所有感兴趣的条件。假设我们想要将 0 到 15 的一个十进制数转换为对应的十六进制数字字母:

```
fun hexDigit(n: Int): Char {
    if (n in 0..9) return '0' + n
    else if (n in 10..15) return 'A' + n - 10
    else return '? '
}
```

不过,Kotlin 为您提供了一种更简洁的构造方式,可以在多个选项中进行选择,这称为 when 语句。使用这种构造方式,我们可以把前面的函数重写为以下形式:

```kotlin
fun hexDigit(n: Int): Char {
    when {
        n in 0..9 -> return '0' + n
        n in 10..15 -> return 'A' + n - 10
        else -> return '?'
    }
}
```

基本上,when 语句是一个块,其前面是 when 关键字,由零个或多个常规形式的条件 —> 语句分支以及一个可选的 else 分支组成。语句执行根据以下规则进行:程序随后按照条件的编写顺序评估条件,直到找到评估结果为 true 的条件为止。如果找到这样的条件,程序将执行相应分支的语句部分。如果所有条件都为假,则程序将执行 else 分支(如果存在的话)。

 IDE 提示:IntelliJ 插件提供了一个意图操作,可在嵌套的 if 和 when 之间自动转换。要使用它,插入符放在 if/when 关键字处,按 Alt + Enter,然后选择"用 when 替换 if"或"用 if 替换 when"的操作。

与 if 相似,when 语句可以用作表达式。在这种情况下,else 分支是强制性的,因为 when 应该能够为每种可能的情况提供一定的值:

```kotlin
fun hexDigit(n: Int) = when {
    n in 0..9 -> '0' + n
    n in 10..15 -> 'A' + n - 10
    else -> '?'
}
```

Java vs. Kotlin:Kotlin 中的 when 类似于 Java 中的 switch 语句,后者也可以在多个选项中进行选择。但是,关键的区别是,when 允许检查任意条件,而 switch 只能在给定表达式的值之间进行选择。此外,Java 中的 switch 语句遵循所谓的穿透语义:当某些条件匹配时,程序将执行其语句以及后续分支中的语句,除非用 break 语句显式停止。Kotlin 的 when 仅执行匹配分支中的语句,并且不用遍历整个 when 代码块。

when 语句具有另一种形式,适用于涉及相等性和 in 操作的多次检查。来看以下函数:

```kotlin
fun numberDescription(n: Int): String = when {
```

```
        n = = 0 -> "Zero"
        n = = 1 || n = = 2 || n = = 3 -> "Small"
        n in 4..9 -> "Medium"
        n in 10..100 -> "Large"
        n ! in Int.MIN_VALUE until 0 -> "Negative"
    else -> "Huge"
}
```

由于前面表达式的所有条件都是相等性检查,而且 in 或者! in 操作具有相同的左操作数 n,因此我们可以通过使 n 作为 when 的主语表达式并以以下形式重写来表示相同的逻辑:

```
fun numberDescription(n: Int, maxLarge: Int = 100): String = when (n) {
    0 -> "Zero"
    1, 2, 3 -> "Small"
    in 4..9 -> "Medium"
    in 10..max -> "Large"
    ! in Int.MIN_VALUE until 0 -> "Negative"
    else -> "Huge"
}
```

IDE 提示:IntelliJ 插件可以将 when 表达式的一种形式转换为另一种形式,从而在必要时消除和引入 when 表达式。通过将插入符放在 when 关键字上并按 Alt + Enter,可以使用这些操作。然后,您可以根据语句形式选择一个命令:"将... 提取为 when 表达式参数"或"消除 when 的参数"。

这种形式的 when 语句通过主语表达式来区分,该主语表达式写在 when 关键字后的括号中。此类语句的分支可以以 in /! in,任意表达式或 else 关键字开头(还有 is /! is 分支,我们将参考第 8 章"了解类层次结构")。执行类似于第一种形式的 when 语句,将按以下处理:

• 计算主语表达式:假设其值为 subj。

• 程序将连续评估分支的条件,直到找到满足条件的条件为止:in /! in 分支被视为 in /! in 表达式,其中 subj 作为其左操作数,而自由格式的表达式 e 被解释为相等性操作 subj == e。

• 如果发现这种情况,则程序执行相应的语句;否则,执行 else 语句(如果存在)。

主语形式允许您在单个分支中编写多个条件,并用逗号分隔(在前面的示例中为 1,2,3 —> "Small"分支)。在条件评估期间,这些逗号被有效地视为逻辑 OR(||)。

请注意,when 主语分支中的表达式不一定是布尔值:只要适用相应的运算符(==或 in / ! in),它们就可以具有任意类型。

Java vs. Kotlin:在 Java 12 中 switch 已经获得了与 Kotlin when 的主语形式非常相似的表达形式。但是,它有一些局限性:特别是 switch 不支持范围检查(与 Kotlin 中的 in / ! in操作不同),并且只能应用于有限的一组类型:整数、枚举和字符串。还要注意,when 语句分支可以使用任意表达式,并且不限于常量。

从 Kotlin 1.3 开始,when 语句允许您使用以下语法将主语表达式绑定到变量:

```
fun readHexDigit() = when(val n = readLine()!!.toInt()) { // define n
    n in 0..9 -> '0' + n
    n in 10..15 -> 'A' + n - 10
    else -> '?'
}
```

这样的变量只能在 when 语句块内使用,并且不能声明为 var。

循环

Kotlin 支持三种控制结构,它们针对给定的数据集或直到满足某些条件时重复相同的指令序列。while 和 do—while 循环与相应的 Java 语句具有相同的结构,并且 for 循环与 Java 的 for—each 非常相似。Kotlin 中的所有循环都是语句而不是表达式,因此本身没有任何价值,只有副作用。

while / do—while 循环

假设我们要计算用户输入的整数之和。让我们同意,0 将用作终止值,之后我们将停止读取输入并报告结果:

```
fun main() {
    var sum = 0
    var num = 0
    do {
        num = readLine()!!.toInt()
        sum += num
    } while (num != 0)
    println("Sum: $ sum")
}
```

根据以下规则评估 do—while 循环：

1）在 do 和 while 关键字之间执行循环体；

2）评估 while 关键字之后的条件，如果为 true，则返回步骤 1；否则，继续执行循环后的语句。

请注意，循环主体始终至少执行一次，因为之后会检查条件。

还有另一种形式的循环，它在条件成立时也执行其主体，但在主体中运行指令之前先检查该条件。这意味着，如果条件在进入循环时为假，则其主体将永远不会被执行。

假设我们要编写一个生成一些数字的程序，然后要求用户对其进行猜测，以给出猜测是否错误（例如，太小或太大）的提示，并在正确的猜测时停止：

```kotlin
import kotlin.random.*
fun main() {
    val num = Random.nextInt(1, 101)
    var guess = 0
    while (guess != num) {
        guess = readLine()!!.toInt()
        if (guess <num) println("Too small")
        else if (guess> num) println("Too big")
    }
    println("Right: it's $ num")
}
```

该数字是使用标准库中的 Random. nextInt() 函数生成的。

这些示例清楚地表明，Kotlin 中的 while/do—while 语句与 Java 中的语句基本相同。

可迭代和 for 循环

Kotlin 中 for 循环允许您迭代类似于集合的值，这些值可以包含或生成多个元素。例如，我们可以使用 for 循环对数组元素求和：

```kotlin
fun main() {
    val a = IntArray(10) { it* it } // 0, 1, 4, 9, 16, …
    var sum = 0
    for (x in a) {
        sum += x
    }
    println("Sum: $ sum") // Sum: 285
}
```

循环包括三个部分：

1）迭代变量定义（x）；

2）容器表达式（a），其产生要迭代的值；

3）循环主体语句（｛sum ＋ ＝ x｝），该语句在每次迭代时执行。

迭代变量仅可在循环体内访问，并在每次迭代开始时自动分配一个新值。请注意，循环变量没有像普通变量那样用 val 或 var 关键字标记，并且是隐式不变的。换句话说，您不能在循环体内更改其值。在最简单的情况下，循环变量定义是一个简单的标识符。您可以指定其类型，但是实际上很少需要：

```
for(x: Int in a) {
    sum + = x
}
```

Java vs. Kotlin：Kotlin 的 for 循环与 Java 的 for—each 循环非常相似，它将为您提供用于任何 Iterable 实例（无论是数组、列表、集合还是用户定义的类型）进行迭代的简单语法。但是，Kotlin 没有普通的 Java for 循环的对应物，它要求您显式声明、初始化、检查和更新迭代变量。在 Kotlin 中，此类迭代只是您在前面的代码中看到的 for 循环语句的特殊情况。

您可以使用 for 循环遍历字符串字符。例如，让我们编写我们自己的函数，该函数将正数的二进制字符串表示形式解析为 Int：

```
fun parseIntNumber(s: String, fallback: Int = - 1): Int {
    var num = 0
    if (s.length ! in 1..31) return fallback
    for (c in s) {
        if (c ! in '0'..'1') return fallback
        num = num* 2 + (c - '0')
    }
    return num
}
```

当所讨论的字符串不代表有效数字或不适合时，该函数将返回一些后备值。

Java vs. Kotlin：在 Java 中，无法直接对字符串进行迭代，因此您必须使用一些变通方法，例如遍历其索引或首先将字符串转换为字符数组。

在数值间隔上进行普通迭代怎么办？为此，我们将使用上一节介绍的级数。假设我们想用偶数索引将所有数组元素加倍：

```kotlin
val a = IntArray(10) { it* it }        // 0, 1, 4, 9, 16, ...
for (i in 0..a.lastIndex) {            // 0, 1, 2, 3, ...
    if (i % 2 == 0) {                  // 0, 2, 4, 6, ...
        a[i] *= 2
    }
}
```

我们可以通过自定义步长使用级数，进一步简化此循环：

```kotlin
for(i in 0..a.lastIndex step 2) {      // 0, 2, 4, 6, ...
    a[i] *= 2
}
```

字符串和数组具有索引（indices）属性，其中包含一系列字符或项目索引：

```kotlin
val a = IntArray(10) { it* it }        // 0, 1, 4, 9, 16, ...
for (i in a.indices step 2) {          // 0, 2, 4, 6, ...
    a[i] *= 2
}
```

for 循环的真正好处在于，编译器不仅支持有限的不同用例集，例如数字范围或集合，而且还提供了允许您迭代各种值的统一机制。容器表达式唯一需要的是 iterator() 函数，该函数返回能够提取元素值的 Iterator 对象。我们会将迭代器的详细讨论推迟到第 7 章"探索 Collections 和 I/O"，但就目前而言，足以知道许多标准 Kotlin 类型已经具有内置的迭代器：这就是为什么 for 循环对于级数、数组和字符串同样有效。正如我们进一步看到的，使用扩展机制允许您将迭代器附加到您喜欢的任何类型，从而扩展了可能的表达式范围以进行迭代。

Java vs. Kotlin：Java 中的 for-each 循环在某种意义上类似于 Kotlin 中的 for 语句，因为它可以应用于 Iterable 的任何子类型。但是，Kotlin for 循环约定更加灵活，因为它不需要容器为任何特定类型。for 循环所需的全部就是 iterator() 函数的存在。

更改循环控制流：break 和 continue

有时，更改循环的普通控制流很方便：例如，检查退出条件不是在循环迭代的开始或结束，而是在中间的某个地方，可能会很方便。为此，Kotlin 包含一对表达式：

- break,立即终止迭代,迫使执行从循环后的下一条语句继续执行;
- continue,将停止当前迭代并跳转到条件检查。

换句话说,这些语句与 Java 语句具有相同的语义。例如,考虑我们的"猜数字"程序。我们可以使用 break 语句将其编写如下:

```kotlin
import kotlin.random.*
fun main() {
    val num = Random.nextInt(1, 101)
    while (true) {
        val guess = readLine()!!.toInt()
        if (guess <num) println("Too small")
        else if (guess> num) println("Too big")
        else break
    }
    println("Right: it's $ num")
}
```

请注意,循环条件变得不必要,因为现在所有退出检查都在其主体中进行。由于这个,我们还可以将猜测变量移入循环。

Java vs. Kotlin:像 Kotlin 中的 return 语句一样,break 和 continue 可以用作 Nothing 类型的表达式。例如,我们可以重写前面的程序在打印之前计算消息文本:

```kotlin
import kotlin.random.*
fun main() {
    val num = Random.nextInt(1, 101)
    while (true) {
        val guess = readLine()!!.toInt()
        val message =
        if (guess <num) "Too small"
        else if (guess> num) "Too big"
        else break
        println(message)
    }
    println("Right: it's $ num")
}
```

但是,不应滥用此功能,因为在更复杂的表达式中,它实际上可能会妨碍对代码的理解。

假设我们要计算给定字符串中每个英文字母出现的次数。在下面的示例中,当字符不是字母时,在尝试访问数组之前,我们将使用 continue 表达式跳出迭代:

```
fun countLetters(text: String): IntArray {
    val counts = IntArray('z' - 'a' + 1)
    for (char in text) {
        val charLower = char.toLowerCase()
        if (charLower ! in 'a'..'z') continue
        counts[charLower - 'a']+ +
    }
    return counts
}
```

Java vs. Kotlin：在 Java 中，break 也用于停止 switch 语句中其余分支的执行。由于当表达式不遵循完全语义时，break 语句在 Kotlin 中的作用不相同。但是，禁止在这种情况下使用 break 或 continue，因为这样的代码可能会造成混淆——特别是对于从 Java 迁移到 Kotlin 的程序员。同时，continue 还保留了一些预期在将来的语言版本中实现的显式穿透语义。如果 Guess the Number 游戏用单个 when 表达式替换了 if 级联，编译器将报告一个错误：

```
val message = when {
    guess <num-> "Too small"
    guess> num -> "Too big"
    else -> break                    // Error
}
```

解决方法是使用标记的 break/continue，我们将在下一部分中介绍。

嵌套循环和标签

当使用嵌套循环语句时，我们在上一节中看到的简单的 break/continue 表达式始终应用于最近的封闭循环。在某些情况下，您可能希望它们影响外部循环的控制流。为此，Kotlin 提供了类似于 Java 的语句标签，尽管语法略有不同。

假设我们要编写一个函数，该函数在整数数组中搜索给定的子数组，类似于 indexOf() 对字符串的处理方式：

```
fun indexOf(subarray: IntArray, array: IntArray): Int {
    outerLoop@ for (i in array.indices) {
        for (j in subarray.indices) {
            if (subarray[j] ! = array[i + j]) continue@ outerLoop
        }
        return i
```

```
    }
    return - 1
}
```

在这里,我们在外部循环上附加标签,并使用 continue @ outerLoop 终止外部循环的当前迭代,一旦我们看到子阵列和数组元素之间的第一个不匹配,该循环便会寻找子阵列偏移。至此,我们知道检查剩余的子数组项是没有意义的,并且搜索必须从下一个偏移量开始继续。

在 Kotlin 中,您可以将标签附加到任何语句,但是 break 和 continue 特别要求将标签附加到循环上。如果不是这种情况,则编译器将报告错误。标签名称(如变量或函数的名称)可以是任意标识符。

Java vs. Kotlin:注意 Kotlin 和 Java 中标签定义和用法之间的语法差异:

```
loop@ while(true) break@ loop        // Kotlin
loop: while(true) break loop         // Java
```

标签等可以让您在表达式嵌套在循环体中时,在表达式内部使用 break/continue。因此,我们可以编写上一节中的 Guess 数字程序,如下所示:

```
import kotlin.random.*
fun main() {
    val num = Random.nextInt(1, 101)
    loop@  while (true) {
        val guess = readLine()!!.toInt()
        val message = when {
            guess <num -> "Too small"
            guess> num -> "Too big"
            else -> break@ loop        // Correct
        }
        println(message)
    }
    println("Right: it's $ num")
}
```

尾递归函数

Kotlin 支持针对所谓的尾递归函数的编译优化。假设我们要编写一个在整数数组中实现二分搜索的函数。假设该数组按升序进行了预排序,那么让我们以递归形式编写此搜索函数:

```
tailrec fun binIndexOf(
    x: Int,
    array: IntArray,
    from: Int = 0,
    to: Int = array.size
): Int {
    if (from = = to) return - 1
    val midIndex = (from + to - 1) / 2
    val mid = array[midIndex]
    return when {
        mid <x -> binIndexOf(x, array, midIndex + 1, to)
        mid> x -> binIndexOf(x, array, from, midIndex)
        else -> midIndex
    }
}
```

该定义简明地表达了一种算法思想，但是与较繁琐的非递归版本相比，该定义通常具有性能开销，并且有堆栈溢出的风险。但是，在 Kotlin 中，您可以告诉编译器通过添加 tailrec 修饰符，将尾递归函数自动转换为非递归代码。因此，您将两全其美：既实现了简洁的递归函数而又没有额外的性能损失。前面的功能等效于以下代码：

```
tailrec fun binIndexOf(
    x: Int,
    array: IntArray,
    from: Int = 0,
    to: Int = array.size
): Int {
    var fromIndex = from
    var toIndex = to
    while (true) {
        if (fromIndex = = toIndex) return - 1
        val midIndex = (fromIndex + toIndex - 1) / 2
        val mid = array[midIndex]
        when {
            mid <x -> fromIndex = midIndex + 1
            mid> x -> toIndex = midIndex
            else -> return midIndex
        }
    }
}
```

要符合这种转换函数的条件，就必须在递归调用之后不执行任何操作，这就是尾部递归背后的含义。如果这个要求没有得到满足，但是函数仍然被标记为 tailrec，则编译器将发出警告,并且函数将被编译为递归函数。例如,下面的求和函数不是尾递归的,因为 sum(array, from ＋ 1, to)后面是加法:

```
tailrec fun sum(array: IntArray, from: Int =  0, to: Int =  array.size):
Int {
// 警告: 不是一个尾递归调用
    return if (from <to) return array[from] +  sum(array, from +  1, to) else 0
}
```

如果一个函数被标记为 tailrec 但不包含递归调用,则编译器还将报告警告:

```
tailrec fun sum(a: Int, b: Int): Int {
    return a +  b // 警告:没有尾递归调用
}
```

异常处理

Kotlin 中的异常处理与 Java 的方法非常相似。函数可以正常终止,这意味着它返回某个值(可能是单位类型的微不足道的值),也可以通过在发生某些错误时抛出异常对象来异常终止。在后一种情况下,异常可以由其调用方捕获和处理,也可以在调用堆栈中进一步传播。现在让我们考虑与异常相关的控制结构。

抛出异常

要发出错误条件的信号,可以像在 Java 中一样,使用带有异常对象的 throw 表达式。让我们修改前面的 parseIntNumber()函数,使其在输入格式不正确时抛出异常,而不是返回一些回退值:

```
fun parseIntNumber(s: String): Int {
    var num =  0
    if (s.length ! in 1..31) throw NumberFormatException("Not a number: $ s")

    for(c in s) {
        if (c ! in '0'..'1') throw NumberFormatException("Not a number: $ s")
        num =  num* 2 +  (c -  '0')
    }

    returnnum
}
```

Java vs. Kotlin：与 Java 不同,创建类实例(在本例中为例外)不需要任何特殊的关键字,例如 Java 中的 new。在 Kotlin 中,构造函数调用 NumberFormatException("Not a number：$ s")看起来像一个普通的函数调用。

引发异常时,将执行以下操作:

- 该程序将寻找一个异常处理程序,该异常处理程序可以捕获给定的异常。如果找到这样的处理程序,它将获得控制权。
- 如果在当前函数中未找到处理程序,则终止执行,将该函数弹出堆栈,并在其调用方(如果有)的上下文中重复整个搜索。我们说异常被传播给了调用者。
- 如果异常传播未捕获到入口点,则当前线程终止。

您可以看到 Kotlin 中的异常处理步骤与 Java 中的基本相同。

Java vs. Kotlin：在 Kotlin 中,throw 是一个与 break 和 continue 类型完全不同的表达式,我们在前面的部分中已经看到过。例如:

```
fun sayHello(name: String) {
    val message =
        if (name.isNotEmpty()) "Hello, $ name"
        else throw IllegalArgumentException("Empty name")
    println(message)
}
```

使用 try 语句处理错误

要处理 Kotlin 中的异常,请使用 try 语句,该语句的语法与 Java 中的语法基本相同。考虑以下函数,当它无法将输入字符串解析为数字时,该函数将返回一些默认值:

```
import java.lang.NumberFormatException
fun readInt(default: Int): Int {
    try {
        return readLine()!!.toInt()
    }  catch (e: NumberFormatException){
        return default
    }
}
```

可能引发异常的代码(在我们的示例中是 toInt()调用)包装在 try 块中。第一种形式的 try 语句还包括至少一个 catch 块,用于处理适当类型的异常(例如 NumberFormatException)。要处理的异常由异常参数表示,您可以在 catch 块内的任何位置使用该参数。当 try 块中的代码引发某些异常时,其执行将终止,程序将选择第一个 catch 块来处理它。如果未找到此类块,则继续传播该异常。

Java vs. Kotlin:在 Java 7 或更高版本中,单个 catch 块可以使用以下语法来处理多个异常:catch(FooException | BarException e){}。在 Kotlin 中,尚不支持此类处理程序。

由于 catch 块按其声明顺序进行检查,因此将可以处理某种异常类型的块放在可以处理其父类型之一的块之前是没有用的,因为该子类型的任何异常都将被前面的块捕获。例如,由于 NumberFormatException 是 Exception 的子类型,因此以下函数中的第二个 catch 块实际上已失效:

```
import java.lang.NumberFormatException
fun readInt(default: Int): Int {
    try {
        return readLine()!!.toInt()
    } catch (e: Exception){
        return 0
    } catch (e: NumberFormatException){
        return default // 无效代码
    }
}
```

Java vs. Kotlin:请注意,在 Java 中,由于 Java 明确禁止此类无法访问的代码,因此类似的语句将产生编译时错误。

Java 和 Kotlin 之间的 try 语句之间的主要区别是 Kotlin 的 try 可以用作表达式。这样一个表达式的值要么是 try 块的值(如果没有抛出异常),要么是设法处理异常的 catch 块的值:

```
import java.lang.NumberFormatException
fun readInt(default: Int) = try {
    readLine()!!.toInt()
} catch (e: NumberFormatException) {
    default
}
```

Java vs. Kotlin:与 Java 不同,Kotlin 不会区分已检查和未检查的异常。理由是,在需要明确说明可能的例外的大型项目中,实际上会降低生产率并产生过多的样板代码。

try 语句的另一种形式使用 finally 块，它使您可以在程序离开 try 块之前执行一些操作：

```
import java.lang.NumberFormatException
fun readInt(default: Int) =  try {
    readLine()!!.toInt()
}   finally {
    println("Error")
}
```

该块对于清理在 try 块之前/之内可能已分配的某些资源很有用，例如，关闭文件或网络连接。您也可以在单个 try 语句中使用 catch 和 finally 块。

注意，当 finally 块用作表达式时，其值不会影响整个 try 语句的值。

Java vs. Kotlin：您可能熟悉 Java 7 中引入的 try—with—resources 语句，该语句使您可以自动清除文件流和网络连接等资源。尽管 Kotlin 对此没有特殊的构造，但它确实提供了解决相同任务的库函数用法。我们将在第 7 章"探索 Collections 和 I/O"中对其进行更仔细的研究。

结论

让我们总结一下本章所做的工作。我们已经掌握了基本控制结构的知识，这些知识构成了命令式编程的算法基础。学习了如何定义和使用函数，以促进通用程序代码的重用。最后，讨论了通过将相关功能分组到程序包中来构造程序的方法。现在，您已经掌握了利用 Kotlin 语言中的命令式（imperative）和过程式范式（procedural paradigms）的所有必要知识。

在下一章中，我们将转向面向对象的编程。我们将研究定义类和对象，了解类初始化，学习声明和使用属性，并解决在 Kotlin 中处理空值的问题。

问题

1. 什么是表达式函数？在什么情况下值得使用它而不是一个块？
2. 您将如何决定使用默认参数值还是函数重载？
3. 使用命名参数的优缺点是什么？

4. 如何用可变数量的参数声明函数？Kotlin 和 Java 中的可变参数有什么区别？

5. Unit 和 Nothing 分别用于什么类型？将它们与 Java 的 void 比较。可以使用 Nothing 或 Unit 类型的变量吗？

6. 尝试解释诸如 return return 0 之类的代码的含义。为什么认为它是有效的却是多余的？

7. 可以有没有返回语句的函数吗？

8. 什么是局部函数？如何在 Java 中模拟此类函数？

9. public 和 private 顶级函数之间有什么区别？

10. 如何使用包对代码进行分组？指出与 Java 包中的主要区别。

11. 什么是导入别名？可以在 Kotlin 中使用类似于 Java 的静态导入的东西吗？

12. if 语句/表达式如何工作？与 Java 的 if 语句和条件运算（?:）比较。

13. 描述 when 语句的基本算法。与 Java 的 switch 有何不同？

14. 如何实现 Java 的 for 循环计数，例如 for(int i ＝ 0；i ＜100；i ＋＋)？

15. Kotlin 中的循环语句是什么？while 和 do... while 有什么不一样？为什么要使用 for 循环？

16. 如何使用 break 和 continue 语句更改循环的控制流？

17. 概述异常处理过程。与 Java 的主要区别是什么？比较 Java 和 Kotlin 中的 try 语句。

4

使用类和对象

在本章中,我们将体验 Kotlin 中的面向对象编程,并了解如何使用类来定义我们自己的类型。我们将解决一些主要问题,例如类实例的初始化,使用可见性隐藏实现细节,使用对象声明实现单例以及利用不同类型的属性来实现除简单存储数据之外的各种效果:惰性计算,延迟初始化,自定义 read/ write 行为等等。您还将在本章中了解的一个相关内容是类型为可空性(nullability),它允许 Kotlin 编译器区分为空值和非空值。

结构

- 类的定义和成员
- 构造器
- 成员可见性
- 嵌套和局部类
- 空类型
- 使用非平凡属性
- 对象和伴生对象

目标

本章的目标是:

- 向读者介绍 Kotlin 中使用类和对象的面向对象编程的基础知识;

- 学习处理可为空的值；
- 了解如何使用各种不同的属性。

定义类

类声明引入了具有自定义操作集的新类型。熟悉 Java 或其他一些面向对象编程语言（如 C++）的读者肯定会发现类声明很熟悉。在本节中，我们将讨论基本的类结构、新分配实例的初始化、可见性问题以及在其他类或函数体中声明的特殊类型的类。

默认情况下，类声明定义了一个引用类型。换句话说，这些类型的值是指向特定类实例的实际数据的引用。类似的，Java 实例本身是通过一个特殊的构造函数调用显式创建的，并在程序释放对它们的所有引用后由垃圾收集器自动释放。Kotlin 1.3 引入了内联类的概念，它也允许定义非引用类型。我们将在第 6 章"使用特殊情况类"讨论这个主题。

类的剖析

与 Java 相似，Kotlin 类的定义是使用 class 关键字定义的，其名称后跟一个类主体，这是一个包含成员定义的块。让我们定义一个类，其中包含有关人的一些信息：

```
class Person {
    var firstName: String = ""
    var familyName: String = ""
    var age: Int = 0
    fun fullName() = "$ firstName $ familyName"
    fun showMe() {
        println("$ {fullName()}: $ age")
    }
}
```

这个定义告诉我们 Person 类的每个实例都将具有属性 firstName，familyName，age 和两个函数 fullName() 和 showMe()。最简单的属性种类基本上是与特定类实例关联的变量：您可以将其与 Java 中的类字段进行比较。在更一般的情况下，属性可能涉及任意计算：它们的值可能是动态生成的，而不是存储在类实例中的，或者是从地图上获取的，它们是延迟计算的，依此类推。所有属性的共同特征是引用语法，该语法使我们可以像使用变量一样使用它们：

```
fun showAge(p: Person) = println(p.age)          // 从属性中读取
```

```
fun readAge(p: Person) {
    p.age = readLine()!!.toInt()                          // 赋值给属性
}
```

请注意,由于属性与特定的类实例相关联,因此我们必须使用表达式(如前面的代码中的 p)来限定它的属性:它被称为接收者,表示用于访问属性的实例,通常称为方法的成员函数也是如此:

```
fun showFullName(p: Person) = println(p.fullname())   // 调用方法
```

可以将接收者视为可用于所有类成员的附加变量。在类内部,可以使用此表达式来引用它。在大多数情况下,默认情况下假定使用此方法,因此无须显式编写它,即可访问同一类的成员。例如,我们的第一个示例可以写成:

```
class Person {
    var firstName: String = ""
    var familyName: String = ""
    var age: Int = 0
    fun fullName() = "${this.firstName} ${this.familyName}"
    fun showMe() {
        println("${this.fullName()}: ${this.age}")
    }
}
```

但是有时候,这是必要的。例如,您可以使用它来区分具有相同名称的类属性和方法参数:

```
class Person {
    var firstName: String = ""
    var familyName: String = ""
    fun setName(firstName: String, familyName: String) {
        this.firstName = firstName
        this.familyName = familyName
    }
}
```

Java vs. Kotlin:与 Java 的字段不同,Kotlin 属性不会违反封装,因为您可以自由更改其实现(例如,添加自定义 getter 或 setter),而无须更改客户端代码。换句话说,无论如何实现该属性,firstName 引用均保持有效。在下一节中,我们将看到如何定义此类自定义属性。

请注意,属性使用的基础字段始终被封装,并且不能在类定义之外访问,实际上,不能在属性定义本身之外访问。

必须先显式创建一个类实例,然后才能访问其方法。这是通过构造函数调用完成的,该构造函数调用具有普通函数调用的形式,区别在于,使用类名而不是函数名:

```kotlin
fun main() {
    val person =  Person()                       // 创建一个 Person 实例
    person.firstName = "John"
    person.familyName =  "Doe"
    person.age =    25
    person.showMe()                              // John Doe: 25
}
```

使用构造函数调用时,程序首先为新实例分配堆内存,然后执行构造函数代码以初始化实例状态。在前面的示例中,我们依赖于默认构造函数,该构造函数不带任何参数,因此构造函数调用中没有参数。在下一节中,我们将看到如何定义允许运行您自己的初始化代码的自定义构造函数。

默认情况下,Kotlin 类是公共的,这意味着它们可以在代码的任何部分中使用。与顶级函数类似,您也可以将顶级类标记为私有或内部类,将它们的可见性范围分别限制为包含文件或编译模块。

Java vs. Kotlin:在 Java 中,类可见性默认情况下限于包含包。您必须使用显式 public 修饰符标记其定义,以使其在任何地方都可见。

还要注意,在 Kotlin 中,您不必完全按照源文件包含的公共类来命名源文件。您也可以在一个文件中定义多个公共类。但是,如果文件仅包含一个类,则该文件和该类通常确实具有相同的名称,但是在 Kotlin 中,这更像是代码风格的问题,而不是严格的要求(与 Java 相对)。

类属性可能像局部变量一样是不可变的。但是,在这种情况下,我们需要一种在初始化期间为其提供一些实际值的方法,以免所有实例陷入相同的值,如以下代码所示:

```kotlin
class Person {
                      // 所有实例的 firstName 值都相同
    val firstName = "John"
}
```

这可以通过使用自定义构造函数来完成,该构造函数将我们带入下一个主题。

构造器

构造函数是一个特殊的函数,用于初始化类实例,并在实例创建时调用。考虑以下类:

```
class Person(firstName: String, familyName: String) {
    val fullName = "$ firstName $ familyName"
}
```

请注意我们在 class 关键字之后添加的参数列表:这些参数在程序创建其实例时传递给 class,可用于初始化属性和执行其他一些工作:

```
fun main() {
    val person = Person("John", "Doe")          // 创建一个新的 Person 实例
    println(person.fullName)                     // John Doe
}
```

Java vs. Kotlin:请注意,Kotlin 不使用特殊关键字(如 Java 中的 new)来表示构造函数调用。

类标题中的参数列表称为主要构造声明。主构造函数没有像函数那样的单一主体。相反,它的主体由属性初始化器以及按它们在类主体中出现的顺序所采取的初始化块组成。初始化块是带有 init 关键字前缀的块语句:这种代码块可用于类初始化所需要的非平凡(non−trivial)的初始化逻辑。例如,以下类将在每次调用其主要构造函数时打印一条消息:

```
class Person(firstName: String, familyName: String) {
    val fullName = "$ firstName $ familyName"
    init {
        println("Created new Person instance: $ fullName")
    }
}
```

一个类可能包含多个 init 块,在这种情况下,它们将与属性初始化程序一起顺序执行。

请注意,初始化块可能不包含 return 语句。

```
class Person(firstName: String, familyName: String) {
    val fullName = "$ firstName $ familyName"
    init {
        if (firstName.isEmpty() &&familyName.isEmpty()) return // 错误
        println("Created new Person instance: $ fullName")
```

```
}
}
```

到目前为止,我们始终在其初始值设定项中指定属性初始值。但是,在某些情况下,您可能需要更复杂的初始化逻辑,而这些逻辑不能适合单个表达式。因此,Kotlin 允许在 init 块中初始化属性:

```
class Person(fullName: String) {
    val firstName: String
    val familyName: String
    init {
    val names = fullName.split(" ")
        if (names.size ! = 2) {
            throw IllegalArgumentException("Invalid name: $ fullName")
        }
        firstName = names[0]
        familyName = names[1]
    }
}
fun main() {
    val person = Person("John Doe")
    println(person.firstName)                // John
}
```

在前面的示例中,init 块将 fullName 拆分为以空格分隔的子字符串数组,然后使用它们来初始化 firstName 和 familyName 属性。

编译器确保每个属性都已明确初始化,如果不能保证主构造函数中的每个执行路径都按需对所有成员属性进行初始化或者抛出了异常,则将出现如下编译错误:

```
class Person(fullName: String) {
                                        // 错误:属性可能未初始化
    val firstName: String
    val familyName: String
    init {
        val names = fullName.split(" ")
        if (names.size = = 2) {
            firstName = names[0]
            familyName = names[1]
        }
    }
}
```

主构造函数参数不能在属性初始化程序和 init 块之外使用。例如,以下代码是错误的,因为 firstName 在成员函数内部不可用:

```
class Person(firstName: String, familyName: String) {
    val fullName = "$ firstName $ familyName"
    fun printFirstName() {
        println(firstName)                    // 错误: firstName 在此处不可用
    }
}
```

一种可能的解决方案是添加包含构造函数参数值的成员属性:

```
class Person(firstName: String, familyName: String) {
    val firstName = firstName                 // firstName 引用构造函数参数
    val fullName = "$ firstName $ familyName"
    fun printFirstName() {
        println(firstName)                    // Ok: firstName 在此引用成员属性
    }
}
```

但是,Kotlin 提供了开箱即用的解决方案,该解决方案使您可以在单个定义中组合属性和构造函数参数:

```
class Person(val firstName: String, familyName: String) {
// firstName 引用参数
    Val fullName = "$ firstName $ familyName"
    fun printFirstName() {
        println(firstName)                    // firstName 引用成员属性
    }
}
fun main() {
    val person = Person("John", "Doe")
    println(person.firstName)                 // firstName 引用成员属性
}
```

基本上,当您使用 val 或 var 关键字标记主要构造函数参数时,也同时定义了一个属性,该属性会自动使用参数值进行初始化。当您在属性初始化程序或 init 块中引用此类定义时,它表示构造函数参数。在任何其他情况下,它都是一个属性。

 IDE 技巧:当您通过构造函数参数的值初始化成员属性并将其转换为 val / var 参数时,IntelliJ 插件可以检测到代码(图 4.1):

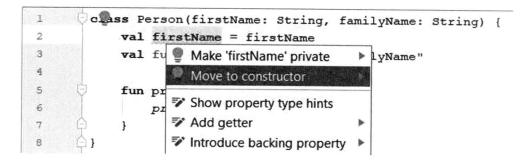

图 4.1　将属性转换为 val / var 参数

请注意,使用 val / var 参数可以定义一个具有非平凡成员和空主体的类:

```
class Person(val firstName: String, val familyName: String = "") {
}
```

在这种情况下,Kotlin 允许您完全省略 class 体。实际上,这是 IntelliJ 插件强制执行的
推荐代码样式:

```
class Person(val firstName: String, val familyName: String = "")
```

与函数类似,可以将默认值和 vararg 用于构造函数参数:

```
class Person(val firstName: String, val familyName: String = "") {
    fun fullName() = "$ firstName $ familyName"
}
class Room(varargval persons: Person) {
    fun showNames() {
        for (person in persons) println(person.fullName())
    }
}
fun main() {
    val room = Room(Person("John"), Person("Jane", "Smith"))
    room.showNames()
}
```

在某些情况下,您需要提供多个构造函数,这些构造函数以不同的方式初始化类实例。
其中许多都由使用默认参数的单个主构造函数覆盖,但有时还不够。在 Kotlin 中,此问
题可以由次要构造函数解决。次要构造函数语法与函数定义的语法相似,只是使用 Con-
structor 关键字代替了函数名称:

```
class Person {
```

```
    val firstName: String
    val familyName: String
    constructor(firstName: String, familyName: String) {
        this.firstName = firstName
        this.familyName = familyName
    }
    constructor(fullName: String) {
        val names = fullName.split(" ")
        if (names.size != 2) {
            throwIllegalArgumentException("Invalid name: $ fullName")
        }
        firstName = names[0]
        familyName = names[1]
    }
}
```

尽管不能为次要构造函数指定返回类型，但它具有有效的 Unit 类型函数形式。特别是，您可以在其主体内使用 return 语句（与 init 块相反）。

如果类没有主构造函数，则每个次要构造函数都会在执行其自身的主体之前调用属性初始化程序和 init 块，这样可确保公用初始化代码在类实例化时准确地运行一次，而不管调用了哪个次要构造函数。

另一种选择是使用构造函数委托调用来使次要构造函数调用另一个次要构造函数：

```
class Person {
    val fullName: String
    constructor(firstName: String, familyName: String):
        this("$ firstName $ familyName")
    constructor(fullName: String) {
        this.fullName = fullName
    }
}
```

构造函数委托调用是在冒号（:）与构造函数参数列表分开之后编写的，看起来像是使用 this 关键字代替函数名称的普通调用。

当类具有主要构造函数时，所有次要构造函数（如果有）都必须委托给它，或委托给其他一些次要构造函数。例如，我们可以将一个辅助构造函数从我们的示例转换为主构造函数：

```
class Person(val fullName: String) {
```

```
        constructor(firstName: String, familyName: String):
                this("$ firstName $ familyName")
}
```

请注意,次要构造函数不能使用 val / var 关键字声明属性参数:

```
class Person {
    constructor(val fullName: String)      // 错误
}
```

还有一个单独的问题:次要构造函数与类继承结合使用来调用超类构造函数。我们将在第 8 章"了解类层次结构"中进行处理。

成员可见性

类成员可能具有不同的可见性,这些可见性决定了它们的使用范围。这是类定义的主要部分,因为可见性允许您强制封装特定于实现的细节,从而将其有效地对外部代码隐藏。在 Kotlin 中,class 成员的可见性由以下修饰关键字之一表示:

- public:成员可以在任何地方使用,这是默认的。因此,通常无须显式使用 public 关键字。
- internal:成员只能在包含其类的编译模块中访问。
- protected:成员可以在包含类及其所有子类中访问,我们将把对这种情况的详细讨论推迟到第 8 章"了解类层次结构"中,处理类继承。
- private:成员只能在包含的类主体中访问。

这些修饰符的含义实际上与我们在顶级函数和属性中看到的含义非常相似。

Java vs. Kotlin:在 Java 中,默认可见性是包内私有(package－private)的,这意味着可以在包含包的任何位置访问成员。如果希望成员公开,则必须使用 public 修饰符对其进行明确标记。相反,在 Kotlin 中,默认情况下,类成员(实际上是所有非本地声明)都是公共的。还要注意,当前 Kotlin 还没有 Java 的私有包可见性的直接对应对象。

在下面的代码中,属性 firstName 和 familyName 被声明为私有,因此 main()函数无法访问。另一方面,fullName()函数是公共的:

```
class Person(private val firstName: String,
            private val familyName: String) {
```

```
    fun fullName() = "$ firstName $ familyName"
}
fun main() {
    val person = Person("John", "Doe")
    println(person.firstName)          // 错误:此处无法访问 firstName
    println(person.fullName())          // Ok
}
```

对于在类主体中声明的函数和属性,以及作为主构造函数参数以及主和次构造函数的函数和属性,都支持可见性修饰符。如果希望为主构造函数指定可见性,还必须添加显式构造函数关键字:

```
class Empty private constructor() {
    fun showMe() = println("Empty")
}
fun main() {
    Empty().showMe()                     // 错误:无法调用私有构造函数
}
```

注意,Empty 类不能实例化,因为它的唯一构造函数是私有的,因此在类主体之外不可用。在"对象"部分,我们将了解如何将构造函数隐藏与所谓的伴生对象一起使用来创建工厂方法。

嵌套类

除了函数、属性和构造函数外,Kotlin 类还可以包括其他类作为其成员,这样的类称为嵌套。让我们看一个例子:

```
class Person (val id: Id, val age: Int) {
    class Id(val firstName: String, val familyName: String)
    fun showMe() = println("$ {id.firstName} $ {id.familyName}, $ age")
}
fun main() {
    val id = Person.Id("John", "Doe")
    val person = Person(id, 25)
    person.showMe()
}
```

请注意,在包含类的主体之外,对嵌套类的引用必须以外部类名作为前缀,例如前面代码中的 Person. Id。

像其他成员一样,嵌套类可能具有不同的可见性。作为其包含类的成员,它们还可以访问其私有声明：

```
class Person (private val id: Id, private val age: Int) {
    class Id(private val firstName: String,
            private val familyName: String) {
        fun nameSake(person: Person) = person.id.firstName == firstName
    }
    fun showMe() = println("$ {id.firstName} $ {id.familyName}, $ age")
}
```

Java vs. Kotlin：与 Java 不同，外部类可能无法访问其嵌套类的私有成员。

可以将嵌套类标记为 inner，以便能够访问其外部类的当前实例：

```
class Person(val firstName: String, val familyName: String) {
    inner class Possession(val description: String) {
        fun showOwner() = println(fullName())
    }
    fun fullName() = "$ firstName $ familyName"
}
fun main() {
    val person = Person("John", "Doe")
    // 调用 Possession 构造函数
    val wallet = person.Possession("Wallet")
    wallet.showOwner()                     // John Doe
}
```

请注意，内部类构造函数的调用用外部类实例进行限定：

```
person.Possession("Wallet")。
```

同样，对于其他成员引用，如果所涉及的实例是这样的，则可以省略限定：

```
class Person(val firstName: String, val familyName: String) {
    inner class Possession(val description: String) {
        fun showOwner() = println(fullName())
    }
    // 与 this.Possession("Wallet")相同
    val myWallet = Posession("Wallet")
}
```

通常，这总是指最内部的类实例，因此在内部类体中，它指的是内部类本身的当前实例。
当需要从内部类体引用外部实例时，可以使用此表达式的限定形式：

```
class Person(val firstName: String, val familyName: String) {
    inner class Possession(val description: String) {
        fun getOwner() = this@ Person
    }
}
```

@符号后面的标识符是外部类的名称。

Java vs. Kotlin：Kotlin 和 Java 中的嵌套类非常相似。主要区别在于缺少其他修饰符时的默认行为：尽管 Java 类默认是 inner 的，并且如果您不希望它们的对象与外部类的实例相关联，则必须将其显式标记为静态，而 Kotlin 类则不是。以下是 Kotlin 代码：

```
class Outer {
    inner class Inner
    class Nested
}
```

基本上等同于 Java 声明：

```
public class Outer {
    public class Inner {
    }
    public static class Nested {
    }
}
```

局部类

与 Java 相似，Kotlin 可以在函数体内声明类。此局部类只能在封闭的代码块内使用：

```
fun main() {
    class Point(val x: Int, val y: Int) {
        fun shift(dx: Int, dy: Int): Point = Point(x + dx, y + dy)
        override fun toString() = "($ x, $ y)"
    }
    val p = Point(10, 10)
    println(p.shift(- 1, 3))                // (9, 13)
}
fun foo() {
    println(Point(0, 0))                    // 错误:无法解析 Point
}
```

与局部函数类似,Kotlin 局部类也可以从封闭的代码块中访问声明。特别是,它们捕获局部变量,这些局部变量可以在局部类体中访问甚至修改。

```
fun main() {
    var x = 1
    class Counter {
        fun increment(){
            x+ +
        }
    }
    Counter().increment()
    println(x)                      // 2
}
```

Java vs. Kotlin:与 Kotlin 不同,Java 不允许修改捕获的变量。此外,在匿名类中使用时,必须将所有此类变量明确标记为 final。但是请注意,更改 Kotlin 中捕获的变量的功能需要付出一定的代价。为了在匿名对象及其封闭的代码之间共享变量,Kotlin 编译器将其值封闭在特殊的包装对象内。Java 与上面的 Counter 示例等效,如下所示:

```
import kotlin.jvm.internal.Ref.IntRef;
classMainKt {
    public static void main(String[] args) {
        final IntRefx = new IntRef();    // 创建包装器
    x.element = 1;
    final class Counter {
    public final void increment() {
    x.element+ + ;                       // 修改共享数据
        }
    }
    (new Counter()).increment();
    System.out.println(x.element);       //读取共享数据
    }
}
```

请注意,不可变变量没有此类包装,因为它们不需要任何包装。

与嵌套类不同,局部类不能具有可见性修饰符:它们的范围始终受封闭块的限制。

局部类可以包含任何其他类(例如函数、属性、构造函数或嵌套类)中允许的所有成员。但是请注意,它们的嵌套类必须始终标记为 inner:

```
fun main(args: Array<String> ) {
    class Foo {
        val length = args.length
```

```
        inner class Bar {
            val firstArg = args.firstOrNull()
        }
    }
}
```

允许非内部类将导致某种违反直觉的行为,其中外部类可以访问局部状态(例如上面显示的 args 变量),而嵌套类(非内部)则不能访问局部状态。

可空性

与 Java 相似,Kotlin 中的引用值包括特殊常量 null,它表示空引用,即与任何已分配对象都不对应的引用。Null 的行为不像其他任何引用:在 Java 中,您可以将 null 分配给任何引用类型的变量,但不能使用为相应类型定义的任何方法或属性,因为任何试图访问 null 成员的尝试都会导致 NullPointerException(简称 NPE)。最糟糕的部分是,此类错误仅在运行时显示出来,因为编译器无法使用静态类型信息检测到它们。

Kotlin 类型系统的一个显著优势是它能够区分允许空值的引用类型和不允许空值的引用类型。此功能将问题转移到编译时,并可以帮助您避免大多数臭名昭著的 NullPointerException 问题。

在本节中,我们将讨论用于表示可空值的类型以及可用于处理空值的基本操作。在第 12 章中,我们还将讨论与 Java-Kotlin 互操作性相关的可空性问题。

可空类型

Kotlin 类型系统的主要特征之一是它能够区分包含空值类型和不包含空值类型的能力。在 Java 中,所有引用类型均假定为可为空。换句话说,编译器不能保证引用类型的特定变量不能为 null。

但是,在 Kotlin 中,所有引用类型本身都不可以为 null。因此,您不能在字符串类型的变量中存储 null。来看以下函数,该函数检查给定的字符串是否仅包含字母字符:

```
fun isLetterString(s: String): Boolean {
    if (s.isEmpty()) return false
    for (ch in s) {
        if (! ch.isLetter()) return false
```

```
    }
    return true
}
```

如果尝试为 s 参数传递 null，则会遇到编译错误：

```
fun main() {
    println(isLetterString("abc"))        // Ok
    println(isLetterString(null))         // 错误
}
```

原因是第二个调用中的参数具有可为 null 的类型，但是 string 不接受 null，因此禁止该调用。您无须在 isLetterString()本身中编写任何其他检查，以确保不传递任何 null 或担心它可能会在尝试取消引用其参数时引发 NPE，Kotlin 编译器可防止在编译时发生此类错误。

Java vs. Kotlin：在 Java 中，从编译器的角度来看，将 null 传递到以下函数是完全可以接受的，但在运行时会产生 NullPointerException：

```
class Test {
    static booleanisLetterString(String s) {
        for (int i =  0; i<s.length; i+ + ) {
            if (! Character.isLetter(s.charAt(i))) return false;
        }
        return true;
    }
    public static void main(String[] args) {
// Compiles but throw an exception at runtime
        System.out.println(isEmpty(null))
    }
}
```

如果需要编写一个可以接受空值的函数，该怎么办？在这种情况下，在参数类型后面加问号将其标记为可为空：

```
fun isBooleanString(s: String?) =  s = =  "false" || s = =  "true"
```

像 String？这样的类型在 Kotlin 中被称为可空类型。在类型系统方面，每个可为空的类型都是其基本类型的超类型，它通过包含 null 来扩大其原始值集。尤其是，这意味着可以始终为可为空的变量分配一个相应的不可为空类型的值，但是相反的情况当然是 false：

```
fun main()  {
    println(isBooleanString(null))       // 正确
    val s: String? = "abc"               // 正确
    val ss: String = s                   // 错误
}
```

请注意,上述示例中的最后一个赋值是不正确的:即使变量 s 在运行时不保存 null 值,编译器也必须保持保守,因为它只能使用静态类型信息来告知变量 s 可为空,因为我们已将其明确标记为 null。

在运行时,不可为空的值实际上与可为空的值没有太大区别,仅存在编译级别差异。Kotlin 编译器不使用任何包装器(例如 Java 8 中引入的可选类)来表示非空值,因此不涉及其他运行时开销。

原始类型(例如 Int 或 Boolean)也具有可为空的版本。但是请记住,此类类型始终表示装箱值:

```
fun main() {
    val n: Int = 1                       // 基元值
    val x: Int? = 1                      // 引用装箱值
}
```

最小的可空类型是 Nothing,除了 null 常量之外,该值不包含任何其他值,这是 null 本身的类型,也是任何其他可为 null 的类型的子类型。最大的可空类型 Any? 也是整个 Kotlin 类型系统中最大的类型,并且被视为任何其他类型的超类型(可为空或不可为空)。

可空类型不保留可用于其基本类型的方法和属性。原因是通常的操作(如调用成员函数或读取属性)对于 null 值没有意义。如果我们通过将 String 的参数类型替换为 String? 来更改 isLetterString()函数,别无其他,我们会得到一个编译错误,因为现在函数体内所有 s 用法都变得不正确:

```
fun isLetterString(s: String?): Boolean {
// 错误: isEmpty() 不可用于 String?
    if (s.isEmpty()) return false
// 错误: iterator() 不可用于 String?
    for (ch in s) {
        if (! ch.isLetter()) return false
    }
    return true
}
```

请注意,不能使用 for 循环来迭代可为空的字符串。因为 String? 没有 iterator()方法。

实际上,由于 Kotlin 扩展机制,可空类型可能具有自己的方法和属性。在第 5 章"利用高级函数和函数编程",我们将更详细地解决此问题。一个示例是字符串连接,它也适用于 String? 的值:

```
fun exclaim(s: String?) {
    println(s + "!")
}

fun main() {
    exclaim(null)                            // null!
}
```

那么,我们如何修复像 isLetterString()函数之类的代码来正确处理可为空的值?为了完成这项工作,Kotlin 建议了几种选项,我们将在以下各节中介绍这些选项。

可空性和智能转换

处理可空值的最直接方法是使用某种条件语句将其与空值进行比较:

```
fun isLetterString(s: String?): Boolean {
    if (s = = null) return false
    // s 在此处不可为空
    if (s.isEmpty()) return false
    for (ch in s) {
        if (! ch.isLetter()) return false
    }
    return true
}
```

尽管我们没有改变 s 本身的类型,但是以某种方式添加 null 检查可以使代码兼容性更好。这归功于一个有用的 Kotlin 特性,称之为智能转换。基本上,每当您对 null 进行相等性检查时,编译器就知道在一个控制流分支中,感兴趣的值肯定是 null;而在另一个分支中,它肯定不是 null。然后,它使用这些信息优化值类型,隐式地将其从 nullable 强制转换为 non-nullable,因此得名智能转换(smart cast)。在前面的例子中,编译器明白,由于 s = = null 对应的分支以返回语句结束,所以当 s 为空时,在 if(s = = null) return false 之后的代码永远不会被执行。因此,假设变量 s 在函数体的其余部分中具有不可空的字符串类型。

智能类型转换并不局限于可空性，在第 8 章"了解类层次结构"中，我们将看到它们如何在类层次结构的上下文中启用安全的类型转换。

 IDE 提示：IntelliJ 插件对受智能强制转换影响的变量引用有一个特殊的高亮显示；多亏了它，您可以通过查看代码轻松地区分此类变量。它还在参考工具提示中显示了改进的类型（图 4.2）：

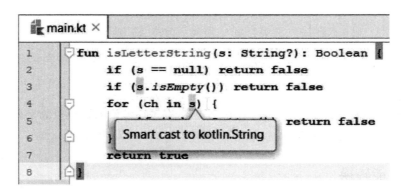

图 4.2 智能转换高亮

智能类型转换还可以在其他与条件检查有关的语句或表达式中使用，例如 when 表达式和循环：

```
fun describeNumber(n: Int?) = when (n) {
    null -> "null"
    // 以下分支中 n 不为空
    in 0..10 -> "small"
    in 11..100 -> "large"
    else -> "out of range"
}
```

|| 和 && 操作符右侧也是如此：

```
fun isSingleChar(s: String?) = s != null && s.length == 1
```

请注意，为了执行智能转换，编译器必须确保所涉及的变量在检查和使用之间不更改其值。特别是，到目前为止，我们已经看到不可变的局部变量允许无限制的智能转换，因为它们在初始化后不能更改值。但是，在空检查和使用之间进行修改时，可变变量可能会阻止智能转换：

```
var s = readLine()                         // String?
```

```
if (s ! = null) {
    s = readLine()
    // 下面没有智能转换,因为变量的值已经被更改
    println(s.length)                    // 错误
}
```

可变属性永远不允许进行智能类型转换,因为通常情况下,它们随时可能会被其他代码更改。在第 8 章"了解类层次结构"中,我们将更详细地讨论这些规则及其例外。

非空断言运算符

我们已经在前面的示例使用 readLine()函数时遇到了!! 操作符。!! 操作符,也称为非空断言,是一个后缀操作符,当它的参数为空时抛出 Kotlin NullPointerException(在 JVM 中,它是众所周知的 NullPointerException 的子类)。当参数为空时,它将不加更改地返回,得到的类型是原始类型的不可空版本。基本上,它会复制 Java 程序的行为,该行为会在试图解引用空值时抛出异常。下面的例子演示了这种行为:

```
val n = readLine()!!.toInt()
```

一般来说,应该避免这种操作,因为 null 值通常需要一些合理的响应,而不是简单地抛出异常。但有时,它的使用是合理的。例如,考虑以下程序:

```
fun main() {
    var name: String? = null
    fun initialize() {
        name = "John"
    }
    fun sayHello() {
        println(name!!.toUpperCase())
    }
    initialize()
    sayHello()
}
```

在这种情况下,非空断言是一个合适的解决方案,因为我们知道在 name 之后调用的 sayHello()函数被分配了一个非空值。但是,编译器无法识别这种用法是安全的,并且不会在 sayHello()中将变量类型优化为 String,因此一种解决方案是忽略警告并使用非空断言。但是请注意,即使在这种情况下,使用不那么生硬的工具来处理空值,甚至以编译器可以采用智能类型转换的方式重写代码的控制流也是很有意义的。

IDE 提示：IntelliJ 插件附带检查功能,高亮显示并建议删除多余的!! 操作符。

像任何其他后缀运算符一样,非空断言具有最高的优先级。

安全调用运算符

我们已经提到,可空类型的值不允许调用对应的非空类型可用的方法。但是,有一种特殊的安全调用操作允许您绕过此限制。让我们考虑一个之前的例子：

```
fun readInt() = readLine()!!.toInt()
```

只要您的程序使用控制台作为其标准 I/O,此函数就可以正常工作。然而,如果我们已经启动了将某个文件作为标准输入的程序,那么如果有问题的文件是空的,它可能会以 KotlinNullPointerException 失败。使用安全调用运算符,我们可以将其重写为以下形式：

```
fun readInt() = readLine()?.toInt()
```

上面的代码基本上等效于该函数：

```
fun readInt(): Int? {
    val tmp = readLine()
    return if (tmp != null) tmp.toInt() else null
}
```

换句话说,当安全调用操作符的接收方(左操作数)不是 null 时,它的行为就像一个普通调用。然而,当它的接收者为 null 时,它不执行任何调用,只返回 null。类似的,对于||和 && 操作,安全调用遵循惰性语义：如果接收方为空,它们不会计算调用参数。在优先级方面,?. 操作符与普通调用操作符(.)处于同一级别。

当接收者不为空时做一些有意义的事情,否则返回空,在实践中经常发生,因此安全调用可以极大地简化代码,免去不必要的 if 表达式和临时变量声明。一个有用的习惯用法是使用如下链式安全调用：

```
println(readLine()?.toInt()?.toString(16))
```

注意,由于安全调用运算符可能返回 null,因此其类型始终是相应的非安全调用的可为空的版本。我们必须在新的 readInt() 函数的调用上考虑到这一点：

```kotlin
fun readInt() = readLine()?.toInt()
fun main() {
    val n = readInt() // Int?
    if (n != null) {
        println(n + 1)
    } else {
        println("No value")
    }
}
```

与非空断言一样，安全调用也可以应用于非空的接收方。然而，这样的代码完全是多余的，因为它的行为完全像一个简单的点调用(.)。

IDE 提示：IntelliJ 插件会自动高亮显示 ?. 的多余用法，并建议将其替换为普通调用。

Elvis 运算符

处理可空值的一个更有用的工具是一个 null 合并操作符：它允许您提供一些默认值来代替 null。它通常被称为"Elvis 操作符"，因为它与"猫王"Elvis Presley 的表情符号相似。让我们来看一个例子：

```kotlin
fun sayHello(name: String?) {
    println("Hello, " + (name ?: "Unknown"))
}
fun main() {
    sayHello("John")                 // Hello, John
    sayHello(null)                   // Hello, Unknown
}
```

换句话说，当该运算符不为 null 时，其结果为左参数，否则为右参数。基本上，上面的 sayHello() 函数相当于以下代码：

```kotlin
fun sayHello(name: String?) {
    println("Hello, " + (if (name != null) name else "Unknown"))
}
```

Elvis 运算符与安全调用结合使用，可在接收方为 null 时替换默认值。在以下代码中，当程序的标准输入为空时，我们将替换为 0：

```
val n = readLine()?.toInt() ?: 0
```

一个更方便的模式是使用控制流中断语句（如 return 或 throw）作为 Elvis 的正确参数。这是相应 if 表达式的缩写：

```
class Name(val firstName: String, val familyName: String?)
class Person(val name: Name?) {
    fun describe(): String {
        val currentName = name ?: return "Unknown"
        return "${currentName.firstName} ${currentName.familyName}"
    }
}
fun main() {
    println(Person(Name("John", "Doe")).describe()) // John Doe
    println(Person(null).describe()) // Unknown
}
```

 IDE 提示：IntelliJ 插件有一个特殊的检查功能，可以检测能用 Elvis 操作符替换的表达式是否为空（图 4.3）

```
1  class Name(val firstName: String, val familyName: String?)
2  class Person(val name: Name?) {
3      fun describe(): String {
4          val currentName = if (name != null) name else return "Unknown"
5                                                              ame.familyName}"
6          Replace 'if' expression with elvis expression more... (Ctrl+F1)
7  }
```

图 4.3　用 Elvis 运算符替换 if 表达式

就优先级而言，Elvis 运算符在运算符中位于中缀运算（如 or 和 in/! in），占据中间位置，特别是产生比较或相等运算符，｜｜、&& 和赋值。

属性：超越简单变量

在第一节中，我们向您介绍了属性作为绑定到特定类实例或类似于 Java 字段的文件外观的变量的概念。但是，一般来说，Kotlin 属性拥有比简单变量更丰富的功能，这些功能为您提供了控制如何读取或写入属性值的方法。在本节中，我们将更仔细地了解非平凡属性语义。

顶级属性

与类或函数类似，属性可以在顶层声明。在这种情况下，它们充当一种全局变量或常量：

```
val prefix = "Hello, "              // top- level immutable property
fun main() {
    val name = readLine() ?: return
    println("$ prefix$ name")
}
```

此类属性可能具有顶级可见性（公共/内部/私有）。它们也可用于 import 指令：

```
// util.kt
package util
val prefix = "Hello, "
// main.kt
package main
import util.prefix
fun main() {
    val name = readLine() ?: return
    println("$ prefix$ name")
}
```

延迟初始化

有时，在实例化类属性时，初始化类属性的要求可能会过于严格。某些属性只能在类实例创建之后、实际使用之前进行初始化：例如，它们可能在某些初始化方法（如单元测试设置）中指定，或者通过依赖项注入进行分配。一种解决方案是分配一些默认值（例如 null），这基本上意味着构造函数中的未初始化状态，并在必要时提供实际值。

例如，考虑下面的代码：

```
import java.io.File
class Content {
    var text: String? = null
    fun loadFile(file: File) {
        text = file.readText()
    }
}
fun getContentSize(content: Content) = content.text?.length ?: 0
```

我们假设在其他地方调用 loadFile()，来从某个文件加载字符串内容。这个例子的缺点是，我们必须处理一个可为 null 的类型，而实际值应该总是在访问之前初始化，因此是非 null 的。Kotlin 通过 lateinit 关键字为这种模式提供了内置支持。让我们将其应用到我们的示例中：

```
import java.io.File
class Content {
    lateinit var text: String
    fun loadFile(file: File) {
        text = file.readText()
    }
}
fun getContentSize(content: Content) = content.text.length
```

带有 lateinit 标记的属性的工作原理与普通属性一样，只有一个区别：在尝试读取其值时，程序将检查该属性是否已初始化，如果未初始化，则抛出异常：UninitializedProperty-AccessException。这种行为有点类似于隐式!! 操作符。

属性必须满足一些要求才能有资格延迟初始化：首先，它必须声明为可变(var)，因为它的值可能在代码的不同部分发生更改；其次，它必须具有不可为 null 的类型，并且不能表示 Int 或 Boolean 之类的基元值，原因是在内部，lateinit 属性表示为一个可为 null 的变量，保留 null 表示未初始化状态；最后，lateinit 属性可能没有初始值设定项，因为这样的构造首先会破坏声明它为 lateinit 的目的。

Kotlin 1.2 引入了一些与 lateinit 相关的改进。特别是，现在可以对顶级属性和局部变量使用后期初始化：

```
lateinit vartext: String
fun readText() {
    text = readLine()!!
}
fun main() {
    readText()
    println(text)
}
```

另一个改进是，能够在尝试访问 lateinit 属性值之前检查该属性是否已初始化。我们将在第 10 章"注释和反射"中讨论如何实现这一点，该章将讨论 Kotlin 反射 API。

使用自定义访问器

到目前为止,我们看到的属性本质上表现为普通变量,这些变量存储在某个 Kotlin 类的实例中,或者存储在文件的上下文中(JVM 上的文件也表示为特殊 facade 类的实例)。然而,Kotlin 属性的真正威力来自它们在单个声明中组合变量和函数行为的能力。这可以通过自定义访问器实现,自定义访问器是在访问属性值进行读写时调用的特殊函数。

在下面的示例中,我们定义了自定义 getter,即用于读取属性值的访问器:

```
class Person(val firstName: String, val familyName: String) {
    val fullName: String
        get(): String {
            return "$ firstName $ familyName"
        }
}
```

getter 放在属性定义的末尾,基本上看起来像一个函数,尽管它使用关键字 get 而不是名称。无论何时读取此类属性,程序都会自动调用其 getter:

```
fun main() {
    val person = Person("John", "Doe")
    println(person.fullName)                // John Doe
}
```

与函数类似,访问器支持表达式体(expression－body)形式:

```
val fullName : String
get() = "$ firstName $ familyName"
```

请注意,getter 可能没有任何参数,而其返回类型(如果存在)必须与属性本身的类型相同:

```
val fullName:Any
get():String{                           //Error
    return "$ firstName $ familyName"
}
```

从 Kotlin 1.1 开始,您可以省略显式属性类型,而依靠类型推断:

```
val fullName
get() = "$ firstName $ familyName"         //推断字符串
```

我们上面介绍的 fullName 属性的值是在每次访问时计算的。与 firstName 和 family-Name 不同，它没有后备字段，因此不会在类实例中占用内存。换句话说，它基本上是一个仅具有属性形式的函数。在 Java 中，出于相同的目的，我们通常会引入诸如 get-FullName() 之类的方法。

关于后备字段的规则如下：当属性具有至少一个默认访问者或自定义访问者（显式提及该字段）时，将生成后备字段。由于不可变属性只有一个访问器，并且在我们的示例中，它不直接引用后备字段，因此 fullName 属性将没有后备字段。

直接字段参考是怎么回事呢？当您希望属性基于某些存储值，但仍然需要自定义访问权限时，此功能很有用。例如，我们可以使用它来记录属性的读取，如下所示：

```
class Person(valfirstName: String, val familyName: String, age: Int) {
    val age: Int =  age
    get(): Int {
        println(" Accessing age")
        return field
    }
}
```

支持字段引用由 field 关键字表示，并且仅在访问者的正文内部有效。

当属性不使用后备字段时，它就不能具有初始化程序，因为初始化程序基本上是在类实例初始化时直接分配给后备字段的值。这就是为什么我们没有为上面的 fullName 定义添加初始化程序的原因：作为计算属性，它不需要初始化程序。

由于具有客户 getter 的属性的行为类似于无参数函数，尽管其语法略有不同，这提出了一个问题：在特定情况下，您应如何在这两种构造之间进行选择。官方的 Kotlin 编码约定建议，当计算不会导致引发异常，值足够方便或已缓存，并且不同的调用会产生相同的结果，除非包含类实例的状态不改变。

用 var 关键字定义的可变属性有两个访问器：用于读取的 getter 和用于写入的 setter。让我们考虑一个例子：

```
class Person(val firstName: String, val familyName: String) {
    var age: Int? =  null
    set(value) {
        if(value ! =  null && value <=  0){
            throw IllegalArgumentException("Invalid age: $ value")
```

```
        }
        Field = value
    }
}
fun main() {
    val person = Person("John", "Doe")
    person.age = 20                     //calls custom setter
    println(person.age)                 // 20,uses default getter
}
```

属性设置器必须具有与属性本身相同类型的单个参数。由于通常事先知道参数类型,因此会省略它。按照惯例,该参数的名称为 value,但是可以根据需要选择其他名称。

请注意,属性初始值设定项不会触发 setter 调用,因为初始值设定项值,直接分配给后备字段。

由于可变属性具有两个访问器,因此除非两个访问器都是自定义的并且不通过 field 关键字引用它,否则它们始终拥有一个备用字段。例如,由于默认的 getter 和 setter 中的直接涉及,先前的 age 属性具有一个后备字段,而以下属性则没有:

```
class Person(var firstName: String, var familyName: String) {
    var fullName: String
    get(): String = "$ firstName $ familyName"
    set(value) {
        val names = value.split(" ")// Split string space- separated words
        if(names.size ! = 2) {
            throw IllegalArgumentException("Invalid full name: '$ value'")
        }
    firstName = names[0]
    familyName = names[1]
    }
}
```

属性访问器可能具有自己的可见性修饰符。例如,如果您想禁止在其包含类之外更改属性,从而使其对于外界有效地不可变,则可能很有用。如果不需要访问器的简单实现,则可以使用单个 get/set 关键字来缩写它:

```
import java.util.Date
class Person(name: String) {
    var lastChanged: Date?
    private set            // can't be changed outside Person class
    var name: String = name
```

```
        set(value){
            lastChanged =  Date()
            field =  value
        }
    }
```

Java vs. Kotlin：从 JVM 的角度来看，Kotlin 属性通常对应于一个或两个访问或方法（例如 getFullName()和 setFullName()），可能由私有字段支持。尽管该方法本身在 Kotlin 代码中不可用，但是可以从 Java 类中调用它们，并且构成 Java / Kotlin 互操作性的重点。在第 12 章中，我们将更详细地讨论此问题。另一方面，私有属性默认情况下不生成访问器方法，因为它们不能在包含类或文件之外使用，优化对此类属性的访问以直接引用其后备字段。

Lateinit 属性不允许使用自定义访问器，因为它们的访问器总是自动生成的。声明为主要构造函数参数的属性也不支持它们，但是可以解决此问题。方法是使用普通的非属性参数并将其值分配给类主体中的属性，就像前面的 val age 一样。

惰性属性和委托

在上一节中，我们已经看到了如何使用 lateinit 修饰符实现后期初始化。但是，在许多情况下，我们希望将值计算推迟到首次访问之前。在 Kotlin 中，这可以通过惰性实现。

让我们考虑一个例子：

```
import java.io.File
val text by lazy {
    File("data.txt").readText()
}
fun main() {
    while(true) {
        when(val command =  readLine()?: return){
                "print data"-> println(text)
                "exit"-> return
        }
    }
}
```

前面的 text 属性定义为 lazy：我们在 lazy 子句后面的块中指定如何对其进行初始化。只有当用户键入适当的命令时，我们才首先在 main()函数中对其进行访问，然后才计算值本身。初始化后，属性值存储在一个字段中，并且所有后续访问它的尝试都将读取存储

的值。例如,如果我们使用简单的初始化程序定义了一个属性:

```
val text =  File("data.txt").readText()
```

该文件将在程序启动时立即读取,而带有 getter 的属性如下所示:

```
val text get() =  File("data.txt").readText()
```

程序每次尝试访问属性值时,都会重新读取文件。如果需要,还可以显式指定属性类型:

```
val text: String by lazy { File("data.txt").readText() }
```

实际上,此语法是所谓的委托属性的特例,它使您可以通过特殊的委托对象来实现属性,该对象处理读/写并在必要时保留所有相关数据。委托放置在关键字的后面,并且可以是返回符合特定约定的对象的任意表达式。在我们的示例中,lazy{}不是内置的语言构造,而只是提供了 lambda 对标准库函数的调用(在讨论数组的创建时,我们已经在第 2 章"Kotlin 语言基础"中看到过类似的示例)。

Kotlin 提供了一些开箱即用的委托实现:除了启用惰性计算外,标准委托还允许您创建可观察的属性,这些属性在每次更改其值之前/之后通知侦听器,并通过映射返回属性,而不是将它们存储在单独的字段中。在本节中,我们将为您提供一些关于惰性属性的基本介绍,并将它们的综合处理推迟到第 7 章"探索 Collections 和 I/ O",以及第 11 章"领域特定语言"。Kotlin 库中提供了标准委托人以及分别设计自己的委托人的方法。

请注意,与 lateinit 属性不同,惰性属性可能无法更改:初始化后它们不会更改值:

```
var text by lazy {" Hello"}                      //错误
```

默认情况下,惰性属性是线程安全的:在多线程环境中,该值是由单个线程计算的,并且所有尝试访问该属性的线程最终都将获得相同的结果。

从 Kotlin 1.1 开始,您可以将委托用于局部变量。特别是,这允许您在函数体内定义惰性变量:

```
fun longComputation(): Int {...}
fun main(args: Array<String>) {
    val data by lazy {longComputation() } // 惰性局部变量
    val name = args.firstOrNull()?: return
```

```
        println("$ name: $ data")                // 仅当 name 非空时,data 才能够访问
    }
```

请注意,委拖属性当前不支持智能强制类型转换。由于委托可以具有任意实现,因此对它们的定义类似于使用自定义访问器的属性。这也意味着您可以将智能转换与局部委托变量一起使用:

```
fun main() {
    val data by lazy { readLine() }
    if (data ! = null) {
    // Error: no smart cast, data is nullable here
        println("Length: $ {data.length}")
    }
}
```

惰性属性/局部变量也不例外:当前,即使初始化后它们的值实际上并没有改变,也不能对其应用智能转换。

对象

在本节中,我们将讨论对象声明的概念。Kotlin 中的对象声明是类和常量之间的一种混合,使您可以创建单例(singleton pattern)——具有完全一个实例的类。我们还将研究对象表达式,其作用类似于 Java 的匿名类。

对象声明

Kotlin 具有对单例模式的内置支持,该支持基本上可以确保某些类只能具有一个实例。在 Kotlin 中,您声明单例与类相似,但改用 object 关键字:

```
object Application {
    val name =  "My Application"
    override fun toString() =  name
    fun exit() { }
}
```

这样的对象声明既可以用作类,也可以用作表示其实例的值。例如,看下面的代码:

```
fun describe(app: Application) =  app.name // Application as a type
fun main() {
```

```
println(Application) // Application as a value
}
```

需要注意的是,使用一个对象作为类型通常是没有意义的,因为这种类型有完全相同一个实例,以便您可以指到该实例本身。

对象定义是线程安全的:编译器可确保即使您同时从不同的执行线程访问单实例,还只有一个共享的实例,并初始化代码的运行只有一次。

初始化本身惰性地发生于单个类,它的加载通常发生在所述程序第一指到的对象实例。

Java vs. Kotlin:在 Java 中,必须使用普通的类声明来模拟单例,这通常通过私有构造函数和一些静态状态的组合来实现。这样的对象声明可以根据不同功能上的实现细节。最常见的是惰性与渴望、线程安全与非线程安全的单例。纵观 JVM 字节码的应用对象,我们看到的是它基本上相当于下面的 Java 类:

```
public final class Application {
    private static final String name = "My Application";
    public static final Application INSTANCE;
    private Application() { }
    public final StringgetName() {
        return name;
    }
    public final void exit() { }
    static {
        INSTANCE = new Application();
        name = "My Application";
    }
}
```

请注意,INSTANCE 变量在 Kotlin 代码本身中不可访问,但可以在引用 Kotlin 单例的 Java 类中使用。在第 12 章中,我们将更详细地考虑这个问题。

与类相似,对象声明可以包括成员函数和属性以及初始化程序块,但可能没有主构造函数或辅助构造函数,对象实例始终是隐式创建的,因此构造函数调用对对象没有任何意义。

对象主体中的类不能标记为内部类。内部类的实例始终与其所在类的相应实例相关联,但是对象声明只有一个实例,这使 inner 修饰符明显地变得多余,这就是为什么要禁止使用它。

可以导入对象成员,以后再用其简单名称(类似于顶级声明)来引用。例如,假设在单独的文件中定义了 Application 对象:

```
import Application.exit
fun main() {
    println(Application.name)          // using qualified reference
    exit()                             // using simple name
}
```

但是,您可能无法使用 import 一次导入所有对象成员:

```
import Application.*                   // Error
```

这种限制背后的原因是:对象定义与任何其他类一样,包括诸如 toString()或 equals()之类的通用方法,如果允许按需导入,则也可以将其导入。

像类一样,对象可以嵌套到其他类中,甚至可以嵌套到其他对象中。这样的声明也是单例,每个应用程序只有一个实例。如果每个封闭类需要一个单独的实例,则应改用内部类。但是,您不能将对象放在函数以及局部或内部类内部,因为此类定义通常取决于某些封闭上下文,因此不能是单例。可以使用对象表达式来创建局部作用域的对象,我们将在本章中进一步讨论该对象表达式。

Java vs. Kotlin:在 Java 世界中,您经常会遇到所谓的实用程序类。从本质上讲,它是一个没有实例的类(通常是通过私有构造函数),用作相关方法的一种分组。这种模式在 Java 中被证明是有用的,但是在 Kotlin 中通常不鼓励使用这种模式,尽管您可以根据需要声明实用程序样式的类。原因是,与 Java 不同,Kotlin 具有可以分组的顶级声明,一起使用软件包,从而使您无须使用特殊的类并减少样板。

伴侣对象

与嵌套类相似,嵌套对象可以访问给定实例的封闭类的私有成员。一个有用的意义可以轻松实现工厂设计模式。在某些情况下,直接使用 constructor 是不必要的:例如,您不能根据某些预检查返回 null 或不同类型(符合类的类型)的实例,因为构造函数调用总是返回其类的实例或抛出一个例外。一种可能的解决方案是将构造函数标记为私有,使其在类外部无法访问,并使用函数充当 Factory 方法来定义嵌套对象,并在必要时调用类构造函数:

```
class Application private constructor(val name: String) {
    object Factory {
        fun create(args: Array<String>): Application? {
            val name = args.firstOrNull() ?: return null
            return Application(name)
        }
    }
}
fun main(args: Array<String>) {
// Direct constructor call is not permitted
// val app = Application(name)
    val app = Application.Factory.create(args) ?: return
    println("Application started: $ {app.name}")
}
```

请注意,在这种情况下,每次调用工厂方法时都必须引用对象名称,除非使用 import Application. Factory. create 指令进行导入。Kotlin 允许您通过将 Factory 对象变成伴随对象来解决此问题。伴随对象基本上是标记有伴随关键字的嵌套对象。此类对象的行为与任何其他嵌套对象几乎一样,但有一个例外:您可以通过封闭类的名称引用其成员,而无须提及伴随对象本身的名称。使用伴随,我们可以使前面的示例更加简洁:

```
class Application private constructor(val name: String) {
    companion object Factory {
        fun create(args: Array<String>): Application? {
            val name = args.firstOrNull() ?: return null
            return Application(name)
        }
    }
}
fun main(args: Array<String>) {
    val app = Application.create(args) ?: return
    println("Application started: $ {app.name}")
}
```

尽管它被认为是多余的,但是您仍然可以使用其名称来引用伴随对象成员:

```
val app = Application.Factory.create(args)?: return
```

IDE 提示:IntelliJ 会自动警告您有关同伴的不必要引用,并建议从代码中删除它们(图 4.4):

```
 9
10  ▶   ┌   fun main(args: Array<String>) {
11             val app = Application.Factory.create(args) ?: return
12             println("Application star     Remove redundant Companion reference
13      └   }                                 ⤳  Show local variable type hints
                                              ⤳  Add import for 'Application.Factory.create'  ▶
```

图 4.4   冗余伴随引用

对于 companion 对象，您还可以跳过定义本身中的名称。这是推荐的方法：

```kotlin
class Application private constructor(val name: String) {
    companion object {
        fun create(args: Array<String> ): Application? {
            val name = args.firstOrNull() ?: return null
            return Application(name)
        }
    }
}
```

省略伴随名称时，编译器将采用默认伴随名称。

请注意，在导入伙伴名称时，必须明确提及其名称：

```kotlin
import Application.Companion.create    // OK
import Application.create              // Error
```

一个 class 或许不能有超过 1 个 companion：

```kotlin
class Application {
    companion object Factory
    companion object Utils // Error: only one companion is allowed
}
```

对顶级对象或嵌套在另一个对象中的对象使用伴随修饰符也是一个错误：在前一种情况下，您缺乏将伴随绑定到的类定义，而在后一种情况下，伴随基本上是多余的。

Java vs. Kotlin：Kotlin 中的伴随对象可以被视为 Java 静态上下文的对应对象，与静态对象一样，伴随成员共享相同的全局状态，并且可以访问封闭类的任何成员，而不管其可见性如何。但是，关键的区别在于它们的全局状态是对象实例。这提供了比 Java 静态函数更大的灵活性，因为伴随对象可能具有超类型，并像其他任何对象一样传递。在第 8 章"了解类层次结构"和第 11 章"领域特定语言"中，我们将看到如何将伴随对象与继承和语言约定结合起来以产生更具表达力的代码。

还请注意,可以像 Java 静态初始化程序一样使用伴随对象中的 init 块。

对象表达式

Kotlin 具有一种特殊的表达式,无须显式声明即可创建新对象。该对象表达式与 Java 匿名类非常相似。考虑以下示例:

```
fun main() {
    fun midPoint(xRange: IntRange, yRange: IntRange) = object {
        val x = (xRange.first + xRange.last)/2
        val y = (yRange.first + yRange.last)/2
    }
    val midPoint = midPoint(1..5, 2..6)
    println("$ {midPoint.x}, $ {midPoint.y}") // 3, 4
}
```

对象表达式看起来就像没有名称的对象定义,例如,可以像前面的示例一样将表达式指定为变量。请注意,与类和对象表达式不同,不能在函数内部声明命名对象:

```
fun printMiddle(xRange: IntRange, yRange: IntRange) {
    // Error
    object MidPoint {
        val x = (xRange.first + xRange.last)/2
        val y = (yRange.first + yRange.last)/2
    }
    println("$ {MidPoint.x}, $ {MidPoint.y}")
}
```

对象表达式的基本原理是:对象定义应该表示单例,而本地对象(如果允许)通常必须在每次调用封闭函数时重新创建。

由于我们没有为 midPoint() 函数返回的对象定义显式类型,因此您可能想知道返回类型是什么。答案是所谓的匿名对象类型,它表示一个类,具有在对象表达式中定义的所有成员和一个实例。这种类型在语言本身中不是可表示的:它只是 Kotlin 编译器使用的对象表达类型的内部表示。我们仍然可以使用类似于任何其他类实例的匿名类型的表达式:例如,通过上面的 println() 调用来访问其成员。

IDE 提示：如果我们尝试使用 Show Expression 查看对象表达类型动作(Ctrl ＋ Shift ＋ P / Cmd ＋ Shift ＋ P)，IntelliJ 会向我们显示＜匿名对象＞占位符 (图 4.5)：

```
1  ▶  ☐ fun main() {
2         fun midPoint(xRange: IntRange, yRange: IntRange) = object {
3    <anonymous object>      = (xRange.first + xRange.last)/2
4            val y = (yRange.first + xRange.last)/2
5         }
```

图 4.5　匿名对象类型

此示例还演示了带有对象表达式主体的函数具有匿名返回类型，并且对于局部变量和属性也是如此：

```
fun main() {
    val o = object { // anonymous object type is inferred
    val x = readLine()!!.toInt()
    val y = readLine()!!.toInt()
    }
    println(o.x + o.y) // can access x and y here
}
```

但是请注意，匿名类型仅传播到本地或私有声明。例如，如果我们将 midPoint()函数声明为顶级函数，则在尝试访问对象成员时会出现编译时错误：

```
fun midPoint(xRange: IntRange, yRange: IntRange) = object {
    val x = (xRange.first + xRange.last)/2
    val y = (yRange.first + yRange.last)/2
}
fun main() {
    val midPoint = midPoint(1..5, 2..6)
    // Error: x and y are unresolved
    println("$ {midPoint.x}, $ {midPoint.y}")
}
```

现在，midPoint()函数的返回类型不是我们的对象表达式的匿名类型，而是它的可表示的超类型。由于我们的对象没有显式超类型，因此将其假定为 Any，这就是为什么 midPoint. x 引用无法解析的原因。

与局部函数和类相似，对象表达式可以从封闭代码中捕获变量。可以在对象的主体中修改捕获的可变变量：在这种情况下，编译器创建必要的包装器以共享类似于本地类的数据。

```
fun main() {
    var x = 1
    val o = object {
        fun change() {
            x = 2
        }
    }
    o.change()
    println(x) // 2
}
```

请注意，与延迟声明的对象声明不同，对象表达式在创建实例后立即初始化。例如，下面的代码将打印 x = 2，因为在该点上，已读取 x 变量，并且已经执行了对象表达式中的初始化代码：

```
fun main() {
    var x = 1
    val o = object {
        val a = x++;
    }
    println("o.a = ${o.a}") // o.a = 1
    println("x = $x") // x = 2
}
```

就像 Java 的匿名类一样，对象表达式在与类继承结合使用时最有用：它们为您提供了一种简洁的方式来描述基于现有类的小修改，而无需显式的子类定义。我们将在第 8 章"了解类层次结构"中考虑它们。

结论

让我们总结一下本章中学到的知识。现在，我们对如何基于 Kotlin 类定义和使用自定义类型，如何正确初始化类实例以及使用单例对象有了基本的了解。我们已经学习了使用不同种类的属性来编程自定义读/写行为。最后，我们现在能够采用强大的类型可空机制来提高程序安全性。

在接下来的章节中，将重新讨论 Kotlin 的面向对象方面。特别的，在第 6 章"使用特殊情况类"中，将处理涵盖通用编程模式的特殊类，而在第 8 章"了解类层次结构"中，将解决继承问题和构建类层次结构。

在下一章中，我们将转到另一个主题，了解支持 Kotlin 开发的另一个主要范例：函数式编程。我们会向您介绍 lambda，讨论高阶函数以及显示如何使用扩展函数和属性向现有类型添加新功能。

问题

1. 描述 Kotlin 中的基本类结构。它与 Java 类相比如何？

2. 什么是主要构造函数？

3. 什么是二级构造函数？您将如何决定一个类应包含哪些构造函数，以及是否需要辅助构造函数？

4. Kotlin 支持哪些成员可见性？它们与 Java 的可见性有何不同？

5. Kotlin 中的内部嵌套类和非内部嵌套类有什么区别？将它们与 Java 的同类产品进行比较。

6. 可以在函数体内定义一个类吗？有什么限制？

7. 延迟初始化机制的要旨是什么？与可为空的属性相比，使用 lateinit 有什么好处？

8. 什么是自定义属性访问器？将它们与 Java 中的常规 getter 和 setter 方法进行比较。

9. 您可以定义行为类似于 val 的有效只读属性吗？什么是一个有效只写属性呢？

10. 如何使用委托的属性实现惰性计算？比较 lazy 和 lateinit 属性。

11. 什么是对象声明？将 Kotlin 对象与 Java 开发中使用的常见单例实现进行比较。

12. 与类相比，对象声明有哪些限制？

13. 普通对象和同伴对象有什么区别？

14. 将 Kotlin 伴随对象与 Java 的静态对象进行比较。

15. Kotlin 与 Java 匿名类相对应的是什么？您如何使用它？

5

利用高级函数和函数编程

在本章中,我们将解决与使用函数和属性有关的一些高级问题。上半部分专门介绍 Kotlin 中的函数式编程基础知识。我们将向您介绍高阶函数的概念,描述如何使用 lambda、匿名函数和可调用引用构造函数值,并展示内联函数如何帮助您以几乎零的运行时间开销使用函数编程。在下半部分,我们将考虑扩展功能和属性,这些功能和属性使您可以不用对现有类型修改就添加新功能。

结构

- Lambda 和高阶函数
- 函数类型
- 可调用引用
- 内联函数
- 非本地返回控制流
- 扩展函数和属性
- 扩展 lambda
- 范围函数

目标

学习使用高阶函数、lambda 和可调用引用的函数的 Kotlin 特性,以及使用扩展函数和属性来丰富现有类型。

Kotlin 中的函数式编程

在本节中，我们将向您介绍支持函数范式的 Kotlin 特性。函数式编程的基本思想是将程序代码表示为操作不可变数据的函数的组合。函数式语言允许将函数视为一级值，这意味着它们与任何其他类型的值具有相同的基本功能：特别是，它们可以分配给变量或从变量读取，也可以传递给函数或从函数返回。这样就可以定义所谓的高阶函数，这些函数可以操纵其他函数值（如数据），从而为代码抽象和组合提供灵活的机制。

高阶函数

在上一章中，我们已经看到了一些使用 lambda 进行计算的示例。例如，数组构造函数调用使用一个 lambda，该 lambda 在给定索引的情况下计算数组元素：

```
val squares = IntArray(5) { n -> n * n } // 0, 1, 4, 9, 16
```

在本节中，我们将更详细地研究 lambda 和高阶函数。

假设我们要定义一个函数，该函数计算整数数组中的元素之和：

```
fun sum(numbers: IntArray): Int {
    var result = numbers.firstOrNull()
        ?: throw IllegalArgumentException("Empty array")
    for (i in 1..numbers.lastIndex) result += numbers[i]
    return result
}
fun main() {
    println(sum(intArrayOf(1, 2, 3)))     // 6
}
```

如果我们想泛化此功能以覆盖其他种类的总量，例如乘积或最小/最大值，该怎么办？我们可以将基本迭代逻辑保留在函数本身中，并将中间值的计算提取到函数参数中，该参数可以在调用入口提供：

```
fun aggregate(numbers: IntArray, op: (Int, Int) -> Int): Int {
    var result = numbers.firstOrNull()
        ?: throw IllegalArgumentException("Empty array")
    for (i in 1..numbers.lastIndex) result = op(result, numbers[i])
```

```
      return result
    }
fun sum(numbers: IntArray) =
    aggregate(numbers, { result, op -> result + op })
fun max(numbers: IntArray) =
    aggregate(numbers, { result, op -> if (op > result) op else result })
fun main() {
    println(sum(intArrayOf(1, 2, 3)))     // 6
    println(max(intArrayOf(1, 2, 3)))     // 3,原文为 sum,有误
}
```

op 参数的特色是函数类型(Int, Int)—> Int 描述值,可以像函数一样调用它。在我们的示例中,op 参数可以接受函数值,这些函数值接受一对 Int 值并返回一些 Int 作为其结果。

在 sum() 和 max() 函数的调用位置,我们传递了一个 lambda 表达式来表示这些函数值。它基本上是对局部函数的定义,没有使用简化语法的名称。例如,在表达式中:

```
{ result, op -> result + op }
```

result 和 op 充当函数参数的角色,—> 之后是表达式的计算结果。在这种情况下,不需要显式的 return 语句,并且可以从上下文自动推断参数类型。

现在让我们更详细地研究这些特征。

函数类型

函数类型描述了可以像函数一样使用的值。从语法上讲,这种类型类似于函数签名,并且包含以下两个组件:

1) 括号括起来的参数类型列表,用于确定可以将哪些数据传递给函数值;
2) 返回类型,用于确定由函数类型的值返回的结果的类型。

请注意,即使是 Unit,也必须始终明确指定返回类型。

例如,类型(Int, Int)—> Boolean 表示采用一对整数作为其输入,并返回一个布尔值作为结果。请注意,与函数定义不同,函数类型表示法中的返回类型和参数列表由 —> 字符而不是冒号(:)分隔。

可以像普通函数一样调用函数类型的值:op(result, numbers[i])。另一种方法是使用

invoke()方法,该方法采用相同的参数:

```
result = op.invoke(result, numbers[i])
```

Java vs. Kotlin:在 Java 8+中,具有单个抽象方法(single abstract method,SAM)的任何接口都可以视为具有适当上下文的函数类型,并可以使用 lambda 表达式或方法引用进行实例化。但是,在 Kotlin 中,功能值始终具有(P1,…,Pn)—> R 形式的类型,并且不能隐式转换为任意 SAM 接口。因此,尽管以下代码在 Java 中有效:

```
import java.util.function.Consumer;
public class Main {
    public static void main(String[] args) {
        Consumer<String> consume = s-> System.out.println(s);
        consume.accept("Hello");
    }
}
```

Kotlin 中的类似代码无法被编译:

```
import java.util.function.Consumer
fun main() {
// Error: type mismatch
    val consume: Consumer<String> = { s -> println(s) }
    consume.accept("Hello")
}
```

但是,为了实现 Kotlin / Java 的互操作性,Kotlin 确实支持在 Java 中声明的函数类型和 SAM 接口之间进行简化的转换。我们将在第 12 章"Java 互操作性"中看到这种转换的示例。

如果由函数类型表示的函数不带任何参数,则参数列表可能为空:

```
fun measureTime(action: () -> Unit): Long {
    val start = System.nanoTime()
    action()
    return System.nanoTime() - start
}
```

请注意,即使函数类型只有一个参数或根本没有参数,都必须在参数类型周围加上括号:

```
val inc: (Int) -> Int = { n-> n + 1 } // Ok
val dec: Int -> Int = { n -> n - 1 } // Error
```

函数类型的值不限于函数参数。实际上，它们可以与任何其他类型相等地使用。例如，您可以将功能值存储在变量中：

```
fun main() {
    val lessThan: (Int, Int) -> Boolean = { a, b -> a < b }
    println(lessThan(1, 2)) // true
}
```

请注意，如果省略变量类型，则编译器将没有足够的信息来推断 lambda 参数的类型：

```
val lessThan = { a, b -> a < b } // Error
```

在这种情况下，您必须明确指定参数类型：

```
val lessThan = { a: Int, b: Int -> a < b } // Ok
```

就像任何其他类型一样，函数类型也可以为空。在这种情况下，我们在添加问号之前将原始类型括在括号中：

```
fun measureTime(action: (() -> Unit)?): Long {
    val start = System.nanoTime()
    action?.invoke()
    return System.nanoTime() - start
}
fun main() {
    println(measureTime(null))
}
```

如果我们不这样做，效果会有所不同：() —> Unit? 将描述返回 Unit? 值。

函数类型可以嵌套，在这种情况下，它们自己表示高阶函数：

```
fun main() {
    val shifter: (Int) -> (Int) -> Int = { n -> { i -> i + n } }
    valinc = shifter(1)
    val dec = shifter(- 1)
    println(inc(10)) // 11
    println(dec(10)) // 9
}
```

注意—> 是右关联的，所以(Int)—> (Int)—> Int 实际上是指(Int)—> ((Int)—> Int)，即接受 Int 并返回另一个将 Int 映射到 Int 的函数的函数。如果我们希望它表示接受一个 Int—to—Int 函数并返回一个 Int 的函数，则必须使用括号：

```
fun main() {
    val evalAtZero: ((Int) -> (Int)) -> Int = { f -> f(0) }
    println(evalAtZero { n -> n + 1 }) // 1
    println(evalAtZero { n -> n - 1 }) // -1
}
```

函数类型可能包括其参数的可选名称,它们可用于记录目的,以澄清此类型表示的功能值的含义:

```
fun aggregate(
    numbers: IntArray,
    op: (resultSoFar: Int, nextValue: Int) -> Int
): Int {...}
```

 IDE 提示:IntelliJ IDEA 允许您使用 Parameter Info 功能查看这些参数名称,当您在其调用中按 Ctrl + P(Cmd + P)时,它会向您提供有关函数签名的提示(示例请参见图 5.1):

```
1   fun aggregate(numbers: IntArray, op: (resultSoFar: Int, nextValue: Int) -> Int): Int {
2       var result = numbers.firstOrNull()
3           ?: throw IllegalArgumentException("Empty array")
4       for (i in 1..numbers.lastIndex) result = op(result, numbers[i])
5       return result
6   }
                          numbers: IntArray, op: (resultSoFar: Int, nextValue: Int) -> Int
7
8   fun sum(numbers: IntArray) = aggregate(numbers) { result, op -> result + op }
```

图 5.1 使用"参数信息"查看功能参数名称

Lambda 和匿名函数

我们如何构造函数类型的特定值? 一种方法是使用 lambda 表达式,该表达式基本上描述了一个函数而没有给出名称。例如,让我们定义另外两个函数,这些函数使用早期的aggregate()声明来计算总和与最大值:

```
fun sum(numbers: IntArray) =
    aggregate(numbers, { result, op -> result + op })
fun max(numbers: IntArray) =
    aggregate(numbers, { result, op -> if (op > result) op else result })
fun main() {
    println(sum(intArrayOf(1, 2, 3))) // 6
    println(max(intArrayOf(1, 2, 3))) // 3
}
```

表达式：

```
{ result, op ->  result +  op }
```

称为 lambda 表达式。与函数定义类似，它包含以下内容：

• 参数列表：result，op；

• 包含 lambda 主体的表达式或语句的列表：result ＋ op。

与函数定义不同，您不能指定返回类型：它是从 lambda 主体自动推断出来的。另外，主体中的最后一个表达式被视为 lambda 结果，因此您无须在末尾使用显式的 return 语句。

请注意，lambda 参数列表未包含在括号中。lambda 参数周围的括号保留用于所谓的解构声明，我们将在第 6 章"使用特殊情况类"中进行介绍。

当 lambda 作为最后一个参数传递时，可以将其放在括号之外。实际上，这是我们在数组构造调用和惰性属性示例中已经看到的推荐代码样式：

```
fun sum(numbers: IntArray) =
aggregate(numbers) { result, op ->  result +  op }
funmax(numbers: IntArray) =
    aggregate(numbers) { result, op ->  if (op>  result) op else result }
```

IDE 提示：IntelliJ 插件会警告您有关 lambda 可以在普通参数列表外传递并自动执行必要代码更改的情况。

当 lambda 没有参数时，箭头符号－> 可以省略：

```
fun measureTime(action: () ->  Unit): Long {
    val start =  System.nanoTime()
    action()
    return System.nanoTime() -  start
}
val time =  measureTime{ 1 +  2 }
```

Kotlin 还对带有单个参数的 lambda 进行了简化的语法。在这种情况下，我们可以省略参数列表和箭头，并以预定义的名称引用该参数：

```
fun check(s: String, condition: (Char) ->  Boolean): Boolean {
```

```
    for (c in s) {
        if (! condition(c)) return false
    }
    return true
}
fun main() {
    println(check("Hello") { c -> c.isLetter() }) // true
    println(check("Hello") { it.isLowerCase() }) // false
}
```

IDE 提示：IntelliJ 插件允许您将带有它的 lambda 转换为带有显式参数的 lamb-da，反之亦然。当插入符号位于参数引用或参数定义上时，可通过 Alt ＋ Enter 菜单使用这些操作（请参见图 5.2）：

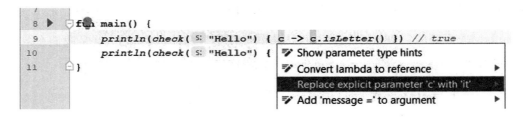

图 5.2　将显式参数转换为它

从 Kotlin 1.1 开始，您可以将下划线(_)代替未使用的 lambda 参数：

```
fun check(s: String, condition: (Int, Char) -> Boolean): Boolean {
    for (i in s.indices) {
        if (! condition(i, s[i])) return false
    }
    return true
}
fun main() {
    println(check("Hello") { _, c -> c.isLetter() })              // true
    println(check("Hello") { i, c -> i = = 0 || c.isLowerCase() }) // true
}
```

指定函数值的另一种方法是使用匿名函数：

```
fun sum(numbers: IntArray) =
    aggregate(numbers, fun(result, op) = result + op)
```

匿名函数的语法几乎与普通函数定义相同，尽管有一些区别：

• 匿名函数没有名称，因此 fun 关键字后紧跟一个参数列表；

- 与 lambda 相似，如果可以从上下文中推断出参数类型，则可以省略对它们的明确说明；
- 与函数定义不同，匿名函数是一个表达式，因此可以将其作为参数传递给函数或分配给变量（这与对象定义和匿名对象表达式之间相似）。

与 lambda 不同，匿名函数允许您指定返回类型。在这方面，它们遵循与函数定义相同的规则：返回类型是可选的，并且可以推断函数是否具有表达式主体，并且在使用块主体时必须是显式的（除非是 Unit 类型）：

```
fun sum(numbers: IntArray) =
    aggregate(numbers, fun(result, op): Int { return result + op })
```

 IDE 提示：IntelliJ 插件包括用于在 lambda 和匿名函数之间自动转换的操作。要访问它，您需要在 lambda 的左括号或 fun 关键字上放置一个编辑符，然后按 Alt + Enter（如图 5.3 所示）：

请注意，与 lambda 不同，匿名函数不能在参数列表之外传递。

```
10  ▶  ⌐ fun main() {
11         println(check( s: "Hello")  { isCapitalLetter(it) } ) // false
12      }
                 ⇛ Convert lambda to reference              ▶
                 ⇛ Add 'message =' to argument              ▶
                   Convert to anonymous function
                 ⇛ Move lambda argument into parentheses    ▶
```

图 5.3　将 lambda 表达式转换为匿名函数

与本地函数相似，lambda 和匿名函数可以访问其闭包或包含声明中定义的变量。特别是，它们可以从外部范围更改可变变量：

```
fun forEach(a: IntArray, action: (Int) -> Unit) {
    for (n in a) {
        action(n)
    }
}
fun main() {
    var sum = 0
    forEach(intArrayOf(1, 2, 3, 4)) {
        sum += it
    }
    println(sum) // 10
```

}

Java vs. Kotlin：相反，Java 中 lambda 不能修改任何外部变量。这类似于从本地类修改外部变量的情况和匿名对象，我们在第 4 章中讨论过使用类和对象。

可调用引用

在上一节中，我们已经看到了如何使用 lambda 和匿名函数构造新的函数值。但是，如果我们已经有了一个函数定义，并且想要，比如将其作为函数值传递给某些高阶函数，该怎么处理呢？当然，我们可以将其包装在 lambda 表达式中，如以下代码所示：

```
fun check(s: String, condition: (Char)-> Boolean): Boolean {
    for(c in s){
        if(! condition(c)) return false
    }
    return true
}
fun isCapitalLetter(c: Char)= c.isUpperCase()&& c.isLetter()

fun main(){
    println(check("Hello") {c-> isCapitalLetter(c)}) //false
}
```

但是，在 Kotlin 中，有一种更为简洁的方法可以将现有的函数定义用作函数类型的表达式，这是通过使用可调用引用来实现的：

```
fun main() {
    println(check("Hello", ::isCapitalLetter)) //false
}
```

::isCapitalLetter 表达式表示函数值，其行为就像它所引用的 isCapitalLetter()函数一样。

IDE 提示：IntelliJ 插件提供了一对动作（actions），可以将 lambda 表达式转换为可调用引用（如果可能），反之亦然。这些操作可以通过 Alt ＋ Enter 菜单访问（如图 5.4 所示）：

可调用引用的最简单类型是基于顶级或局部函数。要编写此类引用，只需在函数名称前加上::运算符即可：

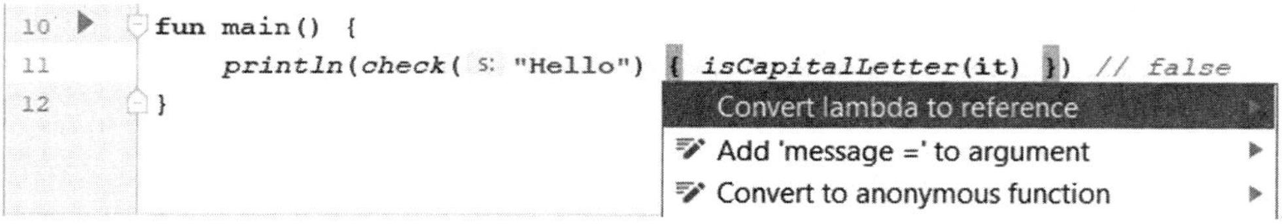

```
10  ▶   ⊖ fun main() {
11          println(check( s: "Hello") { isCapitalLetter(it) }) // false
12      ⊖ }
```

Convert lambda to reference	▶
🗲 Add 'message =' to argument	▶
🗲 Convert to anonymous function	▶

图 5.4　将 lambda 转换为可调用的引用

```
fun evalAtZero(f: (Int) -> Int) = f(0)
fun inc(n: Int) = n + 1
fun main() {
    fun dec(n: Int) = n - 1
    println(evalAtZero(::inc))                              // 1
    println(evalAtZero(::dec))                              // - 1
}
```

可调用引用只能以简单名称提及函数，因此，如果顶级函数位于另一个包中，则必须先将其导入。

在将::运算符应用于类名时，将获得对它的构造函数的可调用引用，如下所示：

```
class Person(valfirstName: String, valfamilyName: String)
fun main() {
    val createPerson= ::Person
    createPerson("John", "Doe")
}
```

Kotlin 1.1 中引入的::运算符的另一种形式称为绑定可调用引用。您可以使用它在给定的类实例的上下文中引用成员函数：

```
class Person(val firstName: String, val familyName: String) {
    fun hasNameOf(name: String) = name.equals(firstName, ignoreCase = true)
}
fun main() {
    val isJohn = Person("John", "Doe")::hasNameOf
    println(isJohn("JOHN"))                                // true
    println(isJohn("Jake"))                                // false
}
```

还有第三种形式，它允许您引用成员函数而不将其绑定到特定实例。我们将在本章"带有接收器的可调用引用"小节中讨论这一点。

注意，可调用引用本身不能区分重载函数。如果编译器无法选择特定的重载，则必须提供显式类型：

```
fun max(a: Int, b: Int) = if (a > b) a else b
fun max(a: Double, b: Double) = if (a > b) a else b
val f: (Int, Int) -> Int = ::max          // Ok
val g = ::max                              // 错误:引用不明确
```

在将来的 Kotlin 版本中可以添加在可调用引用中指定特定功能签名的功能。因此，当前保留在可调用引用之后使用括号以适应可能的语法改进。如果要在一个调用中使用可调用的引用，则必须将其括在括号中：

```
fun max(a: Int, b: Int) = if (a > b) a else b
fun main() {
    println((::max)(1, 2))                 // 2
println(::max(1, 2))                       // 错误:此语法保留供将来使用
}
```

也可以为 Kotlin 属性构造可调用的引用。但是，此类引用本身不是函数值，而是包含属性信息的反射对象。使用 getter 属性，我们可以访问与 getter 函数相对应的函数值。对于 var 声明，setter 属性类似地允许您引用 setter：

```
class Person(var firstName: String, var familyName: String)
fun main() {
    val person = Person("John", "Doe")
    val readName = person::firstName.getter     // reference to getter
    val writeFamily = person::familyName.setter // reference to setter
    println(readName())                          // John
    writeFamily("Smith")
    println(person.familyName)                   // Smith
}
```

当前不支持对局部变量的可调用引用，但可以在以后的版本中添加。

Java vs. Kotlin：熟悉 Java 的读者可能会认识到 Kotlin 可调用引用与 Java 8 中引入的方法引用之间的相似之处。尽管它们的语义确实非常相似，但是还是有一些重要的区别：首先，由于 Kotlin 支持 Java 中没有直接对等的声明（例如顶级和局部函数以及属性），因此可调用引用的种类更多；其次，尽管 Kotlin 可调用引用是一流的表达式，但是 Java 的方法引用仅在某些功能接口的上下文中才有意义，它们没有自己的确定类型。最重要的是，可调用引用不仅是函数值，而且是反射对象，可用于在运行时获取函数或属性。在第

10 章"注释和反射"中,我们将更详细地介绍反射 API。

内联函数和属性

由于每个函数都表示为一个对象,因此使用高阶函数和函数值会带来一定的性能开销。此外,当所讨论的 lambda 或匿名函数使用外部作用域中的变量,每次将其传递给高阶调用以反映上下文变化时,都必须重新创建它。函数值的调用必须通过在运行时选择函数实现的虚拟调用来分派,因为编译器通常无法静态地推断出它。

但是,Kotlin 提供了一种解决方案,可以减少使用函数值的运行时损失。基本思想是在使用内联高阶函数,以其主体的副本替换调用。为了区分这些功能,您需要使用内联修饰符对其进行标记。

例如,假设我们有一个函数,该函数在给定谓词必须满足的条件下搜索整数的数组中的值:

```
inline funindexOf(numbers: IntArray, condition: (Int) -> Boolean): Int
{
    for (i in numbers.indices) {
        if (condition(numbers[i])) return i
    }
    return - 1
}
fun main() {
    println(indexOf(intArrayOf(4, 3, 2, 1)) { it < 3 }) // 2
}
```

由于 indexOf() 函数是内联的,因此编译器将替换其主体而不是函数调用,这意味着 main() 函数将基本上等同于代码:

```
fun main() {
    val numbers =  intArrayOf(4, 3, 2, 1)
    var index =  - 1
    for (i in numbers.indices) {
        if (numbers[i] < 3) {
            index =  i
            break
        }
    }
    println(index)
}
```

尽管内联函数可以增加已编译代码的大小,但是当合理使用它们时,它们可以提高性能,尤其是当所讨论的函数相对较小时。我们将在第 7 章"探索 Collections 和 I/O"中看到 Kotlin 标准库提供的许多高阶函数是内联的。

请注意,与某些支持函数内联的编程语言(例如 C＋＋)不同,Kotlin 中的 inline 修饰符不是优化提示,根据编译器的决定,可以忽略它。尽可能用内联标记的 Kotlin 函数总是内联的,当无法执行内联时,使用内联修饰符被视为编译错误。

前面的示例演示了 inline 修饰符不仅会影响它所应用的函数,而且还会影响用作其参数的函数值。反过来,这限制了在内联函数中使用此类 lambda 进行的所有可能的操作。由于内联的 lambda 在运行时不会作为单独的实体存在,因此不能将它们存储在变量中或传递给非内联函数。我们可以使用不可移植的 lambda 做两件事:调用它或将其作为不可移植的参数传递给另一个内联函数:

```
var lastAction: () -> Unit = {}
inline fun runAndMemorize(action: () -> Unit) {
    action()
    lastAction = action // Error
}
```

出于相同的原因,不允许内联可空函数类型的值:

```
inline funforEach(a: IntArray, action: ((Int) -> Unit)?) { // Error
    if (action = = null) return
    for (n in a) action(n)
}
```

在这种情况下,我们可以通过使用 noinline 修饰符将其标记来禁止内联特定的 lambda 参数:

```
// Error
inline fun forEach(a: IntArray, noinline action: ((Int) -> Unit)?) {
    if (action = = null) return
    for (n in a) action(n)
}
```

请注意,当一个函数没有不可移植的参数时,通常根本不值得进行内联,因为在调用位置替换其主体将不太可能在运行时产生重大变化。因此,Kotlin 编译器会用警告标记这些功能。

如果我们尝试在公共内联函数中使用私有成员该怎么办？由于内联函数的主体代替了调用,因此它可能会让某些外部代码破坏封装。为了避免这种情况,Kotlin 禁止引用私有成员,这可能会泄露给外部代码：

```
class Person(private valfirstName: String,
             private valfamilyName: String) {
    inline fun sendMessage(message: () -> String) {
        println("$ firstName $ familyName: $ {message()}") // Error
    }
}
```

请注意,如果我们用 private 修饰符标记了 sendMessage( ) 函数或其包含类,则该代码将被编译,因为对 sendMessage( ) 主体中的私有成员的引用不会泄露到 Person 类之外。

从 1.1 版开始,Kotlin 支持内联属性访问器。消除函数调用,这对于提高读取/写入属性的性能可能很有用。在以下代码中,内联了 fullName getter 的所有调用：

```
class Person(var firstName: String, var familyName: String) {
    var fullName
        inline get() = "$ firstName $ familyName" // Inline getter
        set(value) { ... }                        // Non- inline setter
}
```

除了内联单个访问器之外,还可以使用 inline 修饰符标记属性本身。在这种情况下,编译器将内联 getter 和 setter(如果属性是可变的)：

```
class Person(var firstName: String, var familyName: String) {
    inline var fullName                          // Inline getter and setter
        get() = "$ firstName $ familyName"
        set(value) { ... }
}
```

请注意,仅对于没有后备字段的属性支持内联。同样,类似于函数,如果您的属性是公共的,则您不能引用私有声明：

```
class Person(private val firstName: String,
             private val familyName: String) {
    inline var age = 0 // Error: property has a backing field
// Error: firstName and familyName are private
    inline valfullNameget() = "$ firstName $ familyName"
}
```

非本地控制流

使用高阶函数会给打破正常控制流程的指令(例如 return 语句)带来一些问题。考虑以下代码:

```
fun forEach(a: IntArray, action: (Int) -> Unit) {
    for (n in a) action(n)
}
fun main() {
    forEach(intArrayOf(1, 2, 3, 4)) {
        if (it < 2 || it > 3) return
        println(it)                              // Error
    }
}
```

目的是在打印一个不符合范围的数字之前返回。但是,此代码无法被编译。之所以会发生这种情况,是因为默认情况下,return 语句与使用 fun、get 或 set 关键字定义的最近的封闭函数相关。因此,在我们的示例中,我们尝试从 main() 返回。这种语句,也称为非本地返回,禁止使用。因为在 JVM 上,没有有效的方法允许 lambda 强制返回其封闭函数。解决该问题的一种方法是改用匿名函数:

```
fun main() {
    forEach(intArrayOf(1, 2, 3, 4), fun(it: Int) {
        if (it < 2 || it > 3) return
        println(it)
    })
}
```

如果确实要从 lambda 本身返回,则需要使用类似于标记为 break 和 Continue 的上下文名称来限定 return 语句。通常,可以通过标记函数文字表达式来引入上下文名称。例如,以下代码将 myFun 标签分配给变量初始值设定项中的 lambda:

```
val action: (Int) -> Unit = myFun@ {
    if (it < 2 || it > 3) return@ myFun
    println(it)
}
```

但是,当将 lambda 作为参数传递给高阶函数时,可以在不引入显式标签的情况下将该函数的名称用作上下文:

```
for Each(intArrayOf(1, 2, 3, 4)) {
    if (it < 2 || it > 3) return@ forEach
    println(it)
}
```

普通函数也可以提供合格的返回。您可以将函数名称用作上下文,尽管通常这种限定是
多余的:

```
fun main(args: Array<String> ) {
    if (args.isEmpty()) return@ main
    println(args[0])
}
```

内联 lambda 时,我们可以使用 return 语句从封闭函数中返回。这是可能的,因为 lamb-
da 主体已替换为调用站点,加上相应的高阶函数的主体,因此返回语句将被视为直接放
在 main()的主体中:

```
inline fun forEach(a: IntArray, action: (Int) -> Unit) { ... }
fun main() {
    forEach(intArrayOf(1, 2, 3, 4)) {
        if (it < 2 || it > 3) return                    // Return from main
        println(it)
    }
}
```

有一种特殊情况,即不直接在传递给它的函数的主体中调用 inlinable lambda,而是在单
独的执行上下文中(如本地函数或本地类的方法)进行调用。即使这样的 lambda 被内
联,它们也不能强制返回调用者函数,因为即使在内联之后,它们也会占用执行堆栈的不
同框架。由于这些原因,默认情况下禁止使用功能参数:

```
private inline funforEach(a: IntArray, action: (Int) -> Unit) = object
{
    fun run() {
        for (n in a) {
            action(n)                                   // Error
        }
    }
}
```

为了允许它们,我们需要使用 crossinline 修饰符标记一个功能参数,该修饰符使功能值
内联,但禁止在相应的 lambda 中使用非本地返回值:

```
private inline funforEach(
    a: IntArray, crossinline action: (Int) -> Unit
) = object {
    fun run() {
        for (n in a) {
            action(n)                          // Ok
        }
    }
}
fun main() {
    forEach(intArrayOf(1, 2, 3, 4)){
        if (it < 2 || it > 3) return           // Error
        println(it)
    }
}
```

使用 break 和 continue 语句时,也可能会出现非本地控制流问题,因为它们可以针对包含 lambda 的循环。当前,即使内联有问题的 lambda 也不受支持,尽管可以在将来的语言版本中添加此类支持:

```
while(true) {
    forEach(intArrayOf(1, 2, 3, 4)) {
        if (it < 2 || it > 3) break            // Error
        println(it)
    }
}
```

扩展名

实际上,扩展现有类的需求非常普遍:随着程序的发展,开发人员可能希望向类添加新的函数和属性,从而扩展其 API。但有时,不能简单地向类中添加新代码,因为所讨论的类可能是某些库的一部分,并且如果可能的话,对其进行修改将需要花费大量的精力。将所有可能的方法放在一个类中可能也是不切实际的,因为并非所有这些方法都一起使用,因此值得分离成几个程序单元。

在 Java 中,此类额外的方法通常打包到实用程序类中。一个常见的示例是 java. util. Arrays 和 java. util. Collections 类,它们包含扩展 Collection 接口功能的方法。这种类的问题在于它们通常会产生不必要的样板。例如,Java 中实用程序方法的典型用法如下所示:

```
int index = Collections.indexOfSubList(
    Arrays.asList("b", "c", "a"),
    Arrays.asList("a", "b")
)
```

除了分散源代码之外,此类调用还不允许您利用可用于主要 IDE(例如 IntelliJ 和 Eclipse)中的类成员的自动完成功能。

这是 Kotlin 扩展背后的主要动机,这些扩展使您可以使用在类外部定义的函数和属性,就好像它们是其成员一样。支持开放/闭合设计原则,它们允许您扩展现有的类而不修改它们。

扩展函数

扩展函数基本上是一个可以被调用的函数,就好像它是某个类的成员一样。定义此类函数时,请将其接收者的类型放在其名称之前,并用点将其分隔。假设我们要使用截断原始字符串的函数来丰富 String 类型,使其长度不超过给定的阈值。可能的定义如下所示:

```
fun String.truncate(maxLength: Int): String {
    return if (length < = maxLength) this else substring(0, maxLength)
}
```

这样定义后,就可以像 String 类的任何成员一样使用此函数:

```
fun main() {
    println("Hello".truncate(10))                // Hello
    println("Hello".truncate(3))                 // Hel
}
```

注意,在扩展函数主体内部,可以通过类似于类成员的表达式访问接收者的值。就像我们在 truncate()定义中使用 substring()函数调用所做的那样,也可以隐式访问接收者的成员和扩展,而无须执行此操作。

值得指出的是,扩展功能本身无法突破接收器类型的封装。例如,由于扩展功能是在类外部定义的,因此它无法访问其私有成员:

```
class Person(val name: String, private val age: Int)
fun Person.showInfo() = println("$ name, $ age") // 错误:无法访问 age
```

但是,可以在类主体中声明扩展函数,使其同时成为成员和扩展,允许此类函数访问私有成员,就像类主体中的任何其他函数一样:

```kotlin
class Person(val name: String, private val age: Int) {
    // Ok: age is accessible
    fun Person.showInfo() = println("$ name, $ age")
}
```

请参阅本章后面的方法。

 IDE 提示:IntelliJ 插件可以将类成员转换为扩展名。当插入号位于成员名称上时,可以使用 Alt + Enter 菜单中的"将成员转换为扩展名"操作来实现此目的(示例如图 5.5 所示):

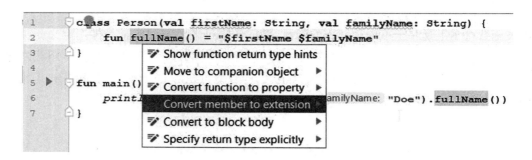

图 5.5 将成员函数转换为扩展名

扩展函数可以在类似于类成员的绑定可调用引用中使用:

```kotlin
class Person(val name: String, val age: Int)
fun Person.hasName(name: String) = name.equals(this.name,
    ignoreCase = true)
fun main() {
    val f = Person("John", 25)::hasName
    println(f("JOHN"))                          // true
    println(f("JAKE"))                          // false
}
```

如果您具有定义为类成员和扩展名的具有相同签名的函数,该怎么办? 考虑以下代码:

```kotlin
class Person(valfirstName: String, valfamilyName: String) {
    fun fullName() = "$ firstName $ familyName"
}
fun Person.fullName() = "$ familyName $ firstName"
```

```
fun main() {
    println(Person("John", "Doe").fullName())    // ???
}
```

在此示例中,我们在 Person 类上定义了两个 fullName() 函数,不同之处在于它们将 family-Name 放在第一位还是最后一位。当在调用站点上遇到此类歧义时,编译器总是选择成员函数,因此前面的代码将打印 John Doe。它还会发出警告,告诉您扩展功能 full-Name() 被 Person 类的成员遮蔽,因此无法被调用。IDE 还提供了适当的突出显示(请参见图 5.6):

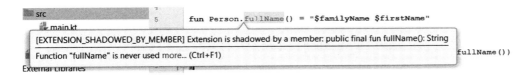

图 5.6　"阴影扩展"警告

优先于扩展名的成员可以防止意外修改现有的类行为,否则可能会导致难以发现的错误。如果不是这种情况,例如可以定义:

```
package bad
fun Person.fullName() = "$ familyName $ firstName"
```

然后,Person(" John"," Doe"). fullName()调用的含义将取决于其包含文件中是否存在以下语句:

```
import bad.fullName
```

这也可以保护内置和 JDK 类的成员。

请注意,阴影扩展具有另一面:如果先定义扩展函数,然后将相应的成员添加到类中,则原始调用将更改其含义。但是,这被认为是可以接受的,因为与它的扩展功能相比,组成其主要 API 的类成员的更改频率应该较低。这也简化了与 Java 代码的互操作性,而Java代码根本没有扩展。

扩展功能可能是本地的。特别是,它们可以嵌套在其他扩展函数中。在这种情况下,此表达式表示最里面的函数的接收者。如果您需要引用外部函数的接收者,则可以使用此函数的限定形式来明确指定函数名称。对于在扩展函数体内声明的本地类成员或匿名对象,也是如此:

```
private fun String.truncator(max: Int) = object {
    val truncated
        get() = if (length <= max) this@truncator else substring(0, max)
    val original
        get() = this@truncator
}
fun main() {
    val truncator = "Hello".truncator(3)
    println(truncator.original)               // Hello
    println(truncator.truncated)              // Hel
}
```

语法规则与内部类的语法基本相同。

在另一个程序包中定义顶级扩展功能时，必须始终将其导入才能进行调用。例如：

```
// util.kt
package util
fun String.truncate(maxLength: Int): String {
    return if (length <= maxLength) this else substring(0, maxLength)
}
// main.kt
package main
import util.truncate
fun main() {
    println("Hello".truncate(3))
}
```

原因是此类函数不能由限定名称调用，因为限定符位置由接收者表达式占据。非扩展函数，不管怎样有：

```
fun truncate(s: String maxLength: Int): String {
    return if (s.length<= maxLength) s else s.substring(0, maxLength)
}
```

如果没有导入指令，可能无法调用 util. truncate(" Hello",3)。

Java vs. Kotlin：您可能一直想知道扩展功能如何在 Java 虚拟机（JVM）上表示。答案实际上很简单：扩展函数被编译为带有附加参数的方法，代表接收者表达。如果我们看一下为前面的 truncate()函数生成的字节码，我们将看到它基本上等同于以下 Java 代码：

```
public final class UtilKt {
    public static String truncate(String s, int maxLength) {
```

```
        return s.length() <= maxLength
        ? s
        : s.substring(0, maxLength)
    }
}
```

对应于非扩展 Kotlin 函数：

```
fun truncate(s: String, maxLength: Int) =
    if (s.length<= maxLength) s else s.substring(0, maxLength)
```

换句话说，扩展功能本质上是一个普通函数的语法糖，它使您可以像类成员一样调用它们。

IDE 提示：IntelliJ 插件包含一项操作，该操作通过将扩展函数的接收者更改为参数来自动将扩展函数转换为非扩展函数。为此，您需要将插入符放置在接收器类型上，选择从 Alt + Enter 菜单将接收器转换为参数，并输入新的参数名称（如图 5.7 所示）。还有一个相反的动作，将参数转换为接收者，它将任意函数参数转换为其接收器。当插入号位于参数名称上时，可以使用 Alt + Enter 进行后一种操作。

```
1    fun String.truncate(maxLength: Int): String {
2        ret  ☰ Create test                ►    this else substring(0, maxLength)
3    }        Convert receiver to parameter
4
5    ▶  fun main() {
6        println("Hello".truncate( maxLength: 3))
7    }
```

图 5.7　"将接收器转换为参数"操作

值得注意的是，与成员函数和属性不同，可以为可为空的接收器类型定义扩展。由于可空类型没有自己的成员，因此该机制允许您通过从外部引入扩展功能来丰富它们。然后，可以在没有安全调用运算符的情况下调用此类扩展：

```
// Nullable receiver
fun String?.truncate(maxLength: Int): String {
    if (this = = null) return null
    return if (length <= maxLength) this else substring(0, maxLength)
}
fun main() {
    val s = readLine()                        // nullable String
    println(s.truncate(3))                    // ?. is not necessary here
}
```

请注意,如果扩展接收者具有可为空的类型,则扩展功能负责处理空值。

扩展属性

与函数类似,Kotlin 允许您定义扩展属性,就像任何成员属性一样,都可以访问它们。语法也类似:要定义扩展属性,请在其名称前加上接收者类型。让我们看下面的例子:

```
val IntRange.leftHalf: IntRange
get() = start..(start + endInclusive)/2
fun main() {
    println((1..3).leftHalf)                  // 1..2
    println((3..6).leftHalf)                  // 3..4
}
```

前面的代码为 IntRange 类型定义了一个扩展属性 leftHalf,它计算原始范围的左半部分。

成员属性和扩展属性之间的关键区别在于:后者没有后备字段,因为没有可靠的方法向类实例添加一些额外的状态。这意味着扩展属性既不能具有初始化程序,也不能在其访问器内部使用 field 关键字。它们也不能为 lateinit,因为此类属性依赖于后备字段。出于相同的原因,扩展属性必须始终具有显式的 getter 和(如果可变的话)显式的 setter:

```
val IntArray.midIndex
get() = lastIndex/2
var IntArray.midValue
    get() = this[midIndex]
    set(value) {
        this[midIndex] = value
    }
fun main() {
    val numbers = IntArray(6) { it* it }      // 0, 1, 4, 9, 16, 25
    println(numbers.midValue)                 // 4
    numbers.midValue * = 10
    println(numbers.midValue)                 // 40
}
```

扩展属性可以使用委托。但是请记住,委托表达式无法访问属性接收器。因此,通常来说,将惰性属性声明为扩展没有什么意义,因为对于每个接收器类型的实例,它都具有相同的值，如以下代码所示：

```
val String.message by lazy { "Hello" }
fun main() {
    println("Hello".message)                    // Hello
    println("Bye".message)                      // Hello
}
```

对象定义只有一个实例，因此可以认为是一个例外，对象消息：

```
val Messages.HELLO by lazy { "Hello" }
fun main() {
    println(Messages.HELLO)
}
```

通常，可以创建一个能够访问属性接收器的委托。我们将在第 11 章"领域特定语言"中了解如何实现它。

伴随扩展

在第 4 章"使用类和对象"中，我们介绍了伴随对象的概念，它是一个特殊的嵌套对象，其成员可以通过其包含的类的名称来访问，此有用的功能还包括扩展。

在下面的示例中，我们将为内置 IntRange 类的伴随对象定义扩展功能。然后可以通过类名称调用该函数：

```
fun IntRange.Companion.singletonRange(n: Int) = n..n
fun main() {
    println(IntRange.singletonRange(5))              // 5..5
    println(IntRange.Companion.singletonRange(3))    // 3..3
}
```

当然，也可以使用完整的伴随名称来调用此类函数，例如：

```
Int Range.Companion.singletonRange(3)
```

同样的想法也适用于扩展属性：

```
val String.Companion.HELLO
get() = "Hello"
fun main() {
```

```
    println(String.HELLO)
    println(String.Companion.HELLO)
}
```

请注意,仅当所讨论的类具有显式声明的伴随(即使它为空)时,才可以在伴随对象上定义扩展:

```
class Person(valfirstName: String, valfamilyName: String) {
    companion object
}
val Person.Companion.UNKNOWN by lazy { Person("John", "Doe") }
```

另一方面,我们无法为 Any 的伴随对象定义扩展,因为它不存在。

```
// Error: Companion is undefined
fun Any.Companion.sayHello() = println("Hello")
```

lambda 和带接收器的函数类型

与函数和属性类似,Kotlin 允许您为 lambda 和匿名函数使用扩展接收器。这些函数值由具有接收器的各种特殊函数类型来描述。让我们重写 aggregate()示例,将函数值与接收器一起使用,而不是使用两个参数的函数:

```
fun aggregate(numbers: IntArray, op: Int.(Int) -> Int): Int {
    var result = numbers.firstOrNull()
        ?: throw IllegalArgumentException("Empty array")
    for (i in 1..numbers.lastIndex) result = result.op(numbers[i])
    return result
}
fun sum(numbers: IntArray) = aggregate(numbers) { op -> this + op }
```

接收器类型在参数类型列表之前指定,并用点分隔:

```
Int.(Int) -> Int
```

在这种情况下,作为参数传递的任何 lambda 都会获取一个隐式接收器,我们可以使用以下表达式进行访问:

```
{ op -> this + op }
```

同样,我们可以对匿名函数使用扩展语法。接收器类型在函数的参数列表之前指定:

```
fun sum(numbers: IntArray) = aggregate(numbers, fun Int.(op: Int) = this + op)
```

与扩展函数定义不同,可以将带有接收器的函数值称为非扩展函数,而将接收器放置在所有后续参数之前。例如,我们可以写:

```
fun aggregate(numbers: IntArray, op: Int.(Int) -> Int): Int {
    var result = numbers.firstOrNull()
        ?: throw IllegalArgumentException("Empty array")
    for (i in 1..numbers.lastIndex) {
        result = op(result, numbers[i]) // Non- extension call
    }
    return result
}
```

基本上,带有接收器的函数类型的非文字值可以与相应类型的值自由互换,其中将接收器用作第一参数,就好像它们具有相同类型一样。之所以可行,是因为此类值在本质上具有相同的运行时表示形式:

```
val min1: Int.(Int) -> Int = { if (this <it) this else it }
val min2: (Int, Int) -> Int = min1
val min3: Int.(Int) -> Int = min2
```

但是请注意,虽然可以使用接收方作为扩展名或非扩展名来调用功能值(将接收方作为第一个参数),但是仅可以使用非扩展语法来调用没有接收方的功能值:

```
fun main() {
    val min1: Int.(Int) -> Int = { if (this <it) this else it }
    val min2: (Int, Int) -> Int = min1
    println(3.min1(2)) // Ok: calling min1 as extension
    println(min1(1, 2)) // Ok: calling min1 as non- extension
    println(3.min2(2)) // Error: Can't call min2 as extension
    println(min2(1, 2)) // Ok: Calling min2 as non- extension
}
```

带接收器的 lambda 提供了功能强大的工具,可用于构建类似 DSL 的 API。我们将在第 11 章"领域特定语言"中解决此问题。

带有接收器的可调用引用

在 Kotlin 中,您还可以使用可调用引用来定义带有接收器的功能值。这样的引用可以基

于类成员或扩展声明。从句法上讲,它们类似于绑定的可调用引用,但由接收器类型而不是表达式来限定:

```
fun aggregate(numbers: IntArray, op: Int.(Int) -> Int): Int {
    var result = numbers.firstOrNull()
        ?: throw IllegalArgumentException("Empty array")
    for (i in 1..numbers.lastIndex) result = result.op(numbers[i])
    return result
}
fun Int.max(other: Int) = if (this > other) this else other
fun main() {
    val numbers = intArrayOf(1, 2, 3, 4)
    println(aggregate(numbers, Int::plus))                   // 10
    println(aggregate(numbers, Int::max))                    // 4
}
```

在前面的代码中,Int∷plus 引用内置类 Int 的成员函数 plus()(与＋运算符完全相同),而 Int∷max 引用包含定义在文件中的扩展函数。两种情况下的语法都相同。

由于在上一节中已经提到了扩展函数类型和非扩展函数类型之间的隐式转换,因此在期望带有接收器的函数类型的情况下,也可以使用非接收器可调用引用。

例如,我们可以将两个参数的可调用引用∷max 传递给 Int.(Int)→Int:

```
fun aggregate(numbers: IntArray, op: Int.(Int) -> Int): Int {
    var result = numbers.firstOrNull()
        ?: throw IllegalArgumentException("Empty array")
    for (i in 1..numbers.lastIndex) result = result.op(numbers[i])
    return result
}
fun max(a: Int, b: Int) = if (a > b) a else b
fun main() {
    println(aggregate(intArrayOf(1, 2, 3, 4), ::max))
}
```

反之亦然:当预期功能类型为非接收者类型时,可以使用带有接收者的可调用引用。在稍微修改的示例中,对成员和扩展函数的可调用引用用作双参数函数类型(Int,Int)−> Int 的值:

```
fun aggregate(numbers: IntArray, op: (Int, Int) -> Int): Int {
    var result = numbers.firstOrNull()
        ?: throw IllegalArgumentException("Empty array")
```

```
        for (i in 1..numbers.lastIndex) result = op(result, numbers[i])
        return result
    }
    fun Int.max(other: Int) = if (this > other) this else other
    fun main() {
        println(aggregate(intArrayOf(1, 2, 3, 4), Int::plus))         // 10
        println(aggregate(intArrayOf(1, 2, 3, 4), Int::max))          // 4
    }
```

请注意,声明为类成员的扩展函数不支持可调用引用,因为当前无法为::表达式指定多种接收器类型。

范围函数

Kotlin 标准库包括一组函数,这些函数使您可以引入一个临时范围,您可以在其中引用给定上下文表达式的值。

有时,这有助于避免在包含范围内显式引入局部变量来保存表达式值并简化代码。这些函数通常称为范围函数。

它们的基本效果是简单执行您作为参数提供的 lambda。区别来自以下方面的组合:

• 上下文表达式是作为接收方传递还是作为普通参数传递;
• lambda 是否为扩展;
• 该函数是否返回 lambda 的值或上下文表达式的值。

总体而言,有五个标准范围函数:run、let、with、apply、also。在本节中,我们将讨论如何使用它们来简化代码。所有作用域函数都是内联的,因此不会产生任何性能开销。

请注意,应谨慎使用作用域函数,因为滥用它们会降低代码的可读性并更容易出错。通常,避免嵌套作用域函数是值得的,因为您可能很容易对此或它的含义感到困惑。

run/with 函数

run()函数是一个扩展,它接受扩展 lambda 并返回其结果。基本使用模式是对象状态的配置,然后是结果值的计算:

```
    class Address {
        var zipCode: Int = 0
        var city: String = ""
```

```kotlin
        var street: String = ""
        var house: String = ""
        fun post(message: String): Boolean {
            "Message for ${zipCode, $ city, $ street, $ house}: $ message"
            return readLine() == "OK"
        }
    }
    fun main() {
        val isReceived = Address().run {
    // Address instance is available as this
            zipCode = 123456
            city = "London"
            street = "Baker Street"
            house = "221b"
            post("Hello!") // return value
        }
        if (! isReceived) {
            println("Message is not delivered")
        }
    }
```

如果没有运行函数，我们将不得不为 Address 实例引入一个变量。因此，使其可用于函数主体的其余部分，如果我们需要单个 post() 动作的实例，则可能不希望这样做。使用 run() 之类的函数可以使您更精细地控制本地声明的可见性。

请注意，结果也可能是单位类型：

```kotlin
    fun Address.showCityAddress() = println("$ street, $ house")
    fun main() {
        Address().run {
            zipCode = 123456
            city = "London"
            street = "Baker Street"
            house = "221b"
            showCityAddress()
        }
    }
```

with() 函数与 run() 非常相似，唯一的区别是 with() 不是扩展名，因此上下文表达式作为普通参数而不是接收者传递。此函数的常见用法是在相同范围内对成员函数和上下文表达式的属性进行的调用分组：

```kotlin
    fun main() {
```

```
    val message =  with (Address("London", "Baker Street", "221b")) {
        "Address: $ city, $ street, $ house"
    }
    println(message)
}
```

在前面的示例中,我们将利用以下事实:无须限定符即可访问此实例的成员。没有范围功能,我们将不得不编写以下代码:

```
fun main() {
    val addr =  Address("London", "Baker Street", "221b")
    val message =  "Address: $ {addr.city}, $ {addr.street}, $ {addr.house}"
    println(message)
}
```

换句话说,我们必须引入一个附加变量,并使用特定的实例地址明确限定 Address 的所有成员。

没有上下文运行

Kotlin 标准库还提供了 run() 的重载版本,该版本没有上下文表达式,仅返回 lambda 的值。lambda 本身既没有接收器也没有参数。

该函数的主要用例是在某些需要表达式的上下文中使用一个块。例如,考虑以下代码:

```
class Address(val city: String, val street: String, val house: String) {
    fun asText() =  "$ city, $ street, $ house"
}
fun main() {
    val address =  Address("London", "Baker Street", "221b")
    println(address.asText())
}
```

如果我们想从标准输入中读取地址组件怎么办? 我们可以为每个变量引入一个单独的变量:

```
fun main() {
    val city =  readLine() ?: return
    val street =  readLine() ?: return
    val house =  readLine() ?: return
    val address =  Address(city, street, house)
    println(address.asText())
}
```

但这会将它们置于与 main() 的任何其他局部变量相同的范围内,而诸如 city 之类的变量仅在创建特定的 Address 实例的情况下才有意义。内联所有变量并获得如下所示的内容是一个相当糟糕的选择,导致出现难以阅读的代码:

```kotlin
fun main() {
    val address = Address(readLine() ?: return,
        readLine() ?: return,
        readLine() ?: return)
    println(address.asText())
}
```

看这样的代码,我们无法立即知道每个 readLine() 的含义。惯用的解决方案由 run() 给出:

```kotlin
fun main() {
    val address = run {
        val city = readLine() ?: return
        val street = readLine() ?: return
        val house = readLine() ?: return
        Address(city, street, house)
    }
    println(address.asText())
}
```

由于 run 是一个内联函数,因此我们可以在其 lambda 中使用 return 语句退出外部函数,就好像它是某些内置控件结构一样。

请注意,单独使用 block 语句不起作用,因为这样的块被视为 lambda,这就是将 run() 函数添加到标准库的原因:

```kotlin
fun main() {
    val address = {
        val city = readLine() ?: return          //错误:不允许返回
        val street = readLine() ?: return         //错误:不允许返回
        val house = readLine() ?: return          //错误:不允许返回
        Address(city, street, house)
    }
    println(address.asText())                     //错误:没有 asText() 方法
}
let
```

let 函数类似于 run,但是接受单参数 lambda 而不是扩展名。因此,上下文表达式的值由

lambda 参数表示。let 的返回值与其 lambda 相同。通常使用此函数来避免在外部范围中引入新变量：

```
class Address(val city: String, val street: String, val house: String) {
    fun post(message: String) {}
}
fun main() {
    Address("London", "Baker Street", "221b").let {
// Address instance is accessible via it parameter
        println("To city: $ {it.city}")
        it.post("Hello")
    }
}
```

与其他 lambda 相似，您可以引入自定义参数名称，以提高可读性或消除歧义：

```
fun main() {
    Address("London", "Baker Street", "221b").let { addr ->
// Address instance is accessible via addr parameter
        println("To city: $ {addr.city}")
        addr.post("Hello")
    }
}
```

let 的常见用例是一种通过安全检查将可为空的值传递给不可为空的函数的简洁方法。在上一章中，我们了解了安全的调用运算符，该运算符使您可以使用可为空的接收器来调用函数。但是，如果所讨论的值必须作为普通参数传递，该怎么办？考虑以下示例：

```
fun readInt() = try {
    readLine()?.toInt()
} catch (e: NumberFormatException) {
    null
}
fun main(args: Array<String> ) {
    val index = readInt()
    val arg = if (index ! = null) args.getOrNull(index) else null
    if (arg ! = null) {
        println(arg)
    }
}
```

如果给定索引有效，则 getOrNull() 函数将返回数组项目，否则返回 null。由于其参数不可为空，因此我们无法将 readInt() 函数的结果传递给 getOrNull()，这就是为什么我们需

要上面的 if 语句将智能类型转换为不可为空的类型。但是,我们可以使用 let 来简化代码:

```
val arg =  index?.let { args.getOrNull(it) }
```

仅当 index 不为 null 时才执行 let 调用,因此编译器知道 it 参数在 lambda 中不可为空。

apply/also 函数

apply()函数是一个扩展,它采用扩展 lambda 并返回其接收者的值。此函数的常见用法是对象状态的配置,与 run()相对,该状态后不立即计算某些结果值:

```
class Address {
    var city: String =  ""
    var street: String =  ""
    var house: String =  ""
    fun post(message: String) { }
}
fun main() {
    val message =  readLine() ?: return
    Address().apply {
        city =  "London"
        street =  "Baker Street"
        house =  "221b"
    }.post(message)
}
```

还有一个类似的函数 also(),它使用一个单参数 lambda 代替:

```
fun main() {
    val message =  readLine() ?: return
    Address().also {
        it.city =  "London"
        it.street =  "Baker Street"
        it.house =  "221b"
    }.post(message)
}
```

作为类成员的扩展

在上一节中,我们讨论了将扩展函数声明为类成员的可能性。现在,让我们仔细看看这些扩展。

当您在类内定义扩展函数或属性时,这种定义会自动获取两个接收方,而对于普通成员和顶级扩展而言,则只有一个接方。扩展定义中提到的接收器类型的实例称为扩展接收器,而包含扩展的类的实例称为调度接收器。这两个接收者都可以用包含类名(对于派发接收者)或扩展名(对于扩展接收者)限定的表达式表示。通常,此表达式不合格是指最接近的封闭声明的接收者。因此,它与扩展接收器相同,除非您在某些本地声明(例如类、嵌套扩展函数或带有接收器的 lambda)中使用它。

让我们考虑一个说明两种接收器的示例:

```
class Address(val city: String, val street: String, val house: String)
class Person(val firstName: String, val familyName: String) {
    fun Address.post(message: String) {
// implicit this: extension receiver (Address)
        val city =  city
// unqualified this: extension receiver (Address)
        val street =  this.city
// qualified this: extension receiver (Address)
        val house =  this@ post.house
// implicit this: dispatch receiver (Person)
        val firstName =  firstName
// qualified this: dispatch receiver (Person)
        val familyName =  this@ Person.familyName
        println("From $ firstName, $ familyName at $ city, $ street, $ house:")
        println(message)
    }
    fun test(address: Address) {
// Dispatch receiver: implicit
// Extension receiver: explicit
        address.post("Hello")
    }
}
```

当我们在 test()中调用 post()函数时,由于 test()是 Person 类的成员,因此自动提供了调度接收器。另一方面,扩展接收器作为地址表达式显式传递。

类似的,当以不同的方式提供 Person 类的当前实例时,我们可以调用 post()函数。例如,作为扩展接收器或外部类的实例:

```
class Address(val city: String, val street: String, val house: String)
class Person(val firstName: String, val familyName: String) {
    fun Address.post(message: String) { }
    inner class Mailbox {
```

```
            fun Person.testExt(address: Address) {
                address.post("Hello")
            }
        }
    }
    fun Person.testExt(address: Address) {
        address.post("Hello")
    }
```

如果我们改为使用地址类型的接收器怎么办？假设我们要调用 Address 类体内的 post（）：

```
class Address(val city: String, val street: String, val house: String) {
    fun test(person: Person) {
        person.post("Hello") // Error: method post() is not defined
    }
}
class Person(val firstName: String, val familyName: String) {
    fun Address.post(message: String) { }
}
```

这不起作用，因为类型为 Person 的调度接收者必须已经在范围内。使用范围函数之一可以解决该问题，该函数可以使用 Person 接收器将 post()调用包装在扩展 lambda 中：

```
class Address(val city: String, val street: String, val house: String) {
    fun test(person: Person) {
        with(person) {
// Implicit dispatch and extension receivers
            post()
        }
    }
}
class Person(val firstName: String, val familyName: String) {
    fun Address.post(message: String) { }
}
```

此技巧还可以用于在 Address 或 Person 类及其扩展之外调用 post（）：

```
class Address(val city: String, val street: String, val house: String)
class Person(val firstName: String, val familyName: String) {
    fun Address.post(message: String) { }
}
fun main() {
    with(Person("John", "Watson")) {
```

```
                Address("London", "Baker Street", "221b").post("Hello")
        }
    }
```

这些示例表明,有关具有双接收器的函数和属性的规则可能会变得非常混乱。因此,通常建议将其范围限制为包含声明:

```
class Address(val city: String, val street: String, val house: String)
class Person(val firstName: String, val familyName: String) {
    // Can't be used outside Person class
    private fun Address.post(message: String) { }
    fun test(address: Address) = address.post("Hello")
}
```

值得避免的一种特别令人困惑和容易出错的情况是:当分派接收者和扩展接收者具有相同的类型时,如以下示例所示:

```
class Address(val city: String, val street: String, val house: String) {
    fun Address.post(message: String) { }
}
```

双接收器成员的一个有趣示例是在对象(尤其是伴随对象)内部声明的扩展。这些扩展名可以与顶级扩展名类似地导入和使用:

```
import Person.Companion.parsePerson
class Person(val firstName: String, val familyName: String) {
    companion object {
        fun String.parsePerson(): Person? {
            val names = split(" ")
            return if (names.size == 2) Person(names[0], names[1]) else null
        }
    }
}
fun main() {
// instance of Person.Companion is supplied implicitly
    println("John Doe".parsePerson()?.firstName) // John
}
```

但是,在大多数情况下,使用顶级扩展更可取,因为这会产生更简单易读的代码。

结论

让我们总结一下本章中介绍的基本内容：我们已经学习了使用函数类型和高阶函数来以函数形式抽象和组成代码段；我们还看到了构造函数值的各种形式，并讨论了函数内联的功能；最后，我们介绍了扩展函数和属性的主要用例，这些函数允许您向现有类型添加新特征。

在下一章中，我们将重新讨论面向对象的编程，并讨论旨在简化通用编程模式（例如枚举和数据类）的特殊类。

问题

1. 什么是高阶函数？
2. 描述 lambda 表达式的语法。它们与 Java 中的 lambda 相比如何？
3. 什么是函数类型？Kotlin 中的函数类型和 Java 中的函数接口之间有什么区别？
4. 比较带有接收器的函数类型和没有接收器的函数类型。
5. lambda 和匿名函数有什么区别？您何时会首选匿名函数而不是 lambda？
6. 描述内联函数的优缺点。有什么限制？
7. 什么是可调用引用？描述可调用引用形式。它们与 Java 中的方法引用相比如何？
8. 描述 lambda 和匿名函数中 return 语句的行为。什么是合格的 return 语句？
9. 比较函数参数的内联模式：default，noinline，crossinline。
10. 如何定义扩展函数？扩展会修改它们适用的类吗？
11. 您将如何使用伴随对象扩展？
12. 扩展属性有哪些限制？
13. 描述 this 表达式的形式。它有什么用？
14. 在类内部声明扩展函数的细节是什么？
15. 范围函数是什么？您将如何确定哪种范围函数更适合手头的特定任务？

6

使用特殊情况类

在本章中,我们将讨论旨在简化某些常见编程模式的实现的特殊类。我们将解决使用枚举来描述类型受限的实例集,使用数据类简明地表示数据,以及实验性轻量级、运行时开销几乎为零的包装器的问题。

结构

- 枚举类
- 数据类
- 内联类

目的

学习使用特殊种类的类(例如枚举和数据类)来解决常见的编程任务。基本了解内联类及其用法以及在无符号整数类型的示例用法。

枚举类

枚举类是一种特殊的类,可以表示一组有限的预定义常量。最简单的形式是枚举类内部包含的常量名称列表:

```
enum class WeekDay {
```

```
    MONDAY, TUESDAY, WEDNESDAY, THURSDAY, FRIDAY, SATURDAY, SUNDAY
}
fun WeekDay.isWorkDay() =
    this = = WeekDay.SATURDAY || this = = WeekDay.SUNDAY
fun main() {
    println(WeekDay.MONDAY.isWorkDay())              // false
    println(WeekDay.SATURDAY.isWorkDay())            // true
}
```

枚举允许对有限值集合的更多类型安全的表示，比方说，对整数或字符串，您不必检查值是否在可能的范围。编译器可以确保一个特定枚举的任何变量类型在场景中仅一个的指定值。

Java vs. Kotlin：Kotlin 枚举被定义为与一个一对的关键字 enum class 的枚举类，而不只是 Java 中的 enum。该 enum 关键字本身是软的，并且可以被用来作为识别符中任何其他的上下文。

请注意，编译时常量枚举值通常以大写形式编写。

枚举与对象声明有些相似，在某种意义上，它们定义了一组表示特定类型实例的全局常量。与对象类似，在无法保证此类定义可以作为全局常量使用的上下文中，不允许使用对象。例如，不能将枚举定义放入内部类或函数体：

```
fun main() {
    enum class Direction { NORTH, SOUTH, WEST, EAST } // 错误
}
```

详尽的 when 表达式

就像任何其他类型的值一样，可以使用 when 表达式将枚举变量与特定值进行比较。但是，使用枚举还有一个额外的好处：如果 when 表达式是穷举的，则可以省略 else 分支，即包含枚举类型的所有可能值的分支：

```
enum class Direction {
    NORTH, SOUTH, WEST, EAST
}
fun rotateClockWise(direction: Direction) = when (direction) {
    Direction.NORTH -> Direction.EAST
    Direction.EAST -> Direction.SOUTH
    Direction.SOUTH -> Direction.WEST
```

```
    Direction.WEST -> Direction.NORTH
}
```

when 表达式的详尽形式减少了编写可能因上下文更改而中断的代码的机会,例如添加新的枚举值。假设我们添加了一个 else 分支:

```
fun rotateClockWise(direction: Direction) = when (direction) {
    Direction.NORTH -> Direction.EAST
    Direction.EAST -> Direction.SOUTH
    Direction.SOUTH -> Direction.WEST
    Direction.WEST -> Direction.NORTH
}
throw IllegalArgumentException("无效方向:$ direction")
}
```

此代码工作很好,直到我们在 Direction 枚举添加新的值:

```
enum class Direction {
    NORTH, SOUTH, WEST, EAST,
    NORTH_EAST, NORTH_WEST, SOUTH_EAST, SOUTH_WEST
}
```

现在,一个调用像 rotateClockWise(Direction. NORTH_EAST)将抛出一个异常。但是,如果我们使用 else－free 形式,则可以在编译时捕获错误,因为在 rotateClockWise()主体中的表达式时编译器会抱怨非穷尽。

Java vs. Kotlin:请注意,与 Java 的 switch 语句不同,Java 的 switch 语句要求我们在 case 子句中使用非限定的枚举值名称,when 表达式中使用的 Kotlin 枚举常量必须使用枚举类的名称限定,除非导入。将前面的 rotateClockWise()函数与类似的 Java 方法进行比较:

```
public Direction rotateClockWise(Direction d) {
    switch (d) {
        case NORTH: return Direction.EAST;
        case EAST: return Direction.SOUTH;
        case SOUTH: return Direction.WEST;
        case WEST: return Direction.NORTH;
    }
    throw new IllegalArgumentException("Unknown value: " + d);
}
```

我们可以通过在文件的开头导入枚举常量来取消枚举常量的显式限定:

```
import Direction.*
enum class Direction {
    NORTH, SOUTH, WEST, EAST
}
fun rotateClockWise(direction: Direction) = when (direction) {
    NORTH -> EAST
    EAST -> SOUTH
    SOUTH -> WEST
    WEST -> NORTH
}
```

当表达式包含隐式 else 分支时,该分支在没有分支与主题表达式匹配时引发 NoWhen-BranchMatchedException 类的特殊异常。

IDE 提示:IntelliJ 插件可以检测不必要的 else 分支,如果 when 表达式是详尽的,则建议删除它们(如图 6.1 所示):

```
7   fun rotateClockWise(direction: Direction) = when (direction) {
8           Direction.NORTH -> Direction.EAST
9           Direction.EAST -> Direction.SOUTH
10          Direction.SOUTH -> Direction.WEST
11          Direction.WEST -> Direction.NORTH
12          else -> throw IllegalArgumentException("Invalid direction: $direction")
13      }
14
```

Remove else branch
Show function return type hints
Add braces to 'when' entry

图 6.1　穷举 when 表达式中的冗余 else 分支

使用自定义成员声明枚举

与其他类相似,枚举可能有自己的成员。除此之外,您可以定义自己的扩展函数和属性,如前面的示例所示。

枚举类可以包括普通类允许的任何定义,包括函数,属性,主要和次要构造函数,初始化块,内部/非内部嵌套类和对象(无论是否伴随)。任何这样的声明中的枚举类体必须被放置在枚举常数列表之后。在这种情况下,该常数列表本身必须由一个分号终止(它是极少数情况下,不能省略的 Kotlin 分号)。在声明的成员枚举类的体是可以用于所有的常量:

```
enum class WeekDay {
    MONDAY, TUESDAY, WEDNESDAY, THURSDAY, FRIDAY, SATURDAY, SUNDAY;
    val lowerCaseName get() = name.toLowerCase()
    fun isWorkDay() = this == SATURDAY || this == SUNDAY
}
fun main() {
    println(WeekDay.MONDAY.isWorkDay())            // false
    println(WeekDay.WEDNESDAY.lowerCaseName)       // wednesday
}
```

当枚举类具有构造函数时,必须在每个枚举常量的定义中进行适当的调用:

```
enum class RainbowColor(val isCold: Boolean) {
    RED(false), ORANGE(false), YELLOW(false),
    GREEN(true), BLUE(true), INDIGO(true), VIOLET(true);
    val isWarm get() = !isCold
}
fun main() {
    println(RainbowColor.BLUE.isCold)              // true
    println(RainbowColor.RED.isWarm)               // true
}
```

枚举常量也可以有一个具有自己定义的主体。但是,请注意,由此类常量引入的匿名类型(我们已经在第 4 章"使用类和对象"中提到过它们)不会暴露于外部代码,这意味着您无法在主体本身之外访问枚举常量主体中引入的成员。下面的代码演示了这个想法:

```
enum class WeekDay {
    MONDAY { fun startWork() = println("Work week started") },
    TUESDAY, WEDNESDAY, THURSDAY, FRIDAY, SATURDAY, SUNDAY
}
fun main() = WeekDay.MONDAY.startWork()            // Error
```

当使用这些成员在枚举类本身或某些超类型中提供虚拟方法的实现时,它们通常很有用。后续第 8 章"了解类层次结构",我们再讨论这些例子。

请注意,当前在枚举常量体中定义的所有嵌套类都必须是内部类。

使用普通成员的枚举类

Kotlin 中的所有枚举类都是 Kotlin 的隐式子类型。枚举类,它包含一组可用于任何枚举值的通用函数和属性。除了一些 API 差异外,这个类与 Java 对应的 Java.lang.Enum 非常相似。在 JVM 上,它确实由 Java 的 Enum 表示。

任何枚举值都有一对属性、序号和名称,它们分别包含枚举类主体和值名称中其定义的从零开始的索引:

```
enum class Direction {
    NORTH, SOUTH, WEST, EAST;
}
fun main() {
    println(Direction.WEST.name)                    // WEST
    println(Direction.WEST.ordinal)                 // 2
}
```

特定枚举类的值根据其在枚举体中的定义顺序相互比较。与 Java 类似,枚举相等性基于它们的标识。

```
fun main() {
    println(Direction.WEST = = Direction.NORTH)     // false
    println(Direction.WEST ! = Direction.EAST)      // true
    println(Direction.EAST <Direction.NORTH)        // false
    println(Direction.SOUTH> = Direction.NORTH)     // true
}
```

枚举值的比较操作基本上是按照序数属性给出的索引进行的。

Java vs. Kotlin:即使 Java 和 Kotlin 枚举都隐式实现了可比较的接口,也不能对 Java 中的枚举值应用<or> 之类的运算符。

每个枚举类还具有一组隐式方法,可以对类名调用,类似于对伴生对象的成员调用。valueOf()方法返回给定名称的枚举值,如果名称无效,则抛出异常:

```
fun main() {
    println(Direction.valueOf("NORTH"))         // NORTH
    println(Direction.valueOf("NORTH_EAST"))    // Exception: Invalid name
}
```

values()方法按照所有枚举值的定义顺序为您提供一个数组。请注意,每次调用都会重新创建数组,因此对其中一个的更改不会影响其他调用:

```
enum class WeekDay {
    MONDAY, TUESDAY, WEDNESDAY, THURSDAY, FRIDAY, SATURDAY, SUNDAY
}
private val weekDays = WeekDay.values()
val WeekDay.nextDay get() = weekDays[(ordinal + 1) % weekDays.size]
```

从 Kotlin 1.1 开始,您可以使用通用的顶级函数 enumValues()和 enumValueOf()分别代替 values()和 valueOf()方法:

```
fun main() {
    val weekDays = enumValues<WeekDay>()
    println(weekDays[2])                            // WEDNESDAY
    println(enumValueOf<WeekDay>("THURSDAY"))  // THURSDAY
}
```

数 据 类

Kotlin 提供了一个有用的特性来声明类,其主要目标是存储一些数据,此功能称为数据类,允许您使用自动生成的一些基本操作的实现,如相等或转换为字符串。对于数据类,您还可以利用解构声明,这使您可以选择提取类属性,并使用单一简洁的语言构造将它们放入单独的局部变量中。在这一节中,我们将了解数据类的能力。

数据类和它们的操作

例如考虑下面的类:

```
class Person(val firstName: String,
             val familyName: String,
             val age: Int)
```

如果我们想通过相等来比较它的实例呢? 与 Java 类似,如果引用类型具有相同的标识(即引用相同的对象),则默认情况下它们的值被视为相等。不考虑实例字段的值:

```
fun main() {
    val person1 = Person("John", "Doe", 25)
    val person2 = Person("John", "Doe", 25)
    val person3 = person1
    println(person1 == person2)              // false, different identities
    println(person1 == person3)              // true, the same identity
}
```

如果我们需要外类的自定义等式,通常使用 equals()方法(更多信息请参阅第 7 章"探索 Collections 和 I/O"和第 8 章"了解类层次结构")以及相应的 hashCode()方法来实现它,该方法允许将类实例用作 HashMap 等集合中的键。对于某种称为数据类的类,Kotlin 可以根据类属性列表自动生成这些方法。让我们稍微修改一下我们的示例:

```kotlin
data class Person(val firstName: String,
                  val familyName: String,
                  val age: Int)
fun main() {
    val person1 = Person("John", "Doe", 25)
    val person2 = Person("John", "Doe", 25)
    val person3 = person1
    println(person1 == person2)          // true
    println(person1 == person3)          // true
}
```

现在,这两个比较结果都为 true,因为编译器自动提供相等操作的实现,相等操作比较主构造函数中声明的属性值。这也适用于依赖于同一组属性的哈希代码。

请注意,属性值的比较也基于它们的 equals()方法,因此,等式的深度取决于所涉及属性的类型。考虑下面的例子:

```kotlin
data class Person(val firstName: String,
                  val familyName: String,
                  val age: Int)
data class Mailbox(val address: String, val person: Person)
fun main() {
    val box1 = Mailbox("Unknown", Person("John", "Doe", 25))
    val box2 = Mailbox("Unknown", Person("John", "Doe", 25))
    println(box1 == box2)                  // true
}
```

由于 String、Person 和 MailBox 实现基于内容的相等,因此邮箱实例的比较取决于其自身的 address 属性以及相应 Person 实例的属性。但是,如果我们将数据修饰符放在 Person 类之前,结果将发生变化,因为 Person 属性将根据其标识进行比较:

```kotlin
class Person(val firstName: String,
             val familyName: String,
             val age: Int)
data class Mailbox(val address: String, val person: Person)
fun main() {
    val box1 = Mailbox("Unknown", Person("John", "Doe", 25))
    val box2 = Mailbox("Unknown", Person("John", "Doe", 25))
    // false: Person instances have different identities
    println(box1 == box2)
}
```

hashCode()方法类似地返回一个对象哈希代码,该代码依赖于主构造函数中声明的所有属性的哈希代码。

除了 equals()/hashCode()生成之外，数据类还提供了 toString()方法的实现，该方法将类实例转换为字符串：

```
fun main() {
    val person = Person("John", "Doe", 25)
    println(person) // Person(firstName= John, familyName= Doe, age= 25)
}
```

请注意，在相等/哈希代码/字符串转换中仅使用声明为主构造函数参数的属性。任何其他属性都不会影响结果：

```
data class Person(val firstName: String, val familyName: String) {
    var age = 0
}
fun main() {
    val person1 = Person("John", "Doe").apply { age = 25 }
    val person2 = Person("John", "Doe").apply { age = 26 }
    println(person1 == person2)                             // true
}
```

任何数据类都隐式提供 copy()函数，该函数允许您创建当前实例的副本，但某些属性可能会发生更改。它与数据类主构造函数具有相同的签名，但每个参数都附带一个默认值，该默认值等于相应属性的当前值。通常使用命名参数语法调用 copy()函数，以提高代码可读性：

```
fun Person.show() = println("$ firstName $ familyName: $ age")
fun main() {
    val person = Person("John", "Doe", 25)
    person.show()                                 // John Doe: 25
    person.copy().show()                          // John Doe: 25
    person.copy(familyName = "Smith").show()      // John Smith: 25
    person.copy(age = 30, firstName = "Jane").show()  // Jane Doe: 30
}
```

轻松复制实例的能力鼓励使用不可变的数据类。尽管允许使用 var 属性，但将数据类设计为不可变的通常是合理的。使用不可变数据简化了对代码的推理，并使其不易出错，特别是在多线程项目中。除此之外，不变性是正确使用对象作为映射键的先决条件：在这种情况下违反不变性可能导致非常意外的行为，我们将在第 7 章"探索 Collections 和 I/O"中看到这一点。

Kotlin 标准库包括两个通用数据类,可用于保存一对或三对值:

```
fun main() {
    val pair =  Pair(1, "two")
    println(pair.first +  1)                    // 2
    println("$ {pair.second}!")                 // two!
    val triple =  Triple("one", 2, false)
    println("$ {triple.first}!")                // one!
    println(triple.second -  1)                 // 1
    println(! triple.third)                     // true
}
```

还可以使用中级操作构造 Pair:

```
val pair =  1 to "two"
println(pair.first +  1)                        // 2
println("$ {pair.second}!")                     // two!
```

请注意,在大多数情况下,使用自定义数据类更为合理,因为它们允许您为类及其属性选择有意义的名称,从而提高代码的可读性。

除了我们刚才看到的自动生成函数外,数据类还提供了一种有用的能力,可以将它们的组成属性提取到单个定义中的单独变量中。在下面的部分中,我们将考虑如何使用解构声明来实现它。

解构声明

考虑以下例子:

```
import kotlin.random.Random
data class Person(val firstName: String,
                  val familyName: String,
                  val age: Int)
fun newPerson() =  Person(readLine()!!,
                    readLine()!!,
                    Random.nextInt(100))
fun main() {
    val person =  newPerson()
    val firstName =  person.firstName
    val familyName =  person.familyName
    val age =  person.age
    if (age < 18) {
        println("$ firstName $ familyName is under- age")
```

```
        }
    }
```

我们提取 Person 属性的值，并在后续计算中使用它们。但由于 Person 是一个数据类，我们可以使用更简洁的语法来定义相应的局部变量：

```
val(firstName, familyName, age) = person
```

这是一个解构声明，它通过允许使用括号括起的标识符列表而不是单个变量名来概括局部变量语法。每个名称对应一个单独的变量定义，该定义由在＝符号后写入的数据类实例的相应属性初始化。

请注意，属性是根据它们在数据类构造函数中的位置而不是它们的名称映射到变量的。因此，虽然代码：

```
val(firstName, familyName, age) = Person("John", "Doe", 25)
println("$ firstName $ familyName: $ age")
```

产生了预期的结果：John Doe：25。而下面的几行：

```
val(familyName, firstName, age) = Person("John", "Doe", 25)
println("$ firstName $ familyName: $ age")
```

将会给您：Doe John：25。

 IDE 提示：对于这种特定的情况，当 destructuring 声明中的变量名与数据类属性匹配但以错误的顺序写入时，IntelliJ 插件会报告一条警告，这可能有助于找到可能的错误源。建议重命名变量，使其与属性匹配，或更改其在 destructuring 声明中的位置（参见图 6.2 中的示例）：

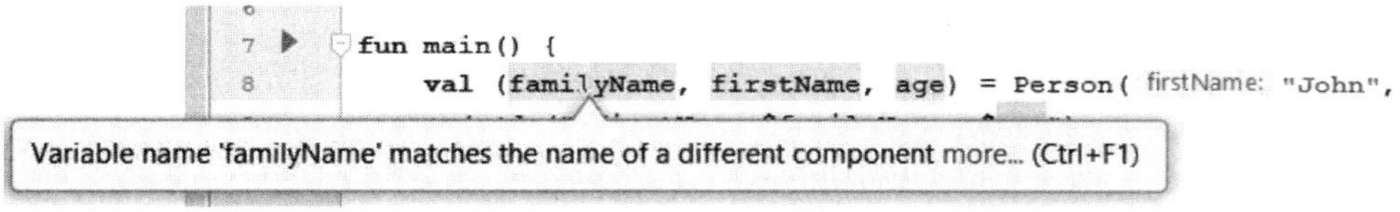

```
7  ▶  ┌ fun main() {
8           val (familyName, firstName, age) = Person( firstName: "John",
```

Variable name 'familyName' matches the name of a different component more... (Ctrl+F1)

图 6. 2　解构声明中变量的顺序错误

解构声明作为一个整体可能没有类型。但是，只要有必要，就可以为组件变量指定显式类型：

```
val(firstName, familyName: String, age) = Person("John", "Doe", 25)
```

与数据类中的属性相比,解构声明包含的组件可能更少。在这种情况下,不会提取构造函数末尾缺少的属性:

```
val(firstName, familyName) = Person("John", "Doe", 25)
println("$ firstName $ familyName")              // John Doe
val (name) = Person("John", "Doe", 25)
println(name)                                    // John
```

如果您需要跳过开始或中间的一些属性呢,从 Kotlin 1.1 开始,可以用符号 _ 替换未使用的组件,类似于 lambda 的未使用参数:

```
val(_, familyName) = Person("John", "Doe", 25)
println(familyName)                              // Doe
```

通过用 var 替换 val ,您将获得一组可变变量:

```
var(firstName, familyName) = Person("John", "Doe", 25)
firstName = firstName.toLowerCase()
familyName = familyName.toLowerCase()
println("$ firstName $ familyName")              // john doe
```

请注意,val/var 修饰符适用于解构声明的所有组件,因此您可以声明所有变量都是可变的,也可以声明它们都是不可变的,而无须中间选项。

在 for 循环中也可以使用解构:

```
val pairs = arrayOf(1 to "one", 2 to "two", 3 to "three")
for ((number, name) in pairs) {
    println("$ number: $ name")
}
```

自 Kotlin 1.1 以来,可以对 lambda 参数进行解构:

```
fun combine(person1: Person,
            person2: Person,
            folder: ((String, Person) -> String)): String {
    return folder(folder("", person1), person2)
}
fun main() {
    val p1 = Person("John", "Doe", 25)
    val p2 = Person("Jane", "Doe", 26)
// Without destructuring:
    println(combine(p1, p2) { text, person ->  "$ text $ {person.age}" })
```

```
// With destructuring:
    println(combine(p1, p2) { text, (firstName) -> "$ text $ firstName" })
    println(combine(p1, p2) { text, (_, familyName) -> "$ text $ familyName" })
}
```

请注意,与普通 lambda 参数列表不同,解构参数用括号括起来。

由于解构声明目前仅支持局部变量,因此不能在类主体或文件的顶层声明它们:

```
data classPerson(val firstName: String,
                 val familyName: String,
                 val age: Int)
val (firstName, familyName) = Person("John", "Doe", 25)        // Error
```

请注意,到目前为止,不能嵌套解构声明:

```
data class Person(val firstName: String,
                  val familyName: String,
                  val age: Int)
data class Mailbox(val address: String, val person: Person)
fun main() {
    val (address, (firstName, familyName, age)) =
    Mailbox("Unknown", Person("John", "Doe", 25))        // Error
}
```

虽然数据类提供开箱即用的解构支持,但一般来说,它可以针对任何 Kotlin 类型实现。在第 11 章"领域特定语言"中,我们将讨论如何使用运算符重载约定来实现这一点。

内联类

创建包装器类在编程实践中非常常见,毕竟,这是众所周知的适配器设计模式(adapter design pattern)的要点。假设,我们希望我们的程序有一个货币的概念。虽然货币数量本质上是一个数字,但我们不希望将其与其他数字混为一谈,因为其他数字可能具有非常不同的含义。因此,我们将介绍一些包装器类和实用程序函数:

```
class Dollar(val amount: Int)                // amount in cents
class Euro(val amount: Int)                  // amount in cents
fun Dollar.toEuro() = ...
fun Euro.toDollar() = ...
```

这种方法的问题是会产生运行时开销,这是因为每当我们引入新的货币量时,都需要创建一个额外的对象。当包装价值像我们的货币类别一样原始时,问题变得更加严重;因为直接操纵数值根本不需要任何对象分配。使用包装器类而不是原语会阻止许多优化,并会影响程序性能。

为了解决这些问题,Kotlin 1.3 引入了一种新的类,称为内联类。

定义一个内联类

要定义内联类,需要在其名称之前添加内联关键字:

```
inline class Dollar(val amount: Int)          // amount in cents
inline class Euro(val amount: Int)            // amount in cents
```

这样的类必须在主构造函数中声明一个不可变属性。在运行时,类实例将表示为该属性的值,而不创建任何包装器对象。这就是术语内联类的起源:与内联函数类似,内联函数的主体被替换来代替它们的调用,内联类中包含的数据被替换来代替它的用法。

内联类可能有自己的属性和功能:

```
inline class Dollar(val amount: Int) {
    fun add(d: Dollar) = Dollar(amount + d.amount)
    val isDebt get() = amount < 0
}
fun main() {
    println(Dollar(15).add(Dollar(20)).amount) // 35
    println(Dollar(- 100).isDebt)               // true
}
```

然而,内联类属性可能没有任何状态。原因是状态必须与主构造函数中的属性一起内联,而目前,Kotin 编译器只支持单个属性内联。这意味着不可能有支持字段、lateinit 或委托(包括惰性)属性。内联类属性可能只有显式访问器,比如我们示例中的 isDebt。

可以在内联类主体中定义 var 属性,这通常有点意义,因为内联类可能没有可变状态。

另一个限制是无法使用初始化块。这是因为内联类构造函数可能不会在运行时执行任何自定义代码,所以对 Dollar(15) 的构造函数调用必须像简单提到数字 15 一样。

在第 2 章"Kotlin 语言基础"中,我们提到,如果程序试图在某些上下文中使用原始值,可能会隐式地将其装箱,这需要对真实对象的引用,例如将它们分配给可为 null 类型的变量。这同样适用于内联类:为了优化,编译器会尽可能使用未包装的值。然而,当它不是一个选项时,编译器将退回使用您的类,就像它不是内联类一样。为了更好地近似编译器行为,可以使用以下经验法则:只要内联类实例被用作对应类型的值,就可以内联,而不必强制转换为其他类型。考虑下面的例子:

```
fun safeAmount(dollar: Dollar?) = dollar?.amount ?: 0
fun main() {
    println(Dollar(15).amount)              // inlined
    println(Dollar(15))                     // not inlined: used as Any?
    println(safeAmount(Dollar(15)))         // not inlines: used as Dollar?
}
```

还有一点值得注意的是内联类的实验状态。目前,该语言功能的设计尚未最终确定,可能会在未来的版本中发生变化。因此,默认情况下,Kotlin 1.3 中内联类的任何定义都会伴随编译器警告。通过向 Kotlin 编译器传递特殊的命令行参数－XXLanguage：＋inlineClass,可以抑制此警告。

IDE 提示:使用 IntelliJ 时,您可以通过在高亮显示的元素上的 Alt＋Enter 菜单中选择适当的操作(如图 6.3 所示),在项目中自动启用或禁用内联类(或任何其他实验性语言功能,如无符号整数):

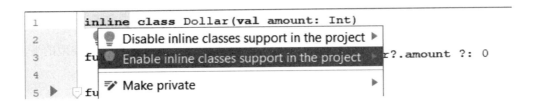

图 6.3　在 IntelliJ 项目中启用内联类

无符号整数

自 1.3 版以来,Kotlin 标准库包括一组无符号整数类型,这些类型是在使用内联类的内置有符号类型之上实现的。与内联类一样,通常情况下,这些类型包含一个实验性功能,因此当前它们的使用会产生一个警告,除非您在项目中明确允许它们(参见图 6.4):

每个未签名类型的名称与每个带额外 U 字母的已签名副本的名称相似(表 6.1):

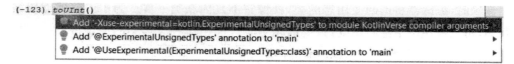

图 6.4　在 IntelliJ 项目中启用未签名类型支持

表 6.1　无符号整数类型

类型	大小(以字节为单位)	范围
UByte	1	$0 \sim (2^8 - 1)$
UShort	2	$0 \sim (2^{16} - 1)$
UInt	4	$0 \sim (2^{32} - 1)$
ULong	8	$0 \sim (2^{64} - 1)$

要表示无符号值,可以在整型文字中添加 u 或 U 后缀。文本的类型由其预期类型确定,例如由该值初始化的变量类型。如果未指定预期类型,则文字类型应为 UInt 或 ULong,具体取决于其大小:

```
val uByte: UByte = 1u           // explicit UByte
val uShort: UShort = 100u       // explicit UShort
val uInt = 1000u                // UInt inferred automatically
val uLong: ULong = 1000u        // explicit ULong
val uLong2 = 1000uL             // explicit ULong due to L suffix
```

但是,有符号和无符号类型彼此不兼容。因此,不能将无符号值赋给有符号类型的变量,反之亦然:

```
val long: Long = 1000uL         // Error
```

可以使用 toXXX()方法之一将无符号和有符号类型转换为另一种:

```
println(1.toUByte())            // 1, Int -> UByte
println((- 100).toUShort())     // 65436, Int -> UShort
println(200u.toByte())          // - 56, UInt -> Byte
println(1000uL.toInt())         // 1000, ULong -> Int
```

无符号类型 API 与有符号整数类型非常相似。特别是,任何一对无符号值都可以通过算术运算符+,-,*,/,%组合:

```
println(1u + 2u)                // 3
println(1u - 2u)                // 4294967295
println(3u * 2u)                // 6
```

```
println(5u / 2u)                              // 2
println(7u % 3u)                              // 1
```

但是,您不能将有符号值与无符号值组合在一起:

```
println(1u + 2)                               // Error
println(1 + 2u)                               // Error
```

此外,与有符号类型不同,无符号整数不支持一元减运算。这是有道理的,因为它们不能表示负值:

```
println(- 1u)                                 // Error
```

无符号值可用于递增/递减表达式和增广赋值:

```
var uInt: UInt = 1u
+ + uInt
uInt - = 3u
```

并支持基本的位运算,如反转、And、OR 和 XOR:

```
val ua: UByte = 67u                           // 01000011
val ub: UByte = 139u                          // 10001011
println(ua.inv())                             // 10111100: 188
println(ua or ub)                             // 11001011: 203
println(ua xor ub)                            // 11001000: 200
println(ua and ub)                            // 00000011: 3
```

UInt 和 ULong 还支持左右位移位:

```
val ua = 67u                                  // 0..0001000011
println(ua shr 2)                             // 0..0000010000: 16
println(ua shl 2)                             // 0..0100001100: 268
```

请注意,位计数被指定为普通 Int 的值,而不是 UInt。此外,对于无符号右移,没有单独的 ushr 操作,因为对于无符号整数,它的行为与 shr 完全相同。

与普通整数类似,无符号值可以使用<、>、<=、>=、==和!=操作:

```
println(1u <2u)                               // true
println(2u> = 3u)                             // false
println(2u + 2u = = 1u + 3u)                  // true
```

Kotlin 标准库还包括一组表示无符号整数数组的辅助类型:UByteArray、UShortArray、

UIntArray 和 ULongArray。这些也是由相应的数组类(如 IntArray)支持的内联类。无符号数组类型的构造方式与我们目前遇到的数组类似:

```
val uBytes = UByteArrayOf(1u, 2u, 3u)
val squares = UIntArray(10) { it* it }
```

range 和 progression 类型也有未签名的对应项,可以使用.. 操作符像 Until 或 downto 一样操作:

```
1u.. 10u                          // 1, 2, 3, 4, 5, 6, 7, 8, 9, 10
1u .. 10u step 2                  // 1, 3, 5, 7, 9
1u until 10u                      // 1, 2, 3, 4, 5, 6, 7, 8, 9
10u downTo 1u                     // 10, 9, 8, 7, 6, 5, 4, 3, 2, 1
10u downTo 1u step 3              // 10, 7, 4, 1
```

结论

本章向我们介绍了一些旨在解决特定编程问题的特殊种类的类。我们已经学会了使用枚举来描述有限的具有公共函数和属性的对象集,并了解了如何使用数据类来简洁地定义简单的数据持有者,以及如何使用解构来提取数据类属性。最后,我们研究了 Kotlin 1.3 中引入的实验性内联类,这些内联类用于创建轻量级包装器,并基于 Kotlin 内联类研究了无符号整数类型。

在下一章中,我们将重点介绍 Kotlin 标准库。特别是,我们将介绍基本的集合类型,对数组和字符串进行更广泛的处理,考虑 I/O 和网络能力以及一些有用的实用功能。

问题

1. 什么是枚举类?枚举有哪些内置操作可用?
2. 在枚举类中使用 when 表达式的具体细节是什么?
3. 如何使用自定义函数或属性定义枚举类?
4. 什么是数据类?为任何数据类自动生成哪些操作?如何复制数据类实例?
5. 什么是解构声明?在哪里可以使用?
6. 内联类的目的是什么?类必须满足哪些要求才能内联?
7. 描述 Kotlin 无符号类型及其内置操作。与有符号整数相比,它们的具体特性是什么?

7

探索 Collections 和 I / O

在本章中,我们将了解 Kotlin 标准库的两个主要组件。第一部分将介绍 Collections API:在这里,我们将讨论常见的集合类型及其基本操作,并全面介绍集合及其数据的各种操作,如元素访问实用程序、测试集合谓词、筛选和提取集合部分、聚合、转换和排序。在第二部分中,我们将重点讨论 I/O API,并讨论简化 I/O 流创建和数据访问的实用程序以及一些常见的文件系统操作。

结构

- Collections
- 文件和 I/O 流

目的

了解 Kotlin collection 类型,学习使用 Kotlin 标准库对 collection 数据进行简洁、惯用的操作,以及使用 I/O 流 API 扩展。

Collections

Collection 是设计用来存储一组元素的对象。在第 2 章"Kotlin 语言基础"中,我们已经讨论了此类对象的一个例子,即数组,它允许您保留属于某个常见类型的固定数量的元素。不过，Kotlin 标准库提供了更丰富的收集功能，包括基于不同数据结构（如数组、链表、哈希表等）的各种类，以及用于操作 collection 及其数据的全面 API：过滤、聚合、转换、排序等。在本节中，我们将详细介绍 collection 库可以为 Kotlin 开发人员提供什么。

值得注意的是，几乎所有的 collection 操作都是内联函数。因此，它们的易用性不涉及与函数调用和 lambda 相关的任何性能损失。

Collection 类型

Kotlin 中的 collection 类型可以分为四个基本类别：数组（arrays）、可迭代对象（iterables）、序列（sequences）和映射（maps）。由于数组已经是第 2 章"Kotlin 语言基础"中的一个主要主题，在本节中，我们将重点讨论其余三个类别。

与数组类似，collection 类型是通用的：在指定特定 collection 的类型时，还需要指定其元素的类型。例如，List<String> 表示字符串列表，Set<Int> 表示 Int 值集。

基本 collection 类型的结构可以用图 7.1 表示：

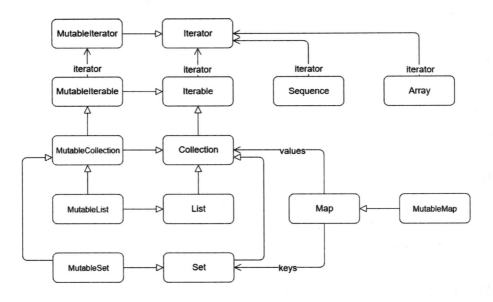

图 7.1　Kotlin 集合类型

可迭代对象 Iterables

由 Iterable⟨T⟩ 类型表示的 iterable 集合，通常既急切又有状态。有状态意味着这样的集合存储在其实例中包含元素，而不是保留一些生成器函数，后者可以延迟地检索它们。另一方面，急切意味着集合元素在创建时就被初始化，而不是在稍后的某个时刻被懒散地计算。

iterable 类型本身与 Java 的对应项非常相似：它提供了一个 iterator() 方法，该方法返回一个能够遍历其元素的对象。这允许将 Kotlin 的 for 循环与任何 iterable 一起使用：

```
val list = listOf("red", "green", "blue") // Create new list
for (item in list) {
    print(item + " ")
}                                          // Prints red green blue
```

Java vs. Kotlin：Kotlin 的迭代器类型与 Java 的基本相同，它包含两个方法：检查迭代器是否已到达集合末尾的 hasNext() 和返回下一个集合元素的 next()。唯一的区别是缺少 remove() 方法，该方法被移动到 MutableIterator。

与 Java 相比，Kotlin iterables 的一个主要特点是区分可变集合和不可变集合。不可变集合的内容在创建后不能更改，而可变集合通常可以通过添加或删除元素随时更新。请注意，集合可变性与保持对集合实例引用的变量的可变性无关，它意味着更改此引用指向的数据的能力。例如，可以将可变集合保存在不可变变量中。在这种情况下，不能更改变量使其引用其他集合，但可以添加或删除集合元素：

```
val list = ArrayList<String>()
list.add("abc")                  // Ok: changing collection data
list = ArrayList<String>()       // Error: can't reassign immutable variable
```

可变迭代器的基本类型由 MutableIterable 接口表示，它可以创建一个 MutableIterator 实例。

不可变集合类型的一个有用特性是它们的变体。这意味着如果 T 是 U 的一个子类型，那么 Iterable<T> 就是 Iterable<U> 的一个子类型。对于其他与集合相关的类型，如迭代器、集合（Collection）、列表、集合（Set）和映射，也是如此。它尤其允许您编写以下代码：

```
fun processCollection(c: Iterable<Any>) {...}
```

```
fun main() {
    val list = listOf("a", "b", "c")    // List<String>
    processCollection(list)             // Ok: passing List<String> as List<Any>
}
```

然而,这不适用于可变集合。否则,我们可以编写代码,例如,将整数添加到字符串列表中。

```
fun processCollection(c: MutableCollection<Any> ) { c.add(123) }
fun main() {
    val list = arrayListOf("a", "b", "c")             // ArrayList<String>
    processCollection(list)                           // !!!
}
```

在第 9 章"泛型"中,我们将更详细地讨论变体问题。

Collections、Lists 和 Sets

Collection 接口及其可变子类型 MutableCollection 代表了 iterables 的一个重要子类。这是许多 iterables 标准实现的基本类。Collection 继承者通常属于以下类型之一:

- list 列表(由接口列表和可变列表表示)是元素的有序集合,具有基于索引的元素访问权限。列表的常见实现是通过索引快速随机访问 ArrayList 和 LinkedList,它们可以快速添加或删除元素,但通过索引查找现有元素需要线性时间。
- Set 是独特元素的集合。元素顺序因实现而异:
  - HashSet 基于哈希表实现,并根据元素的哈希代码对元素进行排序。一般来说,这种排序取决于 hashCode()方法的特定实现,因此可以认为是不可预测的。
  - LinkedHashSet 也基于哈希表,但保留了插入顺序。换句话说,元素以插入集合中的相同顺序进行迭代。
  - TreeSet 是一个基于二叉搜索树的实现;它根据一些比较规则维护稳定的元素顺序,这些规则可以由元素本身实现(如果它们继承自可比较的接口),或者以单独的比较器对象的形式提供。

在 JVM 平台上,实现这些接口的具体类由相应的 JDK 集合表示。HashMap 或 Array-List 等知名 Java 类无缝集成到 Kotlin 库中。

Java vs. Kotlin:在 Kotlin 代码中,通常不需要使用来自 Java. util 类的包。大多数标准集合(如 ArrayList)都可以通过 kotlin. collections 软件包中的别名引用,该软件包将自动导入所有 Kotlin 文件。

序列

与 iterables 类似,序列提供 iterator() 方法,可用于遍历其内容。然而,它们背后的意图是不同的,因为序列应该是惰性的。大多数序列实现不会在实例化时初始化它们的元素,而只在需要时计算它们。许多序列实现也是无状态的,这意味着它们只保留惰性生成的集合元素所需的恒定数据量。另一方面,Iterables 通常花费与元素数量成比例的内存量。

与 iterables 不同,大多数序列实现都是内部的,不打算直接使用。相反,新序列是由特殊函数创建的,我们将在接下来的部分讨论。

Java vs. Kotlin:熟悉 Java 的读者可能会认识到 Java 8 中引入的序列和流之间的相似性。自 Kotlin 1.2 以来,标准库提供了 asSequence() 扩展函数,可用于将 Java 流包装成 Kotlin 序列。

映射

映射是键唯一的一组键值对。尽管映射本身不是集合的子类型,但它的内容可能是这样呈现的:您尤其可以获得一组所有键、一组所有值以及一组由映射表示的键值对,它们由 Map.Entry 和 MutableMap.MutableEntry 接口表示。

由于映射包含两种不同类型的元素(键和值),因此它们的类型有两个参数:例如,Map <Int,String> 是一种将 Int 键与字符串值关联的映射。

映射的标准实现包括 HashMap、LinkedHashMap 和 TreeMap,它们的属性与 Set 的相应实现类似。

AbstractMap 和 AbstractMutableMap 类可以用作占位符来实现自己的映射。

可比较和比较器

与 Java 类似,Kotlin 支持 Comparable 和 Comparator 类型,可用于某些集合操作。可比较的实例具有自然的顺序:每个实例都有 compareTo() 函数,可用于将其与相同类型的其他实例进行比较。因此,通过使您的类型成为 Comparable 的继承者,您可以自动允许执行诸如〈and〉,以及其上的操作,您可以对具有相应元素类型的集合应用排序操作。假设我们希望 Person 类具有基于全名的自然顺序。实现过程如下所示：

```
class Person(
    val firstName: String,
    val familyName: String,
    val age: Int
) : Comparable<Person> {
    val fullName get() = "$ firstName $ familyName"
    override fun compareTo(p: Person) = fullName.compareTo(p.fullName)
}
```

compareTo()函数的约定与 Java 中的相同：当此时实例大于其他实例时，它返回一个正数；当它较小时，返回一个负数；当两个实例相等时，返回 0。compareTo()的实现应该与 equals()函数兼容。

在很多情况下，一个给定的类可以通过多种方式进行比较。例如，我们可以仅按人名或姓氏、年龄这些属性的各种组合来订购人名实例集合。因此，Kotlin 库提供了 comparator 的概念。与 Java 类似，Comparator<T> 类的一个实例提供 compare()函数，该函数接受类型 T 的两个实例，并按照与 compareTo()相同的约定返回比较结果。在 Kotlin 中，比较器可以基于比较 lambda 简洁地构造：

```
val AGE_COMPARATOR = Comparator<Person> { p1, p2 ->
    p1.age.compareTo(p2.age)
}
```

或者，可以使用 compareBy()或 compareByDescending()函数来提供一个可比的值，以代替原始对象：

```
val AGE_COMPARATOR = compareBy<Person> { it.age }
val REVERSE_AGE_COMPARATOR = compareByDescending<Person> { it.age }
```

然后，可以将比较器实例传递到一些支持排序的函数中，如 sorted()或 max()。您可以在接下来的聚合函数和集合排序部分找到示例。

创建一个集合

在第 2 章"Kotlin 语言基础"中，我们已经了解了如何使用构造函数或标准函数（如 arrayOf()）创建数组实例。许多标准集合类可能以类似的方式构造。例如，ArrayList 或 LinkedHashSet 之类的类可以通过普通的构造函数调用创建，就像在 Java 中一样：

```
val list = ArrayList<String> ()
list.add("red")
list.add("green")
println(list)                              // [red, green]
val set = HashSet<Int> ()
set.add(12)
set.add(21)
set.add(12)
println(set)                               // [12, 21]
val map = TreeMap<Int, String> ()
map[20] = "Twenty"
map[10] = "Ten"
println(map)                               // {10= Ten, 20= Twenty}
```

我们还有类似于 arrayOf() 的函数,它们接受变量参数列表,并生成某个标准集合类的实例:

- emptyList()/emptySet():不可变空列表/集合的实例(类似于 JDK Collections 类的 emptyXXX()方法);
- listOf()/setoff():创建一个由参数数组支持的新的不可变列表/集合(对于列表,它基本上与 Java 的 Arrays. asList()相同);
- listOfNotNull:创建一个新的不可变列表,并过滤掉空值;
- mutableListOf()/mutableSetOf():创建可变列表/集合的默认实现(在内部,它分别是 ArrayList 和 LinkedHashSet);
- arrayListOf():创建一个新的 ArrayList;
- hashSetOf()/linkedSetOf()/sortedSetOf():分别创建 HashSet / LinkedHashSet / TreeSet 的新实例。

让我们看一些例子:

```
val emptyList = emptyList<String> ()
println(emptyList)                   // []
emptyList.add("abc")                 // Error: add is unresolved

val singletonSet = setOf("abc")
println(singletonSet)                // [abc]
singletonSet.remove("abc")           // Error: remove is unresolved

val mutableList = mutableListOf("abc")
println(mutableList)                 // [abc]
mutableList.add("def")
```

```
mutableList[0] = "xyz"
println(mutableList)                     // [xyz, def]

val sortedSet = sortedSetOf(8, 5, 7, 1, 4)
println(sortedSet)                       // [1, 4, 5, 7, 8]
sortedSet.add(2)
println(sortedSet)                       // [1, 2, 4, 5, 7, 8]
```

相似的,函数还支持构建映射:

- emptyMap():不可变空映射的实例;
- mapOf():创建一个新的不可变映射(在内部,它是 LinkedHashMap);
- mutableMapOf():创建一个可变映射的默认实现(在内部,它是 LinkedHashMap);
- hashMapOf()/linkedMapOf()/sortedMapOf():创建一个新实例 HashMap/Linked-HashMap/TreeMap。

请注意,前面的 map 函数采用 Pair 对象的可变参数列表,可以通过中缀操作简洁地构造:

```
val emptyMap = emptyMap<Int, String>()
println(emptyMap)                        // {}
emptyMap[10] = "Ten"                     // Error: set is unresolved

val singletonMap = mapOf(10 to "Ten")
println(singletonMap)                    // {10= Ten}
singletonMap.remove("abc")               // Error: remove is unresolved

val mutableMap = mutableMapOf(10 to "Ten")
println(mutableMap)                      // {10= Ten}
mutableMap[20] = "Twenty"
mutableMap[100] = "Hundred"
mutableMap.remove(10)
println(mutableMap)                      // {20= Twenty, 100= Hundred}

val sortedMap = sortedMapOf(3 to "three", 1 to "one", 2 to "two")
println(sortedMap)                       // {1= one, 2= two, 3= three}
sortedMap[0] = "zero"
println(sortedMap)                       // {0= zero, 1= one, 2= two, 3= three}
```

或者,您可以创建一个可变映射,并使用 set()方法或索引操作符填充它,以避免创建过多的 Pair 实例。

也可以通过指定列表的大小和将索引映射到元素值的函数来构造类似于数组的列表:

```
println(List(5) { it* it })                    //[0, 1, 4, 9, 16]
val numbers =  MutableList(5) { it* 2 }
println(numbers)                                //[0, 2, 4, 6, 8]
numbers.add(100)
println(numbers)                                //[0, 2, 4, 6, 8, 100]
```

创建已知元素的序列的最简单的方法是使用一个 sequenceOf() 函数，其需要一个可变数目的参数。或者，您可以通过调用 asSequence() 函数将现有集合（例如数组、可迭代或映射）转换为序列：

```
println(sequenceOf(1, 2, 3).iterator().next())                    // 1
println(listOf(10, 20, 30).asSequence().iterator().next())        // 10
println(
    mapOf(1 to "One", 2 to "Two").asSequence().iterator().next()  // 1= One
)
```

请注意，在映射上调用 asSequence() 会提供一系列映射入口。

另一个选项是基于某些生成器函数创建序列。这种情况由一对 generateSequence() 函数实现。第一个采用无参数函数，该函数计算下一个序列元素。序列生成一直进行，直到该函数返回 null。例如，以下代码创建一个序列，读取程序输入，直到遇到非数字或输入耗尽：

```
val numbers =  generateSequence{ readLine()?.toIntOrNull() }
```

第二个 generateSequence() 函数接收一个初始值和单参数函数，该函数在前一个函数的基础上生成新的序列元素。与第一种情况一样，当此函数返回 null 时，生成停止：

```
// Infinite sequence (with overflow): 1, 2, 4, 8,...
val powers =  generateSequence(1) { it* 2 }
// Finite sequence: 10, 8, 6, 4, 2, 0
val evens =  generateSequence(10) { if (it> = 2) it - 2 else null }
```

自 Kotlin 1.3 以来，构建序列的另一种方法是使用特殊的生成器，它允许您部分地提供序列元素。生成器由 sequence() 函数实现，该函数接受 SequenceScope 接收器类型的扩展 lambda。这种类型引入了一组函数，可用于将元素附加到新序列：

- yield()：添加一个单个元素；
- yieldAll()：添加指定 iterator、iterable 或序列的所有元素。

请注意，元素是缓慢添加的：yield()/yieldAll()调用仅在请求相应的序列块时执行。考虑下面的例子：

```
val numbers = sequence {
    yield(0)
    yieldAll(listOf(1, 2, 3))
    yieldAll(intArrayOf(4, 5, 6).iterator())
    yieldAll(generateSequence(10) { if (it <50) it* 3 else null })
}
println(numbers.toList())                   // [0, 1, 2, 3, 4, 5, 6, 10, 30, 90]
```

由 sequence()/yield()/yieldAll()函数实现的序列生成器实际上是可暂停计算的一个示例，这是一个强大的 Kotlin 功能，在多线程应用程序中特别有用。我们将把它的详细处理推迟到第 13 章"并发"。

本节中我们要提到的最后一组函数涉及集合转换。例如，它们允许您根据数组的内容创建列表或将序列转换为集合：

```
println(
    listOf(1, 2, 3, 2, 3).toSet()
)                                       // [1, 2, 3]
println(
    arrayOf("red", "green", "blue").toSortedSet()
)                                       // [blue, green, red]
println(
    mapOf(1 to "one", 2 to "two", 3 to "threen").toList()
)                                       // [(1, one), (2, two), (3, threen)]
println(
    sequenceOf(1 to "one", 2 to "two", 3 to "threen").toMap()
)                                       // {1= one, 2= two, 3= threen}
```

您可以在 kotlinlang. org/api/latest/jvm/stdlib 的标准库参考中找到转换函数的完整列表。转换函数遵循一定的约定：即名称以 to 开头的函数（如 toList()或 toMap()）创建原始集合的单独副本，而以 as 开头的函数（如 asList()）创建一个反映原始集合中的任何更改的视图。

IDE 提示：不要犹豫使用 IDE 完成（可通过 Ctrl＋Space/Cmd＋Space 获得）来帮助您选择转换函数或任何其他方法（参见图 7.2 中的示例）：

```
1  ▶  fun main() {
2        println(listOf(1, 2, 3, 2, 3).toSet())
3        println(arrayOf("red", "green", "blue").toSortedSet())
4        println(mapOf(1 to "one", 2 to "two      ⋏ ⌂ to(that: B) for A in kotlin              Pair<Array<String>, B>
5        println(                                  m ⌂ toString()                                              String
6            sequenceOf( …elements: 1 to "one"     ⋏ ⌂ toSortedSet() for Array<out T> in kotlin.collections  SortedSet<String>
7        )                                         ⋏ ⌂ toSortedSet(comparator: Comparator<in Strin… SortedSet<String>
8     }                                            ⋏ ⌂ toCollection(destination: C) for Array<out T> in kotlin.col… C
                                                   ⋏ ⌂ toHashSet() for Array… HashSet<String> /* = HashSet<String> */
                                                   ⋏ ⌂ toList() for Array<out T> in kotlin.collections    List<String>
                                                   ⋏ ⌂ toMutableList() for Array<out T> in kotli… MutableList<String>
                                                   ⋏ ⌂ toMutableSet() for Array<out T> in kotlin… MutableSet<String>
                                                   ⋏ ⌂ toSet() for Array<out T> in kotlin.collections       Set<String>
```

图 7.2 使用 completion 选择 completion 函数

还可以通过过滤、转换或排序等操作在现有集合的基础上创建新集合。我们将在接下来的章节中介绍此类情况。

基本操作

在本节中,我们将了解可用于 Kotlin 集合类型的基本操作。

所有集合都支持的一个常见操作是迭代。数组、iterables、序列和映射支持 iterator() 函数。虽然这个函数返回的迭代器对象的实例肯定可以用来遍历集合元素,但实际上很少需要这样做,因为 Kotlin 提供了更简洁的方法来完成同样的工作。

特别是,iterator() 函数的存在允许我们对任何集合使用 for 循环,正如我们在 Iterables 一节中已经看到的那样。值得指出的一点是,map 迭代器返回 Map. Entry 的实例。在 Kotlin 中,映射条目支持解构,这允许像这样编写映射迭代:

```
val map =  mapOf(1 to "one", 2 to "two", 3 to "three")
for ((key, value) in map) {
    println("$ key -> $ value")
}
```

这也适用于接收映射条目作为参数的 lambdas。

另一种方法是使用 forEach() 扩展函数,该函数为每个集合元素执行提供的 lambda:

```
int ArrayOf(1, 2, 3).forEach { println(it* it) }
listOf("a", "b", "c").forEach { println("'$ it'") }
sequenceOf("a", "b", "c").forEach { println("'$ it'") }
mapOf(1 to "one", 2 to "two", 3 to "three").forEach { (key, value) ->
    println("$ key -> $ value")
}
```

如果您还想考虑元素索引,那么有一个更通用的 forEachIndexed()函数:

```
listOf(10, 20, 30).forEachIndexed { i, n -> println("$ i: $ {n* n}") }
```

集合类型的基本功能包括:

- size 属性,它提供了元素个数;
- isEmpty()函数,如果集合没有元素,则返回 true;
- contains()/containsAll()函数,用于检查一个集合是否包含特定元素或另一个集合的所有元素。

对 contains()函数的调用可能会被 in 运算符替换:

```
val list = listOf(1, 2, 3)
println(list.isEmpty())                  // false
println(list.size)                       // 3
println(list.contains(4))                // false
println(2 in list)                       // true
println(list.containsAll(listOf(1, 2))) // true
```

请注意,contains()/containsAll()的行为取决于 equals()方法的正确实现。如果使用自己类的实例作为集合元素,请确保在必要时实现基于内容的相等。

MutableCollection 类型引入了添加和删除元素的方法。考虑下面的例子:

```
val list = arrayListOf(1, 2, 3)
list.add(4)                      // Add single: [1, 2, 3, 4]
list.remove(3)                   // Remove single: [1, 2, 4]
list.addAll(setOf(5, 6))         // Union: [1, 2, 4, 5, 6]
list.removeAll(listOf(1, 2))     // Difference: [4, 5, 6]
list.retainAll(listOf(5, 6, 7))  // Intersection: [5, 6]
list.clear()                     // Remove all: []
```

您可以同时使用＋＝和－＝运算符替换 add()/remove()/addAll()/的 removeAll()调用:

```
list + = 4
list - = 3
list + = setOf(5, 6)
list - = listOf(1, 2)
```

可变集合和不可变集合都支持＋和－运算符,这会生成一个新集合,而不影响原始集合:

```
println(listOf(1, 2, 3) + 4)            // [1, 2, 3, 4]
println(listOf(1, 2, 3) - setOf(2, 5))  // [1, 3]
```

您也可以将＋＝和－＝用于不可变集合,但语义非常不同:对于不可变集合,它们充当赋值的缩写,因此只能应用于可变变量:

```
val readOnly = listOf(1, 2, 3)
readOnly += 4                           // Error: can't assign to val
var mutable = listOf(1, 2, 3)
mutable += 4                            // Correct
```

然而,通常应该避免这样的代码,因为它会在每次赋值时隐式地创建一个新的集合对象,这可能会影响程序的性能。

IDE 提示:IntelliJ 插件警告您关于此类分配,建议使用可变集合而不是不可变集合(参见图 7.3)。

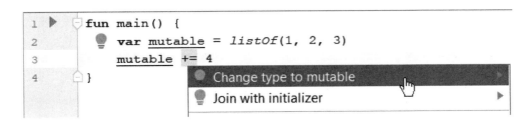

图 7.3　用可变集合替换不可变集合

该列表介绍了一些通过索引访问其元素的方法,类似于数组:

```
val list = listOf(1, 4, 6, 2, 4, 1, 7)
println(list.get(3))                    // 2
println(list[2])                        // 6
println(list[10])                       // Exception
println(list.indexOf(4))                // 1
println(list.lastIndexOf(4))            // 4
println(list.indexOf(8))                // - 1
```

请注意,索引表示法通常比调用 get()方法更可取。当列表可变时,其元素也可以通过索引进行更改:

```
val list = arrayListOf(1, 4, 6, 2, 4, 1, 7)
list.set(3, 0)                          // [1, 4, 6, 0, 4, 1, 7]
```

```
list[2] = 1                           // [1, 4, 1, 0, 4, 1, 7]
list.removeAt(5)                      // [1, 4, 1, 0, 4, 7]
list.add(3, 8)                        // [1, 4, 1, 8, 0, 4, 7]
```

subList()函数的作用是:在开始(包含)和结束(排除)索引指定的列表的特定段上创建一个包装器。视图与原始集合共享数据,如果是可变列表,则反映其数据中的更改:

```
val list = arrayListOf(1, 4, 6, 2, 4, 1, 7)
val segment = list.subList(2, 5)      // [6, 2, 4, 1]
list[3] = 0
println(segment[1])                   // 0
segment[1] = 8
println(list[3])                      // 8
```

集合本身不引入任何附加操作。但是,它们对通用 Collection 方法的实现可确保不会向集合中添加重复项。

Map 接口的方法允许您按键检索值,并提供对完整键集和值集合的访问。让我们考虑一个例子:

```
val map = mapOf(1 to "I", 5 to "V", 10 to "X", 50 to "L")
println(map.isEmpty())                // false
println(map.size)                     // 4
println(map.get(5))                   // V
println(map[10])                      // X
println(map[100])                     // null
println(map.getOrDefault(100, "?"))   // ?
println(map.getOrElse(100) { "?" })   // ?
println(map.containsKey(10))          // true
println(map.containsValue("C"))       // false
println(map.keys)                     // [1, 5, 10, 50]
println(map.values)                   // [I, V, X, L]
println(map.entries)                  // [1= I, 5= V, 10= X, 50= L]
```

MutableMap 介绍了基本的修改方法以及对＋和—运算符的支持:

```
val map = sortedMapOf(1 to "I", 5 to "V")
map.put(100, "C")                     // {1= I, 5= V, 100= C}
map[500] = "D"                        // {1= I, 5= V, 100= C, 500= D}
map.remove(1)                         // {5= V, 100= C, 500= D}
map.putAll(mapOf(10 to "X"))          // {5= V, 10= X, 100= C, 500= D}
map += 50 to "L"              // {5= V, 10= X, 50= L, 100= C, 500= D}
map += mapOf(2 to "II",
```

```
        3 to "III")                    // {2= II, 3= III, 5= V, 10= X, 50= L, 100= C, 500= D}
map - = 100                            // {2= II, 3= III, 5= V, 10= X, 50= L, 500= D}
map - = listOf(2, 3)                   // {5= V, 10= X, 50= L, 500= D}
```

关于可变和不可变集合的＋＝和－＝运算符的注释对于映射也是有效的。还要注意,虽然＋运算符使用键值对,但－运算符使用键。

访问集合元素

除了基本的集合操作,在 Kotlin 标准库中包含一系列的扩展函数以简化对集合元素的访问,我们将在本节讨论。

first()/last()函数分别返回一个给定集合的第一个和最后一个元素,如果该集合为空,则抛出一个 NoSuchElementException 异常。也有对应的安全版本称为 firstOrNull()/lastOrNull();当没有元素被发现时,返回 null:

```
println(listOf(1, 2, 3).first())                    // 1
println(listOf(1, 2, 3).last())                     // 3
println(emptyArray<String> ().first())              // Exception
println(emptyArray<String> ().firstOrNull())        // null
val seq = generateSequence(1) { if (it > 50) null else it *  3 }
println(seq.first())                                // 1
println(seq.last())                                 // 81
```

这些函数也可以通过一个谓词匹配条件,在这种情况下,它们将查找与相应条件匹配的第一个或最后一个元素:

```
println(listOf(1, 2, 3).first { it > 2 })           // 3
println(listOf(1, 2, 3).lastOrNull { it < 0 })      // null
println(intArrayOf(1, 2, 3).first { it > 3 })       // Exception
```

Single()函数返回单个集合的元素。如果一个集合为空或包含一个以上的元素,Single()抛出异常。其安全对应函数为 singleOrNull(),在这两种情况下返回空:

```
println(listOf(1).single())                         // 1
println(emptyArray<String> ().singleOrNull())       // null
println(setOf(1, 2, 3).singleOrNull())              // null
println(sequenceOf(1, 2, 3).single())               // Exception
```

elementAt()函数允许您通过其索引检索集合元素。它泛化了列表 get()函数,可以应用于任何数组、迭代或序列。不过,请记住,将此函数应用于非随机访问列表通常需要与索引值成比例的时间。

在无效索引情况下的 elementAt() 抛出异常。还有一些变体在索引违反集合边界时提供了更安全的行为：elementAtOrNull() 只返回 null，elementAtOrElse() 返回提供的 lamb-da 值：

```
println(listOf(1, 2, 3).elementAt(2))                       // 3
println(sortedSetOf(1, 2, 3).elementAtOrNull(- 1))          // null
println(arrayOf("a", "b", "c").elementAtOrElse(1) { "???" }) // b
val seq = generateSequence(1) { if (it > 50) null else it * 3 }
println(seq.elementAtOrNull(2))                             // 9
println(seq.elementAtOrElse(100) { Int.MAX_VALUE })        // 81
println(seq.elementAt(10))                                 // Exception
```

还有一件事需要提及：对数组和列表的解构支持，它允许您提取最多 5 个第 1 个元素。但是，请注意，如果您试图提取的元素多于集合中的元素，则分解将引发异常：

```
val list = listOf(1, 2, 3)
val (x, y) = list                                          // 1, 2
val (a, b, c, d) = list                                    // Exception
```

集合条件

检查某些集合是否满足特定条件是一项非常常见的任务。因此，Kotlin 库包括一组实现基本检查的函数，例如根据集合元素测试给定谓词。

如果所有集合元素都满足给定的谓词，则 all() 函数返回 true。此函数可应用于任何集合对象，包括数组、可编辑项、序列和映射。对于映射，谓词参数是一个映射入口：

```
println(listOf(1, 2, 3, 4).all { it < 10 })               // true
println(listOf(1, 2, 3, 4).all { it % 2 == 0 })           // false
println(
    mapOf(1 to "I", 5 to "V", 10 to "X")
        .all { it.key == 1 || it.key % 5 == 0 }
    )                                                      // true
// 1, 3, 9, 27, 81
val seq = generateSequence(1) { if (it < 50) it* 3 else null }
println(seq.all { it % 3 == 0 })                           // false
println(seq.all { it == 1 || it % 3 == 0 })               // true
```

none() 函数测试相反的情况：当没有满足谓词的集合元素时，它返回 true：

```
println(listOf(1, 2, 3, 4).none { it > 5 })                    // true
println(
    mapOf(1 to "I", 5 to "V", 10 to "X").none { it.key % 2 = = 0 }
)                                                              // false
// 1, 3, 9, 27, 81
val seq = generateSequence(1) { if (it < 50) it* 3 else null }
println(seq.none { it> = 100 })                                // true
```

这类函数还有一个是 any()，当至少一个集合元素满足谓词时，该函数返回 true：

```
println(listOf(1, 2, 3, 4).any { it < 0 })                    // false
println(listOf(1, 2, 3, 4).any { it % 2 = = 0 })              // true
println(
    mapOf(1 to "I", 5 to "V", 10 to "X").any { it.key = = 1 }
)                                                              // true
// 1, 3, 9, 27, 81
val seq = generateSequence(1) { if (it < 50) it* 3 else null }
println(seq.any { it % 3 = = 0 })                             // true
println(seq.any { it > 100 })                                 // false
```

对于空集合，all() 和 none() 函数返回 true，而 any() 函数返回 false。这三个函数都可以用德摩根定律的关系相互表达：

```
c.all{ p(it) } = = c.none { ! p(it) }

c.none{ p(it) } = = ! c.any { p(it) }
```

请记住，all()、none() 和 any() 在应用于无限序列时可能会永远运行。例如，下面的代码将永远不会终止：

```
// 0, 1, 2, 3, 4, 0, 1, 2, 3, 4, 0,...
val seq = generateSequence(0) { (it + 1) % 5 }
println(seq.all { it < 5 })
```

any() 和 none() 函数也有重载，它们不接收任何参数，只需检查相关集合是否为空：

```
println(emptyList<String> ().any())                           // false
println(emptyList<String> ().none())                          // true
println(listOf(1, 2, 3).any())                                // true
println(listOf(1, 2, 3).none())                               // false
```

这些重载泛化了 isNotEmpty()/isEmpty() 函数，这些函数可用于数组、集合和映射类型的实例，但不适用于任意的 iterable 或序列。

聚合

聚合是基于集合内容计算单个值,例如汇总集合元素或查找最大值。Kotlin 库提供了一组函数,可用于此目的。在上一节中,我们讨论了一组函数,这些函数测试一些集合条件,例如 any()或 all():它们可以被视为计算布尔值的一种特殊聚合。

一般来说,聚合函数不应该应用于无限序列,因为在这种情况下,它们(下面的 count()除外)永远不会返回。

聚合函数可分为三个基本组。第一个函数包括计算常用聚合的函数,如 sum、min 或 max。让我们仔细看看它们能做什么。

count()函数的作用是:计算集合中的元素数。它可以应用于任何集合对象,包括数组、迭代器、序列和映射,因此概括了可用于数组、映射和集合实例的大小属性:

```
println(listOf(1, 2, 3, 4).count())                          // 4
println(mapOf(1 to "I", 5 to "V", 10 to "X").count())        // 3
// 1, 3, 9, 27, 81
val seq = generateSequence(1) { if (it < 50) it* 3 else null }
println(seq.count())                                         //5
```

请注意,如果元素数超过 Int. MAX_VALUE,count()会引发异常。在无限序列上调用 count()时,尤其会发生这种情况:

```
// 0, 1, 2, 3, 4, 0, 1, 2, 3, 4, 0,...
val seq = generateSequence(0) { (it +  1) %  5 }
// Throws an exception after iterating through Int.MAX_VALUE elements
println(seq.count())
```

count()函数有一个重载,它接收应用于集合元素的谓词。在本例中,它返回满足给定条件的集合元素数:

```
println(listOf(1, 2, 3, 4).count { it < 0 })                  // 0
println(listOf(1, 2, 3, 4).count { it %  2 = =  0 })          // 2
println(
    mapOf(1 to "I", 5 to "V", 10 to "X").count { it.key = =  1 }
)                                                             // 1
// 1, 3, 9, 27, 81
val seq = generateSequence(1) { if (it < 50) it* 3 else null }
println(seq.count { it %  3 = =  0 })                          // 4
```

```
println(seq.count { it > 100 })                          // 0
```

sum()函数的作用是：计算数值数组、迭代或序列的算术和：

```
println(listOf(1, 2, 3, 4).sum())                        // 10
println(doubleArrayOf(1.2, 2.3, 3.4).sum())              // 6.9
// Summing 1, 3, 9, 27, 81
val seq = generateSequence(1) { if (it < 50) it* 3 else null }
println(seq.sum)                                         // 121
```

返回值的类型取决于原始集合的元素类型，类似于普通的＋运算。例如，对字节集合求和将得到一个 Int，而对 LongArray 应用 sum()将得到 Long 值。

求和也可以应用于任意元素类型的集合，前提是它可以转换为数字。这可以通过 sumBy()和 sumByDouble()实现，它们将转换函数作为参数，区别在于：sumBy()将集合元素转换为 Int 值（或应用于无符号整数集合时的 UInt）；而 sumByDouble()将它们转换为 Double：

```
println(listOf(1, 2, 3, 4).sumByDouble { it/4.0 })       // 2.5
println(arrayOf("1", "2", "3").sumBy { it.toInt() })     // 6
// X, XX, XXX, XXXX, XXXXX
val seq = generateSequence("X") {
    if (it.length> = 5) null else it + "X"
}
println(seq.sumBy { it.length })                         // 15
```

average()函数同样可计算数值数组、迭代或序列的算术平均值，结果总是一个双精度值：

```
println(listOf(1, 2, 3, 4).average())                    // 2.5
println(doubleArrayOf(1.2, 2.3, 3.4).average())          // 2.3000000000000003
// Averaging 1, 3, 9, 27, 81
val seq = generateSequence(1) { if (it < 50) it* 3 else null }
println(.average())                                     // 24.2
```

当集合为空时，average()函数总是返回 Double. NaN。对于非空集合，c. average()与 c. sum(). toDouble()/c. count()基本相同。与 count()函数类似，如果集合包含多个 Int. MAX_VALUE 元素，average()函数将引发异常。

Min()和 max()函数分别计算可比值的数组/迭代/序列的最小值和最大值：

```
println(intArrayOf(5, 8, 1, 4, 2).min())                 // 1
println(intArrayOf(5, 8, 1, 4, 2).max())                 // 8
```

```
println(listOf("abc", "w", "xyz", "def", "hij").min())        // abc
println(listOf("abc", "w", "xyz", "def", "hij").max())        // xyz
// 1, - 3, 9, - 27, 81
val seq = generateSequence(1) { if (it < 50) - it * 3 else null }
println(seq.min())                                            // - 27
println(seq.max())                                            // 81
```

与求和类似,可以通过提供将不可比元素集合转换为可比元素的函数来计算它们的最
小/最大值,此行为在 minBy()和 maxBy()函数中实现:

```
class Person(val firstName: String,
             val familyName: String,
             val age: Int) {
    override fun toString() = "$ firstName $ familyName: $ age"
}
fun main() {
    val persons = sequenceOf(
        Person("Brook", "Watts", 25),
        Person("Silver", "Hudson", 30),
        Person("Dane", "Ortiz", 19),
        Person("Val", "Hall", 28)
    )
    println(persons.minBy { it.firstName })       // Brook Watts: 25
    println(persons.maxBy { it.firstName })       // Val Hall: 28
    println(persons.minBy { it.familyName })      // Val Hall: 25
    println(persons.maxBy { it.familyName })      // Brook Watts: 28
    println(persons.minBy { it.age })             // Dane Ortiz: 19
    println(persons.maxBy { it.age})              // Silver Hudson: 30
}
```

或者,使用 minWith()/maxWith(),它接收比较器实例而不是转换函数。在下面的示例
中,我们将使用不同的比较器按全名排序,第一个或最后一个是名字:

```
class Person(val firstName: String,
             val familyName: String,
             val age: Int) {
    override fun toString() = "$ firstName $ familyName: $ age"
}
val Person.fullNameget() = "$ firstName $ familyName"
val Person.reverseFullNameget() = "$ familyName $ firstName"

val FULL_NAME_COMPARATOR = Comparator<Person> { p1, p2 ->
    p1.fullName.compareTo(p2.fullName)
}
val REVERSE_FULL_NAME_COMPARATOR = Comparator<Person> { p1, p2 ->
```

```
        p1.reverseFullName.compareTo(p2.reverseFullName)
}

fun main() {
    val persons =  sequenceOf(
        Person("Brook", "Hudson", 25),
        Person("Silver", "Watts", 30),
        Person("Dane", "Hall", 19),
        Person("Val", "Ortiz", 28)
    )
    // Brook Hudson: 25
        println(persons.minWith(FULL_NAME_COMPARATOR))
    // Val Ortiz: 28
        println(persons.maxWith(FULL_NAME_COMPARATOR))
    // Dane Hall: 19
        println(persons.minWith(REVERSE_FULL_NAME_COMPARATOR))
    // Silver Watts: 30
        println(persons.maxWith(REVERSE_FULL_NAME_COMPARATOR))
}
```

当应用于空集合时，最小/最大聚合的所有变体都返回 null。

第二组聚合函数处理将集合元素组合成字符串的问题。基本函数是 joinToString()，它最简单的形式不接收任何参数：

```
println(listOf(1, 2, 3).joinToString())                    // 1, 2, 3
```

默认情况下，元素会使用其 toString()方法转换为字符串，并使用空格逗号（用作分隔符）连接在一起。不过，在许多情况下，您需要一个自定义转换，它可以由 lambda 参数提供。假设我们想用二进制数字系统表示我们的值：

```
println(listOf(1, 2, 3).joinToString { it.toString(2) })    // 1, 10, 11
```

除此之外，还可以指定以下可选参数：

- separator：插入元素之间的字符串（默认情况下）；
- prefix 和 postfix：分别在结果字符串的开头和结尾插入的字符串（默认为空）；
- limit：要显示的元素的最大数量（一1 默认值，表示数量不受限制）；
- truncated：当限制为非负时，此参数指定添加的字符串，而不是跳过的元素（默认情况下）。

joinToString()函数对任何阵列、迭代和序列是可用的。以下是一个示例，说明了不同的选项：

```
val list = listOf(1, 2, 3)
println(list.joinToString(prefix = "[", postfix = "]"))      // [1, 2, 3]
println(list.joinToString(separator = "|"))                  // 1|2|3
println(list.joinToString(limit = 2))                        // 1, 2, ...
println(list.joinToString(
    limit = 1,
    separator = " ",
    truncated = "???"
))                                                           // 1 ???
```

Kotlin 库还包括一个更通用的函数 joinTo()，它将字符附加到任意 Appendableinstance（如 StringBuilder）中，而不是生成新字符串：

```
import java.lang.StringBuilder
fun main() {
    val builder = StringBuilder("joinTo: ")
    val list = listOf(1, 2, 3)
    println(list.joinTo(builder, separator = "|"))           // joinTo: 1|2|3
}
```

我们将在本节中介绍的第三组允许基于组合一对值的函数实现您的自定义聚合。这个组由 fold()/reduce() 函数及其变体表示。

reduce() 函数接收一个双参数函数，其中第一个参数包含累积值，第二个参数包含当前集合元素。处理过程如下：

1）将累加器初始化为第一个元素的值；

2）对于每个连续元素，将累加器的当前值与一个元素组合，并将结果分配回累加器；

3）返回累加器的值。

如果集合为空，则 reduce() 函数会抛出一个异常，因为无法初始化累加器。

让我们考虑一个例子。在下面的代码中，我们使用 reduce() 计算数字与字符串串联的乘积：

```
println(intArrayOf(1, 2, 3, 4, 5).reduce { acc, n -> acc * n })    // 120
println(listOf("a", "b", "c", "d").reduce { acc, s -> acc + s })   // abcd
```

如果聚合规则依赖于元素索引，则可以使用 reduceIndexed() 函数，该函数将当前索引作

为聚合器操作的第一个参数传递。假设我们想修改前面的示例,只对奇数位置上的元素求和:

```
// 8
println(intArrayOf(1, 2, 3, 4, 5)
    .reduceIndexed { i, acc, n -> if (i % 2 = = 1) acc * n else acc })
// abd
println(listOf("a", "b", "c", "d")
    .reduceIndexed { i, acc, s -> if (i % 2 = = 1) acc + s else acc })
```

请注意,第一个元素的处理与我们的约束无关。如果要自己选择初始值,可以使用 fold ()/foldIndexed() 函数,而不是 reduce()/reduceIndexed()。最重要的是,它们允许您使用不同于集合元素类型的累加器:

```
println(
    intArrayOf(1, 2, 3, 4).fold("") { acc, n -> acc + ('a' + n - 1) }
)                                                              // abcd
println(
    listOf(1, 2, 3, 4).foldIndexed("") { i, acc, n ->
        if (i % 2 = = 1) acc + ('a' + n - 1) else acc
    }
)                                                              // bd
```

与 reduce() 不同,fold() 在空集合上不会失败,因为初始值由程序员提供。

reduce()/reduceIndexed() 和 fold()/foldIndexed() 函数可用于任何数组、迭代或序列。这些函数中的每一个都有一个对应的函数,它从最后一个函数开始,以相反的顺序处理元素。这些函数的名称中有一个正确的单词,并且仅适用于数组和列表,因为这些对象提供了一种向后遍历它们的简单方法:

```
println(
        arrayOf("a", "b", "c", "d").reduceRight { s, acc -> acc + s }
    )                                                          // dcba
println(
    listOf("a", "b", "c", "d").reduceRightIndexed { i, s, acc ->
        if (i % 2 = = 0) acc + s else acc
    }
)                                                              // dca
println(
    int ArrayOf(1, 2, 3, 4).foldRight("") { n, acc -> acc + ('a' + n - 1) }
)                                                              // dcba
```

```
println(
    listOf(1, 2, 3, 4).foldRightIndexed("") { i, n, acc ->
        if (i % 2 = = 0) acc + ('a' + n - 1) else acc
    }
)                                                              // ca
```

请注意传递给左、右 fold/reduce 类型的 lambda 的参数顺序不同:在左版本中,累加器位于当前元素之前,而在右版本中,顺序相反。

过滤

Kotlin 标准库提供了一系列扩展函数,可用于过滤排除不满足给定条件的元素的集合。过滤操作不会修改原始集合:要么生成一个全新的集合,要么将所有接收的元素放入与原始集合不同的现有可变集合中。

Filter() 函数给出了最基本的过滤操作:其谓词将当前元素作为其单个参数,如果该元素被接收,则返回 true,否则返回 false。该函数适用于返回类型如下所示的数组、迭代器、映射和序列:

- 过滤 Array<T> 或 Iterable<T> 会给您一个 List<T> ;
- 过滤一个映射 Map<K,V> 给您一个 Map<K,V> ;
- 过滤一个序列 Sequence<T> 给您一个 Sequence<T> 。

此函数也适用于基本数组类型,如 IntArray,其结果是一个列表,该列表具有相应的装箱元素类型,如 List<Int> 。记住这一点,因为将 filter() 应用于此类数组将强制对过滤后的元素进行装箱。

让我们考虑一个将 filter() 应用于各种集合对象的示例:

```
// List: [green, blue, green]
println(
    listOf("red", "green", "blue", "green").filter { it.length>3 }
)
// List: [green, blue]
println(setOf("red", "green", "blue", "green").filter { it.length>3 })
// List: [green, blue, green]
println(
    arrayOf("red", "green", "blue", "green").filter { it.length>3 }
)
// List: [2, 4]
```

```
println(byteArrayOf(1, 2, 3, 4, 5).filter { it % 2 == 0 })
// Map: {X= 10, L= 50}
println(
    mapOf("I" to 1, "V" to 5, "X" to 10, "L" to 50)
        .filter { it.value> 5 }
)
// Sequence
val seq = generateSequence(100) {
    if (it != 0) it/3 else null
}.filter { it > 10 }
// Converted to list: [100, 33, 11]
println(seq.toList())
```

注意，在映射的情况下，谓词参数取对应映射条目的值。如果只想按键或值过滤，可以使用 filterKeys() 或 filterValues() 函数：

```
val map = mapOf("I" to 1, "V" to 5, "X" to 10, "L" to 50)
println(map.filterKeys { it != "L" })          // {X= 10, V= 5, X= 10}
println(map.filterValues { it> = 10 })         // {X= 10, L= 50}
```

filterNot() 函数允许按否定条件进行过滤：换句话说，当相应谓词返回 false 时，接收集合元素：

```
// [red]
println(listOf("red", "green", "blue").filterNot { it.length>3 })
// {I= 1, V= 5}
println(
    mapOf("I" to 1, "V" to 5, "X" to 10, "L" to 50)
        .filterNot { it.value> 5 }
)
```

请注意，filterKeys() 和 filterValues() 没有像 filterNot() 那样的否定版本。

如果筛选条件取决于元素索引及其值，则可以使用 filterIndexed() 函数，其 lambda 接收额外的索引参数。此功能适用于数组、可编辑文件和序列，但不适用于 map：

```
val list = listOf("red", "green", "blue", "orange")
// [green, blue]
println(
    list.filterIndexed { i, v -> v.length> 3 &&i< list.lastIndex }
)

val seq = generateSequence(100) { if (it != 0) it/3 else null }
// [33, 11, 3, 1]
```

```
println(seq.filterIndexed { i, v -> v> 0 &&i> 0 }.toList())
```

标准库还包括基于一些常见情况的过滤函数,这些情况在实践中经常出现。其中一个是
filterNotNull(),它过滤掉空值,始终生成具有不可为 null 的元素类型的集合:

```
val list = listOf("red", null, "green", null, "blue")
// Error: it is nullable here
list.forEach { println(it.length) }
// Ok: it is non- nullable
list.filterNotNull().forEach { println(it.length) }
```

IDE 提示:IntelliJ 包含一个开箱即用的检查,当所讨论的集合已经具有不可为
null 的元素类型时,它会警告您有关冗余 filterNotNull()调用的情况。您可以使用
Alt+Enter 菜单轻松删除额外的过滤器(如图 7.4 所示):

```
println(
    arrayOf("red", "green", "blue").filterNotNull()
)
}
```
Remove useless call
Show hints for suspending calls
Add 'message =' to argument

图 7.4　删除无用的过滤器

filterIsInstance()函数涵盖了另一种常见情况,它只保留符合特定类型的元素。此函数
返回的集合与您在其调用中指定的元素类型相同:

```
val hotchpotch = listOf(1, "two", 3, "four", 5, "six")
val numbers = hotchpotch.filterIsInstance<Int> ()
val strings = hotchpotch.filterIsInstance<String> ()
println(numbers.filter { it > 2 })                    // [3, 5]
println(strings.filter { it ! = "two" })              // [four, six]
```

到目前为止,我们看到的过滤函数在每次调用时都会生成新的不可变集合。如果我们需
要将过滤结果放入一些现有的可变集合中,该怎么办? 在这种情况下,我们可以使用特
殊版本的筛选函数,为目标集合获取一个附加参数,并在其中输入可接收的值。必须将
这些函数的名称添加到过滤函数中:

```
val allStrings = ArrayList<String> ()
// Added: green, blue
listOf("red", "green", "blue").filterTo(allStrings) { it.length>3 }
```

```
// Added: one, two, three
arrayOf("one", null, "two", null, "three").filterNotNullTo(allStrings)
// abcde, bcde, cde, de, e,
val seq = generateSequence("abcde") {
    if (it.isNotEmpty()) it.substring(1) else null
}
// Added: abcde, bcde, cde
seq.filterNotTo(allStrings) { it.length<3 }
// [green, blue, one, two, three, abcde, bcde, cde]
println(allStrings)
```

目标版本可用于 filter()、filterNot()、filterIndexed()、FilterInsInstance() 和 filterNot-Null() 函数。请注意,尝试将原始集合用作目标通常会导致 ConcurrentModificationException,因为在集合遍历期间添加了元素:

```
val list = arrayListOf("red", "green", "blue")
list.filterTo(list) { it.length>3 }                      // Exception
```

除了各种过滤之外,Kotlin 标准库还包含 partition() 函数,该函数将原始集合拆分为一对,其中第一个集合获取满足给定谓词的元素,而第二个集合获取不满足给定谓词的元素。考虑以下示例:

```
val (evens, odds) = listOf(1, 2, 3, 4, 5).partition { it % 2 == 0 }
println(evens)                                          // [2, 4]
println(odds)                                           // [1, 3, 5]
```

与 filter() 及其变体不同,partition() 总是返回一对列表,即使应用于序列:

```
val seq = generateSequence(100) { if (it == 0) null else it/3 }
val (evens, odds) = seq.partition { it % 2 == 0 }
println(evens)                                          // [100, 0]
println(odds)                                           // [33, 11, 3, 1]
```

请注意,map 不支持 partition()。

转换

Kotlin 标准库中包含的各种转换函数使您能够根据给定规则更改现有集合的每个元素,然后以某种方式组合结果,从而生成新集合。这些功能可分为三个基本类别:映射、展平和关联。

映射转换将给定的函数应用于原始集合的每个元素,结果随后成为新集合的元素。这种类型的基本函数是 map(),它可以应用于任何集合对象,包括数组、迭代器、序列和映射。当应用于序列时,结果为序列,否则为列表:

```
println(setOf("red", "green", "blue").map { it.length })  // [3, 5, 4]
println(listOf(1, 2, 3, 4).map { it* it })                 // [1, 4, 9, 16]
println(byteArrayOf(10, 20, 30).map { it.toString(16) })  // [a, 14, 1e]
// 50, 16, 5, 1, 0
val seq = generateSequence(50) { if (it = = 0) null else it / 3 }
println(seq.map { it* 3 }.toList())                        // [150, 48, 15, 3, 0]
```

如果转换需要考虑元素索引,也可以使用 mapindex() 函数:

```
// [(0, 0), (1, 1), (2, 4), (3, 9), (4, 16), (5, 25)]
println(List(6) { it* it }.mapIndexed { i, n -> i to n })
```

map() 和 mapIndexed() 函数还有一些变体,可以自动过滤结果集合中的空值。在语义上,它们类似于在 map() 或 mapIndexed() 之后调用 filterNotNull():

```
println(
    arrayOf("1", "red", "2", "green", "3").mapNotNull{ it.toIntOrNull()}
)                                                          // [1, 2, 3]
println(
listOf("1", "red", "2", "green", "3").mapIndexedNotNull { i, s ->
    s.toIntOrNull()?.let { i to it }
    }
)                                                          // [(0, 1), (2, 2), (4, 3)]
```

IDE 提示:IntelliJ 可以检测并简化 mapNotNull()/mapIndexedNotNull() 的冗余使用,建议用 map()/mapIndexed() 调用替换它们(示例见图 7.5)。除此之外,它还警告您关于 map() 和 filterNotNull() 调用的显式组合,这可以简化为 mapNotNull()。您可以在图 7.6 中看到一个示例。

```
println(
    arrayOf("1", "red", "2", "green", "3").mapNotNull { it.length }
)
println(
    listOf("1", "red", "2", "green", "3").map
        s.toIntOrNull()?.let { i to it }
```

Change call to 'map'

Show hints for suspending calls

Add 'message =' to argument ▶

图 7.5　简化对 **mapNotNull()** 函数的冗余调用

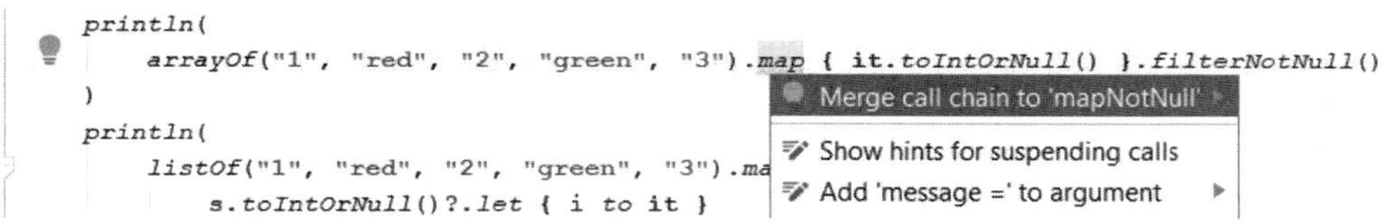

```
println(
    arrayOf("1", "red", "2", "green", "3").map { it.toIntOrNull() }.filterNotNull()
)
println(
    listOf("1", "red", "2", "green", "3").ma    Merge call chain to 'mapNotNull'
        s.toIntOrNull()?.let { i to it }         Show hints for suspending calls
                                                 Add 'message =' to argument
```

图 7.6　合并 map－filterNotNull 链式调用

map()函数可以应用于映射,在这种情况下,转换将映射条目作为其输入,并生成一个列表。此外,还可以使用 mapKeys()/mapValues()函数,分别只转换键或值,并返回新映射:

```
val map = mapOf("I" to 1, "V" to 5, "X" to 10, "L" to 50)
// [I 1, V 5, X 10, L 50]
println(map.map { "$ {it.key} $ {it.value}" })
// {i= 1, v= 5, x= 10, l= 50}
println(map.mapKeys { it.key.toLowerCase() })
// {I= 1, V= 5, X= a, L= 32}
println(map.mapValues { it.value.toString(16) })
```

每个 mapXXX()函数都有一个版本,可以将生成的元素放入一些现有的可变集合中,而不是创建一个新的集合。与过滤器类似,这些函数的名称中包含 To:

```
val result = ArrayList<String> ()
listOf(1, 2, 3).mapTo(result) { it.toString() }
arrayOf("one", "two", "three").mapIndexedTo(result) { i, s ->
    "$ {i + 1}: s"
}
sequenceOf("100", "?", "101", "?", "110").mapNotNullTo(result) {
    it.toIntOrNull(2)?.toString()
}
println(result)                     // [1, 2, 3, 1: s, 2: s, 3: s, 4, 5, 6]
```

展平操作将原始集合的每个元素转换为新集合,然后将生成的集合黏合在一起。这种转换是通过 flatMap()函数实现的,该函数在应用于序列时生成序列,在应用于任何其他集合时生成列表:

```
// [a, b, c, d, e, f, g, h, i]
println(setOf("abc", "def", "ghi").flatMap { it.asIterable() })
// [1, 2, 3, 4]
println(listOf(1, 2, 3, 4).flatMap { listOf(it) })
// [1, 1, 2, 1, 2, 3]
```

```
Array(3) { it + 1 }.flatMap { 1..it }
```

flatte()函数可以应用于其元素本身就是集合的任何集合,以便将它们黏合到单个对象中。它可以被认为是 flatMap() 的简化版本,具有简单的转换:

```
println(
    listOf(listOf(1, 2), setOf(3, 4), listOf(5)).flatten()
)                                                     // [1, 2, 3, 4, 5]
println(Array(3) { arrayOf("a", "b") }.flatten()) // [a, b, a, b, a, b]
println(
    sequence {
        yield(sequenceOf(1, 2))
        yield(sequenceOf(3, 4))
    }.flatten().toList()
)                                                     // [1, 2, 3, 4]
```

IDE 提示:IntelliJ 插件可以检测到对 flatMap 的琐碎调用,建议用 flatte 替换它们(见图 7.7)。

```
val result = listOf(listOf(1, 2), listOf(3, 4)).flatMap { it }
}
```
```
 Convert flatMap to flatten
 Show hints for suspending calls
 Add explicit type arguments  ▶
```

图 7.7　用 flatten( )替换普通的 flatMap( )调用

与 map()类似,flatMap()函数的版本将结果元素附加到现有集合中:

```
val result = ArrayList<String> ()
listOf(listOf("abc", "def"), setOf("ghi"))
    .flatMapTo(result) { it }
sequenceOf(sequenceOf(1, 2), sequenceOf(3, 4))
    .flatMapTo(result) { it.map { "$ it" } }
println(result)                           // [abc, def, ghi, 1, 2, 3, 4]
```

我们在本节中介绍的另一种转换类型是一种关联,它允许您基于给定的转换函数构建映射,并使用原始集合元素作为映射键或映射值。第一种情况由 associateWith() 函数实现,该函数使用原始集合作为键源生成映射值:

```
println(
    listOf("red", "green", "blue").associateWith { it.length }
```

```
)                          // {red= 3, green= 5, blue= 4}
println(
    generateSequence(1) { if (it > 50) null else it* 3 }
        .associateWith { it.toString(3) }
)                          // {1= 1, 3= 10, 9= 100, 27= 1000, 81= 10000}
```

请注意,associateWith()函数不适用于数组。

函数 associateBy()类似地将集合元素视为值,并使用提供的转换函数生成映射键。请注意,如果一个键对应多个值,则结果映射中只保留一个值:

```
// {3= red, 5= green, 4= blue}
println(listOf("red", "green", "blue").associateBy { it.length })
// {1= 15, 2= 25, 3= 35}
println(intArrayOf(10, 15, 20, 25, 30, 35).associateBy { it/10 })
// {1= 1, 10= 3, 100= 9, 1000= 27, 10000= 81}
println(
    generateSequence(1) { if (it > 50) null else it* 3 }
        .associateBy { it.toString(3) }
)
```

最后,associate()函数转换集合元素以生成键和值:

```
println(
    listOf("red", "green", "blue")
        .associate { it.toUpperCase() to it.length }
)                          // {RED= 3, GREEN= 5, BLUE= 4}
println(
    int ArrayOf(10, 15, 20, 25, 30, 35).associate { it to it/10 }
)                          // {10= 1, 15= 1, 20= 2, 25= 2, 30= 3, 35= 3}
println(
    generateSequence(1) { if (it > 50) null else it* 3 }
        .associate {
            val s =  it.toString(3)
            "3^$ {s.length -  1}" to s
        }
)                          // {3^0= 1, 3^1= 10, 3^2= 100, 3^3= 1000, 3^4= 10000}
```

associateBy()重载也可以实现类似的效果,它对键和值使用单独的转换函数:

```
println(
    listOf("red", "green", "blue").associateBy(
        keySelector =  { it.toUpperCase() },
        valueTransform =  { it.length }
```

```
    )
  )                          // {RED= 3, GREEN= 5, BLUE= 4}
```

关联函数还必须包含变量(如 associateByTo()),这些变量将生成的条目放入现有的可变映射中。

提取子集合

在过滤部分,我们讨论了一组函数,这些函数将允许您提取原始集合的一部分,只保留满足特定条件的元素。在本节中,我们将考虑用于类似目的但基于其他标准提取集合部分的函数。

在"基本操作"部分中,我们提到了 subList() 函数,它提供了列表段的视图。slice() 函数执行类似的任务,但使用整数范围而不是一对整数来表示段边界。除此之外,slice() 函数还可以应用于数组和列表:

```
// 0, 1, 4, 9, 16, 25
println(List(6) { it* it }.slice(2..4))                // [4, 9, 16]
// 0, 1, 8, 27, 64, 125
println(Array(6) { it* it* it }.slice(2..4))           // [8, 27, 64]
```

在 list 的情况下,它的工作原理类似于 subList() 方法,该方法生成反映给定段的原始集合的包装。对于数组,结果是一个新列表,其中包含具有指定索引的数组元素。

如果要将数组段提取为另一个数组,可以改用 sliceArray():

```
val slice = Array(6) { it* it* it }.sliceArray(2..4).contentToString()
```

slice()/sliceArray() 还有一个更通用的版本,它接收整数的一个 iterable,并将它们用作索引。换句话说,它允许您提取原始列表或数组的任意子序列:

```
println(List(6) { it* it }.slice(listOf(1, 2, 3)))     // [1, 4, 9]
println(Array(6) { it* it* it }.slice(setOf(1, 2, 3))) // [1, 8, 27]
println(
    Array(6) { it* it* it }.sliceArray(listOf(1, 2, 3)).contentToString()
)                                                       // [1, 8, 27]
```

take()/takeLast() 函数用于分别从第一个或最后一个元素开始提取给定数量的 iterable 或 array 元素:

```
println(List(6) { it* it }.take(2))                    // [0, 1]
println(List(6) { it* it }.takeLast(2))                // [16, 25]
println(Array(6) { it* it* it }.take(3))               // [0, 1, 8]
println(Array(6) { it* it* it }.takeLast(3))           // [27, 64, 125]
```

take()函数也可以应用于序列；在本例中，它返回一个新序列，其中包含原始序列的第一个元素：

```
val seq = generateSequence(1) { if (it > 100) null else it* 3 }
println(seq.take(3).toList())                          // [1, 3, 9]
```

drop()/dropLast()函数可以被视为 take()/takeLast()的补充：当删除给定数量的第一个/最后一个元素时，它们返回剩余的元素：

```
println(List(6) { it* it }.drop(2))                    // [4, 9, 16, 25]
println(List(6) { it* it }.dropLast(2))                // [0, 1, 4, 9]

println(Array(6) { it* it* it }.drop(3))               // [27, 64, 125]
println(Array(6) { it* it* it }.dropLast(3))           // [0, 1, 8]

val seq = generateSequence(1) { if (it > 100) null else it* 3 }
println(seq.drop(3).toList())                          // [27, 81, 243]
```

take/drop 操作的版本中也包含对集合元素而不是数字执行谓词的版本：这些版本仅在违反给定条件的第一个元素之前执行 take/drop 元素：

```
val list = List(6) { it * it }
println(list.takeWhile { it < 10 })                    // [0, 1, 4, 9]
println(list.takeLastWhile { it > 10 })                // [16, 25]
println(list.dropWhile { it < 10 })                    // [16, 25]
println(list.dropLastWhile { it > 10 })                // [0, 1, 4, 9]

val seq = generateSequence(1) { if (it > 100) null else it* 3 }
println(seq.takeWhile { it < 10 }.toList())            // [1, 3, 9]
println(seq.dropWhile { it < 10 }.toList())            // [27, 81, 243]
```

Kotlin 1.2 中引入的 chunked()函数允许您将 iterable 或序列拆分为大小不超过给定阈值的列表（称为 chunk）。chunked()的最简单形式只需要最大块大小：

```
// 0, 1, 4, 9, 16, 25, 36, 49, 64, 81
val list = List(10) { it* it }
println(list.chunked(3))         // [[0, 1, 4], [9, 16, 25], [36, 49, 64], [81]]

// 1, 3, 9, 27, 81, 243, 729
val seq = generateSequence(1) { if (it > 300) null else it* 3 }
```

```
println(seq.chunked(3).toList())    // [[1, 3, 9], [27, 81, 243], [729]]
```

注意：chunked()在应用于 iterable 时返回一个 chunk 列表，在应用于 sequence 时返回一个 chunk 序列。

通用版本允许您指定一个函数，将每个块转换为任意值。结果是由转换结果组成的列表或序列。下面的代码将前面示例中的每个块替换为其元素之和：

```
// 0, 1, 4, 9, 16, 25, 36, 49, 64, 81
val list = List(10) { it* it }
println(list.chunked(3) { it.sum() })              // [5, 50, 149, 81]

// 1, 3, 9, 27, 81, 243, 729
val seq = generateSequence(1) { if (it > 300) null else it* 3 }
println(seq.chunked(3) { it.sum() }.toList())      // [13, 351, 729]
```

同样在 Kolin 1.2 中引入的 windowed()函数允许您通过一种滑动窗口提取所有可见片段。与 chunked()类似，它在应用于 iterable 时生成一系列列表，在应用于序列时生成列表序列：

```
// 0, 1, 4, 9, 16, 25
val list = List(6) { it* it }
// [[0, 1, 4], [1, 4, 9], [4, 9, 16], [9, 16, 25]]
println(list.windowed(3))

// 1, 3, 9, 27, 81, 243
val seq = generateSequence(1) { if (it > 100) null else it* 3 }
// [[1, 3, 9], [3, 9, 27], [9, 27, 81], [27, 81, 243]]
println(seq.windowed(3).toList())
```

与 chunked()类似，您可以提供一个转换函数来聚合每个窗口的元素：

```
// 0, 1, 4, 9, 16, 25
val list = List(6) { it* it }
println(list.windowed(3) { it.sum() })             // [5, 14, 29, 50]

// 1, 3, 9, 27, 81, 243
val seq = generateSequence(1) { if (it > 100) null else it* 3 }
println(seq.windowed(3) { it.sum() }.toList())     // [13, 39, 117, 351]
```

此外，还可以指定影响滑动窗口行为的可选参数：

• 步骤：一对相邻窗口中第一个元素的索引之间的距离（默认为 1）；

• partialWindows：包括集合末尾较小的窗口（默认为 false）。

我们来看一个使用以下选项的示例：

```
// 0, 1, 4, 9, 16, 25
val list = List(6) { it* it }
// Only elements with even indices (0 and 2) produce windows:
//[[0, 1, 4], [4, 9, 16]]
println(list.windowed(3, step = 2))
// Added two partial windows at the end:
//[[0, 1, 4], [1, 4, 9], [4, 9, 16], [9, 16, 25], [16, 25], [25]]
println(list.windowed(3, partialWindows = true))
```

还有一个单独的函数用于构建两个元素窗口：zipWithNext()。与 windowed()不同，它生成列表和成对序列，而不是列表：

```
// 0, 1, 4, 9, 16, 25
val list = List(6) { it* it }
//[(0, 1), (1, 4), (4, 9), (9, 16), (16, 25)]
println(list.zipWithNext())

// 1, 3, 9, 27, 81, 243
val seq = generateSequence(1) { if (it > 100) null else it* 3 }
//[(1, 3), (3, 9), (9, 27), (27, 81), (81, 243)]
println(seq.zipWithNext().toList())
```

因此，它的聚合版本使用一个函数，该函数接收一对集合元素，而不是列表：

```
//[0, 4, 36, 144, 400]
println(List(6) { it* it }.zipWithNext { a, b -> a * b })
```

排序

标准库包括根据给定顺序对集合元素进行排序的函数。其中最简单的是 sorted()函数，它可以应用于任何具有可比值的数组、迭代、序列，以便根据它们的自然顺序对它们进行排序。sortDescending()函数类似，但对元素进行反向排序：

```
println(intArrayOf(5, 8, 1, 4, 2).sorted())          //[1, 2, 4, 5, 8]
println(
    intArrayOf(5, 8, 1, 4, 2).sortedDescending()
)                                                    //[8, 5, 4, 2, 1]
println(
    listOf("abc", "w", "xyz", "def", "hij").sorted()
)                                                    //[abc, def, hij, w, xyz]
println(
```

```
        listOf("abc", "w", "xyz", "def", "hij").sortedDescending()
)                                                   // [xyz, w, hij, def, abc]
// 1, - 3, 9, - 27, 81
val seq = generateSequence(1) { if (it < 50) - it *  3 else null }
println(seq.sorted().toList())                      // [- 27, - 3, 1, 9, 81]
println(seq.sortedDescending().toList())            // [81, 9, 1, - 3, - 27]
```

这些函数在应用于序列时返回序列。但是请注意,返回的序列是有状态的,并且在第一次尝试访问其元素时对整个集合进行排序。

当应用于数组或迭代时,结果总是一个列表。对于数组,可以使用一对类似的 sortedArray()/sortedArrayDescending()函数,它们返回数组而不是列表。

如果集合元素不可比较,您仍然可以使用 sorted()选项之一对它们进行排序,该选项允许您指定自定义排序:sortedBy()/sortedWith()。该约定类似于我们在 min()/max()聚合函数中看到的约定:sortedBy()接收一个将集合元素转换为可比较项的函数,而 sortedWith()接收一个比较器。sortedBy()还有一个反向版本,称为 sortedByDescending():

```
class Person(val firstName: String,
            val familyName: String,
            val age: Int) {
    override fun toString() = "$ firstName $ familyName: $ age"
}

val Person.fullName get() = "$ firstName $ familyName"
val Person.reverseFullName get() = "$ familyName $ firstName"

val FULL_NAME_COMPARATOR = Comparator<Person> { p1, p2 ->
    p1.fullName.compareTo(p2.fullName)
}

val REVERSE_FULL_NAME_COMPARATOR = Comparator<Person> { p1, p2 ->
    p1.reverseFullName.compareTo(p2.reverseFullName)
}

fun main() {
    val persons = listOf(
        Person("Brook", "Hudson", 25),
        Person("Silver", "Watts", 30),
        Person("Dane", "Hall", 19),
        Person("Val", "Ortiz", 28)
    )
    println(persons.sortedWith(FULL_NAME_COMPARATOR))
    println(persons.sortedWith(FULL_NAME_COMPARATOR))
    println(persons.sortedWith(REVERSE_FULL_NAME_COMPARATOR))
```

```
    println(persons.sortedWith(REVERSE_FULL_NAME_COMPARATOR))
    println(persons.sortedBy { it.age })
    println(persons.sortedByDescending { it.age })
}
```

到目前为止,我们看到的所有排序函数都将已排序的元素放入一个新集合中,而原始集合则保持不变。不过,对于数组和可变列表,可以修改原始集合,并对其元素进行适当排序,这是通过 sort() 和 sortdescenting() 函数实现的:

```
val array =  intArrayOf(4, 0, 8, 9, 2).apply { sort() }
println(array.contentToString())                    // [0, 2, 4, 8, 9]
val list =  arrayListOf("red", "blue", "green").apply { sort() }
println(list)                                        // [blue, green, red]
```

一组单独的函数可用于反转迭代和数组中的元素。基本情况由 reversed() 函数处理,该函数返回一个新列表,其中原始元素已反转:

```
println(intArrayOf(1, 2, 3, 4, 5).reversed())       // [5, 4, 3, 2, 1]
println(listOf("red", "green", "blue").reversed())  // [blue, green, red]
```

对于数组,还可以使用 reversedArray() 函数,该函数生成一个新数组而不是列表。

reverse() 函数可用于在不创建新集合的情况下反转可变列表或数组的元素(注意 sort() 与 sorted()/sortedArray() 的相似性):

```
val array =  intArrayOf(1, 2, 3, 4, 5).apply { reverse() }.contentToString()
println(array)                                       // [5, 4, 3, 2, 1]
val list =  arrayListOf("red", "green", "blue").apply { reverse() }
println(list)                                        // [blue, green, red]
```

asReversed() 函数与 reversed() 类似,它返回一个新列表。然而,产生的清单只是原始清单的包装。两个列表共享相同的数据,这使得 asReversed() 在内存使用方面更加高效。当应用于可变列表时,它返回可变包装。其中一个列表中的更改会自动反映在另一个列表中(与 reversed() 函数生成的集合不同):

```
val list =  arrayListOf("red", "green", "blue")
val reversedCopy =  list.reversed()
val reversedMirror =  list.asReversed()
list[0] = "violet"
println(list)                                        // [violet, green, blue]
println(reversedCopy)                                // [blue, green, red]
```

```
println(reversedMirror)                              // [blue, green, violet]
```

请注意，asReversed()仅适用于列表。

我们想在本节中提到的另一个函数是 shuffled()。当应用于迭代时，它会生成一个新列表，其中原始元素按随机顺序重新排列：

```
println(listOf(1, 2, 3, 4, 5).shuffled())
```

可以使用 shuffle()对可变列表进行类似的修改：

```
array ListOf(1, 2, 3, 4, 5).shuffle()
```

请注意，序列和数组都不支持这两个函数。

文件和 I/O 流

在本节中，我们将介绍 Kotlin 标准库中处理输入/输出操作的部分。我们将介绍的功能基于现有的文件、I/O 流和 URL 的 Java API；在这方面，Kotlin 标准库提供了一组有用的扩展函数和属性，简化了 JDK 中已有的 I/O 相关类的使用。

流实用程序

Kotlin 标准库包括一系列用于 Java I/O 流的 helper 扩展。这些函数简化了对流内容的访问，并实现了一些更复杂的模式，如复制和自动流终结。在本节中，我们将更详细地了解这些功能。

以下函数允许您检索整个流内容：

```
fun InputStream.readBytes(): ByteArray
fun Reader.readText(): String
fun Reader.readLines(): Line<String>
```

请注意后两个函数与 BufferedReader 类的 readLine()方法之间的区别：虽然 readLine()从流中检索一行，但 readText()/readLines()读取流直到结束，并以单个字符串或单个行列表的形式返回其全部内容。考虑以下示例：

```
import java.io.*
```

```
fun main() {
    FileWriter("data.txt").use { it.write("One\nTwo\nThree") }
    // One
    FileReader("data.txt").buffered().use { println(it.readLine()) }
    // One Two Three
    FileReader("data.txt").use { println(it.readText().replace('\n', ' ')) }
    // [One, Two, Three]
    println(FileReader("data.txt").readLines())
}
```

请注意,与 readText()不同,readLines()函数会在完成时自动关闭其流。

Kotlin 允许在缓冲流上直接迭代,尽管二进制和文本数据的 API 略有不同。在 Buff-eredOutputStream 的情况下,我们有 iterator()函数,它特别允许我们在 for 循环中使用这些流对单个字节进行迭代:

```
File InputStream("data.bin").buffered().use {
    var sum = 0
    for (byte in it) sum + = byte
}
```

另一方面,BufferedReader 提供了 lineSequence()函数,该函数在其行上提供一个序列:

```
File Reader("data.bin").buffered().use {
    for (line in it.lineSequence()) println(line)
}
```

类似的功能,尽管形式更为间接,也可用于任意的 Reader 实例。forEachLine()和 use-Lines()函数允许您在单个行上进行迭代。使用它们时,您不必担心关闭流,因为它们会自动执行:

```
import java.io.*
fun main() {
    FileWriter("data.txt").use { it.write("One\nTwo\nThree") }
    // One, Two, Three
    FileReader("data.txt").useLines { println(it.joinToString()) }
    // One/Two/Three
    FileReader("data.txt").forEachLine { print("$ it/") }
}
```

不同之处在于 forEachLine()的 lambda 接收当前行,并在每次迭代时调用,而 useLines()的 lambda 则对所有行执行一个序列。

还可以使用 copyTo()函数在流之间传输数据,该函数有两个用于二进制和文本流的重载版本:

```
fun InputStream.copyTo(
    out: OutputStream,
    bufferSize: Int = DEFAULT_BUFFER_SIZE
): Long
fun Reader.copyTo(out: Writer,

bufferSize: Int = DEFAULT_BUFFER_SIZE): Long
```

返回值给出了实际复制的字节数或字符数。以下示例演示 copyTo()的用法:

```
import java.io.*
fun main() {
    FileWriter("data.txt").use { it.write("Hello") }
    val writer = StringWriter()
    FileReader("data.txt").use { it.copyTo(writer) }
    println(writer.buffer)                     // Hello
    val output = ByteArrayOutputStream()
    FileInputStream("data.txt").use { it.copyTo(output) }
    println(output.toString("UTF- 8"))         // Hello
}
```

我们将在本节中考虑的另一个功能将提供一种安全的方式来处理需要显式终结的流和其他资源。可以在 java.io.Closeable 类型的任何实例上调用 use()函数。自 Kotlin 1.2以来的 java.lang.AutoCloseable:它执行提供的 lambda,正确地完成资源(无论是否引发异常),然后返回 lambda 的结果:

```
val lines= FileReader("data.bin".use{it.readLines()}
```

Java vs. Kotlin:该函数的作用与 Java 7 中引入的 try—with—resources 语句相同。

前面的代码大致相当于显式 try 块:

```
val reader = FileReader("data.bin")
val lines = try {
    reader.readLines()
} finally {
    reader.close()
}
```

IDE 提示：IntelliJ 可以自动检测此类 try 块，并建议使用 try 关键字上的 Alt＋
Enter 菜单将其转换为 use()函数调用(如图 7.8 所示)：

```
3  ▶  ⌐ fun main() {
4         💡 val reader = FileReader( fileName: "data.bin")
5            val lines = try {
6                reader.re ⌐ Convert try-finally to .use()  ▶
7            } finally {  ⇛ Show local variable type hints
8                reader.cl
9            }
```

图 7.8 将显式 try 块转换为 use()调用

创建流

标准库包括一组简化 Java I/O 流创建的函数。在本节中，我们将看到基本案例。

使用 bufferedReaders()/bufferedWriter()扩展，可以为特定文件对象创建 Buffere-
dReader/bufferedWriter 实例：

```
import java.io.File
fun main() {
    val file = File("data.txt")
    file.bufferedWriter().use { it.write("Hello!") }
    file.bufferedReader().use { println(it.readLine()) }        // Hello!
}
```

还有一对类似的 reader()/writer()扩展函数，它们在不进行缓冲的情况下创建 FileRead-
er/FileWriter 对象。

函数的作用是：创建一个适合格式化输出的 printWriter 实例。

reader/writer 相关函数允许您选择性地指定编码字符集(默认为 UTF－8)，缓冲版本有
一个额外的可选参数用于缓冲区大小。默认缓冲区大小由 DEFAULT_BUFFER_SIZE
常量给出，该常量当前对应于 8 KB：

```
file.writer(charset = Charsets.US_ASCII).use { it.write("Hello!") }
file.bufferedReader(
  charset = Charsets.US_ASCII,
```

```
    bufferSize = 100
).use { println(it.readLine()) }
```

Charsets 对象包含一些标准字符集（如 US—ASCII 或不同的 UTF 变体）的一组常量。

如果要使用二进制文件，可以类似地使用 inputStream()/outputStream() 函数来创建适当的流实例：

```
import java.io.File
fun main() {
    val file = File("data.bin")
    file.outputStream().use { it.write("Hello!".toByteArray()) }
    file.inputStream().use {
        println(String(it.readAllBytes()))
    }                                                 // Hello!
}
```

有几个函数可以根据字符串或字节数组的内容创建 I/O 流。byteInputStream() 创建一个源为字符串的 ByteArrayInputStream 实例：

```
println("Hello".byteInputStream().read().toChar())                    // H
println("Hello".byteInputStream(Charsets.US_ASCII).read().toChar())   // H
```

reader() 函数的作用类似于创建 StringReader 实例：

```
println("One\nTwo".reader().readLines())              // [One, Two]
```

inputStream() 函数类似地使用字节数组作为源来构造实例 ByteArrayInputStream：

```
println(byteArrayOf(10, 20, 30).inputStream().read())
```

还可以使用 inputStream() 的重载版本使用字节数组的一部分，该版本采用偏移量和部分大小：

```
val bytes = byteArrayOf(10, 20, 30, 40, 50)
println(
    bytes.inputStream(2, 2).readBytes().contentToString()
)                                                     // [30, 40]
```

标准库还包括一些简化流管道的扩展。以下函数集可用于基于 InputStream 类的常规实例构造读取器、BufferedReader 或 BufferedInputStream 对象：

```
fun InputStream.reader(
```

```
    charset: Charset =  Charsets.UTF_8
): InputStreamReader
fun InputStream.bufferedReader(
    charset: Charset =  Charsets.UTF_8
): BufferedReader
fun InputStream.buffered(
    bufferSize: Int =  DEFAULT_BUFFER_SIZE
): BufferedInputStream
```

OutputStream 也可以使用类似的函数(名为 writer()、bufferedWriter()和 buffered())，在这种情况下，它们分别将其输送到 writer、bufferedWriter 或 BufferedOutputStream 实例。参见下面例子：

```
import java.io.FileInputStream
import java.io.FileOutputStream
fun main() {
    val name =  "data.txt"
    FileOutputStream(name).bufferedWriter().use { it.write("One\nTwo") }
    val line =  FileInputStream(name).bufferedReader().use {
        it.readLine()
    }
    println(line)                                      // One
}
```

Buffered()函数也是为读写器定义的：

```
fun Reader.buffered(bufferSize: Int =  DEFAULT_BUFFER_SIZE): BufferedReader
fun Writer.buffered(bufferSize: Int =  DEFAULT_BUFFER_SIZE): BufferedWriter
```

URL 实用程序

Kotlin 库提供了两个帮助函数，用于通过与 URL 对象关联的网络连接检索数据：

```
fun URL.readText(charset: Charset =  Charsets.UTF_8): String
fun URL.readBytes(): ByteArray
```

readText()函数的作用是：使用指定的字符集读取与 URL 实例对应的输入流的全部内容。函数的作用类似于以字节数组的形式检索二进制流的内容。

因为这两个函数都会加载整个流内容，直到调用线程完成为止，所以它们不应该用于下载大文件。

访问文件内容

Kotlin 标准库允许您使用特殊函数访问文件内容,而无须明确提及 I/O 流。这些函数在读/写整个文件、将数据附加到现有文件或逐行处理文件等情况下非常有用。

以下函数允许您操作文本内容:

- readText():将文件的全部内容作为单个字符串读取;
- readLines():读取文件的全部内容,通过行分隔符将其拆分并返回字符串列表;
- writeText():将文件内容设置为给定字符串,必要时重写;
- appendText():将指定字符串添加到给定文件的内容中。

以下示例演示了这些函数的用法:

```kotlin
import java.io.File
fun main() {
    val file = File("data.txt")
    file.writeText("One")
    println(file.readText())                        // One
    file.appendText("\nTwo")
    println(file.readLines())                       // [One, Two]
    file.writeText("Three")
    println(file.readLines())                       // [Three]
}
```

每个与文本相关的函数都可以接收指定文本编码的字符集类型的可选参数。

对于二进制文件,可以使用与字节数组(而不是字符串)类似的函数:

```kotlin
import java.io.File
fun main() {
    val file = File("data.bin")
    file.writeBytes(byteArrayOf(1, 2, 3))
    println(file.readBytes().contentToString())     // [1, 2, 3]
    file.appendBytes(byteArrayOf(4, 5))
    println(file.readBytes().contentToString())     // [1, 2, 3, 4, 5]
    file.writeBytes(byteArrayOf(6, 7))
    println(file.readBytes().contentToString())     // [6, 7]
}
```

另一组函数允许您分块处理文件内容,而无须完全读取,这有助于处理不能作为一个整体有效地放入内存的大型文件。

forEachLine()函数的作用是:在不读取整个文件的情况下,逐行处理文本内容。以下示例演示了它的工作原理:

```
import java.io.File
fun main() {
    val file = File("data.txt")
    file.writeText("One\nTwo\nThree")
    file.forEachLine { print("/$ it") }              // /One/Two/Three
}
```

useLines()函数将一个行序列传递给预定的 lambda,该 lambda 可以计算一些结果,然后由 useLines()调用返回:

```
import java.io.File
fun main() {
    val file = File("data.txt")
    file.writeText("One\nTwo\nThree")
    println(file.useLines { lines -> lines.count { it.length>3 } })        // 1
}
```

与其他与文本相关的文件函数类似,您可以将可选的 Charset 参数传递给 forEachLine()和 useLines()。

要处理二进制文件,可以使用 forEachBlock()函数。它的 lambda 接收一个字节数组缓冲区和一个整数,该整数表示在当前迭代中读取了多少字节。例如,下面的代码输出数据 data. bin 文件中所有字节的总和:

```
import java.io.File
fun main() {
    val file = File("data.bin")
    var sum = 0
    file.forEachBlock { buffer, bytesRead ->
        (0 until bytesRead).forEach { sum += buffer[it] }
    }
    println(sum)
}
```

默认情况下,缓冲区大小取决于实现,但您可以将其指定为可选的 blockSize 参数。请注意,缓冲区大小不能小于某些特定于实现的阈值。在 Kotlin 1.3 中,默认缓冲区大小为 4096 字节,最小缓冲区大小为 512 字节。

文件系统实用程序

在本节中,我们将讨论简化文件系统操作(如复制和删除文件以及遍历目录结构)的标准库函数。

deleteRecursively()函数的作用是:删除给定文件及其所有子文件,包括嵌套目录。如果删除成功完成,则结果为 true,否则为 false。在后一种情况下,删除可能是部分的,例如,如果某些嵌套目录无法删除。此函数与 Java API 中的 mkdirs()方法相对应:

```
import java.io.File
fun main() {
    File("my/nested/dir").mkdirs()
    val root = File("my")
    println("Dir exists: $ {root.exists()}")              // true
    println("Simple delete: $ {root.delete()}")           // false
    println("Dir exists: $ {root.exists()}")              // true
    println("Recursive delete: $ {root.deleteRecursively()}")  // true
    println("Dir exists: $ {root.exists()}")              // false
}
```

copyTo()函数将其接收器复制到另一个文件并返回副本:

```
import java.io.File
fun main() {
    val source = File("data.txt")
    source.writeText("Hello")
    val target = source.copyTo(File("dataNew.txt"))
    println(target.readText())                            // Hello
}
```

默认情况下,目标文件不会被覆盖,因此如果它已经存在,copyTo()函数会抛出 FileAlreadyExistsException。但是,您可以指定一个可选的覆盖参数来强制文件复制:

```
import java.io.File
fun main() {
    val source = File("data.txt").also { it.writeText("One") }
    val target = File("dataNew.txt").also { it.writeText("Two") }
    source.copyTo(target, overwrite = true)
    println(target.readText())                            // One
}
```

copyTo()函数也可以应用于目录;但是,它不会复制其文件和子目录,而只是创建一个与

目标路径对应的空目录。如果要将目录及其内容一起复制,有一个单独的 CopyRecursive()函数:

```
import java.io.File
fun main() {
    File("old/dir").mkdirs()
    File("old/dir/data1.txt").also { it.writeText("One") }
    File("old/dir/data2.txt").also { it.writeText("Two") }
    File("old").copyRecursively(File("new"))
    println(File("new/dir/data1.txt").readText())              // One
    println(File("new/dir/data2.txt").readText())              // Two
}
```

与 copyTo()类似,此函数允许您使用 overwrite 参数(默认为 false)指定覆盖策略。此外,您可以设置在复制特定文件时在 IOException 上调用的操作。这可以使用可选的 onError 参数来完成,该参数接收类型为(File,IOException)-> OnErrorAction 的 lambda 表达。结果值决定 CopyRecursive()函数如何处理有问题的文件:

- SKIP:跳过文件并继续再复制;
- TERMINATE:停止复制。

作为最后一个参数,onError lambda 可以传递到括号外:

```
File("old").copyRecursively(File("new")) { file, ex-> OnErrorAction.SKIP }
```

默认操作是将捕获的 IOException 实例重新提交给调用方。

walk()函数的作用是:根据深度优先搜索算法遍历目录结构。可选参数指定遍历方向:

- TOP_DOWN:先父母后孩子(默认值);
- BOTTOM_UP:在父母之前访问孩子。

返回值是一系列文件实例。以下示例演示了不同遍历模式的用法:

```
import java.io.File
import kotlin.io.FileWalkDirection.*
fun main() {
    File("my/dir").mkdirs()
    File("my/dir/data1.txt").also { it.writeText("One") }
    File("my/dir/data2.txt").also { it.writeText("Two") }
    println(File("my").walk().map { it.name }.toList())
    println(File("my").walk(TOP_DOWN).map { it.name }.toList())
```

```
        println(File("my").walk(BOTTOM_UP).map { it.name }.toList())
    }
```

您还可以使用 walkTopDown() 和 walkBottomUp() 函数,而不是分别使用 walk(TOP_DOWN) 和 walk(BOTTOM_UP) 调用。

walk() 函数返回的序列属于特殊的 FileTreeWalk 类。除了常见的序列功能外,该类还允许您指定其他遍历选项。函数的作用是:设置被遍历子树的最大深度:

```
println(
    File("my").walk().maxDepth(1).map { it.name }.toList()
)                                                              // [my, dir]
```

onEnter() 和 onLeave() 函数设置遍历进入和离开目录时执行的操作。onEnter() 调用接收 (File) —> Boolean lambda,其返回值决定是否应该访问目录(及其子目录)。onLeave() 调用同样接收 (File) —> Unit lambda。onFail() 函数允许指定在尝试访问目录的子目录时在 IOException 上调用的操作:该操作采用 (File, IOException) —> Unit lambda 的形式,它接收有问题的目录和相应的异常。

由于这四个函数都返回 FileTreeWalk 的当前实例,因此可以将它们链接起来,如下例所示:

```
println(
    File("my")
        .walk()
        .onEnter { it.name != "dir" }
        .onLeave { println("Processed: ${it.name}") }
        .map { it.name }
        .toList()

)
```

上述代码将打印以下内容:

```
Processed: my
[my]
```

因为 dir 目录会被 onEnter() 操作过滤掉。

默认操作如下所示:总是为 onEnter() 返回 true,为 onLeave() 不执行任何操作,并为 on-

Fail() 抛出异常。默认情况下，最大树深度为 Int. MAX_VALUE，使其实际上不受约束。

createTempFile()/createTempDir() 函数可分别用于创建临时文件或目录：

```
val tmpDir = createTempDir(prefix = "data")
val tmpFile = createTempFile(directory = tmpDir)
```

这两个函数具有相同的参数集：

```
fun createTempDir(
    prefix: String = "tmp",
    suffix: String? = null,
    directory: File? = null
): File
```

createTempFile() 函数本质上与 JDK 方法 createTempFile() 相同。

结论

在本章中，我们了解了 Kotlin 标准库的一个主要部分，该库旨在处理集合。我们已经了解了集合类型，比如数组、迭代、序列和映射。我们还讨论了它们的基本 API 和操作，包括各种集合用例，如访问元素和子集合、过滤、聚合、转换和排序。在本章第二部分中，我们了解了旨在简化流的创建、对其数据访问以及常见文件系统操作（如删除和复制）的 I/O 实用程序。

在下一章中，我们将重新讨论面向对象编程，并讨论如何在 Kotlin 应用程序中使用类继承和委托的概念。

问题

1. 概述 Kotlin 中的 collection 类型。它与 Java collection 库的主要区别是什么？
2. 集合类型提供了哪些基本操作？
3. 描述迭代集合元素的各种方法。
4. 可以使用哪些常用功能访问集合元素？
5. Kotlin 库中有哪些常见的聚合？
6. 描述 fold()/reduce() 操作。

7. all()/any()/none()函数的用途是什么?

8. 描述集合过滤功能。

9. 如何提取子集合?

10. 哪些标准转换可以应用于集合?描述映射、展平和关联的功能。

11. 描述 Kotlin 标准库提供的集合排序实用程序。

12. 描述流创建和转换实用程序。

13. 可以使用哪些功能访问文件或 I/O 流的内容?

14. 描述文件系统实用程序函数。

8

了解类层次结构

本章继续讨论 Kotlin 的面向对象编程，这些内容在第 4 章"使用类和对象"和第 6 章"使用特殊情况类"中有所介绍。本章我们将介绍类继承的概念，并解释如何定义子类。我们还将考虑使用抽象类、接口和类委托来设计复杂的类层次结构。感兴趣的特性还包括实现代数数据类型概念的密封类，这些代数数据类型适合于定义受限类类型层次结构和类型检查，从而实现强大的 Kotlin 智能转换。

结构

- 继承和覆盖
- 类型检查和强制转换
- 抽象类
- 接口
- 密封类
- 委托

目的

了解继承和覆盖在 Kotlin 中是如何工作的，并学习如何使用 Kotlin 面向对象的功能来构建类层次结构。

继承

为了表示领域概念之间的关系，大多数面向对象语言都使用继承的概念。当类 A（子类或派生类）继承类 B（超类或基类）时，A 的所有实例都自动被视为 B 的实例。因此，类 A 获得为 B 定义的所有成员和扩展。这种关系是可传递的；如果类 B 继承了类 C，那么 A 也被认为是 C 的一个子类（尽管是间接的）。

在 Kotlin 中，像 Java 一样，类只支持单一继承，这意味着任何类都不能有多个超类。如果不显式指定超类，编译器会自动假定您的类继承自内置类。因此，给定程序中的所有类都形成了定义良好的继承树，通常称为类层次结构。

在接下来的部分中，我们将讨论 Kotlin 中类继承的基础：如何定义子类，如何继承和重写超类成员，以及通过 Anyclass 可用于任何对象的常用方法。

声明一个子类

要从给定类继承，请在类定义中的主构造函数后添加其名称：

```kotlin
open class Vehicle {
    var currentSpeed = 0
    fun start() {
        println("I'm moving")
    }
    fun stop() {
        println("Stopped")
    }
}
open class FlyingVehicle : Vehicle() {
    fun takeOff() {
        println("Taking off")
    }
    fun land() {
        println("Landed")
    }
}
class Aircraft(val seats: Int) : FlyingVehicle()
```

Java vs. Kotlin：在 Kotlin 中，没有像 Java 中的 extends 和 implements 这样的特殊关键字。相反，继承总是用冒号（:）表示。

请注意在 Vehicle 和 FlyingVehicle 的子类定义之后添加的括号——这是对超类构造函数的调用,您可以在其中为超类初始化代码添加必要的参数。

您可能已经注意到车辆和 FlyingVehicle 定义附近的 open 关键字。这个修饰符将相应的类标记为开放继承,从而允许它们充当超类。另一方面,飞机没有此类修改器,默认情况下被视为最终版本。如果试图从最终类继承,编译器将报告错误:

```
class Airbus(seats: Int) : Aircraft(seats)           //Error: Aircraft is final
```

Java vs. Kotlin:请注意 Java 和 Kotlin 中默认类行为的区别。

在 Java 中,任何类在默认情况下都是打开的,如果您想禁止从中继承,则必须显式标记为 final。然而,在 Kotlin,默认是最终的。如果希望某个类是可继承的,则必须将其声明为 open。

正如在实践中所看到的,当基类中的更改导致子类中的错误行为时,没有特别考虑继承的类可能会遇到所谓的脆弱基类问题。这是因为超类不再满足它们的假设。因此,强烈建议仔细设计和记录可继承类,明确这些假设。

子类的实例也是它们的超类的实例。它们还继承超级类成员:

```
val aircraft =  Aircraft(100)
val vehicle: Vehicle =  aircraft          // implicit cast to supertype
vehicle.start()                           // calling Vehicle method
vehicle.stop()                            // calling Vehicle method
aircraft.start()                          // calling Vehicle method
aircraft.takeOff()                        // calling FlyingVehicle method
aircraft.land()                           // calling FlyingVehicle method
aircraft.stop()                           // calling Vehicle method
println(aircraft.seats)                   // accessing Aircraft own property
```

某些类型的类对继承的支持有限。例如,数据类始终是最终的,不能声明为 open:

```
open data class Person(val name: String,val age: Int)      // Error
```

最初,禁止从另一个类继承数据类,但这一限制在 Kotlin 1.1 中被解除。

另一方面,内联类目前既不能扩展其他类,也不能充当超类:

```
class MyBase
open inline class MyString(val value: String)  // Error
```

```
inline class MyStringInherited(val value: String) : MyBase()    // Error
```

对象（包括同伴）可以从开放类自由继承：

```
open class Person(val name: String, val age: Int) {

companion object : Person("Unknown", 0)

}

object JohnDoe : Person("John Doe", 30)
```

但是，不能从对象继承或将其声明为 open，因为每个对象应该只有一个实例。

继承的一个强大功能是所谓的即席多态性，它允许您为子类提供超类成员的不同实现，并根据运行时的实际实例类选择它们。在 Kotlin 中，这可以通过重写超类的一个成员来实现。让我们看一下以下示例：

```
open class Vehicle {
    open fun start() {
        println("I'm moving")
    }
    fun stop() {
        println("Stopped")
    }
}
class Car : Vehicle() {
    override fun start() {
        println("I'm riding")
    }
}
class Boat : Vehicle() {
    override fun start() {
        println("I'm sailing")
    }
}
```

Vehicle 类提供 start() 方法的通用实现，然后由其继承者 Car 和 Boat 重写。请注意，Vehicle 类中的 start() 方法被标记为 open，这使得它在子类中可以重写，而在 Car 和 Boat 中的实现被标记为 override 关键字。对 Vehicle 类型的值的调用根据其运行时类进行调度。如果运行以下代码：

```
fun startAndStop(vehicle: Vehicle) {
    vehicle.start()
```

```
    vehicle.stop()
}
fun main() {
    startAndStop(Car())
    startAndStop(Boat())
}
```

您会得到：

```
I'm riding

Stopped

I'm sailing

Stopped
```

另一方面，stop()方法是最终的。由于它没有显式标记为 open，因此不能被重写，只能由子类继承。

Java vs. Kotlin：值得指出 Kotlin 和 Java 中重写的两个主要区别。首先，与 Java 一样，Kotlin 函数和属性在默认情况下是最终的，必须用 open 关键字显式标记，以允许在子类中重写。然而，在 Java 中，方法是隐式打开的，所以如果想要禁止它们的重写，必须使用显式 final 修饰符。其次，Kotlin 中被重写的成员必须始终伴随着 override 关键字，否则会产生编译错误。另一方面，在 Java 中，重写方法的显式标记是可选的；尽管使用@Override 注释被认为是一种很好的做法。在 Kotlin 中强制显式标记被重写的成员有助于防止意外的重写问题，即添加恰好匹配某个超类的成员并重写其实现，从而导致意外的程序行为和难以发现的错误。

值得指出的是成员和扩展之间的一个重要区别。虽然类成员可以被重写（前提是它们不是最终的），可以根据特定实例的运行时类进行选择，但扩展总是静态解析的。换句话说，当调用扩展时，编译器总是根据静态已知的接收器类型来选择它。考虑以下示例：

```
open class Vehicle {
    open fun start() {
        println("I'm moving")
    }
}
fun Vehicle.stop() {
    println("Stopped moving")
}
class Car : Vehicle() {
```

```
    override fun start() {
        println("I'm riding")
    }
}
fun Car.stop() {
    println("Stopped riding")
}
fun main() {
    val vehicle: Vehicle = Car()
    vehicle.start()                        // I'm riding
    vehicle.stop()                         // Stopped moving
}
```

很明显,该程序调用了 Car 类中定义的 start(),因为它是动态解析的,这取决于车辆变量(即 Car)的运行时类型。但是,stop()的选择取决于车辆的静态类型(即 vehicle),因此该函数称为 vehicle. stop()。

请注意,被重写成员的签名必须与其超类版本的签名匹配:

```
open class Vehicle {
    open fun start(speed: Int) {
        println("I'm moving at $ speed")
    }
}
class Car : Vehicle() {
    override fun start() {                  // Error: wrong signature
        println("I'm riding")
    }
}
```

但是,您可以替换返回类型与它的超类型:

```
open class Vehicle {
    open fun start(): String? = null
}
open class Car : Vehicle() {
    final override fun start() = "I'm riding a car"
}
```

如果将被重写的成员声明为 final,则不会在子类中进一步重写它:

```
open class Vehicle {
    open fun start() {
        println("I'm moving")
```

```
    }
}
open class Car : Vehicle() {
    final override fun start() {
        println("I'm riding a car")
    }
}
class Bus : Car() {
    override fun start() {                          // Error: start() is final in Car
        println("I'm riding a bus")
    }
}
```

属性也可以被覆盖。除了将它们的实现放在子类主体中，还可以选择将它们作为主构造函数参数重写：

```
open class Entity {
    open val name: String get() = ""
}
class Person(override val name: String) : Entity()
```

不可变属性可以被可变属性覆盖：

```
open class Entity {
    open val name: String get() = ""
}
class Person() : Entity() {
    override var name: String = ""
}
```

与 Java 一样，Kotlin 有一个特殊的访问修饰符，它将成员的作用域限制为其继承者。这些成员被标记为受保护的关键字：

```
open class Vehicle {
    protected open fun onStart() { }
    fun start() {
        println("Starting up...")
        onStart()
    }
}
class Car : Vehicle() {
    override fun onStart() {
        println("It's a car")
    }
}
```

```
}
fun main() {
    val car =  Car()
    car.start()                 // Ok
    car.onStart()               // Error: onStart is not available here
}
```

Java vs. Kotlin：请注意 Kotlin 和 Java 中受保护修饰符之间的区别。虽然这两种语言都允许从继承器类访问受保护的成员，但 Java 也允许从位于同一个包中的任何代码中使用它们。在 Kotlin 中，这是被禁止的。目前，它没有将声明范围限制为包含包的访问修饰符。

有时，函数或属性的重写版本需要访问其原始版本以重用其代码。在这种情况下，您可以使用 super 关键字作为成员引用的前缀（语法与此类似，但您可以访问继承的成员，而不是当前成员）：

```
open class Vehicle {
    open fun start(): String? =  "I'm moving"
}
open class Car : Vehicle() {
    override fun start() =  super.start() +  " in a car"
}
fun main() {
    println(Car().start())      // I'm moving in a car
}
```

 IDE 提示：IntelliJ 插件包含一个特殊的操作，可以帮助您生成覆盖成员的存根。要访问它，可以在类主体内使用 Ctrl＋O/Cmd＋O 快捷方式。IDE 随后会向您显示一个对话框，您可以在其中选择要覆盖的超类成员（如图 8.1 所示）。

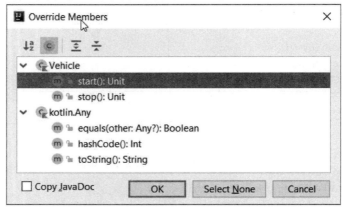

图 8.1　覆盖成员对话框

子类初始化

在第 4 章"使用类和对象"中,我们讨论了如何使用构造函数初始化特定类的实例状态。在创建子类的实例时,程序还需要调用其超类中定义的初始化代码。必须首先初始化超类,因为它可能会创建子类代码使用的环境。在 Kotlin 中,这个顺序是自动执行的:当您的程序试图创建某个类 A 的实例时,它会得到一个超类链,然后调用它们的构造函数,从层次根(即任意类)开始,以 A 的构造函数结束。让我们看一个演示初始化顺序的示例:

```
open class Vehicle {
    init {
        println("Initializing Vehicle")
    }
}
open class Car : Vehicle() {
    init {
        println("Initializing Car")
    }
}
class Truck : Car() {
    init {
        println("Initializing Truck")
    }
}
fun main() {
    Truck()
}
```

当它在运行,该程序将打印:

```
Initializing Vehicle

Initializing Car

Initializing Truck
```

这证实了上面的观点,即初始化是从超类到子类进行的。

我们已经提到过,子类定义中超类名称后面的括号构成了对其构造函数的调用。直到现在,我们还不需要在那里传递一些参数,因为我们示例中的超类一直使用默认构造函数。如果我们也需要向它们提供一些数据呢? 最简单的情况是,一个超类只有一个构造函数:

```
open class Person(val name: String, val age: Int)
class Student(name: String, age: Int, val university: String) :
    Person(name, age)
fun main() {
    Student("Euan Reynolds", 25, "MIT")
}
```

在上面的示例中,Student 类的主构造函数使用所谓的委托调用将其三个参数传递给 Person 超类的构造函数:Person(firstName, familyName, age)。

与普通构造函数调用一样,委托调用同样适用于主构造函数和辅助构造函数:

```
open class Person {
    val name: String
    val age: Int
    constructor(name: String, age: Int) {
        this.name = name
        this.age = age
    }
}
class Student(name: String, age: Int, val university: String) :
    Person(name, age)
```

如果我们想在 Student 类上使用二级构造函数呢? 在这种情况下,委托调用在构造函数签名之后指定:

```
open class Person(val name: String, val age: Int)
class Student : Person {
    val university: String
    constructor(name: String, age: Int, university: String) :
            super(name, age) {
        this.university = university
    }
}
```

super 关键字告诉编译器,我们的二级构造函数将委托给超类的相应构造函数。这种语法类似于委托给同一类的另一个构造函数,该类由这个关键字表示(参见第 4 章"使用类和对象"。与主构造函数中的调用相比,另一个区别是超类名称后面没有括号:Person 而不是 Person()。原因是我们的类没有主构造函数,而委托被放在了次构造函数中。

Java vs. Kotlin:与 Java 不同,构造函数之间的调用(无论它们属于同一个类,还是类及其超类)永远不会放入构造函数体中。在 Kotlin 中,可以使用委托调用语法。

请注意，如果一个类有一个主构造函数，那么它的次构造函数可能不会委托给超类：

```
open class Person(val name: String, val age: Int)
// 错误:应调用 Person 构造函数
class Student() : Person {
    val university: String
    constructor(name: String, age: Int, university: String) :
            super(name, age) {    // 错误:无法在此处调用 Person 构造函数
        this.university = university
    }
}
```

一个有趣的例子是，一个超类有不同的构造函数，我们希望它的子类支持多个构造函数。在这种情况下，使用二级构造函数成为唯一的选择：

```
open class Person {
    val name: String
    val age: Int
    constructor(name: String, age: Int) {
        this.name = name
        this.age = age
    }
    constructor(firstName: String, familyName: String, age: Int) :
            this("$ firstName $ familyName", age)
}
class Student : Person {
    val university: String
    constructor(name: String, age: Int, university: String) :
            super(name, age) {
        this.university = university
    }
    constructor(
        firstName: String,
        familyName: String,
        age: Int,
        university: String
    ) :
            super(firstName, familyName, age) {
        this.university = university
    }
}
fun main() {
    Student("Euan", "Reynolds", 25, "MIT")
    Student("Val Watts", 22, "ETHZ")
```

```
    }
```

事实上,上面的用例是向语言中添加二级构造函数的主要原因之一。这一点很重要,尤其是考虑到与 Java 代码的互操作性时,它不区分主构造函数和辅助构造函数。

我们想在本节中强调的另一个问题是所谓的泄漏问题。考虑以下代码:

```
open class Person(val name: String, val age: Int) {
    open fun showInfo() {
        println("$ name, $ age")
    }
    init {
        showInfo()
    }
}
class Student(
    name: String,
    age: Int,
    val university: String
) : Person(name, age) {
    override fun showInfo() {
        println("$ name, $ age (student at $ university)")
    }
}
fun main() {
    Student("Euan", "Reynolds", 25, "MIT")
}
```

如果您运行程序,该输出会看起来像这样:

```
Euan Reynolds, 25 (student at null)
```

为什么 university 变量恰好为 null? 原因是方法 showInfo()是在超类初始值设定项中调用的。它是一个虚拟函数,因此程序将在 Student 类中调用其重写版本,但由于 Person 初始值设定项在 Student 之前运行,因此在调用 showInfo()时,university 变量尚未初始化。这种情况被称为泄漏的原因是,超类将当前实例泄漏给代码,这通常可能取决于实例状态中尚未初始化的部分。一个更明确的例子如下所示:

```
open class Person(val name: String, val age: Int) {
    override fun toString() =  "$ name, $ age"
    init {
        println(this)           // potentially dangerous
```

```
    }
}
class Student(
    name: String,
    age: Int,
    val university: String
) : Person(name, age) {
    override fun toString() = super.toString() + "(student at $ universi→ty)"
}
fun main() {
    // Euan Reynolds, 25 (student at null)
    Student("Euan Reynolds", 25, "MIT")
}
```

当 Kotlin 中不可为 null 类型的变量可能为 null 时,泄漏该变量的问题会造成罕见的情况。

　　IDE 提示:IntelliJ 插件包括一个检查,它将此类调用和使用标记为潜在不安全,并显示相应的警告(如图 8.2 所示):

```
1   ●↓ ┌ open class Person(
2         val firstName: String,
3         val familyName: String,
4         val age: Int
5   ┌ ) {
6   ●↓ ┌ open fun showInfo() {
7             println("$firstName $familyName, $age")
8         }
9
10        init {
11            showInfo()
```

Calling non-final function showInfo in constructor more... (Ctrl+F1)

```
14
```

图 8.2　警告在非最终函数调用内部构造

类型检查和强制转换

由于某个类的变量可能在运行时引用其子类型的任何实例,因此有一种方法可以检查特定实例是否对应于更特定的类型,并在必要时将其转换为该类型是很有用的。例如,考虑以下代码：

```
val objects = arrayOf("1", 2, "3", 4)
```

从编译器的角度来看，对象是 Any 的数组，因为 Any 是覆盖其所有元素的最小公共超类型。如果我们想使用一些特定于字符串或 Int 的操作，直接将它们应用于数组元素是行不通的，因为它们有任何类型，因此不支持更具体的函数或属性：

```
for(obj in objects) {
    println(obj* 2)              // Error: *  is not supported for Any
}
```

Kotlin 以类型检查和转换操作的形式提供解决方案。如果 is 运算符的左操作数具有给定类型，则返回 true。让我们稍微改变一下我们的例子：

```
for(obj in objects) {
    println(obj is Int)
}
```

当您运行上面的程序时，它会打印：

```
false

true

false

true
```

如果实例不可为 null，则应将其视为不可为 null 的类型：

```
println(null is Int)           // false
println(null is String?)       // true
```

Kotlin 还支持反向操作，其表示为！is 操作符：

```
val o: Any =  ""
println(o ! is Int)            // true
println(o ! is String)         // false
```

请注意，is/！is 运算符仅在其左操作数的静态类型是其右操作数的超类型时才适用。以下检查产生了编译错误，因为当编译器静态地知道字符串不是 Int 子类型时，根据字符串测试 Int 值是没有意义的：

```
println(12 is String)              // Error
```

is 和！is 运算符两者都具有与 in 和！in 相同的优先级。

Java vs. Kotlin：is 操作符与 Java 的 instanceof 非常相似。然而，请记住，它们在对待 null 时存在分歧。虽然 instanceof 在应用于 null 时总是返回 false，但 is 运算符的结果取决于其右侧类型是否可为 null。

在第 4 章"使用类和对象"中，我们介绍了智能强制转换的概念，它允许我们在将变量的类型与 null 进行比较后，自动将变量的类型从可为 null 细化为不可为 null。is/！is 支持此功能。例如：

```
val objects = arrayOf("1", 2, "3", 4)
var sum = 0
for (obj in objects) {
    if (obj is Int) {
        sum + = obj                // type of obj is refined to Int here
    }
}
println(sum)             // 6
```

在表达式中 is/！is 也支持检查和智能强制转换，您可以将它们用作一种特殊的条件，类似于 in/！in：：

```
val objects = arrayOf("1", 2, "3", 4)
var sum = 0
for (obj in objects) {
    when (obj) {
        is Int -> sum + = obj              // obj has Int type here
        is String -> sum + = obj.toInt()   // obj has String type here
    }
}
println(sum)             // 10
```

我们前面已经提到，编译器只有在能够确保变量类型在其检查和使用之前不会更改时，才允许智能转换。现在我们可以更精确地表达智能转换规则。

首先，对于具有自定义访问器的属性和变量，不允许使用智能强制转换，因为编译器无法保证其返回值在检查后不会更改。这还包括使用委托的属性和局部变量：

```
class Holder {
```

```
        val o: Any get() = ""
    }
fun main() {
    val o: Any by lazy { 123 }
    if (o is Int) {
        println(o* 2)                        // Error: smart cast is not possible
    }
    val holder = Holder()
    if (holder.o is String) {
        println(holder.o.length)             // Error: smart cast is not possible
    }
}
```

开放成员属性也属于这一类,因为它们可以在子类型中被覆盖,并且可以被赋予自定义访问器:

```
open class Holder {
    open val o: Any = ""
}
fun main() {
    val holder = Holder()
    if (holder.o is String) {
        println(holder.o.length)             // Error: smart cast is not possible
    }
}
```

当可变局部变量的值在检查和读取之间显式更改,或者如果它们在某些 lambda 中被修改(后者意味着调用 lambda 时它们的值可能会更改,这通常是不可预测的)时,则不能对其进行智能转换:

```
fun main() {
    var o: Any = 123
    if (o is Int) {
        println(o + 1)                       // Ok: smart cast to Int
        o = ""
        println(o.length)                    // Ok: smart cast to String
    }
    if (o is String) {
        val f = { o = 123 }
        println(o.length)                    // Error: smart cast is not possible
    }
}
```

另一方面,可变属性不能使用 SmartCast,因为它们的值可能随时被其他代码更改。

值得注意的是,不带委托的不可变局部变量始终支持 SmartCast,这是将它们优先于可变变量的又一个理由。

但是,当 SmartCast 不可用时,我们可以使用显式运算符将给定的值强制为某种类型。Kotlin 支持这种类型的两个操作符——as 及其安全版本 as?。区别在于它们对不符合目标类型的值的处理。as 抛出异常,as? 只返回 null:

```
val o: Any = 123
println((o as Int) + 1)              // 124
println((o as? Int)!! + 1)           // 124
println((o as? String ?: "").length) // 0
println((o as String).length)        // Exception
```

请注意像 o as Stringo 和 o as? String 这样的表达式之间的差异? 当 o 是 String 的值时,它们有相同的值(包括 null),但在以下情况下行为不同:

```
val o: Any = 123
println(o as? String)                // null
println(o as String?)                // Exception
```

另外,请注意,尝试将 null 强制转换为不可为 null 的类型会在运行时产生异常:

```
println(null as String)              // Exception
```

Java vs. Kotlin:as 运算符与 Java cast 表达式类似,只是使用了 null 处理。在 Java 中,强制转换总是保持 null 不变,而在 Kotlin 中,结果取决于目标类型的可空性。

常用方法

kotlin. Any 类都是 Kotlin 类层次结构的根,其他每个类都是它的直接或间接继承者。如果在类定义中没有指定显式超类,编译器会自动假定它是 Any 超类。因此,该类的成员可用于所有值。让我们看看它是如何定义的:

```
open class Any {
    public open operator fun equals(other: Any?): Boolean
    public open fun hashCode(): Int
    public open fun toString(): String
}
```

这里的 operator 关键字意味着可以以运算符形式调用 equals()方法(通过＝＝或！＝)。

我们将在第 11 章"领域特定语言"中讨论运算符语法。

这些方法定义了可以对任何不可为空的值执行的基本操作：

- 结构相等（＝＝和！＝）；
- 哈希代码计算，使用的一些集合类型，像 HashSet 或 HashMap；
- 默认转换为 String。

Java vs. Kotlin：熟悉 Java 的读者肯定会认为 Any 的定义有点像 Java. lang. Object 的简约版本。事实上，在 JVM 上，Any 对象的运行时值都表示为 Object 实例。

在第 6 章"使用特殊情况类"中，我们已经讨论了使用引用等式的示例，编译器会自动为任何数据类提供引用等式。现在，我们将了解如何为任意 Kotlin 类实现自定义相等操作。考虑以下代码：

```kotlin
class Address(
    val city: String,
    val street: String,
    val house: String
)
open class Entity(
    val name: String,
    val address: Address
)
class Person(
    name: String,
    address: Address,
    val age: Int
): Entity(name, address)
class Organization(
    name: String,
    address: Address,
    val manager: Person
) : Entity(name, address)
```

默认情况下，这些类只实现从 Any 类继承的引用等式。例如，如果我们试图将它们用作集合元素，可能会面临一个问题，因为具有相同属性的两个实例本身并不被视为相等：

```kotlin
fun main() {
    val addresses = arrayOf(
        Address("London", "Ivy Lane", "8A"),
        Address("New York", "Kingsway West", "11/B"),
```

```
        Address("Sydney", "North Road", "129")
    )
// - 1
    println(addresses.indexOf(Address("Sydney", "North Road", "129")))
}
```

这个问题可以通过重写 equals()方法并实现基于内容的相等来解决。一个简单的实现可以如下所示：

```
override funequals(other: Any?): Boolean {
    if (other ! is Address) return true
    return city = = other.city&&
            street = = other.street&&
            house = = other.house
}
```

现在,上面例子中的 index()调用可以找到 Address 对象并返回 2。

请注意,equals()方法常用于运算符形式＝＝或! ＝。这些运算符也可以应用于可为空的值。当左操作数为空时,它们只是将右操作数与空操作数进行参照比较。原始引用等式由＝＝＝和! ＝＝实现操作。它们的行为不同于＝＝和! ＝,无法在用户代码中重写：

```
val addr1 = Address("London", "Ivy Lane", "8A")
val addr2 = addr1                              // the same instance
val addr3 = Address("London", "Ivy Lane", "8A")    // different, but equal
println(addr1 = = = addr2)                      // true
println(addr1 = = addr2)                        // true
println(addr1 = = = addr3)                      // false
println(addr1 = = addr2)                        // true
```

Java vs. Kotlin：在 Java 中,＝＝和! ＝运算符实现引用相等,而基于内容的运算符则通过显式调用 equals()来表示。后者还必须防止其接收方对象的可能空值,以避免 NPE。

就像在 Java 中一样,equals()方法的自定义实现必须附带相应的 hashCode()。这两个实现必须是相关的,以便任何一对相等的对象(从 equals()的角度来看)总是具有相同的哈希代码。这是因为一些集合(例如 HashSet)首先使用 hashCode()在哈希表中查找一个值,然后使用 equals()方法筛选具有相同哈希代码的所有候选值。如果相等的对象有不同的散列码,那么即使在调用 equals()之前,这些集合也会过滤掉它们。可能的 hash-

Code()实现与上述 equals()方法兼容,如下所示:

```
override funhashCode(): Int {
    var result = city.hashCode()
    result = 31 * result + street.hashCode()
    result = 31 * result + house.hashCode()
    return result
}
```

IDE 提示:IntelliJ 插件会警告您提供 equals()实现的类,但不会警告 hashCode
(),反之亦然。它还允许您通过自动生成一些合理的实现来添加缺少的方法(参见
图 8.3):

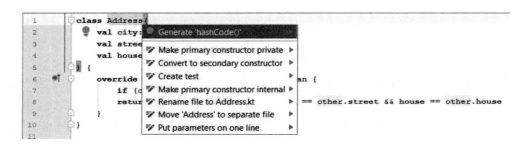

图 8.3　使用 IDE 检验以生成丢失的 hashCode()方法

equals()实现的一般要求与 Java 基本相同:

- 没有非 null 对象必须等于 null;
- 每个对象都必须与自身相等;
- 相等必须是对称的:a==b 必须包含 b==a;
- 等式必须是可传递的:a==b 和 b==c 必须包含 a==c。

IDE 提示:IntelliJ 插件可以根据类属性自动生成 equals()和 hashCode()方法的
实现。这些方法与为数据类提供的方法非常相似,在大多数情况下,都会提供合理
的相等行为。在其余的情况下,您可以使用它们作为编写自己的实现的良好起点。

要生成方法,请在 generate 菜单中选择 equals()和 hashCode(),该菜单由类定义
中的 Alt+Insert 快捷方式打开(参见图 8.4):

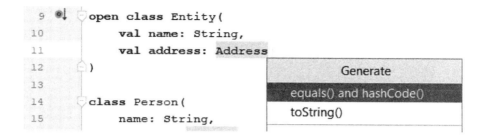

图 8.4　生成菜单

当所讨论的类是开放类时,IDE 将建议您生成也支持其子类实例的方法。如果您同意,那么不同子类的实例可能恰好相等,这并不总是可取的。在我们的示例中,我们将不使用此选项,因为我们希望 Person 和 Organization 的实例彼此不同。

然后继续选择应该在生成的方法中使用的属性(如图 8.5 所示)。请注意,hashCode()中只能使用为 equals()选择的属性。这确保了这两个方法是兼容的,从某种意义上说,相同的对象总是具有相同的哈希代码。

图 8.5　为 equals( )方法实现选择属性

将此操作应用于实体类将生成以下代码:

```
open class Entity(
    val name: String,
    val address: Address
) {
    override fun equals(other: Any?): Boolean {
        if (this = = = other) return true
        if (javaClass ! = other?.javaClass) return false
        other as Entity
        if (name ! = other.name) return false
```

```
        if (address ! = other.address) return false
        return true
    }
    override fun hashCode(): Int {
        var result = name.hashCode()
        result = 31 * result + address.hashCode()
        return result
    }
}
```

属性通过将它委托给它们自己的 equals() 和 hashCode() 实现来进行比较。数组类型由一个例外组成——当应用于多维数组类型的属性时,因为它们没有自己基于内容的相等实现,所以生成的代码将使用 contentEquals() 和 contentHashCode() 或 contentDeep-Equals() /contentDeepHashCode()。

如果超类有自己的 equals()/hashCode() 的非平凡实现,那么超类中相应的实现将自动包含对其超级对应物的调用。例如,对 Person 类应用"Generate equals()/hashCode()"时,我们得到:

```
class Person(
    name: String,
    address: Address,
    val age: Int
): Entity(name, address) {
    override fun equals(other: Any?): Boolean {
        if (this = = = other) return true
        if (javaClass ! = other?.javaClass) return false
        if (! super.equals(other)) return false
        other as Person
        if (age ! = other.age) return false
        return true
    }
    override fun hashCode(): Int {
        var result = super.hashCode()
        result = 31 * result + age
        return result
    }
}
```

与 Java 一样,所有 Kotlin 类都有一个 toString() 方法,该方法提供给定实例的默认字符串表示形式。默认情况下,这种表示由类名和对象的哈希代码组成。因此,在大多数情况下,值得重写以获得更可读的信息:

```kotlin
class Address(
    val city: String,
    val street: String,
    val house: String
) {
    override fun toString() = "$ city, $ street, $ house"
}
open class Entity(
    val name: String,
    val address: Address
)
class Person(
    name: String,
    address: Address,
    val age: Int
): Entity(name, address) {
    override fun toString() = "$ name, $ age at $ address"
}
class Organization(
    name: String,
    address: Address,
    val manager: Person?
) : Entity(name, address) {
    override fun toString() = "$ name at $ address"
}
fun main() {
// Euan Reynolds, 25 at London, Ivy Lane, 8A
    println(Person("Euan Reynolds", Address("London", "Ivy Lane", "8A"), 25))
// Thriftocracy, Inc. at Perth, North Road, 129
    println(
        Organization(
            "Thriftocracy, Inc.",
            Address("Perth", "North Road", "129"),
            null
        )
    )
}
```

IDE 提示：IntelliJ 还允许您生成一个简单的 toString()实现,如 equals()/hash-Code()方法。为此,只需在 Generate 菜单中选择 toString()选项(参见图 8.4),然后选择要在 toString()中使用的属性。您可以选择以单个字符串模板或串联表达式的形式生成结果字符串。如果超类已经有了一些重要的 toString()实现,那么您还可以选择是否添加一个 super.toString()调用。

下面是对 Person 类应用 Generate toString()操作的结果：

```
class Person(
    val name: String,
    val age: Int,
    address: Address
): Entity(address) {
    override fun toString(): String {
        return "Person(name= '$ name', age= $ age) $ {super.toString()}"
    }
}
```

Kotlin 标准库还包括为 Any? 类型的 toString()扩展。此函数只在不为 null 时委托给接收方的 toString()成员，否则返回 null 字符串。这允许对可为 null 和不可为 null 的值使用 toString()。

抽象类和接口

到目前为止，我们看到的所有超类都可能有自己的实例。然而，有时这是不可取的，因为类也可能表示抽象概念，抽象概念本身没有实例，只能通过更具体的实例进行实例化。例如，我们前面的示例涉及按 Person 和 Organization 子类划分的实体类。虽然让对象代表特定的人和组织是有意义的，但实体本身是一个抽象的概念。因此，创建一个实体实例而不是其特定子类的实例是毫无意义的。接下来我们将讨论的 Kotlin 中允许我们定义和使用此类抽象类型。

抽象类和成员

与 Java 一样，Kolin 也支持抽象类，这些抽象类不能直接实例化，只能作为其他类的超级类型。为了将类标记为抽象类，可以使用相应的修饰符关键字：

```
abstract class Entity(val name: String)
// Ok: delegation call in subclass
class Person(name: String, val age: Int) : Entity(name)
val entity =  Entity("Unknown")                    // 错误:无法实例化实体
```

正如您在上面的示例中所看到的，抽象类可能有自己的构造函数。抽象类和非抽象类之间的区别在于：抽象类构造函数只能作为子类定义中委托调用的一部分来调用。在以下代码中，二级构造函数委托给抽象类的构造函数：

```
abstract class Entity(val name: String)
class Person : Entity {
    constructor(name: String) : super(name)
    constructor(
        firstName: String,
        familyName: String
    ) : super("$ firstName $ familyName")
}
```

抽象类的另一个特性是，它允许您声明抽象成员。抽象成员定义函数或属性的基本形态，例如其名称、参数和返回类型，但忽略任何实现细节。当非抽象类从其抽象父类继承此类成员时，必须重写它们并为其提供实现：

```
import kotlin.math.PI
abstract class Shape {
    abstract val width: Double
    abstract val height: Double
    abstract fun area(): Double
}
class Circle(val radius: Double) : Shape() {
    val diameter get() = 2* radius
    override val width get() = diameter
    override val height get() = diameter
    override fun area() = PI* radius* radius
}
class Rectangle(
    override val width: Double,
    override val height: Double
) : Shape() {
    override fun area() = width* height
}
fun Shape.print() {
    println("Bounds: $ width* $ height, area: $ {area()}")
}
fun main() {
    // Bounds: 20.0* 20.0, area: 314.1592653589793
    Circle(10.0).print()
    // Bounds: 3.0* 5.0, area: 15.0
    Rectangle(3.0, 5.0).print()
}
```

因为抽象成员本身不应该有一个实现，所以它们的定义受到一些限制。特别的：

• 抽象属性不能有初始值设定项、显式访问器或 by 子句；

- 抽象函数可能没有主体；
- 抽象属性和函数都必须显式指定其返回类型，因为它不能自动推断。

请注意，抽象成员是隐式打开的，因此不需要显式地将其标记为这样。

 IDE 提示：除了我们在覆盖类成员部分中看到的覆盖成员操作外，IntelliJ 还有一个类似的操作，称为实现成员。该操作可通过 Ctrl＋I 快捷方式使用，并生成一个类似于 Override 成员的对话框，但仅列出那些尚未实现的成员（参见图 8.6 中的 Circle 类示例）：

```
3   abstract class Shape {
4       abstract val width: Double
5       abstract val height: Double
6
7       abstract fun area(): Double
8   }
9
10  class Circle(val radius: Double)
11      val diameter get() = 2*radius
12
13      override fun area() = PI*radi
14  }
15
16  class Rectangle(
17      override val width: Double,
18      override val height: Double
19  ) : Shape() {
```

Implement Members 对话框内容：
- Shape
  - ☑ width: Double
  - ☑ height: Double
- ☐ Copy JavaDoc   OK   Select None   Cancel

图 8.6   Implement Members 对话框

另一种选择是使用在类名或关键字上调用的 Alt＋Enter 菜单中提供的快速修复方法之一（参见图 8.7 中的突出显示）。除此之外，这些快速修复方法允许您实现抽象属性，例如构造函数参数（请参见矩形类的示例），或者简单地将当前类标记为抽象类。

接口

Kotlin 接口在概念上与 Java 接口非常相似，尤其是在 Java 8 中引入默认方法之后。本质上，接口是一种类型，可以包含方法和属性（抽象和非抽象），但不能定义实例状态或构造函数。

```
interface Vehicle {
    val currentSpeed: Int
    funmove()
    funstop()
```

```
    }
```

默认情况下,接口成员是抽象的。因此,如果您不提供实现(如上面的代码中),则会自动假定抽象修饰符。您可以显式地编写它,但这被认为是多余的。

接口可以是类和其他接口的超类型。当非抽象类继承接口时,它必须为所有抽象成员提供实现(并且可以选择性地覆盖非抽象成员)。类似的,接口成员的类到类继承实现必须用关键字 override 标记:

```
interface FlyingVehicle : Vehicle {
    val currentHeight: Int
    fun takeOff()
    fun land()
}
class Car : Vehicle {
    override var currentSpeed = 0
        private set
    override fun move() {
        println("Riding...")
        currentSpeed = 50
    }
    override fun stop() {
        println("Stopped")
        currentSpeed = 0
    }
}
class Aircraft :FlyingVehicle {
    override var currentSpeed = 0
        private set
    override var currentHeight = 0
        private set
    override fun move() {
        println("Taxiing...")
        currentSpeed = 50
    }
    override fun stop() {
        println("Stopped")
        currentSpeed = 0
    }
    override fun takeOff() {
        println("Taking off...")
        currentSpeed = 500
        currentHeight = 5000
    }
```

```
    override fun land() {
        println("Landed")
        currentSpeed = 50
        currentHeight = 0
    }
}
```

请注意,在所有三种类型的定义中,超类型名称后面都没有()。这是因为:与类不同,接口没有构造函数,因此没有调用子类初始化的代码。

Java vs. Kotlin:请注意,在 Kotlin 中,所有可能的继承情况(class from class、interface from interface 和 class from interface)都用相同的符号(:)表示;而 Java 则相反,它要求在类从接口继承时使用 implements 关键字,并在所有其他情况下进行扩展。

与 Java 一样,Kotlin 接口不允许从类继承。Any 类可以被视为异常,因为它由每个 Kotlin 类和接口隐式继承。

接口函数和属性也可能有实现:

```
interface Vehicle {
    val currentSpeed: Int
    val isMoving get() = currentSpeed != 0
    fun move()
    fun stop()
    fun report() {
        println(if (isMoving) "Moving at $ currentSpeed" else "Still")
    }
}
```

这些实现被认为是隐式开放的,因此可以被继承者覆盖。将接口成员标记为 final 是一个编译错误:

```
interface Vehicle {
    final fun move() {}                                   // Error
}
```

但是,您可以使用扩展函数和属性作为最终成员的替代:

```
fun Vehicle.relativeSpeed(vehicle: Vehicle) =
    currentSpeed - vehicle.currentSpeed
```

与类一样,接口方法也可以通过继承接口来重写:

```
interface Vehicle {
    fun move() {
        println("I'm moving")
    }
}
interface Car : Vehicle {
    override fun move() {
        println("I'm riding")
    }
}
```

 IDE 提示：我们在前面几节中讨论过的覆盖成员和实现成员操作也可以在接口体中找到。

由于接口不允许定义状态，因此它们不能包含带有支持字段的属性。特别禁止带有初始值设定项和委托的属性：

```
interface Vehicle {
    val currentSpeed =  0                           // Error
    val maxSpeed by lazy { 100 }                    // Error
}
```

接口也是隐式抽象的。然而，与抽象类不同，接口被禁止定义任何构造函数：

```
interface Person(val name: String)                  // Error
interface Vehicle {
    constructor(name: String)                       // Error
}
```

与 Java 一样，Kotlin 接口也支持多重继承。让我们考虑一个例子：

```
interface Car {
    fun ride()
}
interface Aircraft {
    fun fly()
}
interface Ship {
    fun sail()
}
interface FlyingCar : Car, Aircraft
class Transformer :FlyingCar, Ship {
```

```
    override fun ride() {
        println("I'm riding")
    }
    override fun fly() {
        println("I'm flying")
    }
    override fun sail() {
        println("I'm sailing")
    }
}
```

FlyingCar 接口和 Transformer 类同时从多个接口继承，从而获得它们的所有成员。对于非抽象类 Transformer，我们还必须实现所有继承的成员。

一个有趣的问题是，当一个类型从多个不同的接口继承时，这些接口的成员具有相同的签名。在这种情况下，它们被有效地合并为单个成员，然后由子类型继承。让我们假设 Car 和 Ship 接口除了以下 Any 一种类型之外，没有一种通用的超类型：

```
interface Car {
    fun move()
}
interface Ship {
    fun move()
}
class Amphibia : Car, Ship {
    override fun move() {
        println("I'm moving")
    }
}
```

在上面的代码中，move() 方法的两个变体都是抽象的，因此我们必须在非抽象类中实现它。然而，即使其中一些确实有实现，编译器仍然会迫使我们提供一个明确的实现来解决可能的歧义：

```
interface Car {
    fun move() {
        println("I'm riding")
    }
}
interface Ship {
    fun move()
}
class Amphibia : Car, Ship {
```

```
    override fun move() {
        super.move()          // Calling inherited implementation from Car
    }
}
fun main() {
    Amphibia().move()                              // I'm riding
}
```

当多个超类型提供了这样一个合并成员的实现时,超级调用 super-call 本身就会变得模棱两可。在这种情况下,您可以使用超类型名称的超限定扩展形式:

```
interface Car {
    fun move() {
        println("I'm riding")
    }
}
interface Ship {
    fun move() {
        println("I'm sailing")
    }
}
class Amphibia : Car, Ship {
    override fun move() {
        super<Car> .move()            // Car 接口中的调用继承实现
        super<Ship> .move()           // Ship 接口中的调用继承实现
    }
}
fun main() {
/*
    I'm riding
    I'm sailing
* /
    Amphibia().move()
}
```

Java vs. Kotlin:Java 8 使用 super 的限定形式用于相同的目的:Ship. super. move()。

自 1.1 版以来,Kotlin 编译器可以以 Java 8 默认方法的形式生成非抽象接口成员。在第 12 章"Java 互操作性"中,我们将更详细地讨论此类互操作性问题。

关于在接口中使用状态和构造函数的限制,可以通过它们对多重继承的支持来解释。主要目标是避免臭名昭著的"钻石继承"问题。考虑以下几类:

```
interface Vehicle {
```

```
        val currentSpeed: Int
    }
interface Car : Vehicle
interface Ship : Vehicle
class Amphibia : Car, Ship {
    override var currentSpeed = 0
        private set
    }
```

如果允许实例状态，Vehicle 接口可以将 currentSpeed 定义为状态变量。因此，Amphibia
类将继承 currentSpeed 的两个副本——一个来自汽车，另一个来自船只（两者都将从汽
车继承）。Kotlin 设计以不允许接口中的状态为代价来防止问题的发生。对构造函数定
义的限制与具有可预测的程序状态初始化顺序的重要性有关。允许它们用于接口将需
要扩展初始化顺序规则（参见子类初始化部分）以覆盖多个继承，这可能会变得非常麻
烦，尤其是如果某些接口在超类型图中出现不止一次（如上面示例中的 Vehicle）。

密封类

有时，我们希望在程序中表示的概念可能有一组固定的变体。在第 6 章"使用特殊情况
类"中，我们介绍了 enum 类的概念，它允许您用相同的公共类型表示一组预定的常量。
例如，我们可以用它来表示某个计算的结果是成功还是错误：

```
enum class Result {
    SUCCESS, ERROR
}
fun runComputation(): Result {
    try {
        val a = readLine()?.toInt() ?: return Result.ERROR
        val b = readLine()?.toInt() ?: return Result.ERROR
        println("Sum: ${a + b}")
        return Result.SUCCESS
    } catch (e: NumberFormatException) {
        return Result.ERROR
    }
}
fun main() {
    val message = when (runComputation()) {
        Result.SUCCESS -> "Completed successfully"
        Result.ERROR -> "Error!"
    }
    println(message)
```

```
}
```

然而，在某些情况下，不同的变体可能有自己的属性。例如，成功完成的状态可能伴随着产生的结果，而错误状态可能包含有关其原因的一些信息。这与我们在本章中讨论的示例类似。这样的概念可以用类层次结构建模，根抽象类一般表示概念，其子类用作特定变体的表示。让我们完善我们的示例，并在成功和错误案例中添加一些成员：

```
abstract class Result {
    class Success(val value: Any) : Result() {
        fun showResult() {
            println(value)
        }
    }
    class Error(val message: String) : Result() {
        fun throwException() {
            throw Exception(message)
        }
    }
}
fun runComputation(): Result {
    try {
        val a = readLine()?.toInt()
            ?: return Result.Error("Missing first argument")
        val b = readLine()?.toInt()
            ?: return Result.Error("Missing second argument")
        return Result.Success(a + b)
    } catch (e: NumberFormatException) {
        return Result.Error(e.message ?: "Invalid input")
    }
}
fun main() {
    val message = when (val result = runComputation()) {
        is Result.Success -> "Completed successfully: ${result.value}"
        is Result.Error -> "Error: ${result.message}"
        else -> return
    }
    println(message)
}
```

这种实现并非完美无瑕。它不允许我们使用 Result 变量集仅限于 Success 和 Error 这一事实。没有什么可以阻止某些客户端代码添加新的子类，例如：

```
class MyStatus: Result()
```

这也是我们需要在 when 表达式中添加 else 子句的原因。编译器无法确保结果变量始终包含成功或错误的实例,并迫使我们处理其余的情况。

在 Kotlin 中,我们可以克服这个问题,这得益于密封类的帮助。让我们通过添加密封修饰符来更改类定义:

```
sealed class Result {
    class Success(val value: Any) : Result() {...}
    class Error(val message: String) : Result() {...}
}
```

当类被标记为密封时,其继承者可以在其主体中声明为嵌套类和对象,或者在同一文件中声明为顶级类(后者在 Kotlin 1.1 中引入)。在这些作用域之外,sealed 类实际上是 final,不能从中继承。

请注意,密封类也是抽象的,因此不能直接创建其实例。其思想是:密封类的任何实例都必须通过其子类之一创建:

```
val result =  Result()                              // 错误:无法实例化抽象类
```

事实上,密封类构造函数在默认情况下是私有的,使用其他可见性修饰符声明它们被认为是编译时错误。

与枚举类似,密封类支持 when 表达式的穷举形式,从而避免了多余的 else 分支:

```
val message =  when (val result =  runComputation()) {
    is Result.Success -> "Completed successfully: ${result.value}"
    is Result.Error -> "Error: ${result.message}"
}
```

请注意,继承限制仅涵盖密封类的直接子类。子类可以有自己的继承者,但前提是它们不是最终继承者:

```
// Result.kt
sealed class Result {
    class Success(val value: Any) : Result()
    open class Error(val message: String) : Result()
}
// util.kt
class FatalError(message: String) : Result.Error(message)
```

自 Kotlin 1.1 以来,密封类也可以扩展其他类。这允许该类具有子类,这些子类也是密封的:

```
sealed class Result
class Success(val value: Any) : Result()
sealed class Error : Result() {
    abstract val message: String
}
class ErrorWithException(val exception: Exception): Error() {
    override val message: String get() = exception.message ?: ""
}
class ErrorWithMessage(override val message: String): Error()
```

由于 1.1 中也引入了数据类继承,因此可以将数据类用作密封类层次结构的一部分。这使我们能够结合数据类和密封类的优点。例如,考虑表示简单算术表达式的语法树的类:

```
sealed class Expr
data class Const(val num: Int): Expr()
data class Neg(val operand: Expr): Expr()
data class Plus(val op1: Expr, val op2: Expr): Expr()
data class Mul(val op1: Expr, val op2: Expr): Expr()
fun Expr.eval(): Int = when (this) {
    is Const -> num
    is Neg -> - operand.eval()
    is Plus -> op1.eval() + op2.eval()
    is Mul -> op1.eval() * op2.eval()
}
fun main() {
// (1 + 2) * 3
    val expr = Mul(Plus(Const(1), Const(2)), Const(3))
// Mul(op1= Plus(op1= Const(num= 1), op2= Const(num= 2)), op2= Const(num= 3))
    println(expr)
    println(expr.eval())                        // 9
// 2 * 3
    val expr2 = expr.copy(op1 = Const(2))
// Mul(op1= Const(num= 2), op2= Const(num= 3))
    println(expr2)
    println(expr2.eval())                       // 6
}
```

请注意,密封修饰符不能应用于接口。这意味着组成密封层次结构的子类不能从其他类继承,因为在 Kotlin 中禁止多重继承。

密封类实现也可以是对象。让我们假设我们想要改进的 Result 示例，以区分没有产生价值的成功状态：

```
sealed class Result {
    object Completed : Result()
    class ValueProduced(val value: Any) : Result()
    class Error(val message: String) : Result()
}
```

当所有直接继承者都是对象时，密封类的行为实际上就像枚举。

 IDE 提示：如果您想将 enum 类重构为一个密封的类，IntelliJ 插件可以为您提供一个良好的起点，这要感谢通过 Alt＋Enter 菜单提供的相应意图操作（参见图 8.7）。因此，枚举常量被转换为实现抽象密封类的单例。

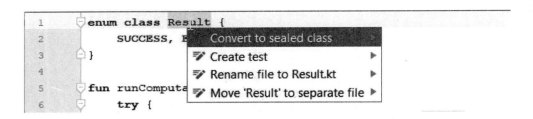

图 8.7　将枚举类转换为密封类层次结构

 除此之外，IntelliJ 还支持反向转换——如果密封类的所有直接继承者都由对象声明表示，那么您可以通过使用枚举常量替换其实现，将其转换为枚举类（如图 8.8 所示）：

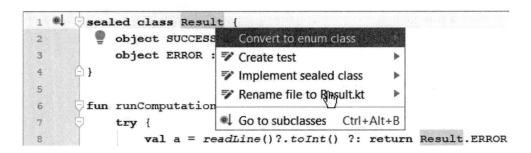

图 8.8　将密封类转换为枚举

委托

在前一节中,我们已经看到,默认情况下 Kotlin 类是 final 类。其目的是鼓励对可继承类的设计进行思考,并防止意外继承不应该具有子类的类,这有助于缓解我们上面讨论过的脆弱基类问题。如果我们仍然需要扩展或更改某些现有类的行为,但无法从中继承,该怎么办? 在这种情况下,我们可以使用众所周知的委托模式,它允许我们重用现有的类。如果我们想创建某个接口的实现,那么我们可以获取现有实现的实例,将其包装在类的实例中,并在必要时将方法委托给它。

让我们考虑一个例子,假设我们有以下类型:

```kotlin
interface PersonData {
    val name: String
    val age: Int
}
open class Person(
    override val name: String,
    override val age: Int
): PersonData
data class Book(val title: String, val author: PersonData) {
    override fun toString() = "'$ title' by $ {author.name}"
}
fun main() {
    val valWatts = Person("Val Watts", 30)
    val introKotlin = Book("Introduction to Kotlin", valWatts)
    println(introKotlin)          // 'Introduction to Kotlin' by Val Watts
}
```

现在,让我们假设,我们希望作家有笔名,允许他们假扮成另一个人:

```kotlin
class Alias(
    private valrealIdentity: PersonData,
    private valnewIdentity: PersonData
) :PersonData {
    override val name: String
        get() = newIdentity.name
    override val age: Int
        get() = newIdentity.age
}
```

我们现在可以使用该类创建人员别名:

```
fun main() {
    val valWatts = Person("Val Watts", 30)
    val johnDoe = Alias(valWatts, Person("John Doe", 25))
    val introJava = Book("Introduction to Java",johnDoe)
    println(introJava)            // 'Introduction to Java' by John Doe
}
```

这种方法的问题是，为了将所有必要的方法和属性委托给另一个对象，必须生成大量样板代码。幸运的是，Kotlin 为委托提供了内置支持。您只需在 by 关键字之后指定一个委托实例，然后是一个超级接口名：

```
class Alias(
    private valrealIdentity: PersonData,
    private valnewIdentity: PersonData
) : PersonData by newIdentity
```

现在，别名从 PersonData 接口继承的所有成员都是通过委托给 newIdentity 实例上的相应调用来实现的。我们还可以覆盖其中一些，以更改实现行为：

```
class Alias(
    private valrealIdentity: PersonData,
    private valnewIdentity: PersonData
) :PersonData by newIdentity {
    override val age: Int get() = realIdentity.age
}
fun main() {
    val valWatts = Person("Val Watts", 30)
    val johnDoe = Alias(valWatts, Person("John Doe", 25))
    println(johnDoe.age)                          // 30
}
```

通常，委托表达式可以是类初始化中可以使用的任何内容。必要时，编译器会自动创建一个字段来存储委托值。例如，我们可以在 newIdentity 上删除 val，使其成为一个简单的参数：

```
class Alias(
    private val realIdentity: PersonData,
    newIdentity: PersonData
) :PersonData by newIdentity
```

但是，我们不能委托给类主体中定义的属性：

```
class Alias(
    private val realIdentity: PersonData
) :PersonData by newIdentity {            // Error: newIdentity is not available
    val newIdentity = Person("John Doe", 30)
}
```

将委托与对象表达式相结合,有助于创建行为与原始对象略有不同的实现:

```
fun PersonData.aliased(newIdentity: PersonData) =
    object :PersonData by newIdentity {
        override val age: Int get() = this@ aliased.age
    }
fun main() {
    val valWatts = Person("Val Watts", 30)
    val johnDoe = valWatts.aliased(Person("John Doe", 25))
    println("$ {johnDoe.name}, $ {johnDoe.age}")   // John Doe, 30
}
```

请注意,类只能委托接口成员的实现。例如,以下代码会产生错误,因为 Person 是一个类:

```
class Alias(
    private valrealIdentity: PersonData,
    private valnewIdentity: PersonData
) : Person by newIdentity                        // 错误:只能委托接口
```

原则如下:

类委托允许您将组合和继承的优点与最少的样板结合起来,从而鼓励我们遵循众所周知的"组合优于继承"原则。

结 论

在本章中,我们深入了解了 Kotlin 类型系统的强大继承机制,讨论了如何定义子类,类初始化如何适应类层次结构,并学习了如何使用成员重写来更改子类中的基类行为。我们还学习了如何使用旨在表示抽象概念的工具,例如抽象类和接口。最后,我们探讨了实现两种有用的继承相关模式的特性:密封类和委托。

在下一章中,我们将重点讨论泛型这个主题——Kotlin 类型系统的一个特殊功能,它使您能够使用稍后在使用站点提供的未知类型参数化您的声明。

问题

1. 如何在 Kotlin 中定义子类? 类必须满足哪些条件才能被继承?

2. 指出 Java 和 Kotlin 中类继承的主要区别。

3. 当类是继承者时,类实例是如何初始化的? 如何在 Java 中执行超类初始化? 比较两种方法。

4. 描述 is/as/as? 操作符的目的。它们与 Java 类型检查和强制转换相比如何?

5. Any 类中定义的常用方法有哪些? 描述其实施的基本准则。

6. 什么是抽象类和抽象类成员? 管理抽象类/成员实现的规则是什么?

7. 抽象类和接口之间有什么区别? 比较 Kotlin 和 Java 中的接口。

8. 接口继承的细节是什么? 描述类和接口的成员重写之间的差异。

9. 什么是封闭的类层次结构? 您将如何在 Java 中实现它?

10. 描述 Kotlin 中委托是如何工作的。

9

泛型

在本章中,我们将讨论 Kotlin 类型系统的一个强大功能——泛型(generics),它允许您编写处理一些未知类型数据的代码。我们将了解如何定义和使用泛型声明,解决与运行时泛型表示有关的类型擦除和具体化问题,并将重点放在一个重要的变量概念上,它可以通过将子类型关系扩展到同一泛型的不同替换来帮助您提高泛型的灵活性。在本章中,我们还将强调的一个相关主题是类型别名的概念,它允许您为现有类型引入替代名称。

结构

- 通用声明
- 类型边界和约束
- 类型擦除和具体化类型参数
- 声明地点变体
- 投影
- 类型别名

目的

学习 Kotlin 中泛型声明的基础知识及其与 Java 的区别,并了解如何使用具体化的类型参数和变体来设计更灵活的泛型 API。

类型参数

在前面的章节中,我们已经看到了很多使用泛型类型的例子,比如数组和各种集合类,以及 map()、filter()、sorted() 等泛型函数和属性。在本节中,我们将讨论如何生成自己的代码,以提高其灵活性,并利用 Kotlin 类型系统的更高级功能。

通用声明

为了使声明具有泛型性,我们需要向其添加一个或多个类型参数。然后可以在声明中使用这些参数,而不是普通类型。当使用声明时——例如,当我们构造类的实例或调用函数时,我们需要提供实际的类型而不是类型参数:

```
val map = HashMap<Int, String> ()
val list = arrayListOf<String> ()
```

有时这些类型参数可以省略,因为编译器可以从上下文推断它们:

```
// use explicit type to infer type arguments of HashMap class
val map: Map<Int, String> = HashMap()
// use argument types of arrayListOf() call to infer its type arguments
val list = arrayListOf("abc", "def")
```

Java vs. Kotlin:请注意 Kotlin 中向泛型函数传递类型参数与 Java 中的泛型方法之间的区别。Java 要求尖括号放在点后面,就像在集合中一样<String> emptyList();在 Kotlin 中,此类参数在函数名后传递:emptyList<String> 。尽管在调用类构造函数时,语法是相似的:Java 中的 new ArrayList<String>() 与 Kotlin 中的 ArrayList<String>()。

还应该注意的是,Java 支持在调用类构造函数时自动推断类型参数,但 Kotlin 需要使用所谓的菱形运算符:

```
Map<Int, String> map = new HashMap< > ()              // not new HashMap() !!!
```

这样做的原因是有必要与 Java 5 中添加泛型之前编写的旧代码保持向后兼容性。

让我们看看如何创建自己的泛型声明。

假设我们想定义一个表示树的类,它可以存储给定类型的值:

```
class TreeNode<T> (val data: T) {
    private val _children = arrayListOf<TreeNode<T> > ()
    var parent: TreeNode<T> ? = null
        private set
    val children: List<TreeNode<T> > get() = _children
    fun addChild(data: T) = TreeNode(data).also {
        _children + = it
        it.parent = this
    }
    override fun toString() =
        _children.joinToString(prefix = "$ data {", postfix = "}")
}
fun main() {
    val root = TreeNode("Hello").apply {
        addChild("World")
        addChild("!!!")
    }
    println(root)                                    // Hello {World {}, !!! {}}
}
```

类的类型参数写在尖括号内，尖括号放在类名后面。类型参数可以有任意名称，但传统的代码风格是在类类型参数中使用大写字母，如 T、U、V 等，以定义变量、属性或函数的类型，或作为其他泛型声明的参数类型。

Java vs. Kotlin：当泛型类或接口用于指定数据类型时，它必须附带相应的类型参数。与 Java 不同，Kotlin 中不能有 TreeNode 类型的变量。您需要为 T 指定一个类型参数，比如 TreeNode<String> 或 TreeNode<U> ，其中 U 是其他类型参数。

当调用泛型类构造函数时，显式类型参数通常是不必要的，因为在许多情况下，编译器可以从上下文推断它们，这就是为什么我们不需要在上面的 TreeNode("Hello") 调用中指定<String> 。一个重要的例外是对超类构造函数的委托调用。

让我们稍微改变一下我们的例子：

```
open class DataHolder<T> (val data: T)
// Passing actual type as supertype argument
class StringDataHolder(data: String) : DataHolder<String> (data)
// Passing type parameter as supertype argument
class TreeNode<T> (data: T) : DataHolder<T> (data) { ... }
```

和普通的构造函数调用不同，编译器不会在委托调用中推断类型参数，所以您必须始终显式地提供它们。比较两种情况：

```
// Error: need to explicitly specify DataHolder<String>
class StringDataHolder(data: String) : DataHolder(data)
// Ok: DataHolder<String> is inferred automatically
fun stringDataHolder(data: String) = DataHolder(data)
```

请注意,类型参数不是继承的,将它们传递给 supertype,类似于构造函数参数,因此
TreeNode 中的 T 和 DataHolder 中的 T 是独立的声明,实际上,我们可以为它们使用不
同的名称:

```
class TreeNode<U> (data: U) : DataHolder<U> (data) { ... }
```

泛型类中定义的函数和属性可以访问它们的类型参数,如上面的 addChild( )和 children
定义所示。此外,通过添加属性或函数自身的类型参数,可以使其成为泛型:

```
fun<T> TreeNode<T> .addChildren(vararg data: T) {
    data.forEach { addChild(it) }
}
fun <T> TreeNode<T> .walkDepthFirst(action: (T) -> Unit) {
    children.forEach { it.walkDepthFirst(action) }
    action(data)
}
val<T> TreeNode<T> .depth: Int
    get() = (children.asSequence().map { it.depth }.max() ?: 0) + 1
fun main() {
    val root = TreeNode("Hello").apply {
        addChildren("World", "!!!")
    }
    println(root.depth)                          // 2
}
```

请注意,类型参数列表放在 fun 关键字之后,而不是声明名称和泛型类。类似的,对于泛
型类构造函数,当可以从上下文中推断出显式类型参数时,可以在泛型函数调用中省略
显式类型参数。

只有扩展属性可以有自己的类型参数。其原因是,非扩展属性实际上代表一个值,因此
它不能用于读取/写入依赖于提供的类型参数的不同类型的值:

```
var<T> root: TreeNode<T> ? = null                // 错误:T 必须用于接收器类型
```

出于同样的原因,禁止向对象声明中添加类型参数:

```
object EmptyTree<T>                              // 错误:对象不允许使用类型参数
```

属性引用不支持类型参数,因此对于泛型属性,它们总是使用接收方类型进行推断。使用类型参数声明泛型属性(这些参数在其接收器中没有实际使用)是编译时错误,原因就在于:

```
// Error: explicit type arguments are forbidden here
val minDepth = TreeNode("").depth<String>
// Error: T is not used in receiver type
val<T> TreeNode<String> .upperCaseDataget() = data.toUpperCase()
```

界限和约束

默认情况下,类型参数不会对其值施加任何限制,其行为与 Any? 类型相同。但有时,泛型类、函数或属性的实现需要一些关于它们所操作的数据的附加信息。下面扩展我们的 TreeNode 示例。假设我们想要定义一个函数,它计算所有树节点的平均值。这种操作只适用于数字树,所以我们希望树元素是数字的值。为了做到这一点,我们声明了一个以数字为上限的类型参数:

```
fun<T : Number> TreeNode<T> .average(): Double {
    var count = 0
    var sum = 0.0
    walkDepthFirst {
        count+ +
        sum + = it.toDouble()
    }
    return sum/count
}
```

当类型参数有上限时,编译器将检查相应的类型参数是否为该上限的子类型。默认情况下,上限假定为 Any? 因此,如果不显式指定,类型参数可以接受任何 Kotlin 类型。以下调用是有效的,因为 Int 和 Double 是 Number 的子类型:

```
val intTree = TreeNode(1).apply {
    addChild(2).addChild(3)
    addChild(4).addChild(5)
}
println(intTree.average())                              // 3.0
val doubleTree = TreeNode(1.0).apply {
    addChild(2.0)
    addChild(3.0)
}
```

```
    println(doubleTree.average())                           // 2.0
```

但是，在字符串树上调用 average() 会产生编译错误：

```
    val stringTree = TreeNode("Hello").apply {
        addChildren("World", "!!!")
    }

    println(stringTree.average())                  // 错误：字符串不是 Number 的子类型
```

请注意，使用 final 类作为上限是徒劳的，因为没有其他类型可以替代此类型参数。在这种情况下，编译器会报告一条警告：

```
    // Can be replaced by a non- generic function
    // fun TreeNode<Int> .sum(): Int {...}
    fun <T : Int> TreeNode<T> .sum(): Int {          // Warning
        var sum = 0
        walkDepthFirst{ sum + = it }
        return sum
    }
```

类型参数绑定可以引用类型参数本身，在这种情况下称为递归。例如，如果我们的树包含可 Comparable 接口的实例，我们可能会找到一个最大值的节点：

```
    fun<T : Comparable<T> > TreeNode<T> .maxNode(): TreeNode<T> {
        val maxChild = children.maxBy { it.data } ?: return this
        return if (data> = maxChild.data) this else maxChild
    }
    fun main() {
    // Double is subtype of Comparable< Double>
        val doubleTree = TreeNode(1.0).apply {
            addChild(2.0)
            addChild(3.0)
        }
        println(doubleTree.maxNode().data)             // 3.0
    // String is subtype of Comparable<String>
        val stringTree = TreeNode("abc").apply {
            addChildren("xyz", "def")
        }
        println(stringTree.maxNode().data)             // xyz
    }
```

边界也可以引用前面的类型参数。我们可以利用这一事实编写一个函数，将树元素附加到可变列表中：

```
fun<T, U : T> TreeNode<U> .toList(list: MutableList<T> ) {
    walkDepthFirst{ list + = it }
}
```

由于 U 是 T 的一个子类型,上面的函数可以接收更一般元素的列表。例如,我们可以将
Int 和 Double 树附加到数字列表(这是它们的常见超类型):

```
fun main() {
    val list = ArrayList<Number> ()
    TreeNode(1).apply {
        addChild(2)
        addChild(3)
    }.toList(list)
    TreeNode(1.0).apply {
        addChild(2.0)
        addChild(3.0)
    }.toList(list)
}
```

Java vs. Kotlin:Kotlin 类型参数的上限与 Java 中的参数非常相似,主要区别在于 Java
中的语法:T extensed Number 与 Kotlin 中的语法:T Number。

一种特别常见的情况是将类型参数约束为非 null。为此,我们需要使用不可为 null 的类
型作为其上限:

```
fun<T: Any> notNullTreeOf(data: T) = TreeNode(data)
```

类型参数语法只允许指定一个上限。但在某些情况下,我们可能需要对单个类型参数施
加多个限制。这可以通过使用稍微复杂一点的类型 constraint 语法来实现。假设我们有
一对接口,如下所示:

```
interface Named {
    val name: String
}
interface Identified {
    val id: Int
}
```

现在假设我们要定义一个对象的注册表,这些对象既有名称也有标识符:

```
class Registry<T> where T : Named, T : Identified {
    val items = ArrayList<T> ()
```

```
        }
```

where 子句添加在声明体之前,并列出类型参数及其边界。

现在我们已经了解了泛型语法,进入下一个主题:讨论泛型在运行时的表示。

类型擦除和具体化

在前面的例子中,我们已经看到类型参数可以用来在泛型声明中指定变量、属性和函数的类型。但是,在某些情况下,类型参数无法替换实际类型。例如,考虑以下代码:

```
fun<T> TreeNode<Any> .isInstanceOf(): Boolean =
    data is T &&children.all{ it.isInstanceOf<T> () }        // Error
```

其目的是编写一个函数,检查给定的树节点及其所有子节点是否符合特定的类型 T。然而,编译器会报告一个关于"data is T"表达式的错误,原因是所谓的类型擦除。

熟悉 Java 的读者可能也会认识到 Java 泛型中的类似限制,这是因为泛型只出现在 Java 5 中,所以新版本的编译器和虚拟机必须保持现有的类型表示,以便与旧代码向后兼容。因此,在 JVM 上,有关类型参数的信息被有效地从代码中删除(因此类型擦除项),并且像 List<String> 或 List<Number> 这样的类型合并到同一个类型列表中。

在 Kotlin 中,泛型可以从 1.0 版获得,但由于 JVM 是其主要平台,因此它面临着相同类型的擦除问题。在运行时,泛型代码无法区分其参数类型的不同版本,所以像"data is T"这样的检查基本上没有意义。函数 isInstance() 在调用时无法知道 T 的含义。出于同样的原因,对带有参数的泛型类型使用 is 运算符是没有意义的,尽管在这种情况下,编译器将报告错误或警告,这取决于类型参数(type arguments)是否对应于类型参数(type parameters):

```
val list =  listOf(1, 2, 3)      // List<Int>
list is List<Number>             // 警告:List<Int> 是 List <Number> 的子类型
list is List<String>             // 错误:List <Int> 不是 List <String> 的子类型
```

如果我们只需要检查我们的值是否是一个列表,而不需要澄清它的元素类型,该怎么办?我们不能只将列表写为列表,因为 Kotlin 中的泛型类型必须始终伴随类型参数。正确的检查如下所示:

```
list is List< * >
```

```
map is Map< * , * >
```

这里的 * 基本上意味着某种未知类型,并取代了单一类型参数。这种语法实际上是所谓投影的一种特殊情况,我们将在后面讨论。不过,在某些情况下,编译器有足够的信息来确保类型检查有效,并且不会报告警告/错误。在下面的示例中,检查主要关注列表和集合接口之间的关系,而不是它们的特定类型,例如 List <Int> 和 Collection <Int> :

```
val collection: Collection<Int> = setOf(1, 2, 3)
if (collection is List<Int> ) {
    println("list")
}
```

请注意,允许对带有非 * 参数的泛型类型进行强制转换,但它们总是会产生警告,因为它们的行为涉及一定的风险。虽然它们允许您绕过泛型的限制,但可能会将实际的类型错误推迟到运行时。例如,以下两个表达式的编译都带有警告,但第一个表达式正常完成,而第二个表达式则抛出异常:

```
val n =  (listOf(1, 2, 3) as List<Number> )[0]          // OK
val s =  (listOf(1, 2, 3) as List<String> )[0]          // Exception
```

后一种情况下的异常仅在列表元素(具有 Int 类型)的值被分配给(静态已知)类型字符串的变量时发生。

在 Java 中,您必须主要依靠强制转换或使用反射来解决类型擦除问题。这两种方法都有各自的缺点,因为强制转换可能会掩盖问题,并在以后导致错误。另一方面,使用反射 API 可能会影响性能。然而,Kotlin 为您提供了第三种选择,它不会受到这些缺点的影响。

具体化(Reification)意味着在运行时保留类型参数信息。编译器如何避免类型擦除? 答案是:具体化的类型参数仅适用于内联函数,因为函数体在调用站点是内联的,在那里提供了类型参数,所以编译器总是知道在特定的内联调用中哪些实际类型对应于类型参数。

为了具体化参数,我们需要用相应的关键字标记它。让我们使用此功能修复 isInstanceOf()函数。由于内联函数不能递归,我们必须在一定程度上重写其实现:

```
fun<T> TreeNode<T> .cancellableWalkDepthFirst(
    onEach: (T) -> Boolean
```

```
    ): Boolean {
        val nodes = Stack<TreeNode<T> > ()
        nodes.push(this)
        while (nodes.isNotEmpty()) {
            val node = nodes.pop()
            if (! onEach(node.data)) return false
            node.children.forEach { nodes.push(it) }
        }
        return true
    }
    inline fun <reified T> TreeNode< * > .isInstanceOf() =
        cancellableWalkDepthFirst{ it is T }
```

在上面的代码中，我们将实际的树遍历逻辑提取到单独的非内联函数 cancellableWalk-DepthFirst()中，以防止循环本身的内联。例如，现在我们调用这个函数时，用以下方式：

```
fun main() {
    val tree = TreeNode<Any> ("abc").addChild("def").addChild(123)
    println(tree.isInstanceOf<String> ())
}
```

编译器将内联 isInstanceOf()替换实际类型字符串而不是 T，执行的代码如下所示：

```
fun main() {
    val tree = TreeNode<Any> ("abc").addChild("def").addChild(123)
    println(tree.cancellableWalkDepthFirst { it is String })
}
```

与 Java 中使用的方法不同，具体化的类型参数为您提供了安全（无未检查的强制转换）和快速（得益于内嵌）的解决方案。但是，请注意，使用内联函数往往会增加编译代码的大小，但是通过将代码的大部分提取到单独的非内联函数中（就像我们使用 cancellable-WalkDepthFirst()所做的那样），可以缓解这个问题。此外，由于具体化类型参数仅支持内联函数，因此不能将其用于类或属性。

具体化的类型参数仍有其自身的局限性，这使它们不同于成熟的类型。目前无法通过具体化的类型参数调用构造函数或访问伴随成员：

```
inline fun<reified T> factory() = T()                //错误
```

此外，不能将非具体化类型参数替换为具体化类型参数：

```
fun<T, U> TreeNode< * > .isInstanceOfBoth() =
```

```
isInstanceOf<T> () &&isInstanceOf<U> ()
```

原因同样是类型擦除。由于我们无法知道在 isInstanceOfBoth()中替代 T 和 U 的实际类型,我们必须找到一种方法来安全地内联任意一个 isInstanceOf()调用。

我们对 Kotlin 泛型的基本讨论到此结束。现在我们将继续讨论更高级的变体主题,它允许通过控制类型行为的生产者/消费者方面来提高泛型声明的灵活性。

变体

变体是泛型的一个方面,它描述了它的代换在子类型方面是如何相互关联的。在前面的章节中,我们已经看到了具有不同变体的泛型类型的示例。例如,数组和可变集合不保留其参数的子类型,即使 String 是 Any 的子类型,Array<String> 也不被视为 Array<Any> 的子类型(Array<Any> 和 Array<String> 都不被视为 Array<String> 的子类型)。另一方面,像 List 或 Set 这样的不可变集合会保留子类型,因此 List<String> 是 List<Any> 的一个子类型:

```
val objects: List<Any> = listOf("a", "b", "c")  // 正确
```

合理使用变体可以提高 API 的灵活性,而不必牺牲其类型安全性。在接下来的部分中,我们将讨论变体的含义,以及它如何与 Kotlin 泛型一起使用。

变体:区分生产者和消费者

泛型类和接口可以通过替换不同的类型参数而不是它们的类型参数来产生无限的类型集。默认情况下,一个特定类型的所有替换都不被视为彼此的子类型,无论它们的参数之间的关系如何。在这种情况下,我们说泛型类型是不变的(相对于它的一些类型参数)。例如,内置数组类、可变集合类以及我们的 TreeNode 类都是不变的。以下示例显示 TreeNode<String> 不被视为 TreeNode<Any> 的子类型:

```
val node: TreeNode<Any> = TreeNode<String> ("Hello")        // 错误
```

另一方面,某些类型,如不可变集合,保留其参数的子类型。在下一节中,我们将讨论语言特性,这些特性允许您控制子类型如何影响您自己的泛型类。然而,我们首先需要理解为什么一些泛型类可以保留继承,而其他类不能。

区别在于类型处理其类型参数(比如 T)值的方式。所有通用类型可分为三类:

1) 只有返回 T 值但从不将其作为输入的操作的生产者;

2) 其操作仅将 T 的值作为输入而从不返回的消费者;

3) 不属于上述任何一组的所有剩余类型。

事实证明,在最后一组的一般类型中(既不是生产者也不是消费者的类型),在不破坏类型安全的情况下,无法保留子类型。为了理解为什么会发生这种情况,让我们考虑一个 TreeNode 类的例子。现在,让我们假设子类型是允许的,我们可以将 TreeNode<String> 分配给 TreeNode<Any>。考虑以下代码:

```
val stringNode = TreeNode<String> ("Hello")
val anyNode: TreeNode<Any> = stringNode
anyNode.addChild(123)
val s = stringNode.children.first()              // ???
```

现在问题很清楚了,因为您可以将任何类型的子级添加到 TreeNode<any>,将 string-Node 分配给 anyNode 可以将 Int child 添加到原始的字符串树中! 如果允许这样的赋值,程序在尝试转换 stringNode. children. first()为 String 时会异常失败。换句话说,我们将整数值放入它的一个子节点,违反了 TreeNode<String> 的约定。

Java vs. Kotlin:熟悉 Java 的读者会发现,它与臭名昭著的 ArrayStoreException 有相似之处,ArrayStoreException 可能由于数组分配而发生。事实上,这就是为什么 Kotlin 中的数组类型不保留子类型,与 Java 相反的原因。

当我们认为类型 A 是类型 B 的子类型时,我们假设 A 的值可以在任何需要 B 值的上下文中使用。这里的情况显然不是这样:类型 TreeNode<any> 可以添加任何类型的子节点,而 TreeNode<String> 不能。它只能添加类型 String 的子节点。这就是为什么 TreeNode<String> 不能成为 TreeNode<Any> 的子类型。

为什么像 List<T> 这样的不可变集合不同? 原因是它们没有像 addChild()这样的操作:它们的成员只生成 T 的值,但从不使用它们。因此,List<Any> 的基本约定是它能够检索任何值。类似的,List<String> 的约定是它检索 String 值的能力。但由于 String 是 Any 的子类型,这会自动使 List<String> 也能够检索 Any 的值。换句话说,List<String> 和 List<Any> 的子类型不会危及类型安全,编译器允许我们使用这个属性。可以说,这些类型相对于它们的类型参数是协变的。所有类似生产者的类型都可以在

Kotlin 中进行协变。

许多内置的不可变类型，如 Pair、Triple、Iterable、Iterator 等都是协变的。除此之外，函数类型相对于其返回类型是协变的：

```
val stringProducer: () -> String = { "Hello" }
val anyProducer: () -> Any = stringProducer
println(anyProducer())                          // Hello
```

请注意协变性和不变性是不同的。协变性（关于 T）只是禁止将 T 的值作为输入，因此有可能有一个仍然可以协变的可变类型。例如，假设一个列表只能按索引删除其元素，但不能添加新元素：

```
interface NonGrowingList<T> {
    val size: Int
    fun get(index: Int): Int
    fun remove(index: Int)
}
```

它显然是可变的，但表现为协变。例如，NonGrowingList<String> 能够完成 NonGrowingList<Any> 所能做的一切。

反之亦然，表示不可变对象的类型可能表现为非协变。例如：

```
interface Set<T> {
    fun contains(element: T): Boolean
}
```

上面的类型可能是不可变的，但它不是生产者，因此无法保留子类型。Set<Any> 可以接收任何值作为输入，Set<String> 只能接收字符串。

消费者类型的情况呢？它们显然不能根据上述论点保留子类型。然而，事实证明，它们保留了相反方向的子类型。为了理解它的意思，让我们考虑上面的 Set<T> 类型的两个替换— Set<Int> 和 Set<Number> 。Set<T> 的契约可以简化为通过 contains() 函数处理 T 元素的能力。所以，Set<Number> 可以处理任何数字，Set<Int> 可以处理任何整数。但是 Int 是 Number 的一个子类型，所以 Set<Number> 也可以处理任何整数。换句话说，Set<Number> 的行为类似于 Set<Int> 的子类型。事实上，在 Kotlin 中，可以通过声明 T 逆变来启用此子类型。

例如,函数类型与其参数类型相反:

```
val anyConsumer: (Any) -> Unit = { println(it) }
val stringConsumer: (String) -> Unit = anyConsumer
stringConsumer("Hello")                          // Hello
```

对于给定的泛型类型 X<T,…> 关于 T,我们有以下变体选项:

- X 的行为类似于生产者:在这种情况下,我们可以声明协变,因此 X<A> 将是 X<B> 的子类型,只要 A 是 B 的子类型;
- X 的行为就像一个消费者:然后我们就可以把它反变:X<A> 将是 X<B> 的一个亚型,只要 B 是 A 的一个亚型;
- 在剩下的所有情况下,T 必须保持不变。

在下一节中,我们将看到在 Kotlin 中变体是如何表示的。

声明地点变体

在 Kotlin 中,类型参数的变体可以通过两种方式指定:要么在声明本身中指定,要么在替换类型参数时在其使用位置上指定。在本节中,我们将重点介绍第一种方法,即"变体声明地点"。

默认情况下,类型参数被认为是不变的,这意味着它们的泛型类型不保留相应类型参数的子类型(以及其反转版本)。例如,考虑列表类型的简化版本,以及基于数组的不可变实现:

```
interface List<T> {
    val size: Int
    fun get(index: Int): T
}
class ListByArray<T> (private vararg val items: T) : List<T> {
    override val size: Int get() = items.size
    override fun get(index: Int) = items[index]
}
```

假设我们定义了一个函数,它接收一对列表,并将它们的串联委托给原始列表实例:

```
fun<T> concat(list1: List<T> , list2: List<T> ) = object : List<T> {
    override val size: Int
        get() = list1.size + list2.size
```

```
override fun get(index: Int): T {
    return if (index < list1.size) {
        list1.get(index)
    } else {
        list2.get(index - list1.size)
    }
}
}
```

现在,一切都很顺利,直到我们尝试使用这个函数来组合相关类型的列表,比如 List
<Number> 和 List<T> :

```
val numbers = ListByArray<Number> (1, 2.5, 3f)
val integers = ListByArray(10, 30, 30)
val result = concat(numbers, integers)          // Error
```

原因是参数 T 的不变性,因此 List<Int> 不被视为 List<Int> 的子类型(反之亦然)。因
此,我们不能将 List<Int> 变量传递给期望 List<Number> 的函数。

然而,这太过严格。快速浏览一下列表界面,就会发现它的行为实际上类似于生产者类
型。它的操作只返回 T 的值,但从不将其作为输入。换句话说,这种类型可以安全地进
行协变。为此,我们用 out 关键字标记参数 T:

```
interface List<out T> {
    val size: Int
    fun get(index: Int): T
}
```

现在 concat() 调用按预期工作,因为编译器知道 List<Int> 是 List<Number> 的子类型。

生产者部分在这里至关重要,因为编译器不允许我们将参数定义为协变的。让我们考虑
一下列表的一个可变版本:

```
interface MutableList<T> : List<T> {
    fun set(index: Int, value: T)
}
```

试图使可变列表中的 T 协变将导致编译错误:

```
interface MutableList<out T> : List<T> {
    fun set(index: Int, value: T)          // Error: T occurs in 'in' position
}
```

之所以会出现这种情况,是因为 set() 函数接收输入值 T,因此充当其使用者。基本规则如下:

只有当类型参数的所有出现都恰好位于 out 位置时,类型参数才可以被声明为协变的,其中 out 位置基本上意味着其值是生成的,而不是消耗的。例如属性或函数的返回类型,或泛型类型的协变类型参数。例如,以下类型是有效的,因为参数 T 的所有用法都在 out 位置:

```
interface LazyList<out T> {
    // usage as return type
    fun get(index: Int): T
    // usage as out type argument in return type
    fun subList(range: IntRange): LazyList<T>
    // return part of functional type is 'out' position as well
    fun getUpTo(index: Int): () -> List<T>
}
```

类似的,in 位置涵盖了使用值的用法,如函数调用的参数和逆变类型参数。

请注意,构造函数参数不受这些检查的约束,因为构造函数是在泛型类型的实例存在之前调用的(调用它是为了首先创建它)。因此,我们还可以使 ListByArray 实现协变:

```
class ListByArray<out T> (private varargval items: T) : List<T> { ... }
```

类似的,我们可以使用 in 关键字来声明类型相反参数(逆变)。当泛型类型充当使用者时,这是可能的,也就是说,类型参数本身在 out 位置没有用法。例如:

```
class Writer<in T> {
    // usages as function argument
    fun write(value: T) {
        println(value)
    }
// combining out List argument with in position as function argument
// gives in position again
    fun writeList(values: Iterable<T>) {
        values.forEach { println(it) }
    }
}
fun main() {
    val numberWriter = Writer<Number> ()
// Correct: Writer<Number> can also handle integers
    val integerWriter: Writer<Int> = numberWriter
```

```
    integerWriter.write(100)
}
```

我们前面示例中的 TreeNode 类不能成为协变或逆变,因为它的类型参数在 in(例如 add-Child()函数)和 out(例如数据或子属性)位置都有用法。我们别无选择,只能让它保持原来的不变。但是如果我们想复制一棵树和它所有的孩子呢? 然后,我们的 TreeNode 实例仅充当生产者,因为该任务所需的唯一成员是数据和子属性。我们能否说服 Kotlin 编译器,在这种情况下,TreeNode 的使用是协变的? 答案是肯定的,我们需要的语言工具是使用地点变体,也称为投影。

使用地点变体与投影

另一种指定变体的方法是将 out/in 关键字放在类型参数之前,特别是对于泛型类型的使用。这种构造,也称为投影(projections),对于通常不变的类型很有用,但可以用作生产者或消费者,具体取决于上下文。

假设我们想要实现一个函数,将现有树的一个副本作为一个子树添加到另一棵树上。让我们从不变变量定义开始:

```
fun<T> TreeNode<T> .addSubtree(node: TreeNode<T> ): TreeNode<T>  {
    val newNode =  addChild(node.data)
    node.children.forEach { newNode.addSubtree (it) }
    return newNode
}
```

当两棵树的类型相同时,此功能运行良好:

```
fun main() {
    val root =  TreeNode("abc")
    val subRoot =  TreeNode("def")
    root.addSubtree(subRoot)
    println(root)                                // abc {def {}}
}
```

但是如果我们想,比如说,把一棵 Int 树加到一棵 Number 树上呢? 此操作定义良好,因为 Int 是 Number 的子类型,向 Number 树添加基于 Int 的节点不会违反关于其类型的任何假设。但由于 TreeNode<T> 是不变的,并且我们已经指定两棵树具有相同的元素类型 T,编译器不允许我们这样做:

```
val root = TreeNode<Number> (123)
val subRoot = TreeNode(456.7)                          // Error
```

TreeNode<T> 类型必须保持不变，因为它既包含可以返回 T 值的成员（如数据属性），也包含以 T 值作为输入的成员（如 addChild()函数），因此我们不能在这里使用声明站点变量。然而，在 addSubtree()函数的上下文中，我们作为参数传递的树被专门用作生产者。这允许我们通过将必要的类型参数标记为 out 来实现目标：

```
fun<T> TreeNode<T> .addSubtree(node: TreeNode<out T> ): TreeNode<T>  {
    val newNode =  addChild(node.data)
    node.children.forEach { newNode.addSubtree(it) }
    return newNode
}
fun main() {
    val root =  TreeNode<Number> (123)
    val subRoot =  TreeNode(456.7)
    root.addSubtree(subRoot)
    println(root)                                   // 123 {456.7 {}}
}
```

或者，我们可以引入一个附加的类型参数（以第一个参数为界），以表示添加的树的元素：

```
fun<T, U : T> TreeNode<T> .addSubtree(node: TreeNode<U> ): TreeNode<T>  {
    val newNode =  addChild(node.data)
    node.children.forEach { newNode.addSubtree(it) }
    return newNode
}
```

使用外投影，我们可以避免额外的类型参数，并以简洁的方式解决问题。

TreeNode<out T> 节点被称为投影类型。投影 out T 意味着我们不知道 TreeNode 的实际类型参数，只是它必须是 T 的一个子类型。您可以将 TreeNode<out T> 视为 TreeNode<T> 的一个版本，它只公开作为 T 的生产者的操作。例如，我们可以使用数据、子节点、深度等属性，或 walkDepthFirst()等函数，因为它们不把 T 的值作为输入。addChild()成员或 addChildren()扩展之类的使用者操作可用，但实际上不可用，因为任何在 out projected type 上调用它们的尝试都会产生编译错误：

```
fun processOut(node: TreeNode<out Any> ) {
    node.addChild("xyz")          // Error: addChild() is projected out
}
```

in 投影可以以类似的方式使用,以强制使用类型作为使用者。例如,我们可以编写我们的树,用以下形式添加函数:

```
fun<T> TreeNode<T> .addTo(parent: TreeNode<in T> ) {
    val newNode = parent.addChild(data)
    children.forEach { it.addTo(newNode) }
}
```

现在,接收器是一棵正在添加的树,而参数表示其新的父级。由于 in 投影,这种函数可以将 TreeNode<T> 添加到包含任何 T 超类型元素的树中:

```
fun main() {
    val root = TreeNode<Number> (123)
    val subRoot = TreeNode(456.7)
    subRoot.addTo(root)
    println(root)                          // 123 {456.7 {}}
}
```

Java vs. Kotlin:Kotlin 投影在本质上与 Java 扩展/超级通配符起着相同的作用。例如,TreeNode<out Number> 和 TreeNode<in Number> ,相当于 Java 的 TreeNode<? extends Number > 和 TreeNode<? super Number> 。

请注意,当相应的类型参数具有声明地点变体时,使用投影是没有意义的。当投影与参数变体匹配时,编译器会报告警告,因为在这种情况下使用投影是多余的。另一方面,当投影不匹配时,编译器认为这是编译错误。例如:

```
interface Producer<out T> {
    fun produce(): T
}
interface Consumer<in T> {
    fun consume(value: T)
}
fun main() {
    val inProducer: Producer<in String>        // 错误:投影冲突
    val outProducer: Producer<out String>      // out 是冗余的
    val inConsumer: Consumer<in String>        // in 是冗余的
    val outConsumer: Consumer<out String>      // 错误:投影冲突
}
```

就像 Java 通配符一样,通过表示受生产者或消费者角色约束的类型,投影可以以更灵活的方式使用不变类型。此外,Kotlin 有一种特殊的方式来表示泛型,它的参数可以被任何可能的类型替换——星体投影。

星体投影

星体投影用 * 表示,用于表示参数类型可以是其范围内的任何东西。由于 Kotlin 只支持类型参数的上限,这等于说类型参数可以是相应边界类型的任何子类型。让我们来看一个例子:

```
// Can be any list since its element type is only bounded by Any?
val anyList: List< * > = listOf(1, 2, 3)
// Can be any object comparable with itself (due to T : Comparable<T> bound)
val anyComparable: Comparable< * > = "abcde"
```

换句话说,星体投影的行为实际上类似于应用于类型参数边界的向外投影。

Java vs. Kotlin:星体投影可以被认为是 Java 的通配符? 的 Kotlin 对应物,所以在 Kotlin 中 TreeNode< * > 的含义基本上与 Java 的 TreeNode<? > 含义相同。

在关于类型擦除和优化的部分中,我们已经看到星体投影类型可以用于类型检查操作:

```
val any: Any = ""
any is TreeNode< * >
```

由于 TreeNode 的类型参数以 Any? 为界,我们也可以使用显式的向外投影:

```
any is TreeNode<out Any?>                              // Ok
```

然而,如果我们试图替换 Any? 对于其他类型,编译器将报告一个错误,由于类型擦除,这样的检查是不可能的:

```
any is TreeNode<out Number>                            // Error
```

重要的是要记住 * 和使用类型参数绑定作为非投影参数之间的区别,比如在 TreeNode< * > 和 TreeNode<Any? > 中。而 TreeNode<Any? > 是一棵可以包含任何类型的值的树,TreeNode< * > 表示其节点具有相同公共类型 T 的特征的树,但 T 对我们来说是未知的。因此,我们不能使用行为类似于 T 值消费者的 TreeNode 操作。由于我们不知道实际的类型,也就不知道哪些值是可以接收的。这正是我们在上一节讨论过的向外投影的含义。

简单地解释一下,当特定的参数不相关或根本不知道时,星体投影允许您简洁地表示泛型类型。

请注意,当类型参数有多个边界时,∗不能替换为显式向外投影。这是因为类型交叉在 Kotlin 源代码中不可表示:

```
interface Named {
    val name: String
}
interface Identified {
    val id: Int
}
class Registry<T> where T : Named, T : Identified
// the bound is intersection of Named and Identified
var registry: Registry< * > ? = null
```

∗ 和 explicit out 的另一个区别是:∗ 允许用于声明地点变体的类型参数。在这种情况下,编译器不会报告警告/错误:

```
interface Consumer<in T> {
    fun consume(value: T)
}
interface Producer<out T> {
    fun produce(): T
}
fun main() {
    val starProducer: Producer< * >        // the same as Producer<Any?>
    val starConsumer: Consumer< * >        // the same as Consumer<Nothing>
}
```

应用于逆变位置的类型参数时(如在 Consumer< ∗ >),星体投影生成的类型参数为零。因此,我们不能将任何内容传递给 consume()函数,因为任何内容都没有值。

类型别名

最后,我们将讨论一个与泛型没有直接关系的语言特性,它在处理复杂的泛型类型(类型别名)时非常方便。

在 Kotlin 1.1 中添加类型别名的原因是为现有类型引入替代名称,这种构造的主要目标是为其他长类型(如泛型或函数型)提供短名称。类型别名的定义是通过 typealias 关键字引入的,该关键字后面是别名及其定义,定义之间用=符号分隔:

```
Typealias IntPredicate = (Int) -> Boolean
Typealias IntMap = HashMap<Int, Int>
```

现在我们可以使用上面的名称,而不是其定义的右侧:

```
fun readFirst(filter: IntPredicate) =
    generateSequence{ readLine()?.toIntOrNull() }.firstOrNull(filter)
fun main() {
    val map = IntMap().also {
        it[1] = 2
        it[2] = 3
    }
}
```

另一个有用的例子是为嵌套类提供短名称:

```
sealed classStatus {
    object Success : Status()
    class Error(val message: String) : Status()
}
Typealias StSuccess = Status.Success
Typealias StError = Status.Error
```

类型别名可能有类型参数,允许我们为泛型类型引入别名,非常类似于类:

```
Typealias ThisPredicate<T> = T.() -> Boolean

Typealias MultiMap<K, V> = Map<K, Collection<V> >
```

还可以通过使用可见性修改器来限制其范围:

```
private typealias MyMap = Map<String, String>          //仅在当前文件中可见
```

目前,Kotlin 1.3 中类型别名只能在顶层引入。例如,不可能在函数内或作为类成员声明它们:

```
fun main() {
    typealias A = Int                           // Error
}
```

另一个限制是,不能为泛型类型别名的类型参数声明边界或约束:

```
Typealias ComparableMap<K : Comparable<K> , V> = Map<K, V>        // Error
```

这里需要注意的重要一点是，类型别名从不引入新类型，它们只是提供了一种引用现有类型的额外方式。这意味着类型别名可以与其原始类型完全互换：

```
typealiasA = Int
fun main() {
    val n = 1
    val a: A = n
    val b: Int = a
}
```

正如您已经知道的，类型别名并不是为现有类型引入新名称的唯一方法，因此了解可用于类似目的的语言功能之间的主要差异非常有用。

例如，导入别名使您能够在导入指令中引入替代名称。它们还支持类型别名等函数和属性，但不允许引入泛型别名。此外，它们的作用域始终限于包含的文件，而公共类型别名的作用域更广。

还可以通过继承泛型或函数型来引入新的类型名。此选项允许您定义泛型类型以及控制新名称的可见性。类型别名的主要区别在于，这类定义创建了一个新类型，即原始类型的子类型，因此它们的兼容性是单向的：

```
class MyMap<T> : HashMap<T, T> ()
fun main() {
    val map: Map<String, String> = MyMap()   // Ok, MyMap is subtype of Map
    val myMap: MyMap<String> = map            // Error
}
```

此外，虽然不能从最终类继承，但可以为其引入别名。

内联类也类似于类型别名，因为它们可能与原始类型具有相同的运行时表示形式。然而，关键的区别在于，内联类引入了与其原始类型不兼容的新类型。例如，如果不进行显式转换，就不能将 UInt 的值赋给 Int 的变量（反之亦然）。

结论

本章向我们介绍了泛型的概念，它为您提供了在 Kotlin 代码中设计抽象的额外工具。现在，您应该能够设计自己的通用 API，并使用更高级的概念，如具体化的类型参数和变体来编写更简洁、高效和类型安全的代码。除此之外，我们还引入了一个有用的类型别名功能,它允许您引入替代类型名,并可以简化复杂泛型和函数类型的处理。

在下一章中,我们将更仔细地研究两个相互关联的主题:第一种是注释,它允许您为程序元素指定各种元数据。在 Kotlin 中,注释等用于微调与代码的互操作性,我们也将在第 12 章"Java 互操作性"中介绍。第 10 章的《注释和反射》,为您提供了一个 API 来内省程序结构并动态调用代码。

问题

1. 如何在 Kotlin 中定义泛型类、函数或属性?
2. 描述如何为类型参数指定约束。它们与 Java 相比如何?
3. 什么是类型擦除? 描述类型参数相对于普通类型的限制。
4. 如何使用具体化的类型参数避免类型擦除? 它们的局限性是什么?
5. 什么是变体? 为什么变体对泛型代码很重要?
6. 描述如何在 Kotlin 中使用声明地点变体。
7. 比较 Kotlin 中的使用地点变体与 Java 通配符。
8. 描述星体投影的目的。
9. 描述类型别名语法。它们与相关语言的特性(如导入别名和继承)相比如何?

10

注释和反射

在本章中，我们将讨论两大主题。第一部分将介绍注释，它允许您将元数据绑定到 Kot-lin 声明，并在以后运行时访问它们。我们将解释如何定义和应用您自己的注释，并查看一些内置注释，它们会影响 Kotlin 源代码。第二部分将向我们介绍反射 API，它定义了一组包含 Kotlin 声明的运行时表示的类型。我们将讨论如何获取反射对象、访问它们的属性和使用可调用项来动态调用函数和属性。

结构

- 定义和使用注释类
- 内置注释
- 类文字和可调用引用
- 反射 API

目的

学习在 Kotlin 源代码中应用注释，以及声明自己的注释类。了解如何使用 Kotlin 反射 API 获取有关 Kotlin 声明的运行时信息，并动态调用函数和属性。

注释

Annotation 是一种特殊的 Kotlin 类,允许您定义用户元数据并将它们绑定到源代码的元素—声明、表达式或整个文件。与 Java 版本一样,Kotlin 注释也可以在运行时访问。这种能力被各种框架和处理工具广泛使用,它们依赖于注释进行配置和代码插装。

定义和使用注解类

注释用法的语法与 Java 非常相似。最基本的情况是在将@前缀的注释名放入其修改器列表时对声明进行注释。例如,在使用测试框架(如 JUnit)时,可以使用 annotation@ test 标记测试方法:

```
class MyTestCase {
    @ Test
    fun testOnePlusOne() {
        assert(1 + 1 = = 2)
    }
}
```

Java vs. Kotlin:与 Java 不同,一些 Kotlin 注释也可以应用于表达式。例如,内置的 @Suppress注释可用于抑制源文件中特定表达式的编译器警告:

```
val s = @ Suppress( "UNCHECKED_CAST") objects as List<String>
```

如果您对同一个源文件元素有多个注释,则可以将它们分组在方括号内:

```
@ [Synchronized Strictfp]        // the same as @ Synchronized @ Strictfp
fun main() { }
```

如果要将注释应用于主构造函数,则需要使用显式构造函数 constructor 关键字:

```
class A @ MyAnnotation constructor ()
```

在第 4 章"使用类和对象"中,我们已经使用类似的语法将主构造函数设置为私有。

要定义注释,必须声明一个用特殊注释修饰符标记的类:

```
annotation class MyAnnotation
@ MyAnnotation fun annotatedFun() { }
```

Java vs. Kotlin：请注意 Kotlin 和 Java 中注释定义的区别。虽然 Java 注释具有接口的语法形式，但 Kotlin 注释包含一种特殊的类。

与普通类不同，注释类可能没有成员、辅助构造函数或初始值设定项：

```
annotation class MyAnnotation {
    val text = "???"                          // Error
}
```

但是，自 Kotlin 1.3 以来，您可以向注释主体添加嵌套类、接口和对象（包括伴随对象）：

```
annotation class MyAnnotation {
    companion object {
        val text = "???"
    }
}
```

如果要向注释添加自定义属性，可以通过构造函数参数来实现。使用这样的注释时，需要提供参数的实际值，如类构造函数调用：

```
annotation class MyAnnotation(val text: String)
@ MyAnnotation("Some useful info") fun annotatedFun() { }
```

请注意，注释参数必须始终标记为 val。

Java vs. Kotlin：值得记住的是，Java 注释属性是以无参数方法的形式指定的。但是，在 Kotlin 中，您使用的构造函数参数也扮演属性的角色。

与普通构造函数类似，您可以使用默认值和可变参数：

```
annotation class Dependency(var arg val componentNames: String)
annotation class Component(val name: String = "Core")
@ Component("I/O")
class IO

@ Component("Log")
@ Dependency("I/O")
class Logger

@ Component
@ Dependency("I/O", "Log")
class Main
```

即使每个 Kotlin 注释都是一种类，也不能像处理普通类那样实例化它们：

```
annotation class Component(val name: String = "Core")
val ioComponent = Component("IO")              // Error
```

如上所述，只能使用@syntax 构造注释。要检索实际的注释实例（如果在运行时保留），可以使用反射 API，我们将在接下来的部分中讨论。

注释类不能有显式超类型，也不能被继承。它们自动从 Any 类和空注释接口继承，该接口充当所有注释类的公共超类型。

由于注释参数是在编译时计算的，因此不能在那里进行任意计算。此外，编译器还限制了可用于注释参数的可能类型的范围：

• 基本类型，如 Int、Boolean 或 Double；
• 字符串 String；
• 枚举；
• 其他注释；
• 类文字；
• 上面类型的数组。

请注意，这样的参数可能不可为 null，因为 JVM 不允许在注释属性中存储 null。

当使用另一个注释作为参数时，不必在其名称前加@prefix。相反，您可以像编写普通构造函数调用一样编写注释。让我们稍微修改一下前面的示例：

```
annotation class Dependency(vararg val componentNames: String)
annotation class Component(
    val name: String = "Core",
            valdependency: Dependency = Dependency()
)

@ Component("I/O")
class IO

@ Component("Log", Dependency("I/O"))
class Logger

@ Component(dependency = Dependency("I/O", "Log"))
class Main
```

注释参数可以具有显式数组类型，而不使用 vararg。使用这样的注释时，可以使用标准 arrayOf()函数构造数组：

```
annotation class Dependency(val componentNames: Array<String> )
@ Component(dependency = Dependency(arrayOf("I/O", "Log")))
class Main
```

从 Kotlin 1.2 开始,您还可以使用更简洁的语法,将数组元素括在方括号内:

```
annotation class Dependency(val componentNames: Array<String> )
@ Component(dependency = Dependency(["I/O", "Log"]))
class Main
```

这种数组文本目前只在注释中受支持。

Class literal 将类表示为 KClass 类型的反射对象。该类型充当 Java 语言中使用的类类型的 Kotlin 对应项。类文本由类名和::class 组成。让我们修改 component/ depedency 示例,以使用类文本而不是名称:

```
import kotlin.reflect.KClass

annotation class Dependency(vararg val componentClasses: KClass< * > )
annotation class Component(
    val name: String =  "Core",
    val dependency: Dependency =  Dependency()
)

@ Component("I/O")
class IO

@ Component("Log", Dependency(IO::class))
class Logger

@ Component(dependency = Dependency(IO::class, Logger::class))
class Main
```

Java vs. Kotlin:请注意 java. lang. Class 的实例不能在 Kotlin 注释中使用。然而,在以 JVM 为目标的编译过程中,Kotlin 类的文本会自动转换为 Java 的文本。

在某些情况下,Kotlin 源文件中的一个声明对应于可能有注释的多个语言元素。例如,假设我们有以下类:

```
class Person(val name: String)
```

上面代码中的 val name:String 用作构造函数参数、带有 getter 的类属性和用于存储属性值的支持字段的简写声明。由于这些元素中的每一个都可能有自己的注释,所以 Kotlin 允许您在其使用位置指定特定的注释目标。

use-site 目标由一个特殊关键字表示,该关键字位于注释名称之前,并由:字符分隔。例如,如果我们想在属性 getter 上放置一些注释,那么我们使用 get 关键字:

```
class Person(@ get:A val name: String)
```

大多数 use-site 目标都与属性的各个组件相关。此类目标可以应用于任何顶级或类属性,以及主构造函数的 val/var 参数:

- property:代表一个属性本身;
- field:表示支持字段(仅适用于具有支持字段的属性);
- get:表示属性 getter;
- set:表示属性 setter (仅适用于可变属性);
- param:表示构造函数参数(仅适用于 val/var 参数);
- setparam:表示属性设置器的参数(仅适用于可变属性);
- delegate:表示存储委托对象的字段(仅适用于委托属性,有关详细信息,请参阅第 11 章"领域特定语言"。

get/set 目标允许您注释属性访问器,即使它们没有显式地出现在代码中(如上面示例中的 val 参数)。setparam 目标也是如此,它直接与注释 setter 参数具有相同的效果。

还可以使用[]语法对具有 use－site 目标的注释进行分组。在这种情况下,目标将应用于所有相关内容。那么,这个定义

```
class Person(@ get:[A B] val name: String)
```

是基本上等同于:

```
class Person(@ get:A @ get:B val name: String)
```

接收方目标将注释应用于扩展函数或属性的接收方参数:

```
class Person(val firstName: String, val familyName: String)
fun @ receiver:APerson.fullName() = "$ firstName $ familyName"
```

最后,文件目标意味着注释将应用于整个文件。这些注释必须放在 Kotlin 文件的开头,在导入和包指令之前:

```
@ file:JvmName("MyClass")
fun main() {
```

```
        println("main() in MyClass")
    }
```

在运行时,文件注释保存在文件 facade 类中,该类包含顶级函数和属性。在第 12 章"Java 互操作性"中,我们将讨论一组文件级注释(如上面的@JvmName),这些注释会影响这些外观类在 Java 代码中的可见程度。

现在,我们来看看一些内置注释,它们在 Kotlin 代码的上下文中具有特殊意义。

内置注释

Kotlin 包含几个内置注释(built－in annotations),这些注释在编译器上下文中具有特殊意义。其中一些可以应用于注释类本身,并允许您指定会影响目标注释使用的选项。它们中的大多数都是 Java 语言中类似元注释(meta－annotations)的对应项。

@Retention 控制注释的存储方式。与 Java 的@Retention 接口一样,您可以从 Annotation-Retention 枚举所代表的三个选项中进行选择:

- SOURCE:此注释仅在编译时存在,不存储在编译器的二进制输出中;
- BINARY:此注释存储在编译器的输出中,但对于反射 API 不可见;
- RUNTIME:此注释存储在编译器的二进制输出中,可以通过反射进行访问。

默认情况下,Kotlin 注释具有运行时保留,因此您不必担心它们通过反射 API 的可用性。请注意,目前,表达式注释无法在运行时保留。因此,二进制和运行时保留都是被禁止的:

```
@ Target(AnnotationTarget.EXPRESSION)
annotation class NeedToRefactor          // Error: must have SOURCE retention
```

在这种情况下,必须明确指定 SOURCE 保留:

```
@ Target(AnnotationTarget.EXPRESSION)
@ Retention(AnnotationRetention.SOURCE)
annotation class NeedToRefactor              // Ok
```

Java vs. Kotlin:请注意,Java 和 Kotlin 中默认保留策略之间的差异。在 Java 中,这是 RetentionPolicy. CLASS(相当于 Kotlin 的 AnnotationRetention. BINARY),这意味着 Java 注释不能通过反射使用,除非您显式地将其保留更改为运行时。

@Repeatable 指定注释可以多次应用于同一单元：

```
@ Repeatable
@ Retention(AnnotationRetention.SOURCE)
annotation class Author(val name: String)
@ Author("John")
@ Author("Harry")
class Services
```

默认情况下，注释是不可重复的，如果多次尝试应用不可重复的注释，编译器将报告错误：

```
@ Deprecated("Deprecated")
@ Deprecated("Even more deprecated")    // Error: non- repeatable annotation
class OldClass
```

请注意，目前无法在运行时保留可重复的注释，因此必须有明确的 SOURCE 保留。

@MustbedDocumented 指定注释必须包含在文档中，因为它被认为是公共 API 的一部分。此注释与 Java 的 @Documented 起着相同的作用，并由标准 Kotlin 文档引擎 Dokka 支持（Javadoc 工具支持 @Documented 的方式）。

@Target 表示注释支持哪种语言元素。可能的种类被指定为 AnnotationTarget 枚举中常量的 vararg：

- CLASS：任何类、接口或对象，包括注解类本身；
- ANNOTATION_CLASS：任何注释类，这有效地允许您定义自己的元注释；
- TYPEALIAS：任何类型别名定义；
- PROPERTY：任何属性，包括主构造函数的 val/var 参数（但不是局部变量）；
- FIELD：一个属性支持字段；
- LOCAL_VARIABLE：仅局部变量（不包括参数）；
- VALUE_PARAMETER：构造函数、函数和属性设置器的参数；
- CONSTRUCTOR：仅限一级和二级构造器；
- FUNCTION：包括 lambdas 和匿名函数（但不包括构造函数或属性访问器）；
- PROPERTY_GETTER/PROPERTY_SETTER：仅属性 getter/setter；
- FILE：注释可以应用于整个文件；
- TYPE：任何类型规范，如变量、参数或函数返回值的类型；
- EXPRESSION：任何表达。

TYPE_PARAMETER 常量保留供将来使用，但目前不受支持。因此，您还不能将注释应用于泛型声明的类型参数。

未指定@Target 时，注释可以应用于除类型别名、类型参数、类型规范、表达式和文件之外的任何语言元素。例如，如果希望注释适用于文件，则必须显式指定注释。

Java vs. Kotlin：AnnotationTarget 类与 JDK 中的 ElementType 枚举非常相似。不过，请注意它们的类型常量之间的差异——在 Kotlin 中是 AnnotationType. TYPE，指的是类型规范（对应于 Java 中的 ElementType. TYPE_USAGE），而 ElementType 指的是类型表示类或接口的实际声明（类似于 AnnotationTarget. CLASS）。

另外，请注意，与 Java 不同，Kotlin 不支持包级别的注释（因此 ElementType. PACKAGE 没有对应的注释）。但是，可以在源文件级别定义注释。在第 12 章"Java 互操作性"中，我们将看到如何使用文件注释来优化 Java Kotlin 互操作性。

以下注释相当于相应的 Java 修饰符：

• @Strictfp：限制浮点运算的精度，以提高不同平台之间的可移植性；
• @Synchronized：强制带注释的函数或属性访问器，在执行主体之前/之后获取/释放监视器；
• @Volatile：使带注释的支持字段的更新对其他线程立即可见；
• @Transient：表示默认序列化机制忽略带注释的字段。

由于@Synchronized 和@Volatile 与并发支持有关，我们将把它们的详细处理推迟到第 13 章"并发"。

@Suppress 注释允许您抑制由内部名称指定的某些编译器警告。此注释可以应用于任何目标，包括表达式和文件。例如，当确定代码有效时，可以使用它禁用与强制转换相关的虚假警告：

```
val strings = listOf<Any> ("1", "2", "3")
val numbers = listOf<Any> (1, 2, 3)
// No warning:
val s = @ Suppress("UNCHECKED_CAST") (strings as List<String> )[0]
// Unchecked cast warning:
val n = (numbers as List<Number> )[1]
```

注释会影响应用它的元素中的所有代码。例如，可以抑制特定函数中的所有警告：

```
@ Suppress("UNCHECKED_CAST")
fun main() {
    val strings = listOf<Any> ("1", "2", "3")
    val numbers = listOf<Any> (1, 2, 3)
    val s = (strings as List<String> )[0]        // No warning
    val n = (numbers as List<Number> )[1]        // No warning
    println(s + n)                                // 12
}
```

或者在整个文件中，如果将@Suppress 与文件 use－site 目标一起使用：

```
@ file:Suppress("UNCHECKED_CAST")

val strings = listOf<Any> ("1", "2", "3")
val numbers = listOf<Any> (1, 2, 3)

fun takeString() = (strings as List<String> )[0]        // No warning
fun takeNumber() = (numbers as List<Number> )[1]        // No warning

@ Suppress("UNCHECKED_CAST")
fun main() {
    println(takeString() + takeNumber())                // 12
}
```

IDE 提示：无须查找或记忆警告名称，因为 IntelliJ 可以自动插入@Suppress 注释。要执行此操作，请在插入符号位于警告区域内时按 Alt＋Enter（见图 10.1），然后选择一个抑制（Suppress）注释子菜单中的操作。这些操作也适用于 IDE 检查报告的警告。

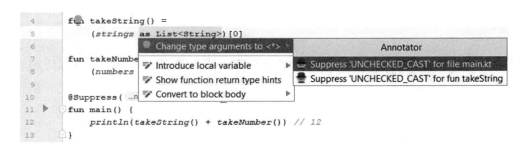

图 10.1　抑制编译器警告

另一个有用的注释@Deprecated 与 Java 注释非常相似。当您将某些声明标记为不推荐使用时，不鼓励客户端代码使用它。在 IDE 中，不推荐使用的声明用法显示为 strike-through 字体（如图 10.2 所示）。使用@Deprecated 时，您可以指定一条消息，该消息通常会澄清为什么不推荐使用此声明和/或用户应该使用什么。

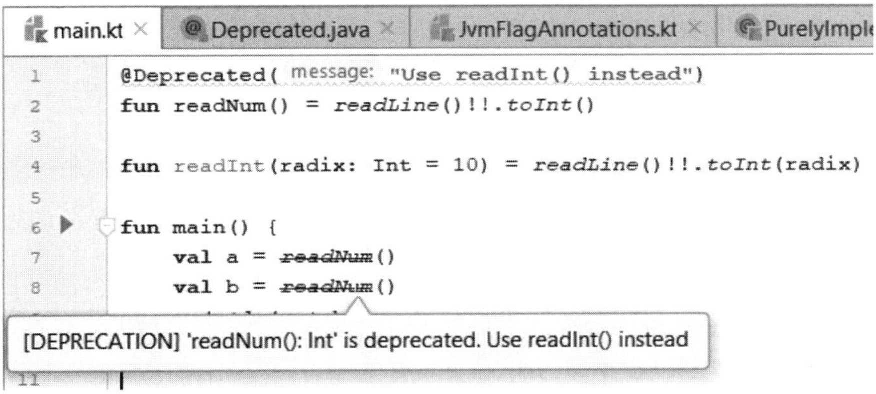

图 10.2　弃用的声明

与 Java 不同，Kotlin 中的@Deprecated 提供了额外的功能。首先，可以使用替换表达式指定字符串。在这种情况下，通过使用 Alt＋Enter 菜单中相应的快速修复将已弃用的用法自动更改为所需的形式（参见图 10.3 中的示例），假设我们想用上面的 readInt()替换readNum()。在这种情况下，我们可以写：

```
@ Deprecated(
    "Use readInt() instead",          // Message
    ReplaceWith("readInt()")          // Replacement expression
)

fun readNum() = readLine()!!.toInt()
```

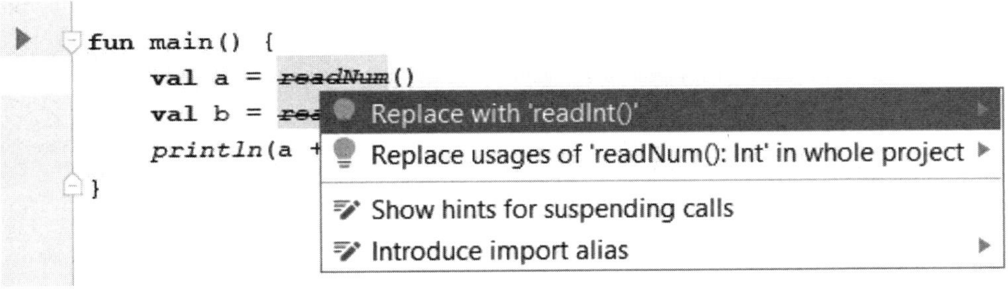

图 10.3　使用快速修复来替换一个过时的使用

请注意，ReplaceWith 也是一个注释。这就是为什么您可以把它放在@Deprecated 用法中。但是，@ReplaceWith 不能单独使用。看看它的定义：

```
@ Target()
@ Retention(BINARY)
```

```
@ MustBeDocumented
public annotation class ReplaceWith(
    val expression: String,
    var arg val imports: String
)
```

正如您所见，它没有受支持的目标，只能作为另一个注释（如@Deprecated）的一部分被构建。

ReplaceWith 的附加 vararg 参数允许您指定要添加到替换中的必要导入的列表。如果替换代码引用非默认/非当前包中的声明，则此选项非常有用。

另一个功能是选择弃用的严重性，这由 DeprecationLevel 枚举表示：

- WARNING：不推荐使用的声明被报告为警告；这是默认行为；
- ERROR：不推荐使用的声明被报告为编译错误；
- HIDDEN：根本无法访问不推荐使用的声明。

使用弃用级别可以实现平滑的弃用策略，这与团队开发相关。首先，使用默认级别弃用声明，以便将其现有用法报告为警告。这让开发人员有时间替换它们，而不会破坏代码的编译。然后，您将弃用错误提升到 ERROR 级别，因此禁止新引入的弃用代码的用法。当您确保没有人会再次使用此代码时，可以安全地将其从代码库中删除。

图 10.4 显示了使用 ERROR 级别禁止使用 readNum() 函数的示例：

```
@Deprecated(
    message: "Use readInt() instead",
    ReplaceWith( expression: "readInt()"),
    DeprecationLevel.ERROR
)
fun readNum() = readLine()!!.toInt()

fun readInt(radix: Int = 10) = readLine()!!.toInt(radix)

fun main() {
    val a = readNum()
    val b = readNum()
    println(a + b)
}
```

图 10.4 带有 ERROR 级别的弃用声明

一些内置注释,如@Throws、@JvmName 或@NotNull,用于调优 Java/Kotlin 的互操作性。我们将在第 12 章"Java 互操作性"中介绍它们。

反射

反射(Reflection)API 是一组类型、函数和属性,它允许您访问类、函数和属性的运行时表示。当您的代码必须使用编译时不可用但仍符合某些常见约定的类时,这非常有用。例如,您可以将类作为插件动态加载,并在知道其签名的情况下调用其成员。

在下一节中,我们将讨论构成 Kotlin 反射 API 的元素,并给出它们的使用示例。

Java vs. Kotlin:请注意,Kotlin 反射不是自给自足的。在某些情况下,比如类搜索和加载,我们必须依赖 Java 反射 API 提供的功能。当涉及操作代码中特定于 Kotlin 的方面(如属性或对象)时,使用 Kotlin API 可以让您在运行时以更简洁、更惯用的方式访问它们。

反射 API 概述

反射类位于 kotlin.reflect 包,可以大致分为两个基本组:callables,处理属性和函数(包括构造函数)的表示;classifiers,提供类和类型参数的运行时表示。图 10.5 概述了基本反射类型。

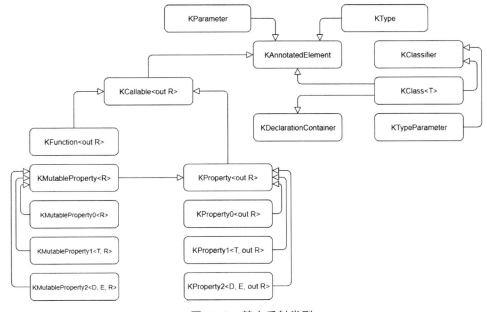

图 10.5 基本反射类型

所有反射类型都是 KAnnotatedElement 的后代,它允许您访问为特定语言元素(如函数、属性或类)定义的注释。KAnnotatedElement 有一个属性,返回注释实例列表:

```
public val annotations: List<Annotation>
```

让我们用@Component/@Dependency 注释来回顾我们前面的示例:

```
import kotlin.reflect.KClass

annotation class Dependency(vararg val componentClasses: KClass< * > )
annotation class Component(
    val name: String = "Core",
    val dependency: Dependency = Dependency()
)

@ Component("I/O")
class IO

@ Component("Log", Dependency(IO::class))
class Logger

@ Component(dependency = Dependency(IO::class, Logger::class))
class Main
```

假设我们想要检索与 Main 类关联的注释,可以通过在其类文本上使用 annotations 属性来实现这一点:

```
fun main() {
    val component = Main::class.annotations
        .filterIsInstance<Component> ()
        .firstOrNull() ?: return
    println("Component name: $ {component.name}")
    val depText = component.dependency.componentClasses
        .joinToString { it.simpleName ?: "" }
    println("Dependencies: $ depText")
}
```

如果您运行上面的代码,那么会得到:

```
Component name: Core

Dependencies: IO, Logger
```

在以下部分中,我们将考虑与分类器和可调用项相关的更具体类型的 API。

分类器和类型

就 Kotlin 反射而言,分类器是定义类型的声明。此类声明由 KClassizer 接口表示,该接口目前有两个更具体的变体:

- KClass <T> ,它表示编译时类型为 T 的某些类、接口或对象的声明 ;
- KTypeParameter ,它表示某些泛型声明的类型参数。

请注意,目前,类型别名在反射 API 中没有表示形式。这尤其意味着,即使可以对类型别名应用注释,也无法在运行时检索此类注释。类型别名支持预计将在 Kotlin 的未来版本中添加。

由于 KClassifier 不定义自己的成员,所以让我们直接讨论类和类型参数的细节。

获取 KClass 实例有两种基本方法。第一种是使用我们在关于注释的章节中已经看到的类文字语法:

```
println(String::class.isFinal)            // true
```

除了类之外,这种语法也支持具体化的类型参数。在第 9 章"泛型"中,我们提到泛型内联函数的类型参数可以具体化。这意味着编译器将替换它们为实际类型,同时在其调用位置内联函数体。例如,让我们定义 cast()函数:

```
inline fun<reified T> Any.cast() = this as? T
```

设我们随后以以下方式调用:

```
val obj: Any = "Hello"
println(obj.cast<String> ())
```

后面的场景编译器实际上会生成一个代码:

```
val obj: Any = "Hello"
println(obj as? String)
```

您还可以对任意表达式使用::class 语法来获取其结果值的运行时类:

```
println((1 + 2)::class)                 // class kotlin.Int
println("abc"::class)                   // class kotlin.String
```

获取 KClass 的另一种方法是使用 kotlin 扩展属性转换 java. lang. Class 实例。这在通过类的限定名动态查找类时非常有用。由于 Kotlin 反射还没有自己的类搜索 API，它必须依赖于特定平台的 API：

```
val stringClass = Class.forName("java.lang.String").kotlin
println(stringClass.isInstance("Hello"))// true
```

Java 扩展属性给出了相反的转换：

```
println(String::class.java)                    // class java.lang.String
```

现在让我们看看 KClass API。第一组 KClass 成员允许您确定某个兴趣类别是否具有特定修饰符，请执行以下操作：

```
val isAbstract: Boolean
val isCompanion: Boolean
val isData: Boolean
val isFinal: Boolean
val isInner: Boolean
val isOpen: Boolean
val isSealed: Boolean
```

同一组的另一个属性 visibility 为类声明提供了作为 KVisibility 枚举实例的可见性级别：

```
enum class Kvisibility {
    PUBLIC,
    PROTECTED,
    INTERNAL,
    PRIVATE
}
```

请注意，如果不能在 Kotlin 源代码中表示可见性，那么可见性可能为 null。例如，当 KClass 表示本地类时。

下一组属性允许您检索类名：

```
val simpleName: String?
val qualifiedName: String?
```

simpleName 属性返回在其源代码中使用的简单名称。如果类没有名称（例如，表示对象表达式的类），则结果为 null。

类似的，qualifiedName 属性提供类的限定名，其中包括包含包 package 的全名。当类是本地类或嵌套到本地类中时,结果为 null,因为这样的类不能从顶层使用。因此,它们没有限定名称。源代码中没有名称的类也是如此。

您还可以使用 jvmName 扩展属性,它从 Java 的角度为您提供一个类的限定名。此名称可能与 qualifiedName 给出的名称不同。一些内置 Kotlin 类型没有自己的 JVM 表示,而是依赖于现有的 Java 类。例如,Any 类不作为单独的 Java 类存在;对于 Java 代码,它与 java.lang.Object 相同:

```
println(Any::class.qualifiedName)        // kotlin.Any
println(Any::class.jvmName)              // java.lang.Object
```

isInstance()函数的作用是:检查给定对象是否是其接收方表示的类的实例。当应用于不可为 null 的类型时,此函数与 is 运算符类似:

```
println(String::class.isInstance(""))    // true
println(String::class.isInstance(12))    // false
println(String::class.isInstance(null))  // false
```

下一组 KClass 属性提供对其成员声明的访问:

- constructors(构造函数):作为 KFunction 类型实例的主构造函数和辅助构造函数的集合;
- members(成员):由 KCallable 实例代表的成员函数和属性的集合,包括从超类型继承的所有成员;
- nestedClasses:嵌套类和对象的集合,包括伙伴;
- typeParameters :由 KTypeParameter 类型表示的类型参数列表(当所讨论的类不是泛型时,列表为空)。

例如,在下面的代码中,我们使用反射动态创建 Person 类的实例,然后调用其 fullName()函数:

```
class Person(val firstName: String, val familyName: String) {
    fun fullName(familyFirst: Boolean): String = if (familyFirst) {
        "$ familyName $ firstName"
    } else {
        "$ firstName $ familyName"
    }
}
fun main() {
```

```
    val personClass = Class.forName("Person").kotlin
    val person = personClass.constructors.first().call("John", "Doe")
    val fullNameFun = personClass.members.first { it.name == "fullName"}
    println(fullNameFun.call(person, false))          // John Doe
}
```

当 KClass 表示对象声明时,构造函数属性将始终返回空集合。要获取实际实例,可以使用 objectInstance 属性:

```
object O {
    val text = "Singleton"
}
fun main() {
    println(O::class.objectInstance!!.text)          // Singleton
}
```

当 KClass 不表示对象时,objectInstance 为 null。

最后,对于密封类(isSealed==true),还可以通过 sealedSubclass 属性获得所有直接继承者的列表。

supertypes 属性提供了可以从 KClass 获得的另一条信息,该属性返回一个 KType 实例列表。稍后我们将讨论 KType API,但现在让我们考虑一个简单的例子:

```
open class GrandParent
open class Parent :GrandParent()
interface IParent
class Child : Parent(), IParent
fun main() {
    println(Child::class.supertypes)          // [Parent, IParent]
}
```

请注意,supertypes 属性只返回直接超类型(因此上面的输出中没有 GrandParent),因此如果要访问间接超类型,必须执行继承图遍历。

另一个分类器变体由 KTypeParameter 接口表示。相比于 KClass,它相当简单,只提供了四个属性:

```
val isReified: Boolean
val name: String
val upperBounds: List<KType>
val variance: KVariance
```

upperBounds 给出了上界类型的列表,如 KClass 的 supertypes 属性。列表从不为空,因为每个类型参数都有一个边界(默认情况下为 Any)。如果在类型约束中使用类型参数,则也可能有多个边界。例如:

```
interface MyMap<K : Any, out V>
fun main() {
    val parameters =  MyMap::class.typeParameters
// K: [kotlin.Any], V: [kotlin.Any?]
    println(parameters.joinToString { "$ {it.name}: $ {it.upperBounds}" })
}
```

variance 属性返回 KVariance 枚举的常量,该常量表示类型参数的声明站点变体:

```
enum class KVariance{ INVARIANT, IN, OUT }
```

现在,让我们看看类型是如何通过 KType 接口在 Kotlin 反射中表示的。Kotlin 类型具有以下特点:

- isMarkedNullable 属性给出的可空性,其区分,比如说,List < String > 和 List <String>?;
- classifier(由 classifier 属性给出),指定义类型的类、接口或对象声明。例如,List <String> 的 List 部分;
- arguments 属性给出的类型参数列表:<String> 表示 List<String> ,<Int,Boolean> 表示 Map<Int,Boolean> ,依此类推。

type 参数由 KTypeProjection 接口表示,该接口包含有关类型本身及其使用站点差异的信息:

```
val type: kotlin.reflect.KType?
val variance: kotlin.reflect.KVariance?
```

这两个属性都为星体投影 ＊ ,返回 null。

我们对分类器类型的概述就结束了。在下一节中,我们将重点讨论反射 API 的可调用部分。

可调用对象

可调用函数的概念将可以调用以获得某种结果的属性和函数统一起来。在反射 API 中,它们由通用接口 KCallable<out R> 表示，其中 R 表示函数的返回类型或属性的类型。

获取 KCallable 实例的一种方法是使用我们在第 5 章"利用高级函数和函数编程"讨论过的可调用引用：

```
fun combine(n: Int, s: String) = "$s$n"
fun main() {
    println(::combine.returnType)                    // kotlin.String
}
```

您还可以通过相应的 KClass 实例访问成员函数和属性。但是，请注意，目前反射 API 不允许您以这种方式获取顶级调用。

现在让我们看看 KCallable 本身定义的公共成员。与 KClass 类似，我们有一组属性，允许您检查某些修改器的存在：

```
val isAbstract: Boolean
val isFinal: Boolean
val isOpen: Boolean
val isSuspend: Boolean

val visibility: KVisibility?
```

我们还没有遇到与 isSuspend 属性对应的 suspend 修饰符。此修饰符用于定义支持可挂起计算的可调用项。在第 13 章"并发"中，我们将更详细地讨论这个问题。

下一组属性表示属性或函数的签名：

```
val name: String
val typeParameters: List<KTypeParameter>
val parameters: List<KParameter>
val returnType: KType
```

请注意，对于成员和扩展，第一个参数是为接收者保留的。当 callable 同时是成员和扩展名时，第二个参数也是保留的。例如：

```
import kotlin.reflect.KCallable
val simpleVal = 1
val Int.extValget() = this
class A {
    val Int.memberExtValget() = this
}
fun main() {
```

```
    fun printParams(callable: KCallable< * > ) {
        println(
            callable.parameters.joinToString(prefix = "[",postfix = "]"){
            it.type.toString()
            }
        )
    }
//[]
    printParams(::simpleVal)
//[kotlin.Int]
    printParams(Int::extVal)
//[A, kotlin.Int]
    printParams(A::class.members.first { it.name = = "memberExtVal" })
}
```

KParameter 接口包含有关函数/扩展声明的函数/构造函数参数或接收器的信息：

```
val index: Int
val isOptional: Boolean
val isVararg: Boolean
val name: String?
val type: KType
```

当参数具有默认值时,isOptional 属性返回 true;该值本身当前无法通过反射获得。请注意,如果参数名称不可用或不在源代码中,则参数名称可能为空。后者同样适用于代表接收者值的参数。

kind 属性指示 KParameter 是对应于普通值还是调度/扩展接收方。它可以返回 KParameter. Kindenum 中定义的一个常量：

- INSTANCE:调度接收器的构件声明；
- EXTENSION_RECEIVER:扩展接收器的扩展声明；
- VALUE:普通参数。

KCallable 还定义了 call()成员,允许您动态调用支持 callable：

```
fun call(vararg args: Any?): R
```

对于基于函数的可调用函数,call()调用函数本身。如果 callable 对应于一个属性,则使用 getter。我们已经看到了一个使用 call()调用构造函数和成员函数的示例。让我们看一个应用于同一个 Person 类的属性示例：

```
fun main() {
    val person = Person("John", "Doe")
    val personClass = person::class
    val firstName = personClass.members.first { it.name = = "firstName" }
    println(firstName.call(person))                    // John
}
```

另一个 callBy()函数允许您以映射的形式传递参数：

```
fun callBy(args: Map<KParameter, Any?> ): R
```

现在让我们转到更专业的可调用类型。KProperty 接口添加了对特定属性修改器的检查：

```
val isConst: Boolean
val isLateinit: Boolean
```

您还可以将属性 getter 作为 KFunction 类型的实例进行访问：

```
val myValue = 1
fun main() {
    println(::myValue.getter())                    // 1
}
```

KMutableProperty 通过添加 setter 来扩展 KProperty：

```
var myValue = 1
fun main() {
    ::myValue.setter(2)
    println(myValue)                               // 2
}
```

KProperty 还有子类型——KProperty0、KProperty1 和 KProperty2，分别用一个接收器（分派或扩展）和一对接收器（成员扩展）表示没有接收器的属性。这些子类型通过使 getter 实现相应的函数类型来细化 getter 的类型。在上面提到的例子中，该功能允许我们使用::myValue. getter 作为一个函数。KMutableProperty 也定义了类似的子类型，以及经过优化的 setter。

我们将要考虑的最后一种反射类型是 KFunction，它很可能代表函数和构造函数。添加到此接口的唯一成员与特定于函数的修饰符检查有关：

```
val isInfix: Boolean
```

```
val isInline: Boolean
val isOperator: Boolean
val isSuspend: Boolean
```

isInfix 和 isOperator 检查与运算符函数相关性,我们将在第 11 章"领域特定语言"中介绍。

请注意,KFunction 本身不是任何函数类型的继承器,因为它可以用不同的算术表示函数。然而,一些功能类型可能由 KFunction 的更具体的子类型实现。我们已经通过 KProperty0/KProperty1/KProperty2 中定义的访问器示例看到了这一点。另一个重要的例子是可调用引用,它总是符合正确的函数类型。例如:

```
import kotlin.reflect.KFunction2
fun combine(n: Int, s: String) = "$s$n"
fun main() {
    val f: KFunction2<Int, String, String> = ::combine
    println(f(1, "2"))                          // 12
}
```

如您所见,本例中的可调用引用有一个 KFunction2<Int, String, String> 类型,它是 (Int, String)—> String 的子类型。但是,请注意,与 KProperty0 和类似的其他类型不同,KFunction0/KFunction1/… 只在编译期间存在。在运行时,它们由合成类表示,类似于为 lambdas 创建的类。

还有一件值得注意的事是访问可视性受限的可调用项的能力。在某些情况下,可能需要反射地调用私有函数。在 Java 中,这样做的尝试可能会产生一个异常,因此一般来说,您必须通过事先调用 setAccessible(true) 来访问反射对象。在 Kotlin 中,使用 isAccessible 属性的目的相同:

```
import kotlin.reflect.KProperty1
import kotlin.reflect.jvm.isAccessible

class SecretHolder(private val secret: String)

fun main() {
    val secretHolder = SecretHolder("Secret")
    val secretProperty = secretHolder::class.members
        .first { it.name == "secret" } as KProperty1<SecretHolder, String>
    secretProperty.isAccessible = true
    println(secretProperty.get(secretHolder))
}
```

结论

这一章带我们进入了注释和反射的主题。我们已经讨论了如何注释 Kotlin 代码片段,并在运行时获取相关的元数据。介绍了主要的内置注释,并解释了如何定义自己的注释类。我们还向您介绍了 Kotlin 反射 API。现在,您已经熟悉了如何访问分类器和可调用项的属性,并以动态方式使用它们。

在下一章中,我们将讨论如何以类似于特定领域语言的方式设计自己的 API,从而在代码库中引入声明式编程。

问题

1. 如何定义新注释? 比较 Kotlin 注释语法和 Java 注释语法。
2. Kotlin 代码中如何使用注释?
3. Kotlin 中有哪些内置注释?
4. 什么是注释使用站点目标? 它与@Target 元注释指定的目标有什么关系?
5. 构成 Kotlin 反射 API 的基本类型是什么?
6. 描述类文本和可调用引用语法。
7. 描述 KClass API。如何在 KClass 和 Java 的类实例之间转换?
8. 描述 KCallable API。

11

领域特定语言

领域特定语言（DSL）是为特定功能或领域定制的语言。此类语言在软件开发中被大量使用，以处理各种任务，例如描述软件配置、测试规范、工作流规则、UI 设计、数据操作等。DSL 的主要优点是它的简单性：不依赖于 Java 等通用语言的低级构造，而是使用特定领域的原语，从而以自己的方式处理任务。然而，这种方法有一些缺点，很难将 DSL 代码嵌入到通用程序中，因为它们是用不同的语言编写的。因此，DSL 程序通常存储在其宿主代码之外，或者简单地嵌入到字符串文本中，这使得 IDE 中的编译时验证和代码辅助变得复杂。

然而，Kotlin 可以为您提供一个解决方案。在本章中，我们将介绍一组功能，这些功能允许您设计可以与 Kotlin 代码其余部分无缝结合的 DSL。我们的想法是设计一个特殊的 API，它可以以类似于特定领域语言的方式使用。因此，尽管您的代码看起来像是用另一种语言编写的，但它仍然是有效的 Kotlin 代码。换句话说，您既可以获得特定领域的方法的优势，也可以获得编译语言的强大功能，包括强大的类型安全保证。

结构

- 运算符重载
- 委托属性
- 高阶函数和 DSLs

目的

了解 Kotlin 的高级功能,帮助开发人员以特定领域语言的形式设计 API。

运算符重载

运算符重载是一种语言功能,它允许您将自定义含义分配给内置的 Kotlin 运算符,如+、一、*、/等等。在前面的章节中,我们已经看到 + 语义如何根据其应用的值类型而变化:数的算术和、字符串的串联、为集合添加元素等等。这是因为 + 是重载的,也就是说,它有许多不同的实现。

在 Kotlin 中,运算符表达式只是函数调用的一种语法。要实现运算符,只需按照特定约定定义扩展或成员函数,并用 operator 关键字标记它。例如,通过定义:

```
operator fun String.times(n: Int) = repeat(n)
```

我们将 * 运算符(对应于 times()函数)扩展到 String/Int 对,这反过来又允许我们编写:

```
println("abc"* 3)                                    //abcabcabc
```

由于操作符有一些函数支持,我们总是可以用普通调用来替换它们。例如,上述代码的含义与:

```
println("abc".times(3))
```

即使是像加法这样的内置操作也可以以这种形式编写,尽管对于基元类型,编译器会优化像加法或减法这样的操作,以避免为了性能而调用实际函数:

```
val x = 1.plus(2)                                    // 与 1+ 2 相同
```

 IDE 提示:IntelliJ 插件可以将操作符函数的显式调用转换为相应的一元/二元表达式。为此,只需在操作符标记或函数名上按 Alt+Enter,然后选择适当的转换操作。图 11.1 显示了这样一个转换示例,它将 times()调用替换为 binary * 。

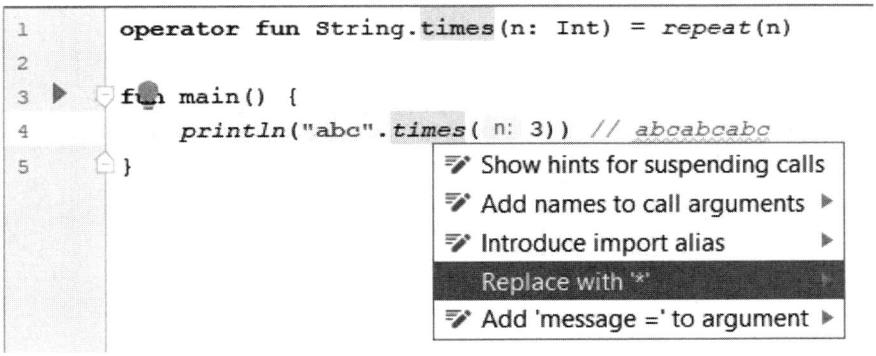

图 11.1 将显式调用转换为运算符形式

在下一节中,我们将讨论与各种 Kotlin 运算符相关的转换,并考虑其实现示例。

一元运算

可重载的一元运算符包括前缀＋、一和！。使用此类运算符时,编译器会自动将其展开为对适当函数的调用(表 11.1):

表 11.1 一元运算符约定

表达式	含义
＋e	e. unaryPlus()
一e	e. unaryMinus()
！e	e. not()

函数可以是为参数表达式类型定义的成员或扩展。它们可能没有任何参数,其结果类型将成为整个一元表达式的类型。

例如,考虑一个表示基本 RGB 颜色及其组合的枚举类:

```
enum class Color {
    BLACK, RED, GREEN, BLUE, YELLOW, CYAN, MAGENTA, WHITE
}
```

使用 not() 约定,我们可以引入！运算符作为互补色的缩写:

```
enum class Color {
    BLACK, RED, GREEN, BLUE, YELLOW, CYAN, MAGENTA, WHITE;
```

```kotlin
    operator fun not() = when (this) {
        BLACK -> WHITE
        RED -> CYAN
        GREEN -> MAGENTA
        BLUE -> YELLOW
        YELLOW -> BLUE
        CYAN -> RED
        MAGENTA -> GREEN
        WHITE -> BLACK
    }
}
fun main() {
    println(! Color.RED)                             // CYAN
    println(! Color.CYAN)                            // RED
}
```

通过将运算符函数定义扩展,可以支持任意类型表达式的相应操作。例如:

```kotlin
operator fun<T> ((T) -> Boolean).not(): (T) -> Boolean = { ! this(it) }
```

使用上述功能,我们现在可以应用! 运算符转换为任何单参数谓词:

```kotlin
fun isShort(s: String) = s.length< = 4
fun String.isUpperCase() = all { it.isUpperCase() }

fun main() {
    val data = listOf("abc", "abcde", "ABCDE", "aBcD", "ab")
    println(data.count(::isShort))                  // 3
    println(data.count(!::isShort))                 // 2
    println(data.count(String::isUpperCase))        // 1
    println(data.count(! String::isUpperCase))      // 4
}
```

增量和减量

通过为相应的操作数类型提供无参数函数 inc() 和 dec(),可以重载递增(＋＋)和递减(－－)运算符。

根据某种顺序,这些函数的返回值必须分别对应于下一个和上一个值。Inc()/dec()的使用方式取决于运算符是以前缀形式还是后缀形式编写的,类似于＋＋/－－处理数字的方式。例如,假设我们有一个列出彩虹颜色的枚举类:

```kotlin
enum class RainbowColor {
```

```
RED, ORANGE, YELLOW, GREEN, BLUE, INDIGO, VIOLET;
}
```

让我们根据上面的顺序定义 inc()/dec()，围绕第一个和最后一个元素循环，这样紫色的下一个是红色，红色的前一个是紫色：

```
enum class RainbowColor {
    RED, ORANGE, YELLOW, GREEN, BLUE, INDIGO, VIOLET;
    operator fun inc() = values[(ordinal + 1) % values.size]
    operator fun dec() = values[(ordinal + values.size - 1) % values.size]
    companion object {
        private val values = enumValues<RainbowColor>()
    }
}
```

现在，让我们考虑一下递增和递减对这个类的作用。正如我们在第 2 章"Kotlin 语言基础"中已经看到的那样，++/−− 运算符的后缀形式会更新变量，但会在更改之前返回其值。对于重载运算符也是如此。例如，考虑以下代码：

```
var color = RainbowColor.INDIGO
println(color++)
```

实际上，这意味着：

```
var color = RainbowColor.INDIGO
val _oldColor = color
color = color.inc()
println(_oldColor)                                       // INDIGO
```

对于前缀形式，递增/递减表达式的结果等于更新后的值，因此下面的片段：

```
var color = RainbowColor.INDIGO
println(++color)
```

将实际翻译成：

```
var color = RainbowColor.INDIGO
color = color.inc()
println(color)                                           // VIOLET
```

请注意，存在类似 color＝color.inc() 的赋值，意味着两件事：

• ++ 和 −− 只适用于可变变量；

• inc()/dec()函数的返回类型必须是其接收器类型的子类型。

二元运算

Kotlin 允许您重载大多数二元运算符。与一元运算符一样,需要提供相应的运算符函数。主要区别在于:二元运算符函数以其左操作数作为接收器,而右操作数作为普通参数传递。

表 11.2 列出了算术运算符的常规名称,以及 .. 和 in/! in。

表 11.2 二元运算符约定

表达式	含义
a + b	a. plus(b)
a - b	a. minus(b)
a * b	a. times(b)
a/ b	a. div(b)
a% b	a. rem(b)
a.. b	a. rangeTo(b)
a in b	b. contains(a)
a ! in b	! b. contain(a)

最初,%操作是 mod()运算符函数的简写,目前已被 rem()取代。到目前为止,mod()约定仍然可用,但已被弃用。

例如,让我们考虑一个支持基本算术运算的有理数的简单原型实现:

```
import kotlin.math.abs

class Rational private constructor(
    val sign: Int,
    val num: Int,
    val den: Int
) {
    operator fun unaryMinus() = Rational(- sign, num, den)

    operator fun plus(r: Rational): Rational {
        val gcd =  gcd(den, r.den)
        val newDen =  den/gcd* r.den
        val newNum =  newDen/den* num* sign + newDen/r.den* r.num* r.sign
```

```
        val newSign = newNum.sign()
        return Rational(newSign, abs(newNum), newDen)
    }
    operator fun minus(r: Rational) = this + (- r)

    operator fun times(r: Rational): Rational {
        return of(sign* r.sign* num* r.num, den* r.den)
    }

    operator fun div(r: Rational): Rational {
        return of(sign* r.sign* num* r.den, den* r.num)
    }

    override fun toString(): String {
        return "$ {sign* num}" + if (den ! = 1) "/$ den" else ""
    }

    companion object {
        private fun Int.sign() = when {
            this > 0 -> 1
            this < 0 -> - 1
            else -> 0
        }
        private tailrec fun gcd(a: Int, b: Int): Int {
            return if (b = = 0) a else gcd(b, a % b)
        }
        fun of(num: Int, den: Int = 1): Rational {
            if (den = = 0) throw ArithmeticException("Denominator is zero")
            val sign = num.sign() * den.sign()
            val numAbs = abs(num)
            val denAbs = abs(den)
            val gcd = gcd(numAbs, denAbs)
            return Rational(sign, numAbs/gcd, denAbs/gcd)
        }
    }
}
```

使用运算符约定，我们可以从 Rational 实例中构建算术运算：

```
fun r(num: Int, den: Int = 1) = Rational.of(num, den)

fun main() {
    // 1/2 - 1/3
    println(r(1, 2) - r(1, 3))                    // 1/6

    // 2/3 + (1/3)/2
    println(r(2, 3) + r(1, 3)/r(2))               // 5/6

    // 3/4 * 8/9 / (2/3)
```

```
    println(r(3, 4)* r(8, 9)/r(2, 3))                    // 1
    // (1/10)* 2 -  2/6
    println(r(1, 10)* r(2) -  r(2, 6))                   // - 2/15
}
```

我们还可以引入一些额外的运算符函数，这将允许我们将 Rational 对象与其他类型的值（如 Int)混合使用。例如：

```
operator fun Rational.plus(n: Int) = this + Rational.of(n)
operator fun Int.plus(r: Rational) = r + this

operator fun Rational.minus(n: Int) = this - Rational.of(n)
operator fun Int.minus(r: Rational) = Rational.of(this) - r
fun main() {
    // - 1/3 + 2
    println(r(- 1, 3) + 2)                               // 5/3

    // 1 - (1/4)* (1/2)
    println(1 - r(1, 4)* r(1, 2))                        // 7/8
}
```

为了演示 .. 操作的用法，让我们定义一个表示两个有理数之间的闭合区间的 RationalRange 类：

```
class RationalRange(val from: Rational, val to: Rational) {
    override fun toString() = "[$ from, $ to]"
}
```

现在我们可以定义 rangeTo()函数，它将构造一个 RationalRange 的实例：

```
operator funRational.rangeTo(r: Rational) = RationalRange(this, r)

fun main() {
    println(r(1, 4)..r(1))                               // [1/4, 1]
}
```

in/! in 操作由 contains()运算符函数表示。请注意，与所有其他二元操作不同，contains()的参数与其运算符形式相比是交换的。让我们通过检查给定数字是否属于该范围来增强 RationalRange 类：

```
private fun Rational.isLessOrEqual(r: Rational): Boolean {
    return num* r.den<=  r.num* den
}
class RationalRange(val from: Rational, val to: Rational) {
```

```
    override fun toString() = "[$ from, $ to]"

    operator fun contains(r: Rational): Boolean {
        return from.isLessOrEqual(r) &&r.isLessOrEqual(to)
    }

    operator fun contains(n: Int) = contains(r(n))
}
fun main() {
    // 1/2 in [1/4, 1]
    println(r(1, 2) in r(1, 4)..r(1))            // true

    // 1 not in [5/4, 7/4]
    println(1 ! in r(5, 4)..r(7, 4))             // true
}
```

还有一组重载运算符处理比较,如 < 和 > 。这些运算符不对应于单独的函数,而是使用单个 compareTo() 函数来实现给定操作数类型组合的完整比较集。此函数返回一个 Int 值,表示比较结果。根据表 11.3,所有比较操作均在其上执行:

表 11.3　比较运算符约定

表达式	含义
a < b	a. compareTo(b) < 0
a ⩽ b	a. compareTo(b) ⩽ 0
a > b	a. compareTo(b) > 0
a >= b	a. compareTo(b) >= 0

现在我们可以去掉上面的 islessThan() 函数,用更通用的 compareTo() 实现替换它:

```
operator fun Rational.compareTo(r: Rational): Int {
    val left = num * r.den
    val right = r.num * den
    return when {
        left <right -> - 1
        left > right -> 1
        else -> 0
    }
}
operator fun Rational.compareTo(n: Int) = compareTo(r(n))
operator fun Int.compareTo(r: Rational) = - r.compareTo(this)
class RationalRange(val from: Rational, val to: Rational) {
    override fun toString() = "[$ from, $ to]"
    operator fun contains(r: Rational) = r > = from && r <= to
```

```
    operator fun contains(n: Int) = contains(r(n))
}
fun main() {
    println(1 > r(1, 3))                        // false
    println(r(3/4) <= r(7/8))                   // true
}
```

我们在前几章中已经使用的另一个二元约定是关于相等的。当您使用＝＝或！＝，编译器会自动将运算符缩减为 equals() 调用。请注意，equals() 实现不需要显式运算符修饰符，因为它是从 Any 类中声明的基本版本继承的。出于同样的原因，equals() 只能作为成员实现；即使将 equals() 定义为一个扩展，也不会用它来代替 ＝＝/！＝ 运算符，因为扩展总是被具有相同签名的成员声明隐藏。

请注意，Kotlin 不允许您重载 && 和 ||：它们是只支持布尔值的内置操作。对于 Kotlin 标识相等操作，＝＝和！＝＝也是如此。

如果您想用一个自定义名称实现一个二元操作呢？尽管 Kotlin 不允许引入新的运算符，但可以使用普通标识符作为中缀操作的名称。我们将在下一节中看到如何做到这一点。

中缀操作

我们已经看到类似于 to 或 until 的操作，它们可以用作中缀操作：

```
val pair1 = 1 to 2                             // 中缀调用
val pair2 = 1.to(2)                            // 普通调用
```

要启用此类调用，需要使用中缀修饰符标记函数。与二进制运算符一样，感兴趣的函数必须是成员或扩展，并且只有一个参数。例如，这就是函数标准的定义：

```
infix fun<A, B> A.to(that: B): Pair<A, B> = Pair(this, that)
```

让我们通过为谓词连接和析取引入中缀运算，对前面的谓词示例进行一点改进：

```
infix fun<T> ((T) -> Boolean).and(
    other: (T) -> Boolean
): (T) -> Boolean {
    return { this(it) && other(it) }
}

infix fun <T> ((T) -> Boolean).or(
    other: (T) -> Boolean
```

```
): (T) -> Boolean {
    return { this(it) || other(it) }
}
```

现在我们可以使用它们以更简洁的方式组合函数文字：

```
fun main() {
    val data = listOf("abc", "abcde", "ABCDE", "aBcD", "ab")
    println(data.count(::isShort and String::isUpperCase))      // 0
    println(data.count(::isShort or String::isUpperCase))       // 4
    println(data.count(!::isShort or String::isUpperCase))      // 2
    println(data.count(! (::isShort and String::isUpperCase)))  // 5
}
```

请记住所有的中缀运算都有相同的优先级。例如，涉及上面定义的 and/or 操作的复杂表达式的解析方式将不同于具有内置 || 和 && 布尔运算符的类似表达式。例如，表达式：

!::isShort or String::isEmpty and String::isUpperCase

将意味着：

(!::isShort or String::isEmpty) and String::isUpperCase

而该布尔表达式：

! s.isShort() || s.isEmpty() &&s.isUpperCase()

将是等同于：

! s.isShort() || (s.isEmpty() &&s.isUpperCase())

这是由于 && 比 || 具有更高的优先级。

增广赋值

下一组二元运算处理像 += 增广赋值。在第 7 章"探索 Collections 和 I/O"中，我们已经看到，对于可变集合和不可变集合，这些操作的行为是不同的。换句话说，将 += 应用于不可变集合类型的变量将创建一个新的集合对象，并将其分配给该变量，从而更改其值。在这种情况下，变量必须定义为可变的：

```
var numbers = listOf(1, 2, 3)
numbers + = 4
```

```
println(numbers)                              // [1, 2, 3, 4]
```

但是,在可变集合上使用 += 时,我们会修改集合内容,同时保留原始对象标识:

```
val numbers = mutableListOf(1, 2, 3)
numbers += 4
println(numbers)                              // [1, 2, 3, 4]
```

请注意,如果我们将可变集合放入可变变量中,那么 += 将产生错误,因为编译器无法决定遵循哪个约定:

```
var numbers = mutableListOf(1, 2, 3)
// Should we update a variable or collection content?
numbers += 4                                  // Error
println(numbers)
```

由于各自的运算符功能,这两种约定都可以支持任意类型。增广赋值的行为取决于以下因素(见表 11.4):

- 对应的二元运算符函数的存在:plus()表示 += ,minus()表示 -= 等等;
- 自定义赋值函数的存在:plusAssign()表示 += ,minusAssign()表示 -= 等等;
- 左手赋值的易变性。

表 11.4 赋值运算符约定

表达	意义	
	简单赋值减少	自定义赋值函数
a += b	a = a. plus(b)	a. plusAssign(b)
a -= b	a = a. minus(b)	a. minusAssign(b)
a *= b	a = a. times(b)	a. timesAssign(b)
a /= b	a = a. div(b)	a. divAssign(b)
a%= b	a = a. rem(b)	a. remAssign(b)

让我们考虑一下可能的情况。当左侧有一个对应的二元运算符(例如 plus())但没有自定义赋值函数时,增广赋值就简化为一个简单赋值。这在基元类型和不可变集合中发生。我们也可以对 Rational 对象使用这样的赋值,因为它们已经支持+和-。例如:

```
var r = r(1, 2)                               // 1/2
// The same as r = r + r(1, 3)
```

```
r + = r(1, 3)                                  // 1/2 + 1/3
println(r)                                      // 5/6
```

请注意,在这种情况下,赋值左边必须是可变变量。

当左手边只有一个自定义赋值函数(例如 plusAssign(),但不是 plus())时,一个增广赋值被简化为它的调用。为了说明这个约定,让我们回顾一下在第 9 章"泛型"中介绍的 TreeNode 类,并稍微修改一下它的 API:

```
class TreeNode<T> (val data: T) {
    private val _children = arrayListOf<TreeNode<T> > ()

    var parent: TreeNode<T> ? = null
    private set

    operator fun plusAssign(data: T) {
        val node = TreeNode(data)
        _children + = node
        node.parent = this
    }

    operator fun minusAssign(data: T) {
        val index = _children.indexOfFirst { it.data = = data }
        if (index < 0) return
        val node = _children.removeAt(index)
        node.parent = null
    }

    override fun toString() =
        _children.joinToString(prefix = "$ data {", postfix = "}")
}
```

现在我们可以在 TreeNode 实例上使用 ＋＝ 和 －＝ 运算符来添加和删除树元素:

```
val tree = TreeNode("root")
tree + = "child 1"
tree + = "child 2"
println(tree)                                   // root {child 1 {}, child 2
{}}
tree - = "child 2"
println(tree)                                   // root {child 1 {}}
```

请注意,自定义赋值函数必须具有统一返回类型。

当左侧同时具有自定义赋值和简单二元操作时,结果取决于左侧的可变性:

• 如果左侧是不可变的,则编译器选择自定义赋值函数,因为简单赋值不适用;

• 如果左边是一个可变变量,那么编译器会报告一个错误,因为它会导致歧义:a+=b 是应该表示 a=a+b 还是 a. plusaSign(b)。

上面提到的行为由 Kotlin 可变集合类(如列表或集合)演示,因为它们既有从不可变集合继承的 plus()/minus() 函数,也有自己的 plusAssign()/minusAssign() 函数。

调用和索引

调用约定允许您在函数等调用表达式中使用值。为此,只需使用必要的参数定义 invoke() 函数。函数类型的值会自动获取 invoke() 作为其成员,但也可以向任意类型添加调用支持。例如,假设我们有以下函数:

```
operator fun<K, V>  Map<K, V> .invoke(key: K) =  get(key)
```

然后,我们可以将任何 Map 实例用作通过其键返回值的函数:

```
val map =  mapOf("I" to 1, "V" to 5, "X" to 10)
println(map("V"))                              // 5
println(map("L"))                              // null
```

一个有用的例子是将 invoke() 函数添加到伴随对象中,将其转化为工厂。例如,如果我们用扩展扩充 Rational 类:

```
operator fun Rational.Companion.invoke(num: Int, den: Int =  1) =
    of(num, den)
```

我们可以通过引用类名来构造 Rational 实例:

```
val r =  Rational(1, 2)
```

上面的代码看起来可能像一个直接的构造函数调用,但实际上,它简化为调用链:invoke()→of()→Rational 的私有构造函数。

类似的约定允许您使用索引运算符[],类似于它应用于字符串、数组、列表和映射的方式。基础调用取决于索引表达式是用作赋值还是用作赋值的左侧。在第一种情况下,编译器假定具有读取权限,并将索引运算符简化为使用相同参数集调用 get() 函数。

```
val array =  arrayOf(1, 2, 3)
println(array[0])           // the same as println(array.get(0))
```

但是,当索引表达式用作赋值左边时,编译器会将其简化为 set()函数的调用,该函数在索引之上将赋值作为其最后一个参数:

```
val array = arrayOf(1, 2, 3)
array[0] = 10              // the same as array.set(0, 10)
```

指数不一定是整数;事实上,它们可能是任意值。例如,映射的索引运算符将键值作为其参数。

例如,让我们将 get()/set()操作符添加到 TreeNode 类中,以访问其子类:

```
class TreeNode<T> (var data: T) {
    private val _children = arrayListOf<TreeNode<T> > ()

    var parent: TreeNode<T> ? = null
        private set
    operator fun plusAssign(data: T) {
        val node = TreeNode(data)
        _children + = node
        node.parent = this
    }

    operator fun minusAssign(data: T) {
        val index = _children.indexOfFirst { it.data = = data }
        if (index < 0) return
        val node = _children.removeAt(index)
        node.parent = null
    }
    operator fun get(index: Int) = _children[index]
    operator fun set(index: Int, node: TreeNode<T> ) {
        node.parent?._children?.remove(node)
        node.parent = this
        _children[index].parent = null
        _children[index] = node
    }
}
fun main() {
    val root = TreeNode("Root")
    root + = "Child 1"
    root + = "Child 2"
    println(root[1].data)// Child 2
    root[0] = TreeNode("Child 3")
    println(root[0].data)// Child 3
}
```

更复杂的情况是在增广赋值中使用索引运算符。生成的代码取决于左边类型的赋值运算符的含义，左边类型实际上是 get() 运算符函数的返回类型。例如，如果我们考虑一个没有 plusAssign() 函数的 Rational 对象数组，那么代码：

```
val array = arrayOf(r(1, 2), r(2, 3))
array[0] += Rational(1, 3)
```

意思是：

```
val array = arrayOf(r(1, 2), r(2, 3))
array[0] = array[0] + r(1, 3)
```

或者，将函数调用所有内容减少到：

```
val array = arrayOf(r(1, 2), r(2, 3))
array.set(0, array.get(0) + r(1, 3))
```

但是，如果我们使用一个包含 plusAssign() 函数但没有 plus() 的 TreeNode 对象数组，则类似的片段：

```
val array = arrayOf(TreeNode("Root 1"), TreeNode("Root 2"))
array[0] += TreeNode("Child 1")
```

会翻译成：

```
val array = arrayOf(TreeNode("Root 1"), TreeNode("Root 2"))
array.get(0).plusAssign(TreeNode("Child 1"))
```

请注意，在这两种情况下都需要 get() 函数。

解构

我们已经看到了如何使用数据类实例的解构声明，一次声明多个变量，并将它们初始化为相应数据类属性的值。通过使用运算符重载，可以为任意类型启用此功能。您只需定义一个无参数的成员/扩展函数 componentN(,)，其中 N 是一个基于 1 的数字。然后，在由相应接收器类型的实例初始化的解构声明中，为每个条目分配一个由组件函数返回的值，该值带有相应的索引。

为了演示这种约定，让我们为前面一节中介绍的 RationalRange 类定义组件函数：

```
operator fun RationalRange.component1() = from
```

```
operator fun RationalRange.component2() = to
```

现在我们可以对我们的 RationalRange 实例应用解构：

```
fun main() {
    val (from, to) = r(1, 3)..r(1, 2)
    println(from)      // 1/3
    println(to)        // 1/2
}
```

在这方面，数据类没有什么不同。只是它们的组件函数是由编译器自动生成的，而不是显式编写的。Kotlin 标准库还包括一些扩展组件函数。这就是允许您分解 map 条目的原因：

```
val map = mapOf("I" to 1, "V" to 5, "X" to 10)
for ((key, value) in map) {
    println("$ key = $ value")
}
```

或提取列表或数组的第一个元素：

```
val numbers = listOf(10, 20, 30, 40, 50)
val (a, b, c) = numbers
println("$ a, $ b, $ c")  // 10, 20, 30
```

迭代

在第 3 章"定义函数"中，我们介绍了 for 循环语句，它可以应用于各种对象，包括字符串、范围和集合。允许我们使用 for 循环的共同特性是迭代器 iterator() 函数的存在，它返回相应的迭代器实例。通过将此函数定义为成员或扩展，您可以通过 for 语句为您喜欢的任何类型支持迭代。

作为一个例子，让我们看看在前面一节中介绍的 TreeNode 类的迭代：

```
operator fun<T> TreeNode<T> .iterator() = children.iterator()
```

现在，我们可以在 for 循环中使用 TreeNode 实例，而无须显式引用其子成员。以该项目为例：

```
fun main() {
    val content = TreeNode("Title").apply {
```

```
        addChild("Topic 1").apply {
            addChild("Topic 1.1")
            addChild("Topic 1.2")
        }
        addChild("Topic 2")
        addChild("Topic 3")
    }
    for (item in content) {
        println(item.data)
    }
}
```

运行它会打印：

```
Topic 1
Topic 2
Topic 3
```

我们对 Kotlin 中运算符重载的讨论到此结束。在下一节中，我们将讨论委托机制，它允许您在 Kotlin 代码中引入新的类型属性。

委托属性

委托属性为您提供了一种实现隐藏在简单语法外观后面的自定义属性访问逻辑的方法。我们已经看到了 lazy 委托的一个示例，它将属性计算推迟到第一次访问：

```
val result by lazy { 1 + 2 }
```

属性委托的简洁性使其成为设计易于使用的 API 和领域特定语言的有用工具。

与我们在前面几节中讨论的操作符一样，委托属性的实现基于一组约定，它允许您定义如何读取或写入属性，并控制委托对象本身的构造。在本节中，我们将更详细地讨论这些约定，并介绍 Kotlin 标准库提供的一些现成的代表。

标准委托

Kotlin 标准库包括一系列现成的委托实现，涵盖了许多常见用例。在第 4 章"使用类和对象"中，我们已经看到了这样一个委托惰性属性的委托示例：

```
val text by lazy { File("data.txt").readText() }
```

实际上,lazy()函数有三个版本,允许您在多线程环境中微调惰性属性的行为。默认情况下,它创建一个线程安全的实现,该实现使用同步来保证延迟值始终由单个线程初始化;在这种情况下,委托实例还充当同步对象。

必要时,还可以使用另一个lazy()版本指定自己的同步对象:

```
private val lock = Any()
val text by lazy(this) { File("data.txt").readText() }
```

您还可以通过传递 LazyThreadSafetyMode 枚举的值,在 3 种基本实现之间进行选择:

- SYNCHRONIZED:属性访问是同步的,因此只有一个线程可以初始化其值(默认情况下使用此实现);
- PUBLICATION:属性访问是以这样一种方式同步的,初始值设定项函数可以被多次调用,但只有第一次调用的结果才成为属性值;
- NONE:不同步属性访问;在多线程环境中,属性行为实际上是未定义的。

如果初始化函数有副作用,那么同步 SYNCHRONIZED 和发布 PUBLICATION 之间的主要区别就变得明显了。例如,如果我们有这样一个属性:

```
val myValue by lazy {
    println("Initializing myValue")
    123
}
```

消息最多打印一次,因为同步模式(默认情况下使用)确保初始化器不会被多次调用。但是,如果我们将安全模式更改为发布:

```
val myValue by lazy(LazyThreadSafetyMode.PUBLICATION) {
    println("Initializing myValue")
    123
}
```

属性值保持不变,但消息的打印次数与试图初始化 myValue 的线程的打印次数相同。

NONE 模式提供了最快的实现,并且在可以保证初始化器不会被多个线程调用时非常有用。一种常见情况是惰性局部变量:

```
fun main() {
    val x by lazy(LazyThreadSafetyMode.NONE) { 1 + 2 }
    println(x)          // 3
}
```

注意，如果属性保持未初始化状态，请抛出一个异常。因此，代理将在下一次访问尝试时试图重新初始化它。

一些标准代理可以由 kotlin. properties. Delegates 对象的成员构造。notNull() 函数提供一个委托，允许您延迟属性初始化：

```
import kotlin.properties.Delegates.notNull
var text: String by notNull()
fun readText() {
    text = readLine()!!
}
fun main() {
    readText()
    println(text)
}
```

notNull() 委托的语义基本上与 lateinit 属性的语义相同：在内部，null 值用作未初始化属性的标记，因此，如果在尝试读取时它仍然碰巧为 null，委托将抛出 NPE。在大多数情况下，使用 lateinit 属性而不是 notNull() 是值得的，因为 lateinit 具有更简洁的语法和更好的性能。lateinit 不支持基元类型的情况除外：

```
import kotlin.properties.Delegates.notNull
var num: Int by notNull() // Can't use lateinit here
fun main() {
    num = 10
    println(num)          // 10
}
```

函数的作用是：定义一个属性，当其值发生变化时，该属性会发送通知。它采用初始值 lambda，每次更改后都会调用该值：

```
import kotlin.properties.Delegates.observable
class Person(name: String, val age: Int) {
    var name: String by observable(name) { property, old, new ->
        println("Name changed: $ old to $ new")
    }
}
```

```
fun main() {
    val person =  Person("John", 25)
    person.name =  "Harry"          // Name changed: John to Harry
    person.name =  "Vincent"        // Name changed: Harry to Vincent
    person.name =  "Vincent"        // Name changed: Vincent to Vincent
}
```

请注意,即使新值与旧值相同,也会发送通知。如有必要,lambda 应自行检查。

vetoable()函数构造了一个类似的委托,但接收一个 lambda,它返回一个布尔值,并在实际修改之前被调用。如果此 lambda 返回 false,则属性值保持不变:

```
import kotlin.properties.Delegates.vetoable
var password: String by vetoable("password") { property, old, new ->
    if (new.length<8) {
        println("Password should be at least 8 characters long")
        false
    } else {
        println("Password is Ok")
        true
    }
}
fun main() {
    password =  "pAsSwOrD"          // Password is accepted
    password =  "qwerty"            // Password should be at least 8 characters long
}
```

如果您想同时使用变更前和变更后的通知,那么可以通过子类化 ObservableProperty 并重写 beforeChange()/afterChange()函数来实现自己的委托。

标准库还允许您使用映射存储/检索属性值,其中属性名称用作键。可以通过将映射实例用作委托来实现这一点:

```
class CartItem(data: Map<String, Any?> ) {
    val title: String by data
    val price: Double by data
    val quantity: Int by data
}
fun main() {
    val item =  Cartitem(mapOf(
        "title" to "Laptop",
        "price" to 999.9,
        "quantity" to 1
```

```
    ))
    println(item.title)          // Laptop
    println(item.price)          // 999.9
    println(item.quantity)       // 1
}
```

当您访问一个属性时,它的值会从一个映射中提取出来,并向下转换为期望的类型。应谨慎使用映射委托,因为它们破坏了类型安全性。特别是,如果属性值不包含预期类型的值,则访问该属性值将失败,并出现强制转换异常。

使用此功能,还可以定义由可变映射支持的可变变量:

```
class CartItem(data: MutableMap<String, Any?> ) {
    var title: String by data
    var price: Double by data
    var quantity: Int by data
}
```

如果标准委托还不够呢? 在这种情况下,您可以通过遵循语言约定来实现自己的委托。我们将在下一节中看到如何做到这一点。

创建自定义委托

要创建自己的属性委托,需要一个定义特殊运算符函数的类型,该函数实现属性值的读取和写入。读取函数必须命名为 getValue,并具有两个参数:

1) receiver(接收人):包含接收人值,必须与委托财产的接收人(或其超类型)类型相同;
2) property(属性):包含表示属性声明的反射对象,它必须是 KProperty< * > 类型或其超类型。

参数名实际上并不重要,重要的只是它们的类型。getValue()函数的返回类型必须与委托属性(或其子类型)的类型相同。

例如,让我们创建一个代理来存储属性值,将其与特定接收器关联以创建一种缓存:

```
import kotlin.reflect.KProperty

class CachedProperty<in R, out T : Any> (val initializer: R.() ->  T) {
    private valcachedValues =  HashMap<R, T> ()

    operator fun getValue(receiver: R, property: KProperty< * > ): T {
        return cachedValues.getOrPut(receiver) { receiver.initializer() }
```

```
        }
    }
    fun <R, T : Any> cached(initializer: R.() -> T)= CachedProperty(initializer)
    class Person(val firstName: String, val familyName: String)
    val Person.fullName: String by cached { "$ firstName $ familyName" }
    fun main() {
        val johnDoe = Person("John", "Doe")
        val harrySmith = Person("Harry", "Smith")
        // johnDoe 接收器的首次访问,计算并存储到缓存
        println(johnDoe.fullName)
        // harrySmith 接收器的首次访问,计算并存储到缓存
        println(harrySmith.fullName)
        // 对 johnDoe 接收器的重复访问,从缓存中获取
        println(johnDoe.fullName)
        // harrySmith 接收器的重复访问,从缓存中获取
        println(harrySmith.fullName)
    }
```

由于 fullName 是一个顶级属性,它的委托成为全局状态的一部分,对于特定的接收器,属性值只初始化一次(如果我们把多线程问题放在一边)。

Kotlin. Property 中的 ReadOnlyProperty 接口包可以作为创建自定义只读委托的良好起点。此接口定义了 getValue()运算符的抽象版本,您需要在自己的类中实现它:

```
interface ReadOnlyProperty<in R, out T> {
    operator fun getValue(thisRef: R, property: KProperty< * > ): T
}
```

对于可以应用于 var 属性的读写委托,还需要定义在每次属性赋值时调用的相应 setValue()函数。此函数必须具有单位返回类型,并采用三个参数:

1) receiver(接收方):与 getValue()含义相同;

2) property(属性):与 getValue()含义相同;

3) newValue(属性的新值):必须与属性本身(或其超类型)具有相同的类型。

在下面的示例中,我们定义了一个委托类,它实现了 lateinit 属性的最终版本,不允许多次初始化它:

```
import kotlin.reflect.KProperty
class FinalLateinitProperty<in R, T : Any> {
    private lateinit var value: T
```

```kotlin
    operator fun getValue(receiver: R, property: KProperty< * > ): T {
        return value
    }

    operator fun setValue(receiver: R,
                          property: KProperty< * >,
                          newValue: T) {
        if (this::value.isInitialized) throw IllegalStateException(
            "Property $ {property.name} is already initialized"
        )
        value = newValue
    }
}
fun <R, T : Any> finalLateInit() = FinalLateinitProperty<R, T>()
var message: String by finalLateInit()
fun main() {
    message = "Hello"
    println(message)                // Hello
    message = "Bye"                 // 异常:属性消息已初始化
}
```

Kotlin 标准库还包括 ReadOnlyProperty 接口的可变版本,称为 ReadWriteProperty。类似的,您可以在委托类中实现此接口:

```kotlin
public interface ReadWriteProperty<in R, T> {
    operator fun getValue(thisRef: R, property: KProperty< * >): T
    operator fun setValue(thisRef: R, property: KProperty< * >, value: T)
}
```

请注意,getVersion()/setVersion() 函数可以定义为成员或扩展。后一个选项允许您将任何对象转换为某种委托。特别是,对 Map/MutableMap 实例的委托由 Kotlin 标准库中的扩展函数实现:

```kotlin
inline operator fun<V, V1 : V> Map<in String, V>.getValue(
    thisRef: Any?,
    property: KProperty< * >
): V1 {...}
```

自 Kotlin 1.1 以来,您可以通过 provideDelegate() 函数控制委托实例化。默认情况下,委托实例由属性声明中 by 关键字后面的表达式定义。或者,您也可以通过 provideDelegate() 函数。与 getValue() 类似,该函数将属性 receiver 和 reflection 对象作为参数,而不是检索属性值,返回实际的委托对象。当委托需要属性元数据进行正确初始化时,这可能很有用。

假设我们想引入@NoCache 注释，它可以防止属性缓存。在这种情况下，我们希望我们的 CachedProperty 实现在属性初始化期间尽早抛出异常，而不是将失败推迟到访问属性的那一刻。我们可以通过添加委托提供程序来实现这一点，该提供程序在创建委托之前验证目标属性：

```
@ Target(AnnotationTarget.PROPERTY)
annotation class NoCache

class CachedPropertyProvider<in R, out T : Any> (
    val initializer: R.() -> T
) {
    operator fun provideDelegate(
        receiver: R,
        property: KProperty< * >
    ): CachedProperty<R, T> {
        if (property.annotations.any{ it is NoCache }) {
            throw IllegalStateException("$ {property.name} forbids caching")
        }
        return CachedProperty(initializer)
    }
}
class CachedProperty<in R, out T : Any> (val initializer: R.() -> T) {
    private valcachedValues = HashMap<R, T> ()
    operator fun getValue(receiver: R, property: KProperty< * > ): T {
        return cachedValues.getOrPut(receiver) { receiver.initializer() }
    }
}
fun <R, T : Any> cached(initializer: R.() -> T) =
    CachedPropertyProvider(initializer)
```

现在，当我们尝试在带有@NoCache 注释的属性上使用缓存委托时，提供程序将失败并出现错误：

```
class Person(val firstName: String, valfamilyName: String)

@ NoCachevalPerson.fullName: String by cached {
    if (this ! = null) "$ firstName $ familyName" else ""
}

fun main() {
    val johnDoe = Person("John", "Doe")
    println(johnDoe.fullName)    // Exception
}
```

```
    }
```

与委托访问器一样，provideDelegate()可以实现为成员或扩展函数。

委托代表

在结束我们对委托属性的讨论后，让我们谈谈如何表示委托以及如何在运行时访问委托。

在运行时，委托存储在单独的字段中，而属性本身会自动生成访问器，这些访问器调用委托实例的相应方法。例如以下代码：

```
class Person(val firstName: String, val familyName: String) {
    var age: Int by finalLateInit()
}
```

实际上等同于以下内容，但委托字段 age $ delegate 不能在 Kotlin 代码中明确使用：

```
class Person(val firstName: String, val familyName: String) {
    private val `age$ delegate` = finalLateInit<Person, Int> ()
    var age: Int
        get() = `age$ delegate`.getValue(this, this::age)
        set(value) {
            `age$ delegate`.setValue(this, this::age, value)
        }
}
```

反射 API 允许您通过其 getDelegate()成员使用相应的属性对象访问委托值。签名根据接收者的数量而变化。例如：

```
import kotlin.reflect.jvm.isAccessible
class Person(val firstName: String, val familyName: String) {
    val fullName by lazy { "$ firstName $ familyName" }
}

fun main() {
    val person =  Person("John", "Doe")
// KProperty0: all receivers are bound
    println(
        person::fullName
            .apply { isAccessible =  true }
            .getDelegate()!!::class.qualifiedName
    )                                 // kotlin.SynchronizedLazyImpl
```

```
// KProperty1: single receiver
    println(
        Person::fullName
            .apply { isAccessible = true }
            .getDelegate(person)!!::class.qualifiedName
    )                              // kotlin.SynchronizedLazyImpl
}
```

请注意,需要使用 isAccessible ＝ true 来访问存储委托实例的私有字段。

如果我们的属性被定义为一个扩展呢？在这种情况下,委托实例在所有可能的接收者之间共享,我们可以使用 getExtensionDelegate()获得它,而无须指定任何特定的接收者实例：

```
val Person.fullName: String by cached { "$ firstName $ familyName" }
fun main() {
    println(
        Person::fullName
            .apply { isAccessible = true }
            .getExtensionDelegate()!!::class.qualifiedName
    )                              // CachedProperty
}
```

高阶函数和 DSL

在本节中,我们将演示如何使用类型安全构建器设计特定领域语言。这项任务不需要任何新知识。相反,它将只依赖于我们在 Kotlin 中学到的关于高阶函数的知识。

具有中缀函数的 Fluent DSL

我们的第一个示例将演示如何使用中缀函数创建流畅的 APIs。我们将使用受 SQL 启发的语法创建一个用于查询收集数据的简单 DSL。

换句话说,我们希望能够以以下方式编写代码(熟悉 C＃的读者可能会认识到与 LINQ 的相似性)：

```
val nums = listOf(2, 8, 9, 1, 3, 6, 5)
val query = from(nums) where { it > 3 } select { it* 2 } orderBy { it }
println(query.items.toList())
```

基本上,我们希望我们的查询包括：

1）from 子句指定原始集合；

2）后跟可选的 where 子句，该子句指定过滤条件；

3）后跟可选的 select 子句，将原始数据映射到输出值；

4）当存在 select 时，我们也可以使用可选的 orderBy 子句，该子句指定一个排序键。

那么我们如何实现这样的 API 呢？首先，让我们定义一些表示查询中间结构的类。由于它们大多数代表一种数据集，无论是原始收集还是过滤结果，我们将引入一个通用接口，能够返回结果项序列：

```kotlin
interface ResultSet<out T> {
    val items: Sequence<T>
}
```

现在我们可以定义表示查询组件的类：

```kotlin
class From<out T> (private val source: Iterable<T> ) : ResultSet<T> {
    override val items: Sequence<T>
        get() = source.asSequence()
}

class Where<out T> (
    private val from: ResultSet<T> ,
    private val condition: (T) -> Boolean
) :ResultSet<T> {
    override val items: Sequence<T>
        get() = from.items.filter(condition)
}

class Select<out T, out U> (
    private val from: ResultSet<T> ,
    private val output: (T) -> U
) :ResultSet<U> {
    override val items: Sequence<U>
        get() = from.items.map(output)
}

class OrderBy<out T, in K : Comparable<K> > (
    private val select: ResultSet<T> ,
    private val orderKey: (T) -> K
) :ResultSet<T> {
    override val items: Sequence<T>
        get() = select.items.sortedBy(orderKey)
}
```

现在我们已经有了构建块，可以根据 DSL 的要求定义一组中缀函数来将它们连接在一起：

```
// where may follow from
infix fun <T> From<T> .where(condition: (T) -> Boolean) =
    Where(this, condition)

// select may follow either from or where
infix fun <T, U> From<T> .select(output: (T) -> U) =
    Select(this, output)
infix fun <T, U> Where<T> .select(output: (T) -> U) =
    Select(this, output)
// orderBy may follow select
infix fun <T, K : Comparable<K> > Select< * , T> .orderBy(
    orderKey: (T) -> K
) = OrderBy(this, orderKey)
```

最后一部分是 from() 函数，它启动一个查询：

```
fun<T> from(source: Iterable<T> ) = From(source)
```

现在是最初的例子：

```
val nums = listOf(2, 8, 9, 1, 3, 6, 5)
val query = from(nums) where { it > 3 } select { it* 2 } orderBy { it }
println(query.items.toList())
```

将编译并正确打印：

```
[10, 12, 16, 18]
```

请注意，类型安全确保拒绝不符合我们预期语法的查询。例如，以下代码不会编译，因为只允许一个 where 子句：

```
val query= from(nums)where { it> 3 } where { it < 10 }
```

然而，如果我们想允许多个 where 子句，那么只需要再添加一个中缀函数：

```
infix fun<T> Where<T> .where(condition: (T) -> Boolean) =
    Where(this, condition)
```

现在让我们看一个更复杂的示例，它具有嵌套结构。

使用类型安全的构建器

设计 DSL 的一种常见情况是层次结构的表示,其中一些域对象可以嵌套在其他域对象中。在 Kotlin 中,您有一个强大的解决方案,通过将生成器函数与扩展 lambda 相结合,可以以某种声明性的方式表达此类结构。让我们看看如何通过一个简单组件布局 DSL 的示例来实现它们。

我们的目标将是一个 API,它将允许我们用以下方式描述程序 UI:

```kotlin
fun main() {
    val form = dialog("Send a message") {
        borderLayout {
            south = panel {
                + button("Send")
                + button("Cancel")
            }
            center = panel {
                verticalBoxLayout {
                    + filler(0, 10)
                    + panel {
                        horizontalBoxLayout {
                            + filler(5, 0)
                            + label("Message: ")
                            + filler(10, 0)
                            + textArea("")
                            + filler(5, 0)
                        }
                    }
                    + filler(0, 10)
                }
            }
        }
    }
    form.size = Dimension(300, 200)
    form.isVisible = true
}
```

基本上,我们希望我们的 DSL 能做到以下几点:

- 描述 UI 组件的层次结构;
- 支持标准布局管理器,如 BorderLayout 或 BoxLayout;
- 提供帮助函数来创建和初始化常用组件,如按钮、文本字段、面板和窗口。

图 11.2 显示了由上述代码生成的窗口：

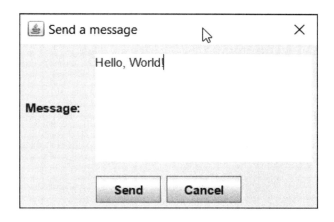

图 11.2 由布局 DSL 产生的窗口

我们如何实现这种语言？首先，让我们看看 UI 描述中涉及哪些类型的对象：

- 按钮或文本字段等简单组件，没有嵌套结构。
- 容器，如面板或窗口：您可以将一些布局附加到它们，或直接通过＋操作符添加嵌套组件。
- 布局，允许您指定相应容器的子组件。具体细节取决于特定的布局：例如，边界布局将子元素绑定到预定区域（北、南等），而长方体布局允许您按顺序添加组件，将它们放置在一行或一列中。

像 button() 之类的函数是最简单的部分，因为它们只包装组件构造函数，没有任何额外的处理：

```
fun label(text: String) = JLabel(text)

fun button(text: String) = JButton(text)

fun textArea(text: String) = JTextArea(text)
```

一个更有趣的例子是 panel() 函数，它接收一个包含嵌套组件定义的 lambda。为了维护容器状态，我们将引入 ContainerBuilder 类，它允许您添加嵌套组件并定义布局：

```
class ContainerBuilder(private val container: Container) {
    operator fun Component.unaryPlus() = apply { container.add(this) }

    fun borderLayout(body: BorderLayoutBuilder.() -> Unit) {
        BorderLayoutBuilder(container).body()
    }
```

```
    fun horizontalBoxLayout(body: BoxLayoutBuilder.() -> Unit) {
        BoxLayoutBuilder(container, BoxLayout.LINE_AXIS).body()
    }

    fun verticalBoxLayout(body: BoxLayoutBuilder.() -> Unit) {
        BoxLayoutBuilder(container, BoxLayout.PAGE_AXIS).body()
    }
}
```

现在我们可以定义 panel()和 dialog()函数：

```
fun panel(body: ContainerBuilder.() -> Unit) = JPanel().apply {
    ContainerBuilder(this).body()
}
fun dialog(
    title: String,
    body: ContainerBuilder.() -> Unit
): JDialog = JDialog().apply {
    this.title = title
    pack()
    defaultCloseOperation = JDialog.DISPOSE_ON_CLOSE
    ContainerBuilder(contentPane).body()
}
```

您可以看到，这些函数采用 lambda，它是 ContainerBuilder 类的扩展。这允许我们在 lambda 中直接调用 ContainerBuilder 的成员，因为这个接收器是隐式假定的。例如，以下部分：

```
panel {
    horizontalBoxLayout {
        + filler(5, 0)
        ...
    }
}
```

真正的意思是：

```
panel {
    this.horizontalBoxLayout {
// dispatch receiver of BoxLayoutBuilder is implicit
        filler(5, 0).unaryPlus()
        ...
    }
}
```

布局呢？我们可以用类似的方式定义它们的构建器，记住不同布局之间的 API 差异。
例如：

```
class BoxLayoutBuilder(private val container: Container, direction: Int) {
    init {
        container.layout = BoxLayout(container, direction)
    }
    operator fun Component.unaryPlus() = apply { container.add(this) }
    fun filler(width: Int, height: Int) =
        Box.createRigidArea(Dimension(width, height))
}
```

我们向 BoxLayoutBuilder 中添加了 unaryPlus()，因为我们希望按顺序添加其子项，就像
我们使用类似容器的面板一样。对于 BorderLayoutBuilder，我们需要一组属性，如
north、south、west 等，它们保留添加组件的值，并在更改时将其添加到容器中。我们可
以将这种逻辑打包成各种可观察的委托：

```
fun constrained(
    container: Container,
    constraint: Any?
) = observable<Component?> (null) { _, _, value ->
    container.add(value, constraint)
}
class BorderLayoutBuilder(container: Container) {
    init {
        container.layout = BorderLayout()
    }

    var north by constrained(container, BorderLayout.NORTH)
    var south by constrained(container, BorderLayout.SOUTH)
    var west by constrained(container, BorderLayout.WEST)
    var east by constrained(container, BorderLayout.EAST)
    var center by constrained(container, BorderLayout.CENTER)
}
```

许多 Kotlin DSL 以类似的方式实现。在接下来的章节中，我们将更深入地了解一些针对
常见任务的语言：测试规范、Android 应用程序中的 UI 描述、Web 应用程序中的请求处
理规则以及 HTML 的类型安全生成。现在，我们还有一个话题要讨论，即如何控制生成
器函数的范围。

@DslMarker

当使用分层 DSL 时,就像我们在上一节中讨论的那样,您可能会发现外部块的成员正在泄漏到嵌套的作用域中。例如,使用我们的布局 DSL,我们可以编写:

```
val myPanel = panel {
    borderLayout {
        borderLayout {
        }
    }
}
```

这当然是无意的,因为我们不希望版面本身有版面介绍函数。上面显示的代码仍然正确,两个 borderLayout()调用都有相同的接收器,换句话说,传递给最外层 lambda 的 ContainerBuilder 实例。问题是,这些接收器中的每一个不仅在其声明范围内可用,而且在所有嵌套范围内也可用。如果我们让接收者明白,我们的代码会是这样的:

```
val myPanel = panel {
    this@ panel.borderLayout {
        this@ panel.borderLayout {
        }
    }
}
```

现在,很明显,两个接收器是相同的。

因此,即使隐式接收器泄漏到嵌套作用域中不会破坏类型安全性,但它肯定会产生误导,从而导致代码容易出错,尤其是当所讨论的代码是通常具有大量嵌套扩展 lambda 的 DSL 时。因此,Kotlin 1.1 引入了@DslMarker 注释,这有助于 DSL 设计者限制隐式接收器的可见性。

@DslMarker 是一种元注释,用于注释自己的注释类,用作特定 DSL 的标记。为此,我们引入@LayoutDsl:

```
@ DslMarker
annotation class LayoutDsl
```

现在,我们使用@LayoutDsl 注释在 DSL 块中用作接收器的类。在我们的例子中,这些是 ContainerBuilder、BorderLayoutBuilder 和 BoxLayoutBuilder:

```
@ LayoutDsl
class ContainerBuilder(private val container: Container) {...}

@ LayoutDsl
class BorderLayoutBuilder(container: Container) {...}

@ LayoutDsl
class BoxLayoutBuilder(private val container: Container, direction: Int) {...}
```

如果所讨论的类有一个公共超类型,那么可以改为注释该超类型。DSL 标记注释会自动影响所有子类型。

既然编译器知道这些类属于同一个 DSL,就不允许在嵌套的作用域中使用相应的接收器。例如,我们的原始片段现在会产生一个编译错误:

```
val myPanel =  panel {
    borderLayout {
        borderLayout{                    // Error: DSL scope violation
        }
    }
}
```

请注意,@DslMarker 只禁止隐式接收器泄漏。如有必要,您仍然可以使用显式:

```
val myPanel =  panel {
    borderLayout {
        this@ panel.borderLayout{// Correct
        }
    }
}
```

结 论

本章向我们介绍了 Kotlin 语言的高级功能,这些功能有助于设计特定于领域的内部语言,从而将使用的简单性与 Kotlin 编译器确保的类型安全性结合起来。我们学习了允许开发人员定义重载运算符的约定,了解了委托属性的标准实现,并讨论了如何创建自己的属性。最后,我们看到了函数式编程以及类型安全构建器如何帮助设计分层 DSL。

在下一章中,我们将讨论 Java/Kotlin 互操作性问题。我们将看到如何从 Java 代码使用 Kotlin 声明,反之亦然,如何为 Java 客户机调用基于 Kotlin 的 API,以及 Kotlin 工具如何帮助 Java 代码自动转换为 Kotlin。

问题

1. Kotlin 中有哪些运算符重载约定？
2. 描述标准的委托实现。
3. 属性代理使用的约定是什么？给出一个自定义委托实现的示例。
4. 如何在运行时访问委托值？
5. 描述如何使用高阶函数设计特定领域语言。
6. 解释@DslMarker 注释的含义。

12

Java 互操作性

在本章中，我们将向您介绍与 Java 和 Kotlin 代码之间的互操作性相关的各种主题。在 Java 代码必须与 Kotlin 共存的混合项目中，这一方面起着重要作用。得益于良好的 JVM 互操作性，您可以轻松地将 Kotlin 添加到现有项目中，或逐步转换 Java 代码，而不需要对其环境进行太多更改。

我们将了解 Kotlin 和 Java 类型如何相互映射，Kotlin 声明如何从 Java 的角度呈现，反之亦然，并了解可以帮助您定制 Java/Kotlin 互操作性的语言功能。

结构

- 从 Kotlin 使用 Java 代码
- 从 Java 使用 Kotlin 代码

目标

学习 Kotlin 声明和类型如何映射到 Java，以及如何在单个代码库中混合使用这两种语言。

从 Kotlin 使用 Java 代码

由于 Kotlin 的主要目标之一是 JVM，因此在 Kotlin 中使用 Java 代码非常简单。有些问题主要是因为 Java 中没有 Kotlin 的一些功能。例如,Java 没有将空安全性合并到它的类型系统中,而 Kotlin 总是显式地指定它们是否可以为空。Java 类型通常缺少此类信息。在本节中,我们将讨论如何从 Java 和 Kotlin 两方面解决此类问题。

Java 方法和字段

在大多数情况下,使用 Java 方法时,Kotlin 不会引起关注,因为它们被公开为普通的 Kotlin 函数。未封装的字段可以使用,比如带有普通访问器的 Kotlin 属性。不过,值得记住的是,语言细节带来的一些细微差别。

单元与无效

Kotlin 没有表示无返回值的 void 关键字,因此 Java 中的每个 void 方法在 Kotlin 中都作为 Unit 函数可见。如果调用这样一个函数并在某个地方使用调用结果(例如,将其分配给变量),编译器将生成对 Unit 对象的引用。

运算符约定

一些 Java 方法,比如 Map. get()可能满足 Kotlin 运算符约定。在 Kotlin 中,您可以在 operator 表单中使用它们,即使它们没有 operator 关键字。例如,由于 Java Reflection API 中的 Method 类具有 invoke()方法,因此我们可以像函数一样使用它:

```
val length= String::class. java.getDeclaredMethod("length")
println(length("abcde"))        // 5
```

但是,Java 方法不支持中缀调用。

合成特性

尽管 Java 本身没有属性,但使用 getter 和 setter 还是很常见的。因此,Kotlin 编译器将 getter/setter 对公开为合成属性,您可以访问这些属性,类似于普通 Kotlin 属性。访问者必须遵循以下约定:

• getter 必须是无参数方法,且名称以 get 开头;
• setter 必须有一个参数和一个以 set 开头的名称。

例如,假设您有 Java 类:

```java
public class Person {
    private String name;
    private int age;
    public Person(String name, int age) {
        this.name = name;
        this.age = age;
    }
    public String getName() {
        return name;
    }
    public void setName(String name) {
        this.name = name;
    }
    public int getAge() {
        return age;
    }
    public void setAge(int age) {
        this.age = age;
    }
}
```

在 Kotlin 中,您可以使用其实例,就好像它们有一对可变属性,例如名称和年龄:

```kotlin
fun main() {
    val person = Person("John", 25)
    person.name = "Harry"
    person.age = 30
    println("${person.name}, ${person.age}")          // Harry, 30
}
```

当只有 getter 方法时,这个约定也有效。在这种情况下,结果属性是不可变的。如果 Java 类有 setter 方法,但没有 getter,则不会公开任何属性,因为 Kotlin 当前不支持只写属性。

或者,getter 名称可以以 is 开头。在本例中,合成属性与 getter 同名。假设我们通过添加一个带有访问器的布尔字段来扩展上面的 Person 类:

```java
public class Person {
    ...
    private boolean isEmployed;
    public boolean isEmployed() {
```

```
        return isEmployed;
    }
    public void setEmployed(boolean employed) {
        isEmployed =  employed;
    }
}
```

Kotlin 代码可以使用 isEmployed 属性调用这些访问器。

 IDE 提示：您也可以使用普通方法调用而不是合成属性，但这被认为是多余的。默认情况下，IntelliJ 插件会对此类调用发出警告，建议您用合成属性访问替换它们（参见图 12.1）：

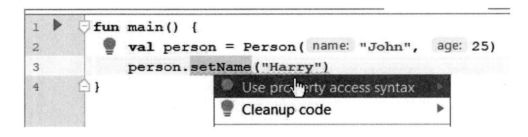

图 12.1 转换一个明确的制定者调用，以财产转让

请注意，合成属性语法仅适用于在非 Kotlin 代码中声明的方法。为此，不能使用 Kotlin 源文件中定义的 get/set 方法。

平台类型

由于 Java 不区分可空类型和不可空类型，因此 Kotlin 编译器通常不能对来自 Java 代码的对象可空性作出任何假设。然而，将它们公开为可空是不切实际的，因为在 Kotlin 代码中必须处理大量虚假的可空性检查。因此，当涉及 Java 类型时，Kotlin 编译器放松了空安全性，并且不将它们公开为具有明确空性的类型。在 Kotlin 中，源于 Java 代码的对象属于特殊的平台类型，基本上构成了可空和不可空版本之间的类型范围。这些类型提供的空安全保证与 Java 中的基本相同。您可以在可为 Null 和不可为 Null 的上下文中使用它们的值，但在运行时使用 NullPointerException 可能会失败。

考虑以下 Java 类：

```
public class Person {
    private String name;
    private int age;

    public Person(String name, int age) {
        this.name = name;
        this.age = age;
    }

    public String getName() { return name; }
    public void setName(String name) { this.name = name; }
    public int getAge() { return age; }
    public void setAge(int age) { this.age = age; }
}
```

让我们试着从 Kotlin 代码中使用它：

```
fun main() {
    val person = Person("John", 25)
    println(person.name.length)  // 4
}
```

在前面的代码中，person. name 有一个平台类型，因为编译器不知道它是否可以为 null。尽管如此，代码仍会编译，但当程序尝试访问 length 属性时，可空性检查将推迟到运行时。如果我们将其更改为以下代码，程序仍将编译，但在运行时失败：

```
fun main() {
    val person = Person("null ", 25)
    println(person.name.length)  // 4
}
```

请注意，平台类型可能不会在 Kotlin 源代码中显式编写，它们只由编译器构造。然而，您可以在 IntelliJ IDEA 插件中看到它们。例如，如果将"显示表达式类型"（Show expression type）操作（Ctrl＋Shift＋P/Cmd＋Shift＋P）应用于 person. name 表达式，您将看到它的类型是 String!（见图 12.2）。这种表示法意味着这种类型的值可以同时作为字符串的两个值 String? 和 String：

```
1
2  ▶  ┌ fun main() {                    String!
3         val person = Perso   name: "John",   age: 25)
4         println(person.name.length)
5     └ }
```

图 12. 2   IntelliJ IDEA 中的平台类型表示

如果将平台类型的表达式赋给变量或从函数返回,而不指定显式类型则会传播。例如:

```
import java.math.BigInteger
// BigInteger! return type
fun Int.toBigInt() = BigInteger.valueOf(toLong())
val num = 123.toBigInt()          // BigInteger! type
```

如果显式指定类型,则会将平台类型强制为可空或不可空:

```
import java.math.BigInteger
// BigInteger (non- nullable) return type
fun Int.toBigInt(): BigInteger = BigInteger.valueOf(toLong())
val num = 123.toBigInt()          // BigInteger (non- nullable) type
```

IDE 提示:IntelliJ 插件可以警告您平台类型的隐式传播,并建议显式指定类型
或添加 not一null 断言!!(如图 12.3 所示):

```
1    import java.math.BigInteger
2       💡
3    fun Int.toBigInt() = BigInteger.valueOf(toLong())
4             🔵 Specify return type explicitly  ▶
5    val num = 123.  💡 Add non-null asserted (!!) call ▶
```

图 12. 3   入门除掉的平台型传播

如果我们将平台类型强制转换为不可为 null 的类型,编译器将生成一个断言。这样可以
确保程序在赋值过程中失败,而不是在稍后访问赋值时失败。

Kotlin 还使用平台类型来表示 Java 集合类型。其原因与可为 null 的类型类似。与 Kotlin 不同,Java 不区分可变集合和不可变集合。因此,在 Kotlin 中,标准集合类型(如 List、Set 或 Map)的每个 Java 源实例看起来像是可变版本和可变版本之间的某个范围。在 IDE 中,这些类型通过添加(可变)前缀来表示(例如,图 12.4)。

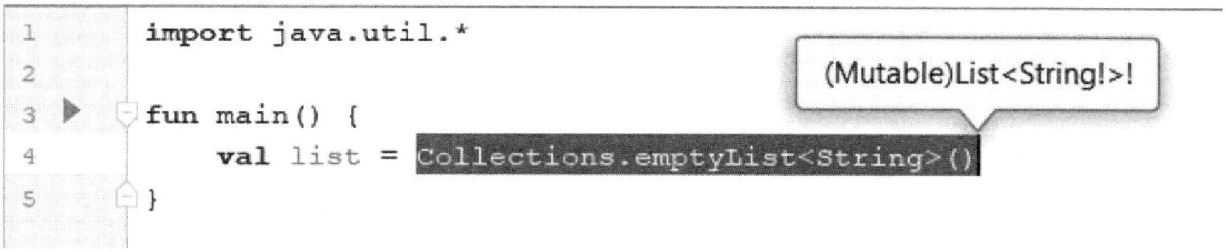

图 12.4　可变平台类型

可空性注释

在 Java 世界中,空安全问题的常见解决方案是使用特殊类型注释。像 IntelliJ IDEA 这样的现代开发环境可以利用这些注释来报告可能违反可空性契约的情况。其中一些还受到 Kotlin 编译器的支持。在这种情况下,相应的类型被公开为可为 null 或不可为 null (取决于所使用的注释),并且不使用平台类型。例如,如果我们从前面的示例中注释 Person 类:

```
import org.jetbrains.annotations.NotNull;

public class Person {
    @ NotNull private String name;
    private int age;
    public Person(@ NotNull String name, int age) {
        this.name = name;
        this.age = age;
    }

    @ NotNull public String getName() { return name; }
    public void setName(@ NotNull String name) { this.name = name; }
    public int getAge() { return age; }
    public void setAge(int age) { this.age = age; }
}
```

Kotlin 代码中的类型将反映这些变化,如图 12.5 所示:

图 12.5 有@NotNull 注解暴露的 Java 类型

Kotlin 编译器支持的一些可空性注释包括（您可以在 kotlinlang. org 上的 Kotlin 文档中找到更全面的列表）：

- JetBrains@Nullable 和@NotNull（来自 org. JetBrains. annotations 包）；
- 来自 Android SDK 的多种@Nullable 和@NonNull 注释；
- JSR-305 可空性注释，例如@Nonnull（来自 javax. annotation 包）。

> IDE 提示：JetBrains 注释库不会自动添加到项目依赖项中，但可以在必要时轻松配置。如果@Nullable/@NotNull 注释不可用，您可以在未解析注释引用上按 Alt＋Enter，然后选择将注释添加到类路径操作，如图 12.6 所示：

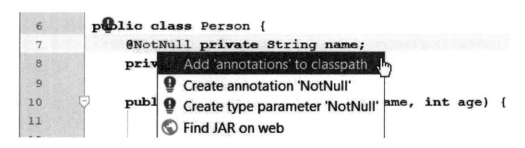

图 12.6 配置 JetBrains 注释库

请注意，自 Java 8 以来，如果 nullability 注释支持 ElementType. TYPE_USE 目标，则可以对泛型声明的类型参数进行注释。例如，JetBrains @Nullable/@NotNull 注释从版本 15 开始支持此目标，因此我们可以编写以下代码：

```
public class Person {
    ...
    @ NotNull private Set< @ NotNull Person> friends = new HashSet< > ();
    @ NotNull public Set< @ NotNull Person> getFriends() { return friends; }
}
```

在 Kotlin 中,getFriends()方法的返回类型类似于(Mutable)Set<Person> :

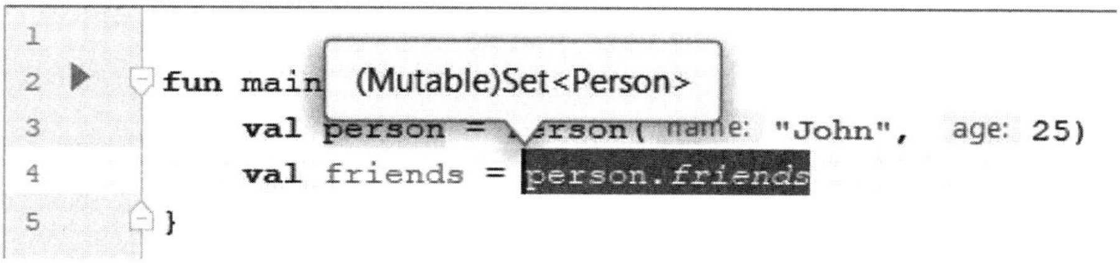

```
1
2  ▶   fun main   (Mutable)Set<Person>
3         val person =  Person( name: "John",   age: 25)
4         val friends = person.friends
5      }
```

图 12.7　不可为空的类型参数

当类型参数没有注释时,Kotlin 编译器必须为它们使用平台类型,因此, 以下 Kotlin 示例代码中,person. friends 的类型将是(Mutable)Set<Person! > :

```
public class Person {
    ...
    @ NotNull private Set<Person> friends = new HashSet< > ();
    @ NotNull public Set<Person> getFriends() { return friends; }
}
```

Java/Kotlin 类型映射

有些类型在 Kotlin 和 Java 中有类似的含义。例如,像 int 和 boolean 这样的 Java 基元类型对应于 Kotlin 的内置类型(分别是 int 和 boolean),而 java. util. List 列表对应于平台类型(可变)列表。在处理 Kotlin 代码中 Java 声明的使用时,Kotlin 编译器能够将 Java类型映射到它们的 Kotlin 对应类型,在为 JVM 编译 Kotlin 代码时,反之亦然。在本节中,我们将讨论 Java/Kotlin 类型映射的基本规则。

首先,Java 基本类型及其装箱版本映射到 Kotlin 中相应的基本类型,如表 12.1。

表 12.1　Java/Kotlin 类型映射

Java 类型	Kotlin 类型
byte/Byte	Byte
short/Short	Short
int/Integer	Int
long/Long	Long
char/Character	Char
float/Float	Float
double/Double	Double

这种映射也可以反向工作。基本 Kotlin 类型的 JVM 值由 JVM 基元类型或相应的装箱类表示，具体取决于该值的使用方式。Int? 的值，例如，将由 java.lang.Integer 实例表示，因为 null 不能存储为 Java 的 int 值。

一些来自 java.lang 包的非原始内置类被映射到 kotlin 包中相应的类（反之亦然）。两种情况下的类名称相同；唯一的例外是对象，它映射到 Kotlin 的 Any：

- Object（对象）
- Cloneable（可克隆）
- Comparable（可比较）
- Enum（枚举）
- Annotation（注解）
- CharSequence（字符序列）
- String（字符串）
- Number（数字）
- Throwable（可投掷）

请注意，映射 Java 类的静态成员（例如 Long.valueOf()）不能直接被 Kotlin 对应类的伙伴访问。要使用它们，您需要提到相应 Java 类的限定名称：

```
val n = java.lang.Long.bitCount(1234)
```

Kotlin 中的标准集合类型（可变和不可变）映射到 java.util 包中相应的集合类型。如前所述，反向映射生成平台类型，因为标准 Java 集合对可变和不可变实现使用相同的 API。映射类型如下所示：

- Iterable/Iterator/ListIterator（可迭代/迭代器/列表迭代器）
- Collection（集合）
- Set（集合）
- List（列表）
- Map/Map.Entry（地图/地图.入口）

由于语法不同，泛型类型之间的映射涉及一些不那么琐碎的转换：
- Java 中的扩展通配符对应于 Kotlin 中的协变投影，如 TreeNode<? extends Person > 映射扩展到 TreeNode<out Person> 。

- 超级通配符映射到逆变投影：TreeNode <? super Person > vs. TreeNode < in Person > ;
- Java 中的原始类型由带有星形投影的类型表示：TreeNode 变为 TreeNode< * > 。

原语类型的 Java 数组（如 int[]）被映射到相应的专用数组类（如 IntArray），以避免装箱/拆箱操作。任何其他数组都表示为特殊平台类型 Array<(out)T> （也可以是可为空的平台：例如 Array<(out)String>!)它结合了 Array<T> 和 Array<out T> 。这尤其允许您将子类型数组传递给需要超类型数组的 Java 方法。例如，以下代码将字符串数组作为 Object[]参数的值传递：

```
import java.util.*
fun main() {
    val strings =  arrayOf("a", "b", "c")
    println(Arrays.deepToString(strings))
}
```

这种行为与数组类型是协变的 Java 语义一致。Kotlin 数组是不变的，所以这个技巧不适用于 Kotlin 方法，除非将数组类型限制为其向外投影，如 in Array<out Any> 。

单一抽象方法接口

如果您有一个带有单个抽象方法的 Java 接口（简称 SAM 接口），那么它的行为本质上类似于 Kotlin 函数类型。这实际上类似于 Java 8＋，它支持将 lambda 自动转换为适当的 SAM 类型实例。Kotlin 使您能够在预期使用 Java SAM 接口的上下文中使用 lambda，这叫作 SAM 转换。例如，让我们看看 JDK ExecutorService 类，它的 API 允许您注册一些异步计算任务。它的 execute()方法接收一个可运行的对象：

```
public interface Runnable {
    public void run();
}
```

由于 Runnable 在 Kotlin 中被限定为 SAM 接口，因此 Kotlin 代码只需传递 lambda 即可调用 execute()方法：

```
import java.util.concurrent.ScheduledThreadPoolExecutor
fun main() {
    val executor =  ScheduledThreadPoolExecutor(5)
    executor.execute {
```

```
        println("Working on asynchronous task...")
    }
    executor.shutdown()
}
```

更详细的代码是：

```
import java.util.concurrent.ScheduledThreadPoolExecutor
fun main() {
    val executor =  ScheduledThreadPoolExecutor(5)
    executor.execute(object : Runnable {
        override fun run() {
            println("Working on asynchronous task...")
        }
    })
    executor.shutdown()
}
```

IDE 提示：IntelliJ 插件可以警告您不必要的对象表达式，比如上面的表达式，并自动将它们转换为隐式 SAM 转换（如图 12.8 所示）。

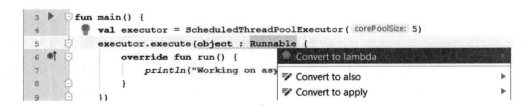

图 12.8　转换一个对象表达式来 lambda

有时编译器没有足够的上下文信息来选择正确的转换。比如说，Java ExecutorService 有一组 submit()方法，这些方法使用一个表示某种计算的对象在将来执行它。计算可能是 Runnable 或 Callable 接口的一个实例，如下所示：

```
public interface Callable<V>  {
    V call() throws Exception;
}
```

Runnable 和 Callable 都是 SAM 接口，但如果我们将 lambda 传递给 Kotlin 代码中的 submit()方法之一，编译器将选择 Runnable 版本，因为它具有最特定的签名：

```
import java.util.concurrent.ScheduledThreadPoolExecutor
```

```
fun main() {
    val executor = ScheduledThreadPoolExecutor(5)
// implicitly converted to Runnable
    val future = executor.submit { 1 + 2 }
    println(future.get())          // null
    executor.shutdown()
}
```

如果我们想传递一个可调用的实例呢？在这种情况下，我们必须通过指定目标类型使转换更加明确：

```
import java.util.concurrent.Callable
import java.util.concurrent.ScheduledThreadPoolExecutor
fun main() {
    val executor = ScheduledThreadPoolExecutor(5)
    val future = executor.submit(Callable { 1 + 2 })
    println(future.get())          // 3
    executor.shutdown()
}
```

这样的表达式称为 SAM 构造函数。

请注意，SAM 转换仅适用于接口，而不适用于类，即使它们只有一个抽象方法，它们也不适用于 Kotlin 接口；与 Java 不同，Kotlin 有适当的函数类型，因此隐式转换实际上是不必要的。

使用 Java 到 Kotlin 转换器

IntelliJ 插件包括一个自动工具，可以将 Java 源文件转换为等效的 Kotlin 代码。与 Java/Kotlin 互操作性一起，该功能允许您逐步迁移到现有的 Java 代码库。

要转换文件，只需按 Ctrl＋Alt＋Shift＋K 或从"代码"菜单中选择"将 Java 文件转换为 Kotlin 文件"操作。IDE 随后将处理您的文件，将其转换为 Kotlin，并在必要时更新外部用法。

也可以在"项目视图"面板中选择一个或多个文件，并应用相同的快捷方式在单个批次中转换它们。

自动转换器旨在生成惯用的 Kotlin 代码，但它并不总是产生理想的结果。然而，在将现有 Java 代码库迁移到 Kotlin 时，这个工具可以作为一个很好的起点。

从 Java 使用 Kotlin 代码

Kotlin 的设计准则之一是与现有 Java 代码库的平滑互操作性。在大多数情况下, Kotlin 代码可以轻松地从 Java 中使用, 无须太多担心。然而, Kotlin 拥有许多在 Java 中没有直接对应的特性。在本节中, 我们将讨论这些细微差别, 并讨论如何从 Java 的角度微调 Kotlin 代码。

访问属性

因为 Java 和 JVM 都没有属性的概念, 所以不能直接从 Java 代码访问 Kotlin 属性。然而, 在编译的 JVM 字节码中, 每个属性都由 Java 客户机可用的访问器方法表示, 就像任何普通方法一样。访问器签名根据以下规则从属性定义派生:

- getter 是一种无参数方法, 其返回类型与原始属性类型相对应, 它的名称是通过将属性名称的第一个字母大写并在其前面加上 get 来计算的;
- setter 是一种 void 方法, 它采用与新值对应的单个参数, 它的名字与 getter 相似, 不过 withget 被 set 取代。

例如, 考虑以下 Kotlin 类:

```
class Person(var name: String, val age: Int)
```

(从 Java 的角度来看)如下所示:

```
public class Person {
    @ NotNull
    public String getName() {...}
    public void setName(@ NotNull String value) {...}
    public int getAge() {...}
}
```

因此, Java 客户端代码可以通过调用访问器方法来访问其属性:

```
public class Main {
    public static void main(String[] args) {
        Person person =  new Person("John", 25);
        System.out.println(person.getAge());        // 25
        person.setName("Harry");
        System.out.println(person.getName());       // Harry
```

```
        }
    }
```

当属性名以 is 开头时,Kotlin 编译器使用另一种命名方案,如下所示:

- getter 与其属性具有相同的名称;
- setter 名称是通过将 is 前缀替换为 set 来计算的。

例如,假设我们将 isEmployed 属性添加到 Person 类中:

```
class Person(var name: String, val age: Int, var isEmployed: Boolean)
```

访问新属性的 Java 代码现在如下所示:

```
public class Main {
    public static void main(String[] args) {
        Person person = new Person("John", 25, false);
        person.setEmployed(true);
        System.out.println(person.isEmployed());  // true
    }
}
```

请注意,is 约定纯粹基于名称;它与布尔类型无关(不过,强烈建议布尔属性使用 is 名称,以避免误解)。

如果 Kotlin 属性需要一个支持字段,编译器将在访问器方法旁边生成它。然而,默认情况下,这个字段是私有的,不能在 getter/setter 代码之外直接访问。在某些情况下,可能需要向 Java 客户机公开该属性,这可以通过使用@JvmField 注释属性来实现。例如,如果我们通过注释 Person 类的构造函数参数来修改它:

```
class Person(@ JvmField var name: String, @ JvmFieldval age: Int)
```

我们可以从 Java 源代码中访问生成的字段:

```
public class Main {
    public static void main(String[] args) {
        Person person = new Person("John", 25);
        System.out.println(person.age);        // 25
        person.name = "Harry";
        System.out.println(person.name);       // Harry
    }
}
```

在这种情况下,不会生成访问器方法,并且支持字段与属性本身具有相同的可见性级别。请注意,如果属性具有非平凡的访问器,则不能使用@JvmField:

```
class Person(val firstName: String, val familyName: String) {
// Error: property has a custom getter
    @ JvmFieldvalfullNameget() = "$ firstName $ familyName"
}
```

@JvmField 也不适用于打开或抽象属性,因为它们的重写通常可能具有自定义访问器:

```
open class Person(val firstName: String, val familyName: String) {
    // Error: property is open
    @ JvmField open val description: String
        get() = "$ firstName $ familyName"
}
```

当应用于某个命名对象的属性时,@JvmField 的行为与生成静态字段而不是实例字段略有不同。例如,考虑 Kotlin 对象:

```
object Application {
    @ JvmFieldval name = "My Application"
}
```

Java 代码可以通过引用应用程序来访问 name 属性。直接输入名称字段:

```
public class Main {
    public static void main(String[] args) {
        System.out.println(Application.name);
    }
}
```

使用常量修饰符的属性也是如此:

```
object Application {
    const val name = "My Application"
}
```

公开支持字段的另一种方法是使用 lateinit 属性:

```
class Person(val firstName: String, val familyName: String) {
    lateinit var fullName: String

    fun init() {
        fullName = "$ firstName $ familyName"
```

```
    }
}
```

在这种情况下,访问器和支持字段与属性本身具有相同的可见性:

```
public class Main {
    public static void main(String[] args) {
        Person person =  new Person("John", "Doe");
        person.init();
        // direct field access
        System.out.println(person.fullName);       // John Doe
        // accessor call
        System.out.println(person.getFullName()); // John Doe
    }
}
```

在对象中,lateinit 生成一个类似于@JvmField 注释的静态字段。然而,它的访问器仍然是实例方法。例如,让我们定义 singleton:

```
object Application {
    lateinit var name: String
}
```

下面的 Java 代码显示了访问 lateinit 属性的字段及其访问器方法之间的区别:

```
public class Main {
    public static void main(String[] args) {
        // Accessor call (non- static)
        Application.INSTANCE.setName("Application1");
        // Direct property access (static)
        Application.stdin =  "Application2"
    }
}
```

请注意,@JvmField 不能用于 lateinit 属性。

文件外观和顶级声明

在 Kotlin 中,通常可以使用直接放在包中的顶级声明,而不是放在其他声明中。在 Java 和 JVM 平台上,通常情况下,这些方法必须始终属于特定的类。为了满足这个要求,Kotlin 编译器将顶级函数和属性放入一个自动生成的类中,该类称为文件 facade。默认情况下,facade 名称基于带有额外 Kt 后缀的源文件的名称。例如,文件:

```
//util.kt
class Person(val firstName: String, val familyName: String)

val Person.fullName
    get() = "$ firstName $ familyName"

fun readPerson(): Person? {
    val fullName = readLine() ?: return null
    val p = fullName.indexOf(' ')
    return if (p> = 0) {
        Person(fullName.substring(0, p), fullName.substring(p + 1))
    } else {
        Person(fullName, "")
    }
}
```

会产生以下 facade 类：

```
public class UtilKt {
    @ NotNull
    public static String getFullName(@ NotNull Person person) {...}
    @ Nullable
    public static Person readPerson() {...}
}
```

请注意，facade 类不包含类，因为它们在 JVM 和 Java 中都是顶级的。

由于生成的方法是静态的，所以从 Java 代码中使用 facade 类时，不需要实例化它：

```
public class Main {
    public static void main(String[] args) {
        Person person = UtilKt.readPerson();
        if (person = = null) return;
        System.out.println(UtilKt.getFullName(person));
    }
}
```

Kotlin 编译器允许您调整生成的 facade 的某些方面。首先，可以通过添加文件级@Jvm-Name 注释来更改其名称：

```
@ file:JvmName("MyUtils")
class Person(val firstName: String, val familyName: String)
val Person.fullName
    get() = "$ firstName $ familyName"
```

现在,其 Java 客户端将需要使用指定的 MyUtils 名称:

```java
public class Main {
    public static void main(String[] args) {
        Person person = new Person("John", "Doe");
        System.out.println(MyUtils.getFullName(person));
    }
}
```

另一个有用的功能是将多个文件中的顶级声明合并到一个类中。要做到这一点,您需要用@JvmMultipileClass 注释感兴趣的文件,并用@JvmName 指定目标类名。在这种情况下,Kotlin 编译器将自动组合具有相同 facade 类名的文件。例如,假设我们示例中的所有声明都写在单独的文件中:

```kotlin
// Person.kt
class Person(val firstName: String, val familyName: String)

// utils1.kt
@ file:JvmMultifileClass
@ file:JvmName("MyUtils")

val Person.fullName
get() = "$ firstName $ familyName"

// utils2.kt
@ file:JvmMultifileClass
@ file:JvmName("MyUtils")
fun readPerson(): Person? {
    val fullName = readLine() ?: return null
    val p = fullName.indexOf(' ')
    return if (p>= 0) {
        Person(fullName.substring(0, p), fullName.substring(p + 1))
    } else {
        Person(fullName, "")
    }
}
```

由于@JvmMultifile 和@JvmName,我们仍然可以作为 MyUtils 类的成员访问这两个声明:

```java
public class Main {
    public static void main(String[] args) {
        Person person = MyUtils.readPerson();
        if (person = = null) return;
```

```
        System.out.println(MyUtils.getFullName(person));
    }
}
```

请注意，Kotlin 代码无法使用 facade 类，它们只能由其他 JVM 客户端使用。

对象和静态成员

在 JVM 上，Kotlin 对象声明被编译成带有静态实例字段的普通类。例如，如果我们有以下 Kotlin 声明：

```
object Application {
    val name =  "My Application"
    fun exit() { }
}
```

Java 代码可以使用 Application. INSTANCE 访问其成员：

```
public class Main {
    public static void main(String[] args) {
        System.out.println(Application.INSTANCE.getName());
        Application.INSTANCE.exit();
    }
}
```

我们已经看到，从 Java 的角度来看，在对象属性上使用@JvmField 会将其变成静态字段。有时，将对象函数或属性访问器作为静态方法提供会很有用。为此，可以使用@JvmStatic注释：

```
import java.io.InputStream
object Application {
    @ JvmStatic var stdin: InputStream =  System.`in`
    @ JvmStatic fun exit() { }
}
```

在 Java 代码中，可以在不提及特定实例的情况下调用此类函数和属性：

```
import java.io.ByteArrayInputStream;
public class Main {
    public static void main(String[] args) {
        Application.setStdin(new ByteArrayInputStream("hello".getBytes()));
        Application.exit();
    }
```

```
    }
```

改变暴露申报名称

我们已经看到了如何使用@JvmName 为顶级声明指定 facade 类的名称。实际上,此注释不仅适用于文件,还适用于函数和属性访问器。它允许您更改相应 JVM 方法的名称。

此功能的主要用途是能够解决声明之间的签名冲突,这些声明在 Kotlin 中有效,但在 Java 中被禁止。考虑以下 Kotlin 代码:

```
class Person(val firstName: String, val familyName: String)
val Person.fullName
    get() = "$ firstName $ familyName"          // Error
fun getFullName(person: Person): String {       // Error
    return "$ {person.familyName}, $ {person.firstName}"
}
```

即使 Kotlin 客户端可以轻松区分 JVM 上的函数和属性,该代码也会产生编译错误。这两个声明将生成具有相同签名的方法,从而导致歧义:

```
@ NotNull
public static String getFullName(@ NotNull Person person) {...}
```

使用@JvmName,可以更改冲突的名称并修复问题:

```
@ JvmName("getFullNameFamilyFirst")
fun getFullName(person: Person): String {       // Error
    return "$ {person.familyName}, $ {person.firstName}"
}
```

现在,Java 客户端将能够使用 getFullNameFamilyFirst 名称调用此函数,而 Kotlin 代码将使用原始 getFullName。

类似的,我们可以通过注释属性的特定访问器来指定属性的 JVM 名称:

```
val Person.fullName
    @ JvmName("getFullNameFamilyLast")
    get() = "$ firstName $ familyName"
```

或属性本身(具有适当的使用位置目标):

```
@ get:JvmName("getFullNameFamilyLast")
```

```
val Person.fullName
    get() = "$ firstName $ familyName"
```

@JvmName 尤其允许您绕过用于属性访问器的标准命名方案：

```
class Person(@ set:JvmName("changeName") var name: String, val age: Int)
```

从 Java 代码中看到，Person 类现在将使用 changeName()方法，而不是 setName()：

```
public class Main {
    public static void main(String[] args) {
        Person person = new Person("John", 25);
        person.changeName("Harry");
        System.out.println(person.getName());
    }
}
```

@当 Kotlin 函数的名称与 Java 关键字一致时，JvmName 也很有用，这使得它无法从Java
源代码中使用。例如：

```
class Person(val firstName: String, val familyName: String) {
    @ JvmName("visit")
    fun goto(person: Person) {
        println("$ this is visiting $ person")
    }
    override fun toString() = "$ firstName $ familyName"
}
```

goto()函数在 Java 中不可调用，因为 goto 是一个保留关键字。提供自定义 JVM 名称可
以解决这个问题。

产生重载

当 Kotlin 函数的参数具有默认值时，其调用中的参数数量可能会有所不同，因为其中一
些参数可能会被跳过：

```
// util.kt
fun restrictToRange(
    what: Int,
    from: Int = Int.MIN_VALUE,
    to: Int = Int.MAX_VALUE
): Int {
    return Math.max(from, Math.min(to, what))
```

```
    }
    fun main() {
        println(restrictToRange(100, 1, 10))          // 10
        println(restrictToRange(100, 1))              // 100
        println(restrictToRange(100))                 // 100
    }
```

然而,Java 没有默认值的概念,因此前面的函数如下所示:

```
public int restrictToRange(int what, int from, int to) {...}
```

因此,任何 Java 客户端都将被迫显式传递所有参数:

```
public class Main {
    public static void main(String[] args) {
        System.out.println(UtilKt.restrictToRange(100, 1, 10));
        System.out.println(UtilKt.restrictToRange(100, 1));     // Error
        System.out.println(UtilKt.restrictToRange(100));        // Error
    }
}
```

Kotlin 为您提供了一个带有@JvmOverloads 注释的解决方案:

```
@ JvmOverloads
fun restrictToRange(
    what: Int,
    from: Int =  Int.MIN_VALUE,
    to: Int =  Int.MAX_VALUE
): Int {
    return Math.max(from, Math.min(to, what))
}
```

@JvmOverloads 的作用是为原始 Kotlin 函数生成额外的重载:

- 第一个参数具有原始参数的所有参数,但最后一个参数具有默认值。
- 第二个参数具有原始参数的所有参数,最后一个参数,以及第二个到最后一个参数具有默认值,依此类推。
- 上一个重载版本只有没有默认值的参数。

例如,从 Java 的角度来看,restrictToRange() 函数现在有三个重载:

```
public int restrictToRange(int what, int from, int to) {...}
public int restrictToRange(int what, int from) {...}
```

```
public int restrictToRange(int what) {...}
```

额外的重载将调用为省略的参数提供显式值的原始函数。现在,当三个重载都得到正确解决时,我们最初的 Java 用法变得有效:

```
public class Main {
    public static void main(String[] args) {
        System.out.println(UtilKt.restrictToRange(100, 1, 10));   // 10
        System.out.println(UtilKt.restrictToRange(100, 1));       // 100
        System.out.println(UtilKt.restrictToRange(100));          // 100
    }
}
```

请注意,尽管@JvmOverloads 注释生成的重载版本被添加到已编译的二进制文件中,但它们在 Kotlin 代码中不可用,这些重载仅用于 Java 互操作性。

声明异常

在第 3 章"定义函数"中,我们提到 Kotlin 不区分检查的异常和未检查的异常;您的函数和属性可能会抛出任意异常,而无须任何额外代码。另一方面,Java 要求显式列出方法体中未捕获的已检查异常。如果 Java 代码想要处理通过调用 Kotlin 声明引发的已检查异常,这可能会导致问题。例如,假设我们有一个 Kotlin 函数:

```
// util.kt
fun loadData() = File("data.txt").readLines()
```

并从 Java 方面使用:

```
// util.kt
public class Main {
    public static void main(String[] args) {
        for (String line :UtilKt.loadData()) {
            System.out.println(line);
        }
    }
}
```

如果 data. txt 无法读取,loadData()抛出 IOException,该 IOException 未经处理,从而导致 main()方法无提示失败。如果我们试图将异常处理程序添加到 main(),可能会面临另一个问题:

```
import java.io.IOException;
public class Main {
    public static void main(String[] args) {
        try {
            for (String line :UtilKt.loadData()) {
                System.out.println(line);
            }
        } catch (IOException e) {                        // Error
            System.out.println("Can't load data");
        }
    }
}
```

编译失败,因为 Java 禁止处理未在相应的 try 块中声明的已检查异常。问题是,从 Java 的角度来看,我们的 loadData()函数如下所示:

```
@ notNull
public List<String> loadData() {...}
```

所以它没有提供任何关于可能抛出的异常信息。解决方案是使用特殊的@Throws 注释,您可以在其中指定异常类:

```
// util.kt
@ Throws(IOException::class)
fun loadData() = File("data.txt").readLines()
```

现在,我们可以在 Java 的 try—catch 块中正确处理它的调用。在异常处理程序或任何带有显式抛出 IOException 子句的方法之外调用它将导致编译错误,正如预期的那样:

```
public class Main {
    public static void main(String[] args) {
        // Error: Unhandled IOException
        for (String line :UtilKt.loadData()) {
            System.out.println(line);
        }
    }
}
```

请记住,Kotlin 编译器不会验证@Throws 注释在基成员和重写成员之间的一致性。例如,我们可以写:

```
import java.io.File
import java.io.IOException
```

```
abstract class Loader {
    abstract fun loadData(): List<String>
}
class FileLoader(val path: String) : Loader() {
    @ Throws(IOException::class)
    override fun loadData() = File(path).readLines()
}
```

这种类层次结构不能在 Java 源代码中声明,因为语言规范禁止在重写方法中添加额外的检查异常。

内联函数

由于 Java 没有内联函数的概念,带有内联修饰符的 Kotlin 函数被公开为普通方法。可以在 Java 代码中调用它们,但在本例中它们的主体不是内联的。

一种特殊情况是带有具体化类型参数的泛型内联函数。到目前为止,没有内联就无法实现类型具体化,因此无法从 Java 代码中调用此类函数。例如,以下 cast() 函数不适用于 Java 客户端:

```
inline fun<reified T : Any> Any.cast(): T? = this as? T
```

它将作为 facade 门面类的私有成员公开,因此禁止任何外部访问:

```
public class Main {
    public static void main(String[] args) {
        UtilKt.<Integer> cast("");         // Error: cast is private
    }
}
```

类型别名

Kotlin 类型别名不能在 Java 代码中使用。任何引用类型别名的声明在从 Java 中看到时都将使用其基础类型。例如,在 JVM 看来,以下定义将生成一个 Person 类,其名称别名将替换为字符串:

```
typealiasName = String
class Person(val firstName: Name, val familyName: Name)
```

这可以通过构建和使用 Person 类实例的 Java 代码来证明:

```java
public class Main {
    public static void main(String[] args) {
        Person person = new Person("John", "Doe");
        System.out.println(person.getFamilyName());                // Doe
    }
}
```

结论

本章介绍了如何在公共代码库中混合使用 Kotlin 和 Java 代码。我们研究了 Kotlin 和 Java 声明是如何相互暴露的,当您试图在 Kotlin 代码中使用 Java 声明时,会出现哪些常见问题,反之亦然,并讨论了它们的基本解决方案以及在 JVM 平台上优化语言互操作性的方法。

在下一章中,我们将重点讨论并发应用程序。我们将了解如何在 Kotlin 中使用 Java 并发原语,并从多方面讨论协程。协程是一种强大的语言功能,允许您编写可悬挂的计算程序。

问题

1. 什么是合成属性? 关于在 Kotlin 中使用 Java 访问器方法的规则是什么?
2. 什么是平台类型? Kotlin 支持哪些类型的平台?
3. Java 代码中的可空性注释如何影响 Kotlin 类型?
4. 描述 Kotlin 类型如何映射到 Java,反之亦然。
5. 解释 SAM 转换和构造函数如何在 Kotlin 中工作。
6. 如何从 Java 代码访问 Kotlin 属性?
7. 在哪些情况下,Java 代码可以使用 Kotlin 属性的支持字段?
8. 什么是文件外观? 描述如何在 Java 中使用 Kotlin 顶级函数和属性。
9. 如何将多个 Kotlin 文件合并到一个 facade 类中?
10. 描述@JvmName 注释的用法。
11. 描述 Kotlin 对象声明的实例如何暴露于 Java 代码中。
12. 如何使对象成员在 Java 中作为静态方法可用?
13. 使用@JVM 重载有什么影响?
14. 您如何声明 Kotlin 函数可能存在的已检查异常?

13

并发

在本章中，我们将重点讨论编写并发代码主题。我们的主要目标是了解协程（coroutines）；协程是 Kotlin 的一个显著特征，在 1.1 版中首次引入，并在 Kotlin 1.3 中实现发布。

我们将从讨论 Kotlin 协程的基本思想开始，如暂停函数和结构化复杂性，然后逐步转向并发控制流的更高级问题，协程状态在其整个生命周期中如何变化，取消和异常如何工作，以及并发任务如何分配给线程。

我们还将介绍一些技术，比如通道和参与者，它们允许您的代码在并发任务之间实现通信，并以线程安全的方式共享一些可变数据。

最后，我们还将讨论一些实用程序，以简化 Kotlin 代码中 Java 并发 API 的使用、创建线程以及使用同步和锁。

结构

- 协程
- 并发通信
- 使用 Java 并发

目的

学习如何使用 Kotlin coroutines 库提供的并发原语来构建可伸缩且响应迅速的代码。

协程

Kotlin 程序可以轻松地使用 Java 并发原语来实现线程安全。然而，使用它们仍然会带来一定的问题，因为大多数并发操作都是阻塞的；换句话说，一个使用诸如 Thread. Sleep（），Thread. join()或 Object. wait()之类的操作将被阻止，直到其执行完成。阻止和恢复线程执行需要在系统级别进行频繁的上下文切换，这可能会对程序性能产生负面影响。除此之外，每个线程都会消耗大量的系统资源，因此维护大量并发线程可能不切实际，甚至根本不可能。

一种更有效的方法涉及异步编程。我们可以提供一个 lambda，当请求的操作完成时，该 lambda 将被回调。同时，原始线程可以继续进行一些有用的工作（比如处理客户机请求或处理 UI 事件），而不只是在阻塞状态下等待。这种方法的主要问题是代码复杂性急剧增加，因为我们不能使用普通的命令控制流。

在 Kotlin，可以两全其美；它支持一种强大的协程机制，允许您以熟悉的命令式风格编写代码，同时也让编译器自动将其转换为高效的异步计算。该机制基于暂停功能的概念，这些功能能够保留其上下文，并且可以在执行的某些点暂停和恢复。

值得注意的是，大多数协程功能都是由一个单独的库提供的，必须在项目中明确配置该库。本书中使用的版本由以下 Maven 给出：org. jetbrains. kotlinx：kotlinx－coroutines－core：1. 2. 2。

    IDE 提示：如果您使用 IntelliJ IDEA 而不依赖任何特定的构建系统（如 Maven 或 Gradle），则可以按照给定的步骤添加协同程序库：

1）在"项目视图"面板的根节点上按 F4 键，或右键单击它，然后选择"打开模块设置"；
2）单击左侧的 Libraries 项，然后单击顶部工具栏上的＋按钮，然后选择 From Maven 选项；
3）键入库的 Maven 坐标（例如 org. jetbrains. kotlinx：kotlinx－coroutines－core：1. 2. 2），然后单击 OK（如图 13. 1 所示）；

4）然后 IDE 将下载带有必要依赖项的库，并建议将其添加到项目的模块中，点击 OK 确认。

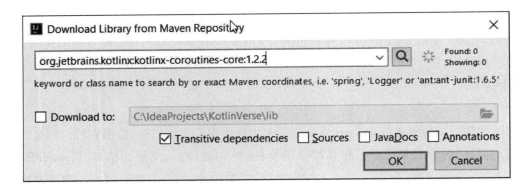

图 13.1　下载 Kotlin 协程库

在接下来的部分中，我们将讨论 coroutines 库引入的基本概念，并了解如何将它们用于并发编程。

协程和挂起函数

整个协程库的基本语言原语是一个挂起函数。这是一个普通函数的推广，该函数有能力在其内部的某些点暂停执行，保留所有必要的上下文，然后根据需要恢复。在 Kotlin 中，这些函数由 suspend 修饰符标记：

```
suspend fun foo() {
    println("Task started")
    delay(100)
    println("Task finished")
}
```

我们使用的 delay（）函数是在协同程序库中定义的挂起函数。它的用途与 Thread.sleep（）类似；但是，它不会阻塞当前线程，而是挂起调用函数，让线程自由地执行其他任务（例如切换到另一个挂起函数）。

挂起函数可以调用挂起函数和普通函数。在前一种情况下，这样的调用成为一个暂停点，在这里调用方的执行可能会暂时停止并在以后恢复，而后一种情况就像在调用的函数完成后返回的正常函数调用一样继续。然而，Kotlin 禁止从普通函数调用挂起函数：

```
fun foo() {
    println("Task started")
```

```
delay(100)                // Error: delay is a suspend function
println("Task finished")
}
```

　　IDE 提示：使用 IntelliJ 插件时，您可以通过对应行左侧的特殊图标轻松区分挂起调用，如图 13.2 所示：

```
3  ▶      fun main() {
4              GlobalScope.launch {
5                  launch {
6  ⇥                   delay( timeMillis: 100)
7                      println("Task 1")
8                  }
9  ⇥               delay( timeMillis: 1000)
10             }
11         }
```

图 13.2　在 IDE 中挂起调用

如果只允许挂起函数进行挂起调用，那么我们如何调用挂起函数呢？最明显的方法是将 main()函数本身标记为 suspend：

```
import kotlinx.coroutines.delay
suspend fun main() {
    println("Task started")
    delay(100)
    println("Task finished")
}
```

当您运行上述代码时，它会按预期以 100 ms 的延迟打印以下内容：

```
Task started

Task finished
```

然而，在更现实的情况下，当我们需要对并发代码的行为进行某种控制时，挂起函数会在特定的范围内执行，该范围定义了一组具有共享生命周期和上下文的任务。用于启动协程的各种函数通常被称为协程构建器，它作为对协程实例的扩展。GlobalScope 对象给出了它的一个基本实现，它允许我们创建独立的协同程序，可以进一步生成它们自己的嵌套任务。现在,我们来看看三种常见的协同程序构建器:launch()、async()和 run-Blocking()。

协程构建器

launch()函数的作用是:启动一个协同程序,并返回一个作业对象,您可以使用它来跟踪其状态,并在需要时取消底层任务。该函数采用 CoroutineScope.()－> Unit 类型的挂起 lambda,组成新协同程序主体。让我们考虑一个简单的例子:

```
import kotlinx.coroutines.*
import java.lang.System.*

fun main() {
    val time = currentTimeMillis()
    GlobalScope.launch {
        delay(100)
        println("Task 1 finished in ${currentTimeMillis() - time} ms")
    }
    GlobalScope.launch {
        delay(100)
        println("Task 2 finished in ${currentTimeMillis() - time} ms")
    }
    Thread.sleep(200)
}
```

如果运行前面的代码,您将看到如下内容:

```
Task 2 finished in 176 ms

Task 1 finished in 176 ms
```

值得注意的是,相对于程序启动,这两个任务几乎在同一时间完成,这意味着它们实际上是并行执行的。特定的顺序无法保证,因此,根据具体情况,这两项任务中的任何一项都可能成为第一项任务。协同程序库还包括在必要时强制执行顺序的方法。我们将在接下来专门讨论并发通信的章节中讨论它们。

Main()函数本身使用 Thread. sleep()临时阻止主线程执行。这应该给协程线程足够的时间来完成,因为默认情况下,它们是在守护进程模式下运行的,并且在 main()线程终止后会提前关闭。

请记住,在挂起函数中也可以使用诸如 sleep()之类的线程阻塞函数,但强烈建议不要这样做,因为这样的代码会破坏协程的全部目的。因此,我们在并发任务中使用了悬挂 de-lay()。

 IDE 提示:IntelliJ 插件警告您可能会阻止在协同程序代码中 Thread. sleep()或 Thread. join()之类的函数调用。

请注意,协程比线程轻得多。特别是,您可以轻松负担大量并发运行的协程,因为它们通常只需保持相对紧凑的状态,并且在暂停或恢复时不需要完全的上下文切换。

launch()生成器适用于并发任务不应计算某些结果的情况,这就是为什么需要一个单位类型的 lambda。但是,如果我们确实需要一个结果,那么还有另一个构建器函数,名为 async()。此函数返回 Deferred 的一个实例,Deferred 是一种特殊的作业子类型,它通过 await()方法提供对计算结果的访问。调用时,await()将挂起,直到计算完成(从而生成结果)或取消。在后一种情况下,await()失败并出现异常。您可以将它们视为 Java 未来的非阻塞对等物。例如:

```
import kotlinx.coroutines.*
suspend fun main() {
    val message = GlobalScope.async {
    delay(100)
        "abc"
    }
    val count = GlobalScope.async {
    delay(100)
        1 + 2
    }
    delay(200)
    val result = message.await().repeat(count.await())
    println(result)
}
```

在本例中,我们还将 main()函数标记为 suspend,以直接调用这两个延迟任务的 await()方法。输出结果如下所示:

```
abcabcabc
```

默认情况下,launch()和 async()构建器都在后台线程的共享池中运行协程,而调用线程本身则保持未阻塞状态,这就是为什么我们必须在 launch()示例中插入 sleep(),因为主线程除了等待任务完成之外几乎没有什么工作要做。另一方面，runBlocking()生成器创建一个协程，默认情况下，该协程在当前线程中执行并阻塞，直到完成。当协程成功返回时，suspend lambda 的返回值将成为整个 runBlocking()调用的值。取消协程时，runBlocking()会引发异常。相反，当阻塞的线程被中断时，由 runBlocking()启动的协程也会被取消。例如：

```
import kotlinx.coroutines.*

fun main() {
    GlobalScope.launch {
        delay(100)
        println("Background task: $ {Thread.currentThread().name}")
    }
    runBlocking {
        println("Primary task: $ {Thread.currentThread().name}")
        delay(200)
    }
}
```

运行此程序将产生如下结果：

```
Primary task: main
Background task: DefaultDispatcher- worker- 2
```

可以看到，runBlocking()内部的协程在主线程中执行，而 launch()创建的协程则从共享池分配给后台线程。

由于其阻塞性质，runBlocking()不应在其他协程中使用。它的目的是作为阻塞代码和非阻塞代码之间的桥梁，例如，可以在主功能或测试中用作顶级构建器。

协程范围和结构化并发

到目前为止，我们的示例协程是在全局范围内运行的，这实际上意味着它们的生命周期仅受整个应用程序的生命周期的限制。在某些情况下，我们可能希望确保仅限于特定操作的协程执行。由于并发任务之间的父子关系，这是可能的。当您在另一个上下文中启动一个协程时，后者就变成了前者的孩子。父进程和子进程的生命周期是相关的，因此父进程只有在其所有子进程完成后才能完成。

这种特性称为结构化并发(structured concurrency)，它可以比作使用块和子例程来约束局部变量的范围。让我们来看一些例子：

```kotlin
import kotlinx.coroutines.*

fun main() {
    runBlocking {
        println("Parent task started")
        launch {
            println("Task A started")
            delay(200)
            println("Task A finished")
        }
        launch {
            println("Task B started")
            delay(200)
            println("Task B finished")
        }
        delay(100)
        println("Parent task finished")
    }
    println("Shutting down...")
}
```

前面的代码启动一个顶级协程，然后通过调用当前的协程实例（作为接收器传递给挂起的 lambda）上的 launch 来启动一对子进程。如果运行此程序，将看到以下结果：

```
Parent task started

Task A started

Task B started

Parent task finished

Task A finished

Task B finished

Shutting down...
```

您可以看到，由 runBlocking() 调用的 suspend lambda 表示的父协程的主体在其子进程之前完成，这是因为有 100 ms 延迟。此时，协程本身没有完成，只是在挂起状态下等待，直到两个子进程都完成。在父协同程序也完成之后，由于我们使用的是 runBlocking() 生成器，因此它也会解除主线程的阻止，让它打印最后的消息。

还可以通过在 coroutineScope() 调用中包装代码块来引入自定义范围。与 runBlocking() 类似,该函数返回其 lambda 的值,直到其子函数完成时才结束。coroutineScope()和 run-Blocking()之间的主要区别在于前者是一个挂起函数,不会阻止当前线程:

```
import kotlinx.coroutines.*

fun main() {
    runBlocking {
        println("Custom scope start")
        coroutineScope {
            launch {
                delay(100)
                println("Task 1 finished")
            }
            launch {
                delay(100)
                println("Task 2 finished")
            }
        }
        println("Custom scope end")
    }
}
```

请注意,Custom scope 结束消息最后打印,因为前面的 coroutineScope()调用将挂起,直到两个子项都完成执行。

一般来说,父子关系可以形成复杂的协程层次结构,定义处理异常和取消请求的共享范围。在接下来的章节中,我们将重新讨论协程工作和取消这个主题。

协程上下文

每个协程都有一个关联的上下文,该上下文由 CoroutineContext 接口表示,可以通过封闭范围的 CoroutineContext 属性访问。上下文是键值对的不可变集合,其中包含可用于协程的各种数据。其中一些对协程机制有特殊意义,并影响协程在运行时的执行方式。以下内容特别令人感兴趣:

- 代表协程执行的可取消任务的作业;
- Dispatcher,它控制协程与线程的关联方式。

一般来说,上下文可以存储任何数据以实现 CoroutineContext. Element 的访问,可以使用 get()方法或提供相应键的索引运算符:

```
Global Scope.launch {
// obtains current job and prints "Task is active: true"
println("Task is active: $ {coroutineContext[Job.Key]!!.isActive}")
}
```

默认情况下,由标准构建器(如 launch()或 async())创建的协程从当前作用域继承其上下文。必要时,可以使用相应生成器函数的上下文参数提供不同的上下文。创建新的上下文时,可以使用 plus()函数/＋运算符将两个上下文中的数据合并在一起,也可以使用 minusKey()函数删除具有给定键的元素:

```
import kotlinx.coroutines.*
private fun CoroutineScope.showName() {
    println("Current coroutine: $ {coroutineContext[CoroutineName]?.name}")
}

fun main() {
    runBlocking {
        showName()              // Current coroutine: null
        launch(coroutineContext + CoroutineName("Worker")) {
            showName()          // Current coroutine: Worker
        }
    }
}
```

还可以在协程执行期间使用 withContext()函数切换上下文,该函数接收一个新上下文和一个挂起的 lambda。例如,如果您想在不同的线程中运行某些代码块,这可能很有用。我们将在关于协程调度的部分看到这种线程跳转的例子。

协程控制流

作业生命周期

作业是表示并发任务生命周期的对象。使用作业,您可以跟踪任务状态,并在必要时取消它们。作业的可能状态如图 13.3 所示,让我们仔细看看这些状态意味着什么,以及工作转换是如何从一个状态转移到另一个状态的。

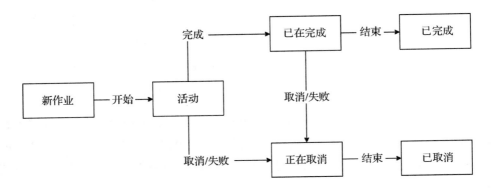

图 13.3　作业状态

活动状态表示作业已开始但尚未完成。默认情况下通常使用此状态；换句话说，作业在创建后隐式启动。一些协同程序构建器，如 launch() 和 async() 允许您通过指定协程启动 CoroutineStart 类型的参数来选择初始状态：

- CoroutineStart. DEFAULT 是默认行为，其中一个任务是立即启动。
- CoroutineStart. LAZY 表示作业没有自动启动；在这种情况下，它放置到一个新的状态，并等待开始。

处于新状态的作业可以通过调用其 start() 或 join() 方法启动，然后转换为活动状态。例如：

```
import kotlinx.coroutines.*

fun main() {
    runBlocking {
        val job = launch(start = CoroutineStart.LAZY) {
            println("Job started")
        }
        delay(100)
        println("Preparing to start...")
        job.start()
    }
}
```

前面的程序延迟子协同程序的启动，直到根程序打印其消息。输出如下所示：

```
Preparing to start...

Job started
```

在活动状态下,协程机器可以反复暂停和恢复作业。它还可以开始新的工作,这些工作成为它的子任务,从而在并发计算之间形成一个树状的依赖结构。可以使用 children 属性确定未完成的子作业列表。例如:

```
import kotlinx.coroutines.*

fun main() {
    runBlocking {
        val job = coroutineContext[Job.Key]!!
        launch { println("This is task A") }
        launch { println("This is task B") }
        // 2 children running
        println("${job.children.count()} children running")
    }
}
```

当一个协程完成一个挂起的 lambda 块的执行时,它的作业将其状态更改为"完成",这基本上意味着等待子进程完成。作业将保持此状态,直到其所有子项完成,然后过渡到"已完成"状态。

可以使用 Job 的 join() 方法暂停当前协程,直到相关作业完成。以下程序确保在其两个子项完成执行后打印根协程消息:

```
import kotlinx.coroutines.*

fun main() {
    runBlocking {
        val job = coroutineContext[Job.Key]!!
        val jobA = launch { println("This is task A") }
        val jobB = launch { println("This is task B") }
        jobA.join()
        jobB.join()
        println("${job.children.count()} children running")
    }
}
```

所得的输出是:

```
This is task A

This is task B

0 children running
```

正如所料,在 job. children. count()这项工作中没有活跃的孩子被估计。

Cancelling 和 cancelled 状态反映由于未处理的异常或对 cancel()方法的显式调用而正在/已取消执行的作业的状态。

作业的当前状态可以通过其属性进行跟踪:isActive、isCancelled 和 isComplete。表 13.1 总结了它们的含义,您还可以在作业界面的文档中找到:

表 13.1　通过作业属性确定当前状态

Job state	isActive	isCompleted	isCancelled
New	False	False	False
Active	True	False	False
Completing	True	False	False
Cancelling	False	False	True
Cancelled	False	True	True
Completed	False	True	False

请注意,isCompleted 对于已完成和已取消的作业都返回 true。您可以通过检查 isCancelled 属性来区分两者。另一方面,已完成状态和正在完成状态与作业本身之外的状态是无法区分的。

取消

可以通过调用作业的 cancel()方法来取消作业。这为终止不再需要的计算提供了标准机制。取消是协作的,换句话说,一个可取消的协程本身必须检查其取消是否被请求并作出适当的响应。考虑以下程序:

```
import kotlinx.coroutines.*

suspend fun main() {
    val squarePrinter = GlobalScope.launch(Dispatchers.Default) {
        var i = 1
        while (true) {
            println(i+ + )
        }
    }
```

```
        delay(100)                // let child job run for some time
        squarePrinter.cancel()
    }
```

该代码启动一个不断打印整数的协同程序。让它运行大约 100 ms,然后尝试取消。但是,如果运行该程序,您会发现 squarePrinter 会继续执行,原因是它不配合取消。解决这一问题的一种方法是,在执行下一项工作之前,反复检查协程是否已取消:

```
import kotlinx.coroutines.*

suspend fun main() {
    val squarePrinter = GlobalScope.launch(Dispatchers.Default) {
        var i = 1
        while (isActive) {
            println(i++)
        }
    }
    delay(100)                // let child job run for some time
    squarePrinter.cancel()
}
```

isActive 扩展属性检查当前作业是否处于活动状态。当应用于 CoroutineScope(作为接收器传递给 coroutine 的 suspend lambda)时,它只会委托给当前作业的 isActive 属性。现在,当父协同程序调用 cancel()方法时,squarePrinter 的状态更改为 cancelling,下一次检查 isActive 条件将强制终止循环。当协程完成执行时,状态变为取消。如果运行前面的代码,您将看到它在运行大约 100 ms 后终止。

另一种解决方案是,用一个调用替换状态检查,该调用带有一些挂起函数,可以通过抛出 CancellationException 来响应取消。协程库在内部使用此异常作为控制流令牌,表示正在取消作业。这适用于所有挂起函数,例如在协程库中定义的 delay()或 join()。另一个例子是 yield(),它暂停给定的作业,将其线程释放给其他协程(类似于 Thread. yield()通过给其他线程额外的运行机会来暂停当前线程):

```
import kotlinx.coroutines.*

suspend fun main() {
    val squarePrinter = GlobalScope.launch(Dispatchers.Default) {
        var i = 1
        while (true) {
            yield()
            println(i++)
```

```
        }
    }
    delay(100)                      // let child job run for some time
    squarePrinter.cancel()
}
```

当父协程被取消时，它会自动取消其所有子程序的执行，该过程将继续，直到层次结构被取消。考虑以下示例：

```
import kotlinx.coroutines.*

fun main() {
    runBlocking {
        val parentJob = launch {
            println("Parent started")
            launch {
                println("Child 1 started")
                delay(500)
                println("Child 1 completed")
            }
            launch {
                println("Child 2 started")
                delay(500)
                println("Child 2 completed")
            }
            delay(500)
            println("Parent completed")
        }
        delay(100)
        parentJob.cancel()
    }
}
```

该项目启动了一个合作项目，然后启动一对子协程。在打印完成消息之前，这三项任务都应该延迟 500 ms。然而，父作业在 100 ms 后被取消。因此，父作业及其子作业均未完成，程序输出如下所示：

```
Parent started

Child 1 started

Child 2 started
```

超时

在某些情况下,我们不能无限期地等待任务完成,需要设置一些超时。coroutines 库有一个专门用于此目的的 withTimeout()函数。例如,以下代码启动一个协同程序,该程序在读取文件时挂起:

```
import kotlinx.coroutines.*
import java.io.File

fun main() {
    runBlocking {
        val asyncData = async { File("data.txt").readText() }
        try {
            val text = withTimeout(50) { asyncData.await() }
            println("Data loaded: $ text")
        } catch (e: Exception) {
            println("Timeout exceeded")
        }
    }
}
```

如果文件在 50 ms 内读取,withTimeout()只返回其块的结果。否则,它将抛出 Timeout-CancellationException(它是 CancellationException 的子类),并取消读取协程。

还有一个类似的函数 withTimeoutOrNull(),它在超时时不会抛出异常,只返回 null。

协程调度

虽然协程为您提供了一种独立于线程的方式来实现可挂起的计算,但在运行时它们仍然需要与一些线程相关联。协程库包括一个特殊组件,其任务是控制用于执行特定协程的线程,该组件称为协程调度器(coroutine dispatcher)。

dispatcher 是协程上下文的一部分,因此您可以在协程生成器函数(如 launch()和 run-Blocking())中指定它。由于 dispatcher 本身也是一个单元素上下文,因此您可以简单地将其传递给协程生成器:

```
import kotlinx.coroutines.*

fun main() {
    runBlocking {
        // 使用全局线程池调度程序运行协同程序
```

```
    launch(Dispatchers.Default) {
        println(Thread.currentThread().name)      //DefaultDispatcher- worker- 1
        }
    }
}
```

协程分派器与 Java 执行器有些相似,Java 执行器在一组并行任务之间分配线程,实际上,
您可以使用 asCoroutineDispatcher()扩展函数轻松地将 Executor 的现有实现转换为相
应的协程调度器。在下面的示例中,我们使用自定义线程工厂创建了一个基于池的执行
器服务,该工厂将 WorkerThread1、WorkerThread2 等名称分配给执行器线程。然后,我
们将其转换为一个调度器,并使用它并行启动多个协程。请注意,我们明确地将工作线
程设置为守护进程,这样它们就不会在所有协程完成后阻止程序终止:

```
import kotlinx.coroutines.*
import java.util.concurrent.ScheduledThreadPoolExecutor
import java.util.concurrent.atomic.AtomicInteger

fun main() {
    val id = AtomicInteger(0)
    val executor = ScheduledThreadPoolExecutor(5) { runnable ->
        Thread(
            runnable,
            "WorkerThread- $ {id.incrementAndGet()}"
        ).also { it.isDaemon = true }
    }
    executor.asCoroutineDispatcher().use { dispatcher ->
        runBlocking {
            for (i in 1..3) {
                launch(dispatcher) {
                    println(Thread.currentThread().name)
                    delay(1000)
                }
            }
        }
    }
}
```

延迟迫使执行器创建单独的线程,因此前面的代码将打印以下内容:

```
WorkerThread- 1

WorkerThread- 2

WorkerThread- 3
```

不过，具体的线程顺序可能会有所不同。

请注意，在 ExecutorService 实例上调用时，asCoroutineDispatcher()返回 ExecutorCoroutineDispatcher，它也实现了 Closeable 接口。您需要使用 close()方法关闭底层 executor 服务，并释放分配用于维护其线程或将 dispatcher 用法包装到 use()函数块中的系统资源，就像我们在前面的示例中所做的那样。

coroutines 库还附带了一组现成的 dispatcher 实现，其中一些可以通过 Dispatchers 对象访问：

- Dispatchers. Default：一个共享线程池，其大小默认等于可用的 CPU 内核数或 2 个（取较大值），这种实现通常适用于 CPU 受限的计算，其中任务性能主要受 CPU 速度的限制。
- Dispatchers. IO：一种基于线程池的类似实现，该线程池针对运行可能阻塞 I/O 密集型任务（如读/写文件）进行了优化，此调度器通过在必要时添加或终止额外线程，与默认实现共享线程池。
- Dispatchers. Main：一个调度程序，专门在处理用户输入的 UI 事件线程中运行。

还可以使用 newFixedThreadPoolContext()或 newSingleThreadPoolContext()函数基于私有线程池甚至单个线程创建一个调度程序。例如，我们可以根据 Executor 将样例改写为：

```
import kotlinx.coroutines.*
@ Suppress("EXPERIMENTAL_API_USAGE")
fun main() {
    newFixedThreadPoolContext(5, "WorkerThread").use { dispatcher ->
        runBlocking {
            for (i in 1..3) {
                launch(dispatcher) {
                    println(Thread.currentThread().name)
                    delay(1000)
                }
            }
        }
    }
}
```

请注意，我们之所以使用@Suppress 注释，是因为 newFixedThread PoolContext()和 newSingleThreadPoolContext()当前被标记为过时的 API，并且预期将被基于共享线程池的更新函数替换。

如果没有明确指定 dispatcher(就像我们在前面示例中所做的那样),它会自动从用于启动协程的范围继承。考虑以下示例:

```
import kotlinx.coroutines.*
fun main() {
    runBlocking {
        println("Root: $ {Thread.currentThread().name}")
        launch {
            println("Nested, inherited: $ {Thread.currentThread().name}")
        }
        launch(Dispatchers.Default) {
            println("Nested, explicit: $ {Thread.currentThread().name}")
        }
    }
}
```

我们启动一个在主线程中运行的顶级协程,并启动两个嵌套的协程:一个是从父协程继承上下文(结果是协程调度程序),另一个是显式指定调度程序。因此,前面的代码将打印以下内容:

```
Root: main

Nested, explicit: DefaultDispatcher- worker- 1

Nested, inherited: main
```

在没有父协程的情况下,调度程序被隐式地假定为 Dispatchers. Default,默认情况下 run-Blocking()生成器除外,该生成器仅限于当前线程。

协程在其整个生命周期中不需要有相同的调度器。由于 dispatcher 是协程上下文的一部分,因此可以使用 withContext()函数覆盖它:

```
import kotlinx.coroutines.*
@ Suppress("EXPERIMENTAL_API_USAGE")
fun main() {
    newSingleThreadContext("Worker").use { worker ->
    runBlocking {
        println(Thread.currentThread().name)            // main
        withContext(worker) {
            println(Thread.currentThread().name)        // Worker
```

```
        }
        println(Thread.currentThread().name)        // main
    }
    }
}
```

当我们想要将特定例程片段的执行限制在单个线程中时,这种技术非常有用。

异常处理

在异常处理方面,各种协程构建器都遵循以下两种基本策略之一。由 launch() 等构建器
实现的第一个方法是将异常传播到父协程。在这种情况下,执行过程如下:

- 父协程被取消,其异常情况与原因相同,这会导致它取消所有剩余的子项;
- 当取消子进程时,父进程将传递一个异常,以进一步升级到协程树。

该过程将继续进行,直到达到具有全局范围的协程。之后,由 CoroutineExceptionHan-
dler 处理。例如,考虑以下程序:

```
import kotlinx.coroutines.*

fun main() {
    runBlocking {
        launch {
            throw Exception("Error in task A")
            println("Task A completed")
        }
        launch {
            delay(1000)
            println("Task B completed")
        }
        println("Root")
    }
}
```

顶级协程启动一对嵌套任务,第一个任务引发异常。这会导致根任务及其两个子任务的
取消,并且由于没有提供自定义处理程序,程序会退回到由线程 Thread. uncaughtExcep-
tionHandler 表示的默认行为。因此,它将打印,然后是异常堆栈跟踪:

```
Root
Exception in thread "main" java.lang.Exception: Error in task A
```

CoroutineExceptionHandler 定义了一个方法,该方法接收当前的协程上下文和引发的异常:

```
fun handleException(context: CoroutineContext, exception: Throwable)
```

构造处理程序的最简单方法是使用 CoroutineExceptionHandler()函数,该函数采用两个参数 lambda:

```
val handler = CoroutineExceptionHandler{ _, exception ->
    println("Caught $ exception")
}
```

要将其实例配置为处理异常,可以将其放入协程上下文中。由于处理程序本身是一个微不足道的上下文,因此您可以将其作为上下文参数传递到协程生成器中:

```
import kotlinx.coroutines.*
suspend fun main() {
    val handler = CoroutineExceptionHandler{ _, exception ->
        println("Caught $ exception")
    }
    GlobalScope.launch(handler) {
        launch {
            throw Exception("Error in task A")
            println("Task A completed")
        }
        launch {
            delay(1000)
            println("Task B completed")
        }
        println("Root")
    }.join()
}
```

现在,程序将打印以下内容,从而覆盖默认行为:

```
Root
Caught java.lang.Exception: Error in task A
```

当上下文中没有定义处理程序实例时,协程库将调用通过 JVM ServiceLoader 机制配置的所有全局处理程序,以及当前线程的 uncaughtExceptionHandler。

请注意,CoroutineExceptionHandler 只能为在全局作用域中启动的 coroutine 指定,并且仅用于其子级。这就是为什么我们必须用 GlobalScope. launch()替换 runBlocking(),并用 suspend 标记 main()函数,以利用挂起的 join()调用的原因。如果我们保留原始示例中的 runBlocking(),则为其提供一个处理程序。该程序仍将使用默认的异常处理程序,因为我们的协程不会在全局范围内运行:

```
import kotlinx.coroutines.*

fun main() {
    val handler = ...
    runBlocking(handler) {
        ...
    }
}
```

async()生成器使用的另一种处理异常的方法是保留抛出的异常,并在稍后调用相应的 await()时重新抛出它。让我们稍微修改一下我们的示例:

```
import kotlinx.coroutines.*

fun main() {
    runBlocking {
        val deferredA = async {
            throw Exception("Error in task A")
            println("Task A completed")
        }
        val deferredB = async {
            println("Task B completed")
        }
        deferredA.await()
        deferredB.await()
        println("Root")
    }
}
```

现在,输出如下所示:

```
Exception in thread "main" java.lang.Exception: Error in task A
```

原因是 deferredA. await()重新发布了异常,因此程序无法到达 println("Root")语句。

请注意,类似异步的构建器不依赖于 CoroutineExceptionHandler,它们在访问 coroutine 数据时会重新引发异常。因此,即使您在协程上下文中预先配置了它的实例,也没有效果(正如我们在 runBlocking()示例中看到的那样)。程序仍将返回默认处理程序。

如果我们希望在不依赖全局处理程序的情况下，在其父级处理嵌套协程引发的异常，该怎么办？让我们看看如果我们尝试使用 try-catch 块处理重试异常会发生什么：

```
import kotlinx.coroutines.*

fun main() {
    runBlocking {
        val deferredA = async {
            throw Exception("Error in task A")
            println("Task A completed")
        }
        val deferredB = async {
            println("Task B completed")
        }
        try {
            deferredA.await()
            deferredB.await()
        } catch (e: Exception) {
            println("Caught $ e")
        }
        println("Root")
    }
}
```

如果运行此代码，您将看到句柄确实已激活，但程序仍会失败，出现异常：

```
Caught java.lang.Exception: Error in task A

Root

Exception in thread "main" java.lang.Exception: Error in task A
```

原因是当其子进程（本例中为任务 A）失败时，异常会自动重新启动以取消父协程。为了克服这种行为，我们可以使用所谓的监管工作。

对于监管工作，取消只会向下传播。如果取消一个监管，它将自动取消其所有子项，但如果取消了子项，则监管及其剩余子项将保持活动状态。

为了将父协程转换为监管，我们使用 supervisorScope() 函数而不是 coroutineScope() 定义一个新的作用域。让我们修改一下前面的示例：

```
import kotlinx.coroutines.*

fun main() {
    runBlocking {
```

```
        supervisorScope {
            val deferredA = async {
                throw Exception("Error in task A")
                println("Task A completed")
            }
            val deferredB = async {
                println("Task B completed")
            }
            try {
                deferredA.await()
            } catch (e: Exception) {
                println("Caught $ e")
            }
            deferredB.await()
            println("Root")
        }
    }
}
```

现在,异常在处理后不会被重新调用,任务 B 和根协程都会完成:

```
Task B completed

Caught java.lang.Exception: Error in task A

Root
```

请注意,监管行为也扩展到了正常的取消:对其子作业之一调用 cancel()不会导致取消其同级或监管本身。

并发通信

在本节中,我们将讨论 coroutines 库的更高级功能,它允许您在多个并发任务之间高效地共享数据,同时保持线程安全。确切地说,我们将关注通道(channel),它提供了一种在协程和参与者之间传递数据流的机制,允许您安全地共享可变状态,而无须任何同步和锁定。

通道

通道为您提供了一种在协程之间共享任意数据流的便捷方式。通道接口表示的任何通道上的基本操作分别是通过 send()方法发送数据元素和通过 receive()方法接收数据元素。当这些方法无法完成工作时,例如,当通道的内部缓冲区已满,您试图向其发送数据时,它们会暂停当前的协程,并在可能的情况下稍后恢复,这就是通道和阻塞队列之间的主要区别,它们在 Java 的并发 API 中扮演类似的角色,但通过阻塞调用线程来工作。

通道可以由一般的 Channel() 函数构造,该函数采用描述通道容量的整数值。其中一个基本实现是具有有限大小的内部缓冲区的通道。缓冲区已满时,对 send() 的调用将暂停,直到至少收到一个元素。类似的,当缓冲区为空时,对 receiver() 的调用将暂停,直到至少发送一个元素。让我们来看一个例子:

```kotlin
import kotlinx.coroutines.channels.Channel
import kotlinx.coroutines.*
import kotlin.random.Random

fun main() {
    runBlocking {
        val streamSize = 5
        val channel = Channel<Int> (3)
        launch {
            for (n in 1..streamSize) {
                delay(Random.nextLong(100))
                val square = n* n
                println("Sending: $ square")
                channel.send(square)
            }
        }
        launch {
            for (i in 1..streamSize) {
                delay(Random.nextLong(100))
                val n = channel.receive()
                println("Receiving: $ n")
            }
        }
    }
}
```

第一个协程生成一个整数平方流,并将其发送到最多可容纳三个元素的通道,而第二个协程同时接收生成的数字。我们插入了随机延迟,以便在任何一个协程没有赶上它的对应进程时引发偶尔的暂停,从而导致空/满通道缓冲区。可能的结果如下所示:

```
Sending: 1

Receiving: 1
```

```
Sending: 4

Receiving: 4

Sending: 9

Sending: 16

Receiving: 9

Sending: 25

Receiving: 16

Receiving: 25
```

尽管输出可能因实际延迟和其他情况而不同,但通道确保所有值的接收顺序与发送顺序相同。

Channel()函数还可以接收一些特殊的值,这些值生成具有不同行为的通道。这些值由通道接口的伴生对象中的常数表示:

- Channel. UNLIMITED(= int. MAX_VALUE):这是一个容量无限的通道,其内部缓冲区会根据需要增长,这样的通道在 send()时不会挂起,但在 receiver()时缓冲区为空时可以挂起。
- Channel. RENDEZVOUS(= 0):这是没有内部缓冲区的 arendezous 通道,任何对 send()的调用都会挂起,直到其他协同程序调用 receive()。类似的,receive()调用将暂停,直到有人调用 send()。默认情况下,当忽略"容量"参数时,会创建此通道。
- Channel. CONFLATED(= −1):这是一个合并通道,最多存储一个元素,该元素被 send()覆盖,因此任何未读的已发送的值都会丢失。在这种情况下,send()方法永远不会挂起。
- 任何小于 UNLIMITED 的正值产生一个有限大小的通道缓冲区。

集合通道确保生产者和消费者的协程依次激活。例如,如果我们通过将通道容量设置为零来更改前面的示例,那么无论延迟如何,我们都会得到稳定的操作顺序:

```
Sending: 1

Receiving: 1

Sending: 4

Receiving: 4

Sending: 9
```

Receiving: 9

Sending: 16

Receiving: 16

Sending: 25

Receiving: 25

如果不需要流中的每一个元素，可以使用合并的通道，如果消费例程没有赶上生产者，可以丢弃其中的一些元素。让我们修改第一个示例，将消费者延迟设置为生产者延迟的两倍：

```kotlin
import kotlinx.coroutines.channels.Channel
import kotlinx.coroutines.*

fun main() {
    runBlocking {
        val streamSize =  5
        val channel =  Channel<Int> (Channel.CONFLATED)
        launch {
            for (n in 1..streamSize) {
                delay(100)
                val square =  n* n
                println("Sending: $ square")
                channel.send(square)
            }
        }
        launch {
            for (i in 1..streamSize) {
                delay(200)
                val n =  channel.receive()7
                println("Receiving: $ n")
            }
        }
    }
}
```

因此，只有大约一半的生产值被接收和处理。可能的输出如下所示：

Sending: 1

Receiving: 1

Sending: 4

Sending: 9

```
Receiving: 9
Sending: 16
Sending: 25
Receiving: 25
```

如果运行前面的程序,还将看到它在打印最后一行后不会终止。原因是我们的接收器希望至少得到五个值,因为我们从 1 迭代到 streamSize。但由于实际上只收到大约 stream-Size/2 的值,因此永远无法满足此条件。在这种情况下,我们需要的是某种信号,这意味着通道关闭,不会发送任何进一步的数据。Channel API 允许您通过调用生产者端的close()方法来实现这一点。在消费者方面,我们可以用通道数据上的迭代来代替固定数量的循环:

```kotlin
import kotlinx.coroutines.channels.Channel
import kotlinx.coroutines.*

fun main() {
    runBlocking {
        val streamSize = 5
        val channel = Channel<Int> (Channel.CONFLATED)
        launch {
            for (n in 1..streamSize) {
                delay(100)
                val square = n* n
                println("Sending: $ square")
                channel.send(square)
            }
            channel.close()
        }
        launch {
            for (n in channel) {
                println("Receiving: $ n")
                delay(200)
            }
        }
    }
}
```

现在,程序在数据交换完成后终止。

在消费者方面,您还可以使用 consumeEach()函数来读取所有通道内容,而不是显式迭代:

```
channel.consumeEach {
    println("Receiving: $ n")
    delay(200)
}
```

通道关闭后,任何调用 send() 的尝试都将失败,并出现 ClosedSendChannelException。对 receive() 的调用将返回未读元素,直到通道耗尽,之后它们也将抛出 ClosedSendChannelException。

通道沟通不一定只涉及一个生产者和一个消费者。例如,同一个通道可以由多个协程同时读取,这被称为扇出(fanning out):

```
import kotlinx.coroutines.channels.Channel
import kotlinx.coroutines.*
import kotlin.random.Random

fun main() {
    runBlocking {
        val streamSize = 5
        val channel = Channel<Int>(2)
        launch {
            for (n in 1..streamSize) {
                val square = n* n
                println("Sending: $ square")
                channel.send(square)
            }
            channel.close()
        }
        for (i in 1..3) {
            launch {
                for (n in channel) {
                    println("Receiving by consumer # $ i: $ n")
                    delay(Random.nextLong(100))
                }
            }
        }
    }
}
```

生产者协程生成的数据流在三个消费者之间分割。可能的输出如下所示:

```
Sending: 1

Sending: 4
```

```
Sending: 9
Receiving by consumer # 1: 1
Receiving by consumer # 2: 4
Receiving by consumer # 3: 9
Sending: 16
Sending: 25
Receiving by consumer # 3: 16
Receiving by consumer # 1: 25
```

类似的,我们可以通过在同一个通道中收集多个生产商的输出,并将其输入到单个消费者协程中来吸引用户。在更一般的情况下,任何数量的生产者和消费者都可以通过多个通道进行沟通。一般来说,对于多个协程,通道行为是公平的,因为首先调用 receive() 的协程将获得下一个元素。

生产者

有一个特殊的 producer() 协程生成器,它允许您构造并发数据流,类似于我们在前面讨论集合 API 时讨论的 sequence() 函数。此生成器引入了 ProducerScope,它提供了类似于通道的 send() 方法:

```
import kotlinx.coroutines.channels.*
import kotlinx.coroutines.*

fun main() {
    runBlocking {
        val channel =  produce {
            for (n in 1..5) {
                val square =  n* n
                println("Sending: $ square")
                send(square)
            }
        }
        launch {
            channel.consumeEach { println("Receiving: $ it") }
        }
    }
}
```

请注意,在这种情况下,不需要显式关闭通道。Producer() 生成器将在协程终止时自动执行此操作。

在异常处理方面,product()遵循 async()/await()的策略;product()中抛出的异常将被保留,并在调用通道 receive()的第一个协程中重新抛出。

Tickers

coroutines 库有一种特殊的集合频道,称为 ticker。该通道在后续元素之间产生具有给定延迟的单位值流。要构造它,可以使用 ticker()函数,该函数允许您指定以下内容:

- delayMillis:代码元素之间的延迟(以毫秒为单位);
- initialDelayMillis:产生第一个元素之前的延迟,默认情况下,它与 delayMillis 相同;
- context:ticker 应该运行的协程上下文(默认为空);
- mode:TickerMode 枚举的一个值,它决定了 ticker 行为的模式:
  - TickerMode. FIXED_PERIOD:计时器将选择延迟,以尽可能在元素生成之间保持恒定的周期;
  - TickerMode. FIXED_RATE:无论上次接收后经过了多长时间,ticker 都会在发送每个元素之前进行指定的延迟。

要了解 ticker 模式之间的差异,让我们考虑以下代码:

```
import kotlinx.coroutines.*
import kotlinx.coroutines.channels.*

fun main() = runBlocking {
    val ticker = ticker(100)
    println(withTimeoutOrNull(50) { ticker.receive() })
    println(withTimeoutOrNull(60) { ticker.receive() })
    delay(250)
    println(withTimeoutOrNull(1) { ticker.receive() })
    println(withTimeoutOrNull(60) { ticker.receive() })
    println(withTimeoutOrNull(60) { ticker.receive() })
}
```

当运行时,它产生了以下的输出:

```
null

kotlin.Unit

kotlin.Unit
```

```
kotlin.Unit
null
```

我们看看它是如何一步一步执行的：

1）我们尝试在 50 ms 的超时时间内接收 ticker 信号。由于计时器延迟为 100 ms，with-TimeOutOrNull()返回 null，因为尚未发送任何信号。

2）然后，我们尝试在接下来的 60 ms 内接收信号。这一次，我们肯定会得到一个非空的结果，因为自 ticker 启动以来，至少会经过 100 ms。调用 receive()后，ticker 代码将恢复。

3）然后，消费者协程被暂停约 250 ms。100 ms 后，ticker 发送另一个信号并暂停等待接收。在那之后，两个协程都保持暂停状态 150 ms。

4）消费者协程恢复并尝试请求信号。由于信号已经发送，receive()立即返回（因此我们可以设置一个 1 ms 的小超时），让 ticker 协同工作继续。现在，ticker 将测量自上一个信号发送以来经过的时间，并发现它大约为 250 ms。这个间隔包含两个完整的延迟（200 ms）和大约 50 ms 的剩余时间。然后 ticker 将自己在下一个信号之前的等待时间调整为 100－50＝50 ms，以便在整个延迟（100 ms）通过时发送信号。

5）消费者试图在 60 ms 的超时时间内接收信号，并且可能会成功，因为下一个信号应该在 50 ms 内发送。

6）最后一次尝试接收信号几乎是立即发生的，因此，ticker 将再次等待整个延迟（100 ms）。因此，对 receive()的最后一次调用返回 null，因为在 60 ms 超时内不会收到信号。

如果我们将 ticker 模式设置为 FIXED_RATE，结果将发生变化：

```
null
kotlin.Unit
kotlin.Unit
null
kotlin.Unit
```

第一次执行的方式几乎相同。不同之处在于，消费者协程在长时间延迟 250 ms 后恢复。第三个 receive()也会立即返回，因为 ticker 已经在 250 ms 的时间段内发送了信号，但现在，它不会考虑经过的时间，只需再等待 100 ms。因此，第四次调用 receive()返回 null，因为信号在 60 ms 后尚未发送。但是，在第五次调用时，该间隔上升到 100 ms 以上，信号被接收。

请注意，与 ticker 相关的 API 目前被认为是实验性的，可能会在 coroutines 库的未来版本中被替换。

Actors 模型

Actor 模型给出了实现对共享可变状态的线程安全访问的常用方法。参与者是一个包含一些内部状态的对象，它意味着通过发送消息与另一个参与者同时通信。参与者监听传入的消息，并可以通过修改自己的状态、发送更多消息和启动新的参与者来响应它们。一个 actor 的状态是私有的，所以其他 actor 不能直接使用它，它只能通过发送消息来访问，因此无需使用基于锁的同步。

在 Kotlin 协程库中，可以使用 actor() 协程生成器创建参与者。它引入了一个特殊的作用域（ActorScope），将基本的协程作用域与您可以访问传入消息的接收器通道结合起来。此生成器与 launch() 有些相似，因为它也启动一个作业，而该作业本身并不打算生成结果，并且遵循与 launch() 依赖于 CoroutineExceptionHandler 的 coroutine 生成器相同的异常处理策略。

为了演示 actors API 的基本用法，让我们考虑一个简单的示例，其中一个 actor 拥有一个银行账户，可以提取/存款给定金额的资金。首先，我们需要定义一组表示传入消息的类：

```
sealed class AccountMessage
class GetBalance(
    val amount: CompletableDeferred< Long>
) :AccountMessage()
class Deposit(val amount: Long) : AccountMessage()
class Withdraw(
    val amount: Long,
    val isPermitted: CompletableDeferred<Boolean>
) :AccountMessage()
```

使用密封的类层次结构将允许我们对 AccountMessage 类的实例使用详尽的 when 表达式。

请注意，GetBalance 实例有一个 CompletableDeferred 类型的属性。我们的参与者将使用此属性将当前账户余额发送回使用 GetBalance 消息请求它的协程。类似的，Withdraw 类具有 isPermitted 属性，如果 Withdraw 成功，该属性将接收 true，否则将接收 false。

现在，我们可以实现负责维护账户余额的参与者。基本逻辑很简单；我们不断轮询传入通道，并根据收到的消息执行可能的操作之一：

```
fun CoroutineScope.accountManager(
    initialBalance: Long
) = actor<AccountMessage> {
    var balance = initialBalance
    for (message in channel) {
        when (message) {
            is GetBalance -> message.amount.complete(balance)
            is Deposit -> {
                balance + = message.amount
                println("Deposited $ {message.amount}")
            }
            is Withdraw -> {
                val canWithdraw = balance > = message.amount
                if (canWithdraw) {
                    balance - = message.amount
                    println("Withdrawn $ {message.amount}")
                }
                message.isPermitted.complete(canWithdraw)
            }
        }
    }
}
```

actor() 生成器可以作为 product() 的对应项；两者都依赖于沟通通道，但当 actors 利用这些通道接收数据时，生产者创造了向消费者发送数据的通道。默认情况下，参与者使用集合通道，但您可以通过在 actor() 函数调用中指定 capacity 参数来更改它。

注意 complete() 方法在 CompletableDeferred 上的用法，这就是我们将请求结果发送回 actor 客户端的方式。

现在，让我们添加一对在没有参与者的情况下进行通信的协程：

```
private suspend fun SendChannel<AccountMessage> .deposit(
    name: String,
    amount: Long
```

```
) {
    send(Deposit(amount))
    println("$ name: deposit $ amount")
}

private suspend fun SendChannel<AccountMessage> .tryWithdraw(
    name: String,
    amount: Long
) {
    val status = CompletableDeferred<Boolean> ().let {
        send(Withdraw(amount, it))
        if (it.await()) "OK" else "DENIED"
    }
    println("$ name: withdraw $ amount ($ status)")
}

private suspend fun SendChannel<AccountMessage> .printBalance(
    name: String
) {
    val balance = CompletableDeferred< Long> ().let {
        send(GetBalance(it))
        it.await()
    }
    println("$ name: balance is $ balance")
}

fun main() {
    runBlocking {
        val manager = accountManager(100)
        withContext(Dispatchers.Default) {
            launch {
                manager.deposit("Client # 1", 50)
                manager.printBalance("Client # 1")
            }
            launch {
                manager.tryWithdraw("Client # 2", 100)
                manager.printBalance("Client # 2")
            }
        }
        manager.tryWithdraw("Client # 0", 1000)
        manager.printBalance("Client # 0")
        manager.close()
    }
}
```

要向参与者发送消息，我们使用相应通道提供的 send() 方法。以下是一个可能输出的示例：

```
Client # 1: deposit 50

Deposited 50

Withdrawn 100

Client # 2: withdraw 100 (OK)

Client # 2: balance is 50

Client # 1: balance is 50

Client # 0: withdraw 1000 (DENIED)

Client # 0: balance is 50
```

尽管操作顺序可能会有所不同（尤其是在并行执行时），但结果保持一致。我们不需要任何同步原语，比如锁或关键部分，因为不存在可公开访问的可变状态。

另外一件值得注意的事情是，actor builders（）目前被认为是一个实验性的 API，将来可能会发生变化。

使用 Java 并发

除了特定于 Kotlin 的协程库之外，在针对 JVM 平台时，还可以使用 JDK 并发 API。在本节中，我们将讨论 Kotlin 标准库提供的一些帮助函数，以简化常见的并发相关任务，如创建线程和同步。

开始一个线程

要启动通用线程，可以使用 thread（）函数，该函数允许您以 Kotlin lambda 的形式指定可运行的线程以及一组基本线程属性：

- start：线程创建后是否启动（默认为 true）；
- isDaemon：线程是否以守护进程模式启动（默认为 false），守护进程线程不会阻止 JVM 终止，因此在主线程终止时会自动关闭；
- contextClassLoader：线程代码用来加载类和资源的自定义类加载器（默认为 null）；
- name：这是自定义线程名称，默认情况下，它是 null，这意味着自动选择名称（以 Thread－1、Thread－2 等形式）；

- priority：线程优先级，范围为线程，线程的最小优先级 Thread. MIN_PRIORITY（＝1）；最大优先级 Thread. MAX_PRIORITY（＝10）并影响线程与其他线程相比的 CPU 时间；默认情况下，它等于－1，这意味着优先级是自动选择的；
- block：在新线程中运行的类型为（）－＞Unit 的函数值。

例如，以下程序启动一个线程，该线程每 150 ms 打印一条消息：

```kotlin
import kotlin.concurrent.thread

fun main() {
    println("Starting a thread...")
    thread(name = "Worker", isDaemon = true) {
        for (i in 1..5) {
            println("$ {Thread.currentThread().name}: $ i")
            Thread.sleep(150)
        }
    }
    Thread.sleep(500)}
    println("Shutting down...")
}
```

由于一个新线程是作为守护进程启动的，所以它只能打印四次消息，因为 JVM 会在主线程的 500 ms 睡眠后完成执行后终止。因此，程序输出如下所示：

```
Starting a thread...

Worker: 1

Worker: 2

Worker: 3

Worker: 4

Shutting down...
```

另一组函数与 Java 定时器有关，它允许您在特定时间并发执行一些定期操作。函数的作用是：调度一个计时器，该计时器以相对于上次执行时间的固定延迟运行某些任务。因此，当某些执行需要更多时间时，所有后续运行都会被推迟。从这个意义上讲，它可以被比作在 FIXED_RATE 模式下工作的 Kotlin ticker。使用 timer() 调用配置计时器时，可以指定以下选项：

- name：计时器线程的名称（默认为 null）；
- daemon：时间线程是否作为守护进程运行（默认为 false）；

- startAt：描述第一次事件发生时间的日期对象；
- period：连续计时器执行之间所需的毫秒数；
- action：TimeTask.() —> Unit 执行时运行的单位 lambda。

或者，可以使用另一个 timer() 重载和 initalDelay 参数，该参数将第一个事件的时刻指定为当前时间的延迟（默认为零）。

让我们使用计时器重写前面的例子：

```kotlin
import kotlin.concurrent.timer
fun main() {
    println("Starting a thread...")
    var counter = 0
    timer(period = 150, name = "Worker", daemon = true) {
        println("$ {Thread.currentThread().name}: $ {+ + counter}")
    }
    Thread.sleep(500)
    println("Shutting down...")
}
```

还有一对类似的 fixedRateTimer() 函数，用于设置在后续执行开始之间具有固定延迟的计时器。它可以与固定周期模式下的计时器进行比较，该模式试图补偿额外的延迟，以确保计时器事件在长期内保持恒定的周期。

同步和锁

同步是一种常见的原语，它确保特定的代码片段在单个线程中执行。当这样一个片段已经在某些线程中执行时，试图进入它的任何其他线程都将被迫等待。在 Java 中，有两种方法可以将同步引入代码中。首先，可以将其包装在一个特殊的同步块中，指定某个充当锁的对象。在 Kotlin 中，语法非常相似，尽管使用标准库函数和 lambda，而不是内置语言结构：

```kotlin
import kotlin.concurrent.thread

fun main() {
    var counter = 0
    val lock = Any()
    for (i in 1..5) {
        thread(isDaemon = false) {
            synchronized(lock) {
```

```
                        counter + = i
                        println(counter)
                    }
                }
            }
        }
```

虽然单个加法的顺序可能会有所不同,从而产生不同的中间结果,但同步确保了总和始终等于 15。可能的输出如下所示:

```
1

4

8

13

15
```

通常,synchronized()函数返回其 lambda 的值。例如,我们可以使用它在调用时检索一个中间计数器的值:

```
import kotlin.concurrent.thread

fun main() {
    var counter =  0
    val lock =  Any()
    for (i in 1..5) {...}
    val currentCounter =  synchronized(lock) { counter }
    println("Current counter: $ currentCounter")
}
```

虽然结果可能会有所不同,但它始终等于五个加法器线程之一产生的一些中间值。

在 Java 中可以使用的另一种方法是使用同步修饰符标记方法;在这种情况下,整个方法体被认为与包含类的当前实例或类实例本身(如果所讨论的方法是静态的)同步。在 Kotlin 中,使用@Synchronized 注释的目的相同:

```
import kotlin.concurrent.thread

class Counter {
    private var value =  0

    @ Synchronized fun addAndPrint(value: Int) {
        value + =  value
```

```
        println(value)
    }
}

fun main() {
    val counter = Counter()
    for (i in 1..5) {
        thread(isDaemon = false) { counter.addAndPrint(i) }
    }
}
```

标准库还包括 withLock() 函数,该函数允许您在给定的锁对象(来自 java. util. concur-rent. locks 包)下执行一些 lambda,这类似于同步块。在这种情况下,您不需要担心在异常时释放锁,因为这是由 withLock() 本身处理的。作为一个例子,让我们将其应用于我们的计数器类:

```
class Counter {
    private var value = 0
    private val lock = ReentrantLock()

    fun addAndPrint(value: Int) {
        lock.withLock {
            value + = value
            println(value)
        }
    }
}
```

除此之外,还有 read() 和 write() 函数,它们在 ReentrantReadWriteLock 对象的读/写锁下执行给定的操作。Write() 函数还扩展了 ReentrantReadWriteLock 语义,支持将现有读锁自动升级为写锁。

Java vs. Kotlin:请注意,Java 的对象类定义的 wait()、notify() 和 notifyAll() 方法不适用于 Kotlin 的 Any。但是,如有必要,可以通过显式地将值转换为 java. lang. Object 来使用它们:

```
(obj as Object).wait()
```

记住 wait() 和其他阻塞方法一样,不应该在挂起函数中使用。

结 论

在本章中,我们了解了 Kotlin 中基于协程的并发基本原理。我们研究了并发代码如何由挂起函数和协程生成器组成,以及如何使用上下文和作用域管理协程生存期。我们还讨论了协作取消和异常处理机制,并研究了并发任务的生命周期。我们还学会了如何使用基于通道和参与者的通信在多个并发任务之间高效共享数据。

作为一个额外的主题,我们研究了 Kotlin 标准库提供的一些有用的函数,以利用 JVM 平台上可用的并发 API。

在下一章中,我们将重点讨论测试的主题。我们将讨论几个支持 Kotlin 的框架,并了解 Kotlin 特性和 DSL 如何帮助我们编写各种测试用例。

问 题

1. 什么是暂停功能?它的行为与普通函数的行为有何不同?
2. 如何与 launch() 和 async() 构建器创建协程。它们有什么区别?
3. 解释 runBlocking() 生成器的用途。
4. 什么是结构化并发?
5. 描述协程的生命周期。作业取消是如何在协程树中传播的?
6. 什么是协程调度员?描述由协程库提供的常见调度程序实现。
7. 如何从协程内部更改调度员?
8. 描述协程库使用的异常处理机制。CoroutineExceptionHandler 的目的是什么?
9. 什么是监管工作?如何使用它来处理嵌套协程引发的异常?
10. 什么是通道?协程库支持哪些类型的通道?
11. 如何使用 product() 函数构建通道?
12. 描述 ticker 通道的行为。
13. 描述 actor 模型的想法。如何使用 Kotlin 协程库中的 actor?
14. Kotlin 标准库为创建线程提供了哪些实用程序?
15. 如何在 Kotlin 代码中使用线程同步和锁?

14

Kotlin 测试

测试框架是软件开发生态系统的重要组成部分。它们有助于创建可重用的测试代码,这有助于在整个开发生命周期中保持软件质量。由于设计良好的 Java 互操作性,Kotlin 开发人员可以从众多针对 JVM 平台的测试工具中获益,如 JUnit、TestNG、Mockito 等。

然而,Kotlin 生态系统已经产生了一些专门针对 Kotlin 开发人员的框架,它们利用该语言的强大功能来创建简洁、表达力强的测试代码。在本章中,我们将重点介绍 KotlinTest,这是一个强大的开源测试框架:http://github.com/kotlintest/kotlintest.

我们将了解以下三个主要主题:

- 如何使用 KotlinTest 规范样式组织测试代码?
- 如何使用匹配器、检查器和自动生成的数据集来表达各种测试断言,以进行基于属性的测试等等?
- 如何确保测试环境的正确初始化和终结,以及提供测试配置?

我们将从解释如何配置用于 IntelliJ IDEA 项目的 KotlinTest 开始。

结构

- KotlinTest 规范
- 断言
- 固定装置和配置

目的

学习使用 KotlinTest 框架提供的功能编写测试规范。

KotlinTest 规范

在本节中,我们将讨论如何配置 KotlinTest 以用于 IntelliJ IDEA 项目,以及该测试框架提供的不同测试布局。本章中给出的所有示例都将使用 KotlinTest 3.3。

KotlinTest 入门

为了使用 KotlinTest,我们需要添加项目依赖项。在第 13 章讨论 Kotlin 协程库时,我们已经看到了如何在 IntelliJ IDEA 项目中添加外部依赖项。添加测试框架基本上是相似的。首先,我们在 Project Structure 对话框中使用 Maven 坐标 io. kotlintest:kotlintest-runner-junit5:3.3.0 添加一个库(见图 14.1)。

如果您使用的是 Maven 或 Gradle 之类的构建自动化系统,则可以通过将其依赖项添加到相应的构建文件来配置 KotlinTest。

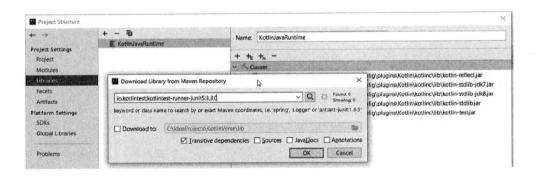

图 14.1 添加 KotlinTest 库

在此之后,IDE 将建议您向项目的模块中添加一个新库。下一步是设置依赖范围。切换到左侧的模块视图,选择感兴趣的模块并打开依赖项选项卡。您将看到新添加的库添加到依赖项中,其作用域设置为 Compile。这意味着在 IDE 中编译和运行生产和测试源时,库将被包括在它们的类路径中。由于 KotlinTest 仅用于测试目的,因此范围应更改为

Test(图 14.2)：

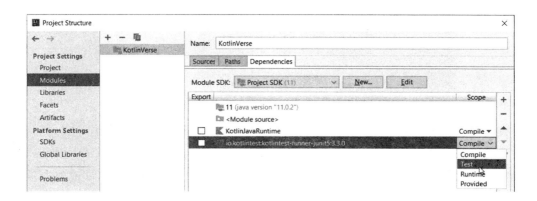

图 14.2 选择测试依赖范围

最后一个准备步骤是配置一个包含测试源代码的目录。如果您还没有，请在 src 旁边创建一个新目录（比如 test），通过右键单击项目视图中的模块根并选择 New｜Directory 来保存生产源。现在，我们需要告诉 IDE，它将是我们的测试源根。为此，右键单击新添加的目录并选择 Mark Directory as｜Test Sources Root。测试目录将更改为绿色，表明 IDEA 现在将其内容作为测试的源文件。

还值得安装一个特殊的插件，以改进 IntelliJ 与 KotlinTest 的集成。您可以通过设置对话框（文件｜设置）中的插件选项卡搜索 kotlintest（图 14.3）。单击 Install and downloading and installing 之后，需要重新启动 IDE。

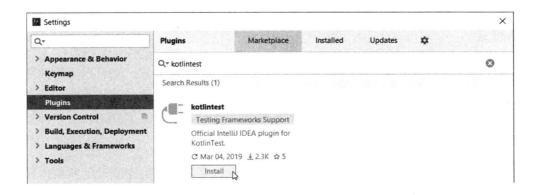

图 14.3 为 IntelliJ IDEA 安装 KotlinTest 插件

现在，我们可以像以前一样开始编写代码了。让我们在测试目录中创建一个新文件，并编写一个简单的测试规范：

```kotlin
import io.kotlintest.shouldBe
import io.kotlintest.specs.StringSpec

class NumbersTest :StringSpec({
    "2 +  2 should be 4" { (2 +  2) shouldBe 4 }
    "2 *  2 should be 4" { (2 *  2) shouldBe 4 }
})
```

稍后我们将解释这个定义背后的含义，但即使是现在，在检查了一些算术恒等式之后，您也肯定能够识别出一对名为"2＋2 应该是 4"和"2 * 2 应该是 4"的简单测试。要运行测试，请注意左侧的三角形标记。通过单击其中一个，您可以执行相应的测试或整个规范（图 14.4）：

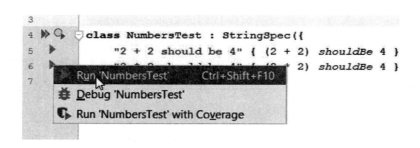

图 14.4　在 IntelliJ 中运行 KotlinTest 规范

现在，我们准备开始讨论 KotlinTest 特性。我们的第一个主题将与您可以用来组织测试用例的各种规格样式相关。

规格样式

KotlinTest 支持多种规格样式，它们都会影响测试代码的组织方式。您可以轻松地在项目中混合不同的样式，甚至通过创建 AbstractSpec 类或其更具体的子类（如 AbstractStringSpec）的实现来定义自己的样式。在本节中，我们将了解在将 KotlinTest 添加到项目中后立即可用的样式。

要定义测试用例，需要从其中一个规范类继承。然后，可以在类初始值设定项或传递给超类构造函数的 lambda 中添加测试。您定义测试本身的方式是特定于样式的，在大多数情况下，涉及一些类似 DSL 的 API。让我们考虑一个使用 StringSpec 类的简单示例：

```
import io.kotlintest.shouldBe
import io.kotlintest.specs.StringSpec

class NumbersTest :StringSpec({
    "2 +  2 should be 4" { (2 +  2) shouldBe 4 }
    "2 *  2 should be 4" { (2 *  2) shouldBe 4 }
})
```

在 StringSpec 中,通过将 lambda 放在带有测试描述的字符串之后来定义单个测试。正如您可能已经猜到的,这只是字符串的运算符形式。调用 StringSpec 定义的函数。在本例中,实际验证代码使用 shouldBe 中缀函数,该函数在其参数不相等时引发异常。这个函数是 matchers DSL 的一部分,我们将在下一节中介绍。

请注意,StringSpec 提供了一个扁平的测试用例结构,其中特定类中的所有测试都在同一级别上定义。如果您试图将一个测试块放在另一个测试块中,框架将在运行时失败并出现异常。

WordSpec 类给出了更复杂的布局。以最简单的形式,它允许您定义两级层次结构,其中定义的测试(类似于 StringSpec)通过调用 should() 函数进行分组:

```
import io.kotlintest.shouldBe
import io.kotlintest.specs.WordSpec

class NumbersTest2 :WordSpec({
    "1 +  2" should {
        "be equal to 3" { (1 +  2) shouldBe 3 }
        "be equal to 2 +  1" { (1 +  2) shouldBe (2 +  1) }
    }
})
```

此外,可以通过在 when()或'when()'内包装 should()调用来定义另一个分组级别:

```
import io.kotlintest.shouldBe
import io.kotlintest.specs.WordSpec

class NumbersTest2 :WordSpec({
    "Addition" When {
        "1 +  2" should {
            "be equal to 3" { (1 +  2) shouldBe 3 }
            "be equal to 2 +  1" { (1 +  2) shouldBe (2 +  1) }
        }
    }
})
```

如果我们想要一个具有任意级别数的层次结构呢? FunSpec 类将测试代码封装在 test() 函数调用中,该函数调用使用测试描述和挂起的 lambda 来运行。与 StringSpec 不同,此样式支持按上下文块对测试进行分组:

```kotlin
import io.kotlintest.shouldBe
import io.kotlintest.specs.FunSpec

class NumbersTest :FunSpec({
    test("0 should be equal to 0") { 0 shouldBe 0 }
    context("Arithmetic") {
        context("Addition") {
            test("2 +  2 should be 4") { (2 +  2) shouldBe 4 }
        }
        context("Multiplication") {
            test("2 *  2 should be 4") { (2 *  2) shouldBe 4 }
        }
    }
})
```

测试块和上下文块都可以在除测试块内部之外的任何级别上使用。

IDE 提示:当它们在 IDE 中运行时,此类多级测试的结果也会显示在与规范块相对应的层次视图中。图 14.5 显示了在 IntelliJ IDEA 中运行上述测试代码的结果:

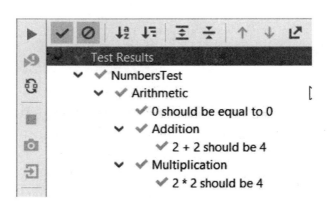

图 14.5　在 IntelliJ IDEA 中的多级测试结果

ExpectSpec 基本相同,但使用 expect() 而不是 test()。此外,还禁止将测试放在顶层(即所有测试必须放在某个 context() 块中)。

DescribeSpec 使用 describe（）/context（）块，以便与放置在其中的 it（）实际测试进行分组：

```
import io.kotlintest.shouldBe
import io.kotlintest.specs.DescribeSpec

class NumbersTest :DescribeSpec({
    describe("Addition") {
        context("1 + 2") {
            it("should give 3") { (1 + 2) shouldBe 3 }
        }
    }
})
```

ShouldSpec 生成一个类似于 FunSpec 的布局，其中上下文块用于分组，测试块放置在叶子级。这些差异纯粹是句法上的。要定义上下文块，您将对描述字符串使用 invoke（）调用（类似于 StringSpec 的测试块），而测试块本身由 should（）函数调用定义：

```
import io.kotlintest.shouldBe
import io.kotlintest.specs.ShouldSpec

class NumbersTest :ShouldSpec({
    should("be equal to 0") { 0 shouldBe 0 }
    "Addition" {
        "1 + 2" {
            should("be equal to 3") { (1 + 2) shouldBe 3 }
            should("be equal to 2 + 1") { (1 + 2) shouldBe (2 + 1) }
        }
    }
})
```

可以通过 FreeSpec 类构造更多类似的规范。与 StringSpec 一样，它在字符串上使用 invoke（）来定义测试，而上下文由减号运算符引入：

```
import io.kotlintest.shouldBe
import io.kotlintest.specs.FreeSpec

class NumbersTest :FreeSpec({
    "0 should be equal to 0" { 0shouldBe 0 }
    "Addition" - {
        "1 + 2" - {
            "1 + 2 should be equal to 3" { (1 + 2) shouldBe 3 }
            "1 + 2 should be equal to 2 + 1" { (1 + 2) shouldBe (2 + 1) }
        }
```

```
        }
    })
```

KotlinTest 还支持受 Gherkin 语言启发的 BDD(行为驱动开发)规范风格。在 Feature-Spec 中,层次结构根由功能块引入,而功能块又包含实现特定测试的场景块。and()调用可用于在特定功能中对场景(和其他组)进行分组:

```
import io.kotlintest.shouldBe
import io.kotlintest.specs.FeatureSpec

class NumbersTest :FeatureSpec({
    feature("Arithmetic") {
        val x = 1
        scenario("x is 1 at first") { x shouldBe 1 }
        and("increasing by") {
            scenario("1 gives 2") { (x + 1) shouldBe 2 }
            scenario("2 gives 3") { (x + 2) shouldBe 3 }
        }
    }
})
```

BehaviorSpec 实现了类似的风格,它引入了三个基本级别,分别由函数 gived()/Given(),when()/When()和 then()/Then()表示。and()/And()调用可能会引入额外级别的分组,它们可以组合几个 when/then 块:

```
import io.kotlintest.shouldBe
import io.kotlintest.specs.BehaviorSpec

class NumbersTest :BehaviorSpec({
    Given("Arithmetic") {
        When("x is 1") {
            val x = 1
            And("increased by 1") {
                Then("result is 2") { (x + 1) shouldBe 2 }
            }
        }
    }
})
```

请注意,使用这些块可以产生非常接近自然语言的测试描述(when x is 1 and increased by 1 then result is 2)。

我们要考虑的最后一种规格样式是 AnnotationSpec。这种风格不使用类似 DSL 的测试

规范,而是依赖应用于测试类方法的@Test 注释,这类似于 JUnit 或 TestNG 等测试框架:

```
import io.kotlintest.shouldBe
import io.kotlintest.specs.AnnotationSpec

class NumbersTest :AnnotationSpec() {
    @ Test fun `2 +  2 should be 4`() { (2 +  2) shouldBe 4 }
    @ Test fun `2 *  2 should be 4`() { (2 *  2) shouldBe 4 }
}
```

还可以通过使用@Ignore 对特定测试进行注释来禁用该测试。

断言

匹配器

在前面演示各种规范样式使用的代码示例中,我们使用了 shouldBe 函数,该函数断言其参数的简单相等性。这只是 KotlinTest 库提供的众多匹配器的一个例子。

匹配器被定义为扩展函数,可以以普通调用的形式调用,也可以作为中缀运算符调用。所有匹配者的名字都以 shouldBe 开头。这种约定有助于在测试代码中提供可读的名称,比如 shouldBeGreaterThanOrEqual。在 KotlinTest 文档中可以找到内置匹配器的完整列表,这里我们不会重点讨论特定的例子,因为大多数 matcher 函数都有自解释的名称,并且可以以直观的方式使用。在本节中,我们将对更高级的问题感兴趣,例如使用自己的匹配器扩展测试框架。

要定义自定义 matcher,需要实现 matcher 接口并重写其 test()方法:

```
abstract fun test(value: T): Result
```

结果对象描述匹配的结果。它是一个数据类,包含以下属性:

• passed:检查断言是否满足(true)或不满足(false);

• failureMessage:当断言失败时显示一条消息,告诉应该发生什么以使其通过;

• negatedFailureMessage:当调用 matcher 的否定版本时,它会失败。

例如,让我们创建一个匹配器来检查给定的数字是否为奇数:

```
import io.kotlintest.Matcher
import io.kotlintest.Result

fun beOdd() = object : Matcher<Int> {
    override fun test(value: Int): Result {
        return Result(
            value % 2 != 0,
            "$ value should be odd",
            "$ value should not be odd"
        )
    }
}
```

现在,我们可以通过将该匹配器传递给内置扩展函数 should()/shouldNot() 来使用该匹配器进行断言:

```
import io.kotlintest.*
import io.kotlintest.specs.StringSpec

class NumberTest :StringSpec({
    "5 is odd" { 5 should beOdd() }
    "4 is not odd" { 4shouldNotbeOdd() }
})
```

请注意,我们选择 beOdd 名称的目的是为结果断言获取一个人类可读的名称(应该是 odd/不应该是 odd)。

Matcher 接口的任何实现都会自动支持和/或/或反转操作,这些操作会按照布尔运算逻辑组合匹配器。我们可以使用它们来基于复杂谓词构建断言,例如下面的示例中结合了 beOdd()和内置的 positive()匹配器:

```
"5 is positive odd"{ 5 should (beOdd() and positive()) }
```

matchers 支持的另一个操作是 combine(),它允许您通过提供转换函数将现有 matcher 泛化为新类型。以下函数重用 beOdd()匹配器来断言给定集合的长度为奇数:

```
fun beOddLength() = beOdd().compose<Collection< * > > { it.size }
```

请注意,虽然所有匹配器都可以通过 should()/shouldNot()函数调用,但许多内置匹配器还附带以 should 开头的专用函数。例如,以下断言是等效的:

```
5 should beLessThan(10)
```

5 shouldBeLessThan(10)

检查员

除了 matchers 之外,KotlinTest 还支持一个与检查员相关的概念。inspector 是某个集合类的扩展函数,它允许您验证给定的断言是否适用于它的某个元素组:

- forAll()/forNone():检查所有/无元素是否满足断言。
- forExactly(n):检查是否恰好有 n 个元素满足一个断言;还有一个特殊的 forOne()函数,用于处理 n=1 的情况。
- forAtLast(n)/forAtMost(n):检查是否至少/最多 n 个元素满足断言;当 n=1 时,还可以使用与 forAtLeastOne()相同的 forAtLeastOne()/forAtMostOne()或 forAny()。
- forSome():检查是否有一些但不是所有元素满足断言。

让我们来看一个使用这些检查器的例子:

```
import io.kotlintest.inspectors.*
import io.kotlintest.matchers.numerics.shouldBeGreaterThanOrEqual
import io.kotlintest.shouldBe
import io.kotlintest.specs.StringSpec

class NumberTest :StringSpec({
    val numbers =  Array(10) { it +  1 }

    "all are non- negative" {
        numbers.forAll { it shouldBeGreaterThanOrEqual 0 }
    }
    "none is zero" { numbers.forNone { it shouldBe 0 } }
    "a single 10" { numbers.forOne { it shouldBe 10 } }
    "at most one 0" { numbers.forAtMostOne { it shouldBe 0 } }
    "at least one odd number" {
        numbers.forAtLeastOne { it %  2 shouldBe 1 }
    }
    "at most five odd numbers" {
        numbers.forAtMost(5) { it %  2 shouldBe 1 }
    }
    "at least three even numbers" {
        numbers.forAtLeast(3) { it %  2 shouldBe 0 }
    }
    "some numbers are odd" { numbers.forAny { it %  2 shouldBe 1 } }
    "some but not all numbers are even" {
        numbers.forSome { it %  2 shouldBe 0 }
    }
```

```
"exactly five numbers are even" {
    numbers.forExactly(5) { it % 2 shouldBe 0 }
}
})
```

处理异常

KotlinTest 有一个特殊的 shouldThrow()断言,用于检查某些代码是否由于特定的异常而失败,这是一种使用显式 try/catch 块捕获异常的方便替代方法。成功后,shouldThrow()返回捕获的异常,您可以在之后检查该异常:

```
import io.kotlintest.matchers.string.shouldEndWith
import io.kotlintest.shouldThrow
import io.kotlintest.specs.StringSpec

class ParseTest :StringSpec({
    "invalid string" {
        val e = shouldThrow<NumberFormatException> { "abc".toInt() }
        e.messageshouldEndWith "\"abc\""
    }
})
```

KotlinTest 的一个有用的异常相关特性是:它能够暂时抑制由失败的断言引发的异常,这被称为软断言。如果您的测试由多个断言组成,并且希望看到所有的断言都失败了,那么它可能会很有用。通常情况下,这不会发生,因为测试在第一次抛出异常后终止。KotlinTest 允许您使用 assertSoftly 块解决此行为。AssertionError 异常会在块内自动捕获并累积,让所有断言运行(除非它们因其他异常而失败)。当块完成时,assertSoftly 将所有累积的异常(如果有)打包到单个 AssertionError 中,并将其返回给调用方。让我们来看一个例子:

```
import io.kotlintest.assertSoftly
import io.kotlintest.inspectors.forAll
import io.kotlintest.specs.StringSpec

class NumberTest :StringSpec({
    val numbers = Array(10) { it + 1 }

    "invalid numbers" {
        assertSoftly {
            numbers.forAll { it shouldBeLessThan 5 }
            numbers.forAll { it shouldBeGreaterThan 3 }
        }
```

```
        }
    })
```

如果没有 AssertSoftly()，在第一个断言失败后，第二个 forAll() 断言甚至不会被检查。
现在，两个断言都已执行，测试失败，出现异常：

```
io.kotlintest.tables.MultiAssertionError:

The following 9 assertions failed

...
```

正如您所能看到的，结果消息列出了所有单独的故障。

测试非确定性代码

当必须处理非确定性代码时（有时需要多次尝试才能通过），可以使用一种方便的替代方
法来替代超时和多次调用。eventually() 函数的作用是：在指定的时间段内，验证给定的
断言是否至少满足一次：

```
import io.kotlintest.*
import io.kotlintest.specs.StringSpec
import java.io.File

class StringSpecWithConfig :StringSpec({

    eventually(10.seconds) {

        // Check that file eventually contains a single line

        // (within 10 seconds)
                File("data.txt").readLines().size shouldBe 1

    }
})
```

类似的，continually() 函数验证嵌套断言在调用时是否得到满足，并保持在指定的时间间
隔内：

```
import io.kotlintest.*
import io.kotlintest.specs.StringSpec
import java.io.File

class StringSpecWithConfig :StringSpec({

    // Check that file contains a single line
    // and line count doesn't change for at least 10 seconds
```

```
continually(10.seconds) {
    File("data.txt").readLines().size shouldBe 1
}
})
```

基于属性的测试

KotlinTest 能够进行基于属性的测试,您可以指定一些谓词,并让 KotlinTest 自动生成一个随机测试数据,以对其进行验证。当我们想要检查某些条件是否适用于难以手动准备和维护的大量值时,这种技术非常有用。

例如,假设我们定义了一个函数,它计算两个数字中的最小值:

```
infix fun Int.min(n: Int) = if (this < n) this else n
```

您希望确保其结果始终小于或等于每个参数。为此,我们将各自的断言封装在 assertAll()调用中:

```
import io.kotlintest.matchers.beLessThanOrEqualTo
import io.kotlintest.properties.assertAll
import io.kotlintest.should
import io.kotlintest.specs.StringSpec

class NumbersTest: StringSpec({
    "min" {
        assertAll{ a: Int, b: Int ->
          (a min b).let {
            it should (beLessThanOrEqualTo(a) and beLessThanOrEqualTo(b))
          }
        }
    }
})
```

运行此代码时,KotlinTest 将生成一个 Int 对流,并根据我们的断言测试所有 Int 对。默认情况下,测试数据集由 1000 个项目组成,但可以将其大小明确指定为 assertAll()的参数。

还有一个 theassertNone()函数,用于检查生成的项是否都不满足给定的断言。

作为替代方案,我们可以使用 forAll()/forNone()函数,该函数接收一个具有布尔返回类

型的 lambda,并验证所有/无生成项是否具有相应的谓词,这些谓词的计算结果为 true:

```
import io.kotlintest.properties.forAll
import io.kotlintest.specs.StringSpec

class NumbersTest: StringSpec({
    "min" {
        forAll{ a: Int, b: Int ->
            (a min b).let { it <= a && it <= b }
        }
    }
})
```

KotlinTest 有许多常见类型的默认生成器,如 Int、Boolean 和 String。默认情况下,它使用 lambda 参数类型的运行时信息自动选择生成器。但有时,如果某个类型根本不受支持,这可能是不需要的,甚至是不可能的。在这种情况下,我们需要显式地将生成器指定为 Gen 接口的实例。它的伴生对象包含一系列有用的方法,可以用来构造生成器的各种实现。特别是(其他内容通常可以在文档中找到):

- choose(min,max):生成最小到最大(不包括最大)范围内的随机整数;
- positiveIntegers()/negativeIntegers()/nats():生成随机正/负/非负整数流;
- from(collection):从给定的列表或数组中随机抽取元素。

您还可以定义自己的生成器。一种方法是使用 Gen.create()函数,该函数基于指定的 lambda 构建生成器。在第 11 章"领域特定语言"中,我们定义了一个表示有理数的类。现在让我们检查一下,从自身减去任何有理数是否会产生零。为此,我们需要实现一个自定义生成器:

```
import io.kotlintest.properties.*
import io.kotlintest.specs.StringSpec
import kotlin.random.Random

class NumbersTest: StringSpec({
    "Subtraction" {
        forAll(genRationals()) { a: Rational ->
            (a - a).num == 0
        }
    }
}) {
    companion object {
        private fun genRationals(): Gen<Rational> {
            return Gen.create {
```

```
            val num = Random.nextInt()
            val den = Random.nextInt()
            Rational.of(num, if (den ! = 0) den else 1)
          }
        }
      }
    }
```

另一种方法是直接从 Gen<T> 接口继承。在这种情况下,您需要提供两种方法的实现:

- constants():返回始终包含在生成流中的 T 值集合,这些值适用于各种转角情况(例如,整数的默认生成器使用 Int. MIN_VALUE、0 和 Int. MAX_VALUE);
- random():返回 T 类型的随机元素序列。

例如,我们可以将 Rational generator 重写为以下对象:

```
object RationalGen : Gen<Rational> {
    override fun constants(): Iterable<Rational> {
        return listOf(Rational.of(0), Rational.of(1), Rational.of(- 1))
    }

    override fun random(): Sequence<Rational> {
        return generateSequence {
            val num = Random.nextInt()
            val den = Random.nextInt()
            Rational.of(num, if (den ! = 0) den else 1)
        }
    }
}
```

也可以使用固定的测试数据集,而不是使用框架或自定义生成器提供的随机值。为此,需要使用 forall() 函数,该函数接收行对象的变量:

```
import io.kotlintest.data.forall
import io.kotlintest.specs.StringSpec
import io.kotlintest.tables.row

class NumbersTest: StringSpec({
    "Minimum" {
        forall(
            row(1, 1),
            row(1, 2),
            row(2, 1)
        ) { a: Int, b: Int ->
```

```
                (a min b).let { it <=  a && it <=  b }
            }
        }
    })
```

注意命名的不同:forall 和 forAll。

除此之外,还可以将多行打包到一个表对象中,该表对象还具有一组特定的标题。然后,当测试失败时,这些标题被用来提供上下文信息。例如:

```
import io.kotlintest.matchers.numerics.shouldBeGreaterThanOrEqual
import io.kotlintest.specs.StringSpec
import io.kotlintest.tables.*
class NumbersTest :StringSpec({
    "Minimum" {
        forAll(
            table(
                headers("name", "age"),
                row("John", 20),
                row("Harry", 25),
                row("Bob", 16)
            )
        ) { name, age ->
            age shouldBeGreaterThanOrEqual 18
        }
    }
})
```

运行前面的测试将产生错误,并显示以下消息:

```
Test failed for (name, Bob), (age, 16) with error 16 should be > =  18
```

forAll()和 forNone()重载都支持此选项。但是,请注意,与用于基于生成器的测试的forAll()/forNone()不同,这些函数采用具有单元返回类型的 lambda,这就是为什么我们使用 matcher 函数,而不是简单地返回布尔值的原因。

夹具和配置

夹具支持

通常情况下,测试需要某种代码,在实际测试调用之前初始化必要的环境和资源(也称为测试夹具),并在之后完成。在 KotlinTest 中,您可以使用 TestListener 接口将代码嵌入测试用例生命周期的各个阶段。让我们看看它有什么方法:

- beforeProject()/afterProject():在测试引擎启动/完成时调用。
- beforeSpecClass():在与给定规范类对应的任何测试开始之前调用一次(无论给定规范类实例化了多少次);afterSpecClass():在所有此类测试完成后调用。
- beforeSpec():在实例化规范之后但在运行其测试之前调用;在给定规范实例的所有测试完成后调用 afterSpec()。
- beforeTest()/afterTest():在运行特定测试块之前/之后调用。

为了产生某种效果,必须通过重写 listener()方法在特定规范类中注册侦听器实例:

```kotlin
import io.kotlintest.*
import io.kotlintest.extensions.*
import io.kotlintest.specs.FunSpec

object MyListener :TestListener {
    override fun beforeSpecClass(spec: Spec, tests: List<TopLevelTest> ) {
        println("Before spec class: $ {spec.description()}")
    }

    override fun beforeSpec(spec: Spec) {
        println("Before spec: $ {spec.description()}")
    }

    override fun beforeTest(testCase: TestCase) {
        println("Before test: $ {testCase.name}")
    }

    override fun afterTest(testCase: TestCase, result: TestResult) {
        println("After test: $ {testCase.name}")
    }

    override fun afterSpec(spec: Spec) {
        println("After spec: $ {spec.description()}")
    }

    override fun afterSpecClass(spec: Spec,
        results: Map<TestCase, TestResult> ) {
        println("After spec class: $ {spec.description()}")
    }
}

class NumbersTest :FunSpec() {
    init {
        context("Increment") {
```

```
        test("2+ 2") {
            2 +  2 shouldBe 4
        }
        test("2 *  2") {
            2 *  2 shouldBe 4
        }
    }
}

override fun listeners() = listOf(MyListener)
}
```

运行上述代码将产生以下输出：

```
Before spec class: Description(parents= [], name= NamesTest)

Before spec: Description(parents= [], name= NamesTest)

Before test: IncrementBefore test: 2+ 2

After test: 2+ 2

Before test: 2 *  2

After test: 2 *  2

After test: Increment

After spec: Description(parents= [], name= NamesTest)

After spec class: Description(parents= [], name= NamesTest)
```

注意，在我们的示例中，beforeSpec()/afterSpec()只被调用一次，就像 beforeSpecClass()/afterSpecClass()一样，因为只创建了 NumbersTest 的一个实例。情况并非总是如此，因为您可以配置框架，以便为每个测试创建一个新的规范（请参阅测试配置部分中的隔离模式讨论）。

beforeSpec()和 beforeTest()之间（以及 afterSpec()和 afterTest()之间）的关键区别在于：只有在启用相关测试时才会调用 beforeSpec()。在下一节中，我们将了解如何使用配置关闭单个测试。

如果要提供 beforeProject()/afterProject()方法的实现，需要使用 ProjectConfig 单例注册全局侦听器。此单例必须从 AbstractProjectConfig 类继承并放置在 io. kotlintest. provided 提供的包中：

```
package io.kotlintest.provided
```

```
import io.kotlintest.*
import io.kotlintest.extensions.*

object ProjectListener :TestListener {
    override fun beforeProject() { println("Before project") }
    override fun afterProject() { println("After project") }
}

object ProjectConfig :AbstractProjectConfig() {
    override fun listeners(): List<TestListener>  {
        return listOf(ProjectListener)
    }
}
```

KotlinTest 的一个更有用的功能是它能够自动关闭实现 AutoCloseable 接口的资源。要使其工作，需要在分配资源时使用 autoClose()调用注册资源：

```
import io.kotlintest.shouldBe
import io.kotlintest.specs.FunSpec
import java.io.FileReader

class FileTest :FunSpec() {
    val reader =  autoClose(FileReader("data.txt"))

    init {
        test("Line count") {
            reader.readLines().isNotEmpty() shouldBe true
        }
    }
}
```

测试配置

KotlinTest 为您提供了一组配置测试环境的选项。具体来说，规范类提供了 config()函数，可用于设置各种测试执行参数。它的使用取决于所选择的规格样式，但一般来说，它取代了普通测试块。让我们考虑一些例子：

```
import io.kotlintest.shouldBe
import io.kotlintest.specs.*
import java.time.Duration

class StringSpecWithConfig :StringSpec({
    "2 + 2 should be 4".config(invocations = 10) { (2 + 2) shouldBe 4 }
})

class ShouldSpecWithConfig :ShouldSpec({
```

```
    "Addition" {
        "1 + 2" {
            should("be equal to 3").config(threads = 2, invocations = 100) {
                (1 + 2) shouldBe 3
            }
            should("be equal to 2 + 1").config(timeout = 1.minutes) {
                (1 + 2) shouldBe (2 + 1)
            }
        }
    }
})

class BehaviorSpecWithConfig :BehaviorSpec({
    Given("Arithmetic") {
        When("x is 1") {
            val x = 1
            And("increased by 1") {
                then("result is 2").config(invocations = 100) {
                    (x + 1) shouldBe 2
                }
            }
        }
    }
})
```

您可以在特定规范样式的文档中找到更详细的信息。

让我们看看使用 config() 函数可以控制哪些参数：

- invocations（调用）：执行测试的次数；只有在所有调用都成功的情况下，测试才被视为通过，此选项可能对偶尔失败的非确定性测试有用。

- threads（线程数）：运行测试时要使用的线程数。这个参数只有在调用大于 1 时才有意义，否则就没有什么可并行化的。

- enabled（已启用）：是否应运行测试；设置为 false 将禁用测试执行。

- timeout（超时）：表示测试运行的最长时间的 duration 对象。如果测试执行超过此时间，则终止测试并将其视为失败。与调用计数一样，该选项对于非确定性测试也很有用。

请注意，threads 选项只影响测试用例中单个测试的并行化。如果您还想并行运行多个测试用例，那么需要使用我们前面讨论过的 AbstractProjectConfig。只需重写其 parallelism() 方法并返回所需数量的并发线程：

```
package io.kotlin.provided

import io.kotlintest.AbstractProjectConfig

object ProjectConfig :AbstractProjectConfig() {
    override fun parallelism(): Int = 4
}
```

除了单独配置每个测试外,还可以通过覆盖 defaultTestCaseConfig 属性为特定测试用例的所有测试指定公共配置:

```
import io.kotlintest.TestCaseConfig
import io.kotlintest.shouldBe
import io.kotlintest.specs.StringSpec

class StringSpecWithConfig :StringSpec({
    "2 + 2 should be 4" { (2 + 2) shouldBe 4 }
}) {
    override valdefaultTestCaseConfig: TestCaseConfig
    get() = TestCaseConfig(invocations = 10, threads = 2)
}
```

默认配置选项由测试继承,除非您明确指定它们自己的配置。

最后,我们想指出 KotlinTest 的另一个特性是:它能够选择如何在测试之间共享测试用例实例,这就是所谓的隔离模式。默认情况下,测试用例只实例化一次,其实例用于运行其所有测试。虽然从性能的角度来看这是好的,但在某些情况下,这样的策略是不可取的;如果测试用例有一个可变状态,该状态由单个测试读取和修改。在这种情况下,您可能希望在每次启动测试或测试组时实例化测试。为了实现这一点,您只需要重写测试用例类的 isolationMode() 方法。此方法返回一个 IsolationModeenum 值,该值定义了三个选项:

- SingleInstance:创建测试用例的单个实例;这是默认行为;
- InstancePerTest:每次执行上下文或测试块时,都会创建测试用例的新实例;
- InstancePerLeaf:在执行单个测试块之前实例化测试。

让我们考虑一个例子。假设我们有以下 FunSpec 风格的测试用例:

```
import io.kotlintest.shouldBe
import io.kotlintest.specs.FunSpec

class IncTest :FunSpec() {
```

```
        var x = 0
        init {
            context("Increment") {
                println("Increment")
                test("prefix") {
                    println("prefix")
                    + + x shouldBe 1
                }
                test("postfix") {
                    println("postfix")
                    x+ +  shouldBe 0
                }
            }
        }
    }
```

如果运行它,您将看到第二个测试失败。这是因为 x 变量保留在前缀块中指定的值。如果我们通过添加以下内容将隔离模式更改为 InstancePerTest:

```
override fun isolationMode() = IsolationMode.InstancePerTest
```

这两个测试都将通过,因为它们每个都将获得自己的 IncTest 实例。打印到标准输出的消息如下所示:

```
Running context

Running context

prefix

Running context

postfix
```

这是因为 IncTest 被实例化了三次:第一次执行上下文块本身;第二次执行前缀测试和执行上下文块;第三次执行后缀文本(同样需要先运行上下文块)。因此,上下文块也会执行三次。

如果我们将隔离模式更改为 InstancePerLeaf,上下文块将不会自己执行,而只是作为运行单个测试的一部分。因此,IncTest 将只实例化两次(一次用于前缀,一次用于后缀),输出如下所示:

```
Running context
```

```
prefix

Running context

postfix
```

我们对 KotlinTest 框架的概述到此结束。有关我们提到的功能（以及我们没有提到的功能）的更多详细信息,建议读者遵循:https://github.com/kotlintest/kotlintest.

结论

在本章中,我们了解了在 KotlinTest 中编写测试规范的基础知识,KotlinTest 是一个流行的开源测试框架,专门为 Kotlin 驱动的应用程序设计。我们讨论了如何使用开箱即用的规范风格组织我们的测试代码,如何使用匹配器和检查器编写富有表现力且易于阅读的测试,如何描述测试数据集,以及如何使用自动属性测试。我们还解释了 KotlinTest 安装/拆卸设施的使用和基本测试配置。现在,您已经掌握了编写自己的测试规范以及学习 KotlinTest 和其他测试框架的更多高级功能所需的所有知识。

在下一章中,我们将讨论使用 Kotlin 为 Android 平台构建应用程序。我们将解释如何在 Android Studio 中配置项目,讨论基本的 UI 和活动生命周期,并向您介绍 Android 扩展和 Anko 框架提供的各种有用功能。

问题

1. 概述支持 Kotlin 的流行测试框架。
2. 描述 KotlinTest 支持的规范样式。
3. 什么是 matcher? 如何组合和转换匹配器来编写复杂的断言?
4. 解释如何实现自定义 KotlinTest matcher?
5. 描述 shouldThrow() 函数。什么是软断言?
6. 描述 KotlinTest 中可用的收集检查员。
7. 解释 eventually() 和 continually() 函数的含义。
8. 如何使用侦听器实现测试资源的初始化和终结?
9. 如何为单个测试和规范指定配置? 如何定义全局配置?
10. 解释测试用例隔离模式之间的差异。

15

Android 应用

在本章中，我们将讨论如何使用 Kotlin 开发针对 Android 平台的应用程序。多亏了该语言提供的优秀编程经验和谷歌的官方支持，Kotlin 已经成为其整个生态系统中最繁荣的商机之一。然而，对 Android 平台基础知识的全面讨论毫无疑问值得一本单独的图书，因此我们在这里的任务是对 Android 世界的一种介绍，引发进一步的学习研究。

本章分为两部分。在第一部分中，我们将讨论 Android Studio 的基本功能，如何设置新项目，Gradle 如何用于项目配置和构建，什么是 Android 活动，以及如何使用 Android 设备模拟器运行应用程序，在第二部分中，我们将重点介绍一个示例计算器应用程序的开发，并讨论更高级的问题，例如使用 Kotlin Android 扩展和 AnkoLayouts 以及保存活动状态。

结构

- Android 入门
- 活动

目的

了解使用 Android Studio 和 Kotlin 为 Android 平台开发应用程序的基本方法。

开始使用 Android

在本节中,我们将向您介绍 Android Studio IDE,并以一个简单的类似"Hello,World"的应用程序为例演示一个基本的项目结构。

设置 Android Studio 项目

我们将从在 Android Studio 中配置项目所需的基本步骤开始,Android Studio 是谷歌开发的官方 Android IDE。Android Studio 基于 JetBrains IntelliJ 平台,因此与我们在前几章中提到的 IntelliJ 理念非常相似。与 IDEA 本身不同,它有一系列专门针对 Android 应用程序开发的功能。和 IntelliJ IDEA 一样,Android Studio 也对 Kotlin 语言提供了现成的支持。

如果您还没有安装 Android Studio,您可以从 https://developer. android. com/studio 并按照安装说明进行安装 https://developer. android. com/studio/install. html。在本章中,我们将使用 Android Studio 3. 4. 2。

启动后,Android Studio 将向您展示一个欢迎屏幕,您可以点击 Start a new Android Studio project 链接启动项目向导。如果您之前已经打开过一个项目,Android Studio 不会显示欢迎屏幕并加载该项目。在这种情况下,可以使用 IDE 菜单中的 File｜New｜New Project…命令。

向导的第一步将要求您为项目中的第一个活动(activity)选择模板(图 15.1)。活动基本上是用户可以使用您的应用程序做的一件事的表示,例如编辑注释、显示当前时间,或者在我们的第一个应用程序中,只是向用户显示欢迎消息。现在让我们选择 Empty Activity,让 Android Studio 为我们生成一个存根活动,然后单击 Next。

图 15.1　为新的 Android 项目选择 Activity(活动)

项目向导的下一步要求您输入基本的项目信息,例如项目名称、项目类的通用包、根目录和默认语言(请参见图 15.2)。您也可以选择应用程序支持的最低版本的 Android SDK。版本越高,您可以使用的 API 就越强大,但同时,应用程序可以运行的设备就越少。点击 Help me choose 链接,可以看到不同 API 版本的对比图。对于我们的简单示例,我们可以保留默认建议的选项。

单击 Finish 后,Android Studio 将自动生成必要的项目文件,包括一个活动类和一组基本的应用程序资源,如 UI 布局和配置文件。然后,它将继续配置一个新项目(请注意 Building Gradle project info 进度条)。

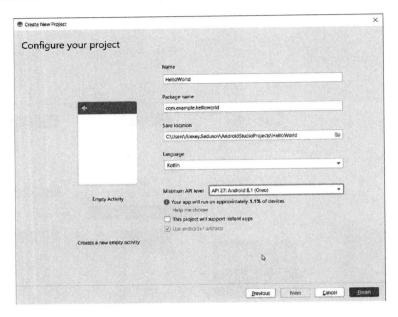

图 15.2　选择基本项目配置

图 15.3 展示了一个新项目的结构,如 IDE 项目视图所示。请注意,默认情况下,该视图以 Android 模式显示,该模式按相应的模块和源根(例如普通源文件、生成的文件和资源)对项目源文件进行分组。

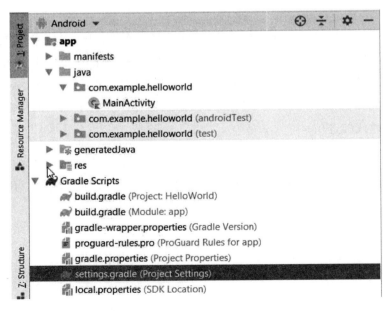

图 15.3　一个样例项目结构

Gradle Scripts(脚本)是 Android 视图中的一个单独节点,包含描述项目配置的文件。让我们更详细地看看它们。

Gradle 构建脚本

Android Studio 依赖于 Gradle,这是一个流行的构建系统,可以自动完成管理项目依赖项、编译、测试和打包等任务。项目配置在 build. gradle 文件中描述,使用领域特定语言 Groovy 编写,这让人想起 Java 和 Kotlin 代码(事实上,Groovy 是启发 Kotlin 设计的语言之一)。在这里,我们将不深入讨论 Groovy 或 Gradle 的细节,而只是强调与在 Android 应用程序中使用 Kotlin 相关的一些要点。Android Studio 向导使用的项目模板会自动生成以下文件:

- 项目级 build. gradle 位于项目根目录中。此文件包含整个项目的通用配置。
- settings. gradle(也在项目根目录中)指定项目中包括哪些模块,并且可以选择包含一些额外的配置命令。
- local. properties 和 gradle. properties 包含一组键值对,这些键值对定义 Gradle 脚本中使用的属性,例如 Android SDK 目录的路径或启动 Gradle 进程时传递的 JVM 参数。
- 模块级 build. gradle 位于应用程序模块的根目录中,包含模块特定配置。

让我们看看根 build. gradle 文件:

```
build script {
    ext.kotlin version = '1.3.31'
    repositories {
        google()
        jcenter()
    }
    dependencies {
        classpath 'com.android.tools.build:gradle:3.4.2'
        classpath "org.jetbrains.kotlin:kotlin- gradle- plugin:$ kotlin version"

        // NOTE: Do not place your application dependencies here; they belong
        // in the individual module build.gradle files
    }
}
allprojects {
    repositories {
        google()
        jcenter()
    }
```

```
    }
    task clean(type: Delete) {
        delete rootProject.buildDir
    }
```

此脚本基本上执行以下操作：

- 定义 kotlin_version 属性，该属性包含 kotlin 标准库的一个版本，可由其他脚本引用。
- 告诉 Gradle 使用 com. android. tools. build：gradle 和 org. jetbrains. kotlin：kotlin－gradle－plugin 插件构建项目。第一个版本增加了对 Android 模块的支持，而第二个版本允许您使用 Kotlin 源代码构建项目。
- 配置存储库的默认列表，以下载依赖项工件，如二进制文件和库源。
- 添加清理 clean 任务，该任务用于在项目重建之前删除以前的编译结果。

settings. gradle 文件非常简单，默认情况下，它包含一个 include 命令，告诉 Gradle 哪些模块构成了项目：

```
    include ':app'
```

现在让我们看看 build. gradle 定义了 Android 模块的配置：

```
apply plugin:'com.android.application'
apply plugin: 'kotlin- android'
apply plugin: 'kotlin- android- extensions'

android {
    compileSdkVersion 29
    buildToolsVersion "29.0.2"
    defaultConfig {
        applicationId "com.example.helloworld"
        minSdkVersion 27
        targetSdkVersion 29
        versionCode 1
        versionName "1.0"
        testInstrumentationRunner
        "androidx.test.runner.AndroidJUnitRunner"
    }
    buildTypes {
        release {
            minifyEnabled false
            proguardFiles
            getDefaultProguardFile('proguard- android- optimize.txt'),
            'proguard- rules.pro'
```

```
            }
        }
    }

dependencies {
    implementation fileTree(dir: 'libs', include: ['* .jar'])
    implementation
    "org.jetbrains.kotlin:kotlin- stdlib- jdk7:$ kotlin_version"
    implementation 'androidx.appcompat:appcompat:1.0.2'
    implementation 'androidx.core:core- ktx:1.0.2'
    implementation 'androidx.constraintlayout:constraintlayout:1.1.3'
    testImplementation 'junit:junit:4.12'
    androidTestImplementation 'androidx.test:runner:1.2.0'
    androidTestImplementation 'androidx.test.espresso:espresso- core:3.2.0'
}
```

它做的第一件事是启用添加到根构建文件中的 Android 和 Kotlin 特定插件。请注意,这里有两个 Kotlin 插件:Kotlin—android 为使用 Kotlin 源代码构建 Android 应用程序添加了基本支持,kotlin—android—extensions 支持一个特殊的 Kotlin 编译器扩展,简化了对 UI 资源的访问。我们将在下一节中看到一个如何做到这一点的示例。

Android 块包含各种特定于 Android 的配置参数,如应用程序 ID、版本号、Android SDK 的最低支持版本等。

最后,依赖项块列出了模块的所有外部依赖项。每个依赖项都有一个明确的配置,首先指定,然后是依赖项描述(通常以 Maven 坐标的形式,比如 androidx. core:core ktx: 1.0.2)。配置决定何时何地使用此依赖项;例如,实现依赖项被添加到编译类路径并打包到构建输出中,但在编译依赖模块期间不可用,而 testImplementation 依赖项被添加到模块测试的编译类路径中,并在测试执行期间使用。如前面的代码所示,Kotlin 标准库会自动添加到新的模块依赖项中。

活动(Activity)

现在让我们看看 java 根目录下的源文件。这个目录可以包含 Java 和 Kotlin 文件。找到主要活动,然后在编辑器窗口中打开它。您将看到如下代码:

```
package com.example.helloworld
import androidx.appcompat.app.AppCompatActivity
import android.os.Bundle

class MainActivity :AppCompatActivity() {
```

```
override fun onCreate(savedInstanceState: Bundle?) {
    super.onCreate(savedInstanceState)
    setContentView(R.layout.activity_main)
}
}
```

Android Studio 根据您在项目向导中选择的模板生成 Activity 的类。所有活动类都派生自作为 Android SDK 的 Activity 类。生成的类继承自一个更具体的 AppCompatActivity,它添加了对工具栏的支持,您可以在工具栏中显示应用程序名和各种交互式 UI 组件。

Android 操作系统在创建活动实例时会调用 onCreate()方法,因此它是初始化代码的常见位置。特别是,此方法设置活动视图:

```
set ContentView(R.layout.activity_main)
```

R 类是在编译 Android 项目时自动生成的。它包含放置在 res 目录中的所有资源的标识符。R. layout. activity _main 尤其对应于 res/layout 中的 activity_main. xml 文件,这称为布局 XML 文件,其中包含构成活动视图的 UI 组件的描述。如果您在编辑器中打开它,Android Studio 将向您展示一个 UI 设计器工具,您可以通过拖放组件并在属性窗口中更改它们的属性来编辑 UI。例如,让我们在中间选择一个文本视图,并将其文本大小更改为 36。您可以看到结果如图 15.4 所示:

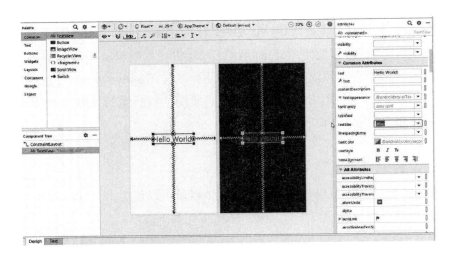

图 15.4　UI 设计器

如果单击 designer 窗口底部的文本选项卡(Text tab),编辑器将转到文本视图,您可以像编辑其他任何 XML 文件一样编辑布局。更改文本大小后,XML 文件将如下所示:

```
<? xml version= "1.0" encoding= "utf- 8"?>
< androidx.constraintlayout.widget.ConstraintLayout
xmlns:android= "http://schemas.android.com/apk/res/android"
xmlns:tools= "http://schemas.android.com/tools"
xmlns:app= "http://schemas.android.com/apk/res- auto"
android:layout_width= "match_parent"
android:layout_height= "match_parent"
tools:context= ".MainActivity">
<TextView
android:layout_width= "wrap_content"
android:layout_height= "wrap_content"
android:text= "Hello World!"
app:layout_constraintBottom_toBottomOf= "parent"
app:layout_constraintLeft_toLeftOf= "parent"
app:layout_constraintRight_toRightOf= "parent"
app:layout_constraintTop_toTopOf= "parent"
android:textSize= "36sp"/>
</androidx.constraintlayout.widget.ConstraintLayout>
```

在下面的部分中,我们将看到一个计算器应用程序更复杂的 UI 布局示例。现在,让我们看看这个"Hello,World"示例在 Android 设备上的样子。

使用模拟器

现在,我们可以尝试使用 Android 设备模拟器运行我们的简单应用程序。如果您还没有使用模拟器,第一步就是配置一个虚拟设备。要执行此操作,请从 Android Studio 菜单中选择 Tools｜AVD Manager 命令,然后单击 Android 虚拟设备管理器对话框中的 Create Virtual Device…按钮。

在下面的对话框(见图 15.5)中,您可以选择手机型号。在我们的例子中,默认选项应该是 OK,所以您可以点击 Next。

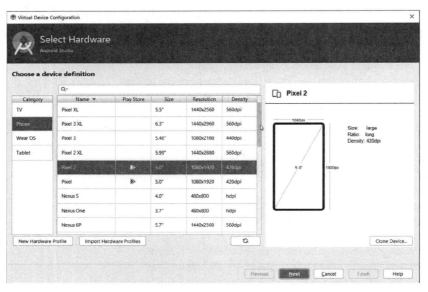

图 15.5　选择虚拟设备配置

系统映像(System Image)对话框允许您选择要与模拟器一起使用的 Android OS 映像。您需要先下载选定的图像,然后再单击相应的下载 Download 链接(图 15.6)使用它。下载完成后,单击下一步 Next。

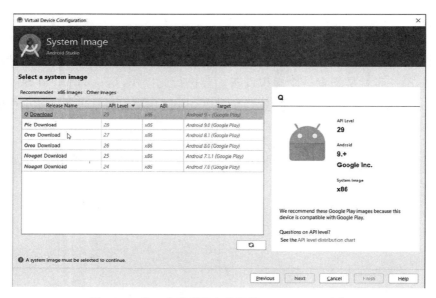

图 15.6　为一个虚拟设备选择的 Android OS 映像

在虚拟设备配置向导的最终验证配置(Verify Configuration)对话框中,可以指定新设备名称并选择其默认方向。单击 Finish 将返回 virtual device manager。注意列表中新添加的设备并关闭 AVD 窗口。

让我们使用新的模拟器来运行主活动。要执行此操作,请选择 Run | Run'app'命令或单击 Run tool 按钮(例如,参见图 15.7):

图 15.7 使用运行命令

Android Studio 将弹出一个对话框来选择虚拟设备。选择您刚刚配置的一个,单击 OK。然后 IDE 将启动一个模拟器,启动其操作系统,并启动应用程序的主要活动。尽管模拟器的外观可能会有所不同,但结果与图 15.8 中所示的结果相似。

您可以与模拟器进行类似的交互,以查看如何使用物理智能手机或平板电脑进行交互。侧面板让您可以使用一些基本功能,如设备旋转、音量控制、截图等。还可以调试部署在模拟器上的应用程序。为此,需要在调试模式下使用 debug 命令而不是 Run 命令启动应用程序。

图 15.8 在 Android 模拟器上运行应用程序

现在我们已经对项目结构有了基本的了解，让我们看看如何使我们的应用程序更具交互性。

活动（Activity）

本章的剩余部分将以一个计算器应用程序为中心。在本节中，我们将看到如何使用布局 XML 和 Anko DSL 定义活动 UI，Android Extensions 插件的合成属性如何帮助您简化与 UI 相关的代码，以及了解活动生命周期及如何保持其状态，以及为什么您可能需要这样做。

设计应用程序 UI

我们将以"Hello, World"示例作为计算器应用程序的起点。首先，让我们更改应用程序名为 strings. xml 的资源文件：

```
<resources>
<string name= "app_name"> Calculator</string>
</resources>
```

现在，让我们打开包含主活动的 UI 定义的 activity_main. xml。单击下面的文本选项卡，调出文件的文本表示形式，并对其进行编辑以匹配以下内容：

```
<? xml version= "1.0" encoding= "utf- 8"?>
<RelativeLayout
xmlns:android= "http://schemas.android.com/apk/res/android"
xmlns:tools= "http://schemas.android.com/tools"
android:id= "@ + id/relative1"
android:layout_width= "match_parent"
android:layout_height= "match_parent"
tools:context= ".MainActivity">
<TableLayoutandroid:layout_width= "match_parent"
android:layout_height= "match_parent"
android:stretchColumns= "3">
<TextViewandroid:id= "@ + id/txtResult"
android:layout_width= "match_parent"
android:layout_height= "wrap_content"
android:textSize= "40sp"/>
<TableRowandroid:layout_width= "match_parent"
android:layout_height= "match_parent">
<Button android:id= "@ + id/btn7"
```

```
android:text= "7"
android:layout_width= "wrap_content"
android:layout_height= "wrap_content"/>
<Button android:id= "@ + id/btn8"
android:text= "8"
android:layout_width= "wrap_content"
android:layout_height= "wrap_content"/>
<Button android:id= "@ + id/btn9"
android:text= "9"
android:layout_width= "wrap_content"
android:layout_height= "wrap_content"/>
<Button android:id= "@ + id/btnPlus"
android:text= "+ "
android:layout_width= "wrap_content"
android:layout_height= "wrap_content"
android:layout_gravity= "end|center_vertical"/>
</TableRow>
<TableRowandroid:layout_width= "match_parent"
android:layout_height= "match_parent">
<Button android:id= "@ + id/btn4"
android:text= "4"
android:layout_width= "wrap_content"
android:layout_height= "wrap_content"/>
<Button android:id= "@ + id/btn5"
android:text= "5"
android:layout_width= "wrap_content"
android:layout_height= "wrap_content"/>
<Button android:id= "@ + id/btn6"
android:text= "6"
android:layout_width= "wrap_content"
android:layout_height= "wrap_content"/>
<Button android:id= "@ + id/btnMinus"
android:text= "- "
android:layout_width= "wrap_content"
android:layout_height= "wrap_content"
android:layout_gravity= "end|center_vertical"/>
</TableRow>
<TableRowandroid:layout_width= "match_parent"
android:layout_height= "match_parent">
<Button android:id= "@ + id/btn1"
android:text= "1"
android:layout_width= "wrap_content"
android:layout_height= "wrap_content"/>
<Button android:id= "@ + id/btn2"
android:text= "2"
```

```
android:layout_width= "wrap_content"
android:layout_height= "wrap_content"/>
<Button android:id= "@ + id/btn3"
android:text= "3"
android:layout_width= "wrap_content"
android:layout_height= "wrap_content"/>
<Button android:id= "@ + id/btnTimes"
android:text= "* "
android:layout_width= "wrap_content"
android:layout_height= "wrap_content"
android:layout_gravity= "end|center_vertical"/>
</TableRow>
<TableRowandroid:layout_width= "match_parent"
android:layout_height= "match_parent">
<Button android:id= "@ + id/btn0"
android:text= "0"
android:layout_width= "wrap_content"
android:layout_height= "wrap_content"/>
<Button android:id= "@ + id/btnPoint"
android:text= "."
android:layout_width= "wrap_content"
android:layout_height= "wrap_content"/>
<Button android:id= "@ + id/btnSign"
android:text= "+ /- "
android:layout_width= "wrap_content"
android:layout_height= "wrap_content"/>
<Button android:id= "@ + id/btnDivide"
android:text= "/"
android:layout_width= "wrap_content"
android:layout_height= "wrap_content"
android:layout_gravity= "end|center_vertical"/>
</TableRow>
<TableRowandroid:layout_width= "match_parent"
android:layout_height= "match_parent">
<Button android:id= "@ + id/btnBackspace"
android:text= "&lt;- "
android:layout_width= "wrap_content"
android:layout_height= "wrap_content"/>
<Button android:id= "@ + id/btnClear"
android:text= "C
android:layout_width= "wrap_content"
android:layout_height= "wrap_content"/>
<Space android:layout_width= "wrap_content"
android:layout_height= "wrap_content"/>
<Button android:id= "@ + id/btnCalc"
```

```
android:text= "= "
android:layout_width= "wrap_content"
android:layout_height= "wrap_content"
android:layout_gravity= "end|center_vertical"/>
</TableRow>
</TableLayout>
</RelativeLayout>
```

图 15.9 显示了一个预览的计算器界面：

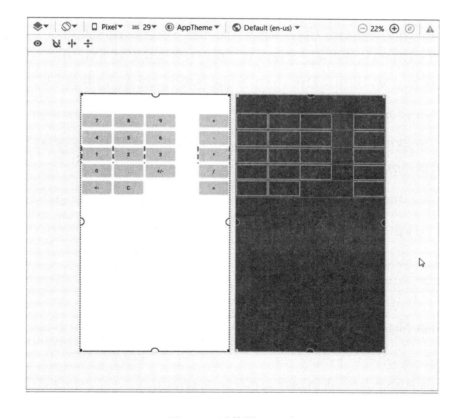

图 15.9　计算器 UI 预览

讨论布局 XML 的格式超出了本书的范围，所以我们这里不深入讨论细节，只指出一些基础知识。布局基本上是以某种方式排列嵌套视图的容器（可以将它们与具有特定 LayoutManager 的 Swing 容器进行比较）。由于 calculator UI 基本上假定元素的常规定位，因此我们将使用表布局，它将嵌套组件分配给行和列。组件本身由 Button（一个带有文本的简单按钮）和 TextView（一个显示只读文本的组件，类似于 Swing 的 JLabel）等标记定义。

注意 android:id 属性。它们被分配给每个视图元素,这些视图元素显示或获取用户的一些数据。该属性允许您在 Java 或 Kotlin 代码中引用相应的元素。我们将在下一节讨论活动类时了解如何做。

实现活动类

让我们来看看一个活动类的实现,它为 UI 添加了一些行为。我们不会详细介绍计算器的业务逻辑,您自己可以去探索它,而是强调一些特定于 Android 的要点。

除此之外,我们还希望访问输入到计算器显示屏中的当前值:txtResult 组件。为此,我们使用 findViewById() 函数传递文本视图 id。我们不需要从布局 XML 中放入实际字符串,因为这样的 id 可以使用我们在 Hello,World 示例中已经看到的 R 类来引用:

```
private val txtResult by lazy { findViewById<TextView> (R.id.txtResult) }
```

使用视图引用,我们可以访问其成员;例如,setOnClickListener()方法允许我们指定用户单击按钮时调用的操作:

```
findViewById<Button> (R.id.btn0).setOnClickListener { appendText("0") }
```

读/写时,TextView 组件的 text 属性允许访问其文本内容:

```
private fun clearText() {
    txtResult.text = "0"
}
```

以下是计算器 MainActivity 类的完整源代码:

```
packagecom.example.helloworld

import androidx.appcompat.app.AppCompatActivity
import android.os.Bundle
import android.widget.Button
import android.widget.TextView
import android.widget.Toast
import java.lang.ArithmeticException
import java.math.BigDecimal
import java.math.RoundingMode

class MainActivity :AppCompatActivity() {
    enum class OpKind {
        ADD, SUBTRACT, MULTIPLY, DIVIDE
```

```
    }

    companion object {
        fun OpKind.compute(a: BigDecimal, b: BigDecimal) = when (this) {
            OpKind.ADD -> a + b
            OpKind.SUBTRACT -> a - b
            OpKind.MULTIPLY -> a * b
            OpKind.DIVIDE -> a.divide(b, 10, RoundingMode.HALF_EVEN)
        }
    }

    private val txtResult by lazy { findViewById<TextView>(R.id.txtResult) }

    private var lastResult: BigDecimal = BigDecimal.ZERO;
    private var lastOp: OpKind? = null
    private var waitingNextOperand: Boolean = false

    override fun onCreate(savedInstanceState: Bundle?) {
        super.onCreate(savedInstanceState)
        setContentView(R.layout.activity_main)

        findViewById<Button>(R.id.btn0)
            .setOnClickListener { appendText("0") }
        findViewById<Button>(R.id.btn1)
            .setOnClickListener { appendText("1") }
        findViewById<Button>(R.id.btn2)
            .setOnClickListener { appendText("2") }
        findViewById<Button>(R.id.btn3)
            .setOnClickListener { appendText("3") }
        findViewById<Button>(R.id.btn4)
            .setOnClickListener { appendText("4") }
        findViewById<Button>(R.id.btn5)
            .setOnClickListener { appendText("5") }
        findViewById<Button>(R.id.btn6)
            .setOnClickListener{ appendText("6") }
        findViewById<Button>(R.id.btn7)
            .setOnClickListener { appendText("7") }
        findViewById<Button>(R.id.btn8)
            .setOnClickListener { appendText("8") }
        findViewById<Button>(R.id.btn9)
            .setOnClickListener { appendText("9") }

        findViewById<Button>(R.id.btnPoint)
            .setOnClickListener { appendText(".") }
        findViewById<Button>(R.id.btnSign)
            .setOnClickListener {
                valcurrentText = txtResult.text.toString()
                txtResult.text = when {
```

```
                    currentText.startsWith("- ") ->
                    currentText.substring(1, currentText.length)
                    currentText ! = "0" -> "- $ currentText"
                    else -> return@ setOnClickListener
                }
            }

        findViewById<Button> (R.id.btnBackspace)
            .setOnClickListener {
                valcurrentText = txtResult.text.toString()
                valnewText = currentText.substring(0,currentText.length- 1)
                txtResult.text =
                    if (newText.isEmpty() || newText = = "- ") "0" else newText
            }

        findViewById<Button> (R.id.btnClear)
            .setOnClickListener { clearText() }

        findViewById<Button> (R.id.btnPlus)
            .setOnClickListener { calc(OpKind.ADD) }

        findViewById<Button> (R.id.btnMinus)
            .setOnClickListener { calc(OpKind.SUBTRACT) }
        findViewById<Button> (R.id.btnTimes)
            .setOnClickListener { calc(OpKind.MULTIPLY) }
        findViewById<Button> (R.id.btnDivide)
            .setOnClickListener { calc(OpKind.DIVIDE) }
        findViewById<Button> (R.id.btnCalc)
            .setOnClickListener { calc(null) }

        clearText()
    }

    private fun clearText() {
        txtResult.text = "0"
    }

    private fun appendText(text: String) {
        if (waitingNextOperand) {
            clearText()
            waitingNextOperand = false
        }
        val currentText = txtResult.text.toString()
        txtResult.text =
        if (currentText = = "0") text else currentText + text
    }

    private fun calc(nextOp: OpKind?) {
        if (waitingNextOperand) {
```

```
        lastOp = nextOp
        return
    }

    val currentValue = BigDecimal(txtResult.text.toString())
    val newValue = try {
        lastOp?.compute(lastResult, currentValue) ?: currentValue
    } catch (e: ArithmeticException) {
        lastOp = null
        waitingNextOperand = true
        Toast.makeText(
            applicationContext,
            "Invalid operation!",
            Toast.LENGTH_SHORT
            ).show()
        return
    }
    if (nextOp != null) {
        lastResult = newValue
    }
    if (lastOp != null) {
        txtResult.text = newValue.toPlainString()
    }
    lastOp = nextOp
    waitingNextOperand = nextOp != null
    }
}
```

现在，我们可以试着运行计算器并查看它的运行情况。图 15.10 显示了在 Android emu-lator 中使用我们的应用程序的示例：

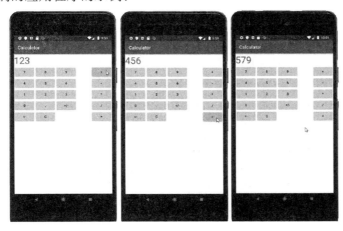

图 15.10 计算器应用示例

Kotlin Android 扩展

频繁使用 findviewbyId( )可能会使代码变得混乱,尤其是如果您希望像我们使用 txtResult 那样在类属性中保留查看组件的引用。在 Java 世界中,一些库(如 Butterknife 或 Android Data Binding)可以通过自动将视图引用注入给定的类字段来解决这个问题,但需要手动注释每个感兴趣的字段,并指定相应的 ID。虽然这些库也可以在 Kotlin 中使用,有一个更简洁的解决方案,它依赖于 Android Extensions 编译器插件。在上一节中,我们提到了这个插件在 Android Studio 生成的项目中自动激活。现在,我们终于要把它投入实际使用了。

Kotlin Android Extensions 的关键功能是一组与视图组件相对应的合成属性。也就是说,它们允许您使用它们的标识符引用视图,就像它们是一些顶级属性的名称一样。您只需添加以下形式的导入指令:

```
import kotlinx.android.synthetic.main.activity_main.*
```

其中 activity_main 是活动 XML 文件的文件名。这样的合成包包含一组活动扩展属性,每个属性对应于活动 XML 中的某个组件。例如,我们可以简化以下代码:

```
find ViewById<Button> (R.id.btn0)
.set OnClickListener { appendText("0") }
```

改为:

```
btn0.setOnClickListener { appendText("0") }
```

因此,计算器活动的 onCreate( )方法将转换为以下内容:

```
override funonCreate(savedInstanceState: Bundle?) {
    super.onCreate(savedInstanceState)
    setContentView(R.layout.activity_main)

    btn0.setOnClickListener { appendText("0") }
    btn1.setOnClickListener { appendText("1") }
    btn2.setOnClickListener { appendText("2") }
    btn3.setOnClickListener { appendText("3") }
    btn4.setOnClickListener { appendText("4") }
    btn5.setOnClickListener { appendText("5") }
    btn6.setOnClickListener { appendText("6") }
    btn7.setOnClickListener { appendText("7") }
```

```
btn8.setOnClickListener { appendText("8") }
btn9.setOnClickListener { appendText("9") }
btnPoint.setOnClickListener{ appendText(".") }
btnSign.setOnClickListener{ ... }

btnBackspace.setOnClickListener{ ... }
btnClear.setOnClickListener{ clearText() }
btnPlus.setOnClickListener{ calc(OpKind.ADD) }
btnMinus.setOnClickListener{ calc(OpKind.SUBTRACT) }
btnTimes.setOnClickListener{ calc(OpKind.MULTIPLY) }
btnDivide.setOnClickListener{ calc(OpKind.DIVIDE) }
btnCalc.setOnClickListener{ calc(null) }

clearText()
}
```

可以完全删除显式 txtResult 属性：

```
private val txtResult by lazy { findViewById<TextView> (R.id.txtResult) }
```

 IDE 提示：由于 IntelliJ IDEA 和 Android Studio 中都提供了自动导入功能，您无须手动添加此类导入。如果您试图通过其 ID 引用视图组件，但它尚未导入必要的合成属性，IDE 将建议您这样做（例如，请参见图 15.11）：

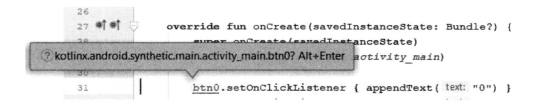

图 15.11　自动导入合成属性

除此之外，Android 扩展还为您提供了一系列有用的功能，比如通过合成属性调整可用视图的缓存策略，以及通过实现 LayoutContainer 接口来增强任何具有类似注入机制的容器的能力。我们不会在这里详细讨论这些功能，但是您可以在 Android Extensions 教程中找到全面的信息：http://kotlinlang.org.

保持活动状态

如果您对我们在前面几节中创建的计算器进行一些实验，您可能会发现其行为中存在一个明显的缺陷。让我们输入一些数字,然后模拟设备旋转。为此,只需单击 emulator 侧面板上的"向左旋转/向右旋转"按钮之一。结果如图 15.12 所示:

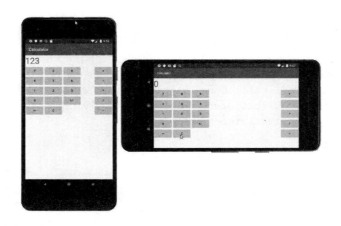

图 15.12 设备旋转时的活动重置

您可以看到原来的数字已经变成了零。事实上,我们活动的整个状态已重置为初始化代码中提供的状态。这种行为的原因是设备配置的改变(如旋转屏幕)迫使系统破坏我们的活动,并从头开始重新创建。类似的情况是,用户看不到某个活动,并且系统运行以更高优先级执行应用程序所需的资源。因此,Android 可能会关闭优先级较低的进程及其活动。

但是,如果需要在同一活动的不同实例化之间保持某种状态,而不管它是否被系统强制销毁/重新创建,该怎么办? Android 提供了一种所谓的捆绑解决方案,基本上是一组键/值对,可以用来存储任何可序列化的数据。正如您一定注意到的,onCreate()方法接收一个 Bundle 参数,其中包含从上一次活动运行中保留的数据。要填充包,我们需要重写另一个 Activity 方法,onSaveInstanceState()。

例如,为了修复计算器行为,我们需要保留活动状态,在我们的例子中,活动状态由计算器显示屏上显示的文本和实例变量、lastResult、lastOp 和 waitingNextOperand 的值组成。第一步是重写 onSaveInstanceState()方法,在该方法中,我们将相关值写入 Bundle 对象:

```kotlin
override fun onSaveInstanceState(outState: Bundle) {
    super.onSaveInstanceState(outState)
    outState.putString("currentText", txtResult.text.toString())
    outState.putSerializable(::lastResult.name, lastResult)
```

```
outState.putSerializable(::lastOp.name, lastOp)
outState.putBoolean(::waitingNextOperand.name, waitingNextOperand)
}
```

现在,即使由于配置更改或需要将设备资源释放给其他进程并在稍后重新创建,活动被临时销毁,系统也会保留捆绑包并将其传递给 onCreate()方法进行初始化。第二步是在 onCreate()实现中添加一段从 bundle 读取的代码:

```
override funonCreate(savedInstanceState: Bundle?) {
    ...
    clearText()

    savedInstanceState?.let {
        txtResult.text = it.getString("currentText")
        lastResult = it.getSerializable(::lastResult.name) as BigDecimal
        lastOp = it.getSerializable(::lastOp.name) as OpKind?
        waitingNextOperand = it.getBoolean(::waitingNextOperand.name)
    }
}
```

传递给 onCreate()的参数可能为 null。当 bundle 不存在时就会发生这种情况;例如,如果活动是第一次启动的。

请注意,捆绑包中只能存储可序列化的值。如果需要保留一些不可序列化的对象,则需要实现可序列化接口,或者避免将其直接写入捆绑包,并采取其他方法,例如将其转换为某个可序列化的数据持有者,或者按部分保留原始对象。

还有一点值得一提的是,bundle 只适合保存相对较少的临时数据,因为它们的序列化占用了主线程,并消耗了系统进程的内存。对于其他情况,建议使用本地存储,如用户首选项或 SQLite 数据库。

onCreate()和 onSaveInstanceState()方法是所谓生命周期回调的特例,当活动从生命周期视图转换到新状态时,Android 操作系统会调用这些回调。例如,恢复状态与在前台运行的活动相关联,暂停状态对应于移动到后台但用户仍然可见的活动,而停止状态意味着活动完全不可见。

生命周期回调的重写版本也必须调用继承的实现,因为它们包含活动正常运行所需的公共代码。

IDE 提示：Android Studio 包含一个检查，如果您覆盖生命周期回调而不调用继承的方法，则会报告错误(如图 15.13 所示)：

164
165
166
167
override fun onStart() {
Overriding method should call super.onStart more... (Ctrl+F1)
}

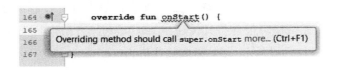

图 15.13 supper 调用缺席时出错

Anko 布局

Anko 是一个 Kotlin 框架，它提供了各种增强功能，简化了 Android 应用程序的开发。其主要特点包括：

- 用于处理对话框、意图(可用于启动新活动的对象)、日志记录和应用程序资源的大量帮助程序，组合到 Anko Commons 库中。
- 用于描述 UI 布局的特定领域语言(Anko Layouts)。
- API 简化了对 SQLite 数据库的访问，这些数据库通常用于 Android(Anko SQLite)中的本地存储。

在本节中，我们将简要介绍一下布局 DSL，您可以使用它来替换 XML 文件，并对视图组件进行描述。

在项目中使用 Anko 功能之前，我们必须在模块 Gradle 脚本中配置相应的依赖项。让我们在 dependencies 块中添加以下行：

```
implementation"org.jetbrains.anko:anko:0.10.8"
```

当您在其中一个 Gradle 构建文件中进行更改时，IDE 将检测到它们，并在文件编辑器顶部显示警告(如图 15.14 所示)：

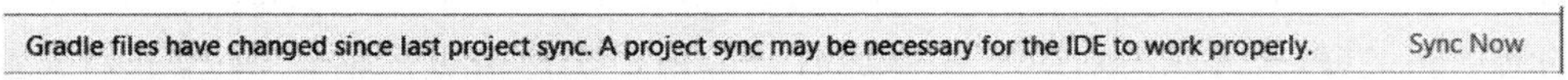

Gradle files have changed since last project sync. A project sync may be necessary for the IDE to work properly.
Sync Now

图 15.14 Android Studio 建议 Gradle 同步

点击“立即同步”链接后，Android Studio 会将其内部项目模型与 Gradle 提供的新配置进行同步，使 Anko 库具有各种代码洞察功能，如自动完成和代码导航。

现在，我们可以使用 Anko DSL 重写计算器布局。额外的代码将替换 onCreate()方法开头的 setCurrentView()调用：

```
...
private fun _TableRow.charButton(text: String) {
    button(text).onClick { appendText(text) }
}

private fun _TableRow.opButton(op: OpKind?) {
    val text = when (op) {
        OpKind.ADD -> "+ "
        OpKind.SUBTRACT -> "- "
        OpKind.MULTIPLY -> "* "
        OpKind.DIVIDE -> "/"
        null -> "= "
    }
    button(text)
        .lparams { gravity = Gravity.END or Gravity.CENTER_VERTICAL }
        .onClick { calc(op) }
}
private lateinit var txtResult: TextView

override fun onCreate(savedInstanceState: Bundle?) {
    super.onCreate(savedInstanceState)

    tableLayout {
        setColumnStretchable(3, true)
        txtResult = textView("0")
            .lparams(width = matchParent, height = wrapContent)
            .apply { textSize = 40.0f }
        tableRow {
            charButton("7")
            charButton("8")
            charButton("9")
            opButton(OpKind.ADD)
        }
        tableRow {
            charButton("4")
            charButton("5")
            charButton("6")
            opButton(OpKind.SUBTRACT)
        }
        tableRow {
            charButton("1")
            charButton("2")
            charButton("3")
```

```
                    opButton(OpKind.MULTIPLY)
                }
                tableRow {
                    charButton("0")
                    charButton(".")
                    button("+ /- ").onClick {
                        val currentText = txtResult.text.toString()
                        txtResult.text = when {
                            currentText.startsWith("- ") ->
                            currentText.substring(1, currentText.length)
                            currentText ! = "0" -> "- $ currentText"
                            else -> return@ setOnClickListener
                        }
                    }
                    opButton(OpKind.DIVIDE)
                }
                tableRow {
                    button("<- ").onClick {
                      val currentText = txtResult.text.toString()
                      val newText = currentText.substring(0, currentText.length- 1)
                      txtResult.text =
                        if (newText.isEmpty() || newText = = "- ") "0" else newText
                    }
                    button("C").onClick { clearText() }
                    space()
                    opButton(null)
                }
            }
        }
    ...
```

确保还为特定于 Anko 的声明添加了一条导入指令：

```
    import org.jetbrains.anko.*
```

不难看出，UI 代码结构基本上与布局 XML 相似。我们还将介绍两个助手函数 charBut-ton() 和 opButton()，它们分别定义字符和操作按钮。我们还可以提取布局代码来分隔文件，并将其用作外部 UI 定义脚本。由于它仍然是一个 Kotlin 代码，我们可以很容易地重用它的代码，并对其进行各种重构。最初的 activity_main. xml 可以安全地删除。

有关框架功能和全面文档的更多详细信息，请访问 AnkoGitHub 网站：https://github.com/Kotlin/anko.

结论

在本章中,您学习了如何使用 Android Studio IDE 的基本功能,并使用 Kotlin 语言创建了第一个 Android 应用程序。我们向您介绍了 Android 活动的概念,体验了 UI 布局描述,并演示了 Android 扩展和 Anko 如何帮助您编写与 UI 相关的 Kotlin 代码。

在下一章中,我们将学习如何使用 Ktor 框架开发 Web 应用程序。我们将讨论 Ktor 的基本功能、项目设置以及如何使用路由机制来处理客户端请求。我们还将介绍旨在生成 HTML 内容的 DSL。

问题

1. 描述 Android Studio 中的项目设置。
2. 描述在 Android Studio 中使用 Gradle 进行项目配置。如何添加新的依赖项?
3. 如何配置用于运行应用程序的虚拟设备?
4. 什么是活动? 如何描述 Android 应用程序的 UI?
5. 解释 Kotlin Android Extensions 引入的合成属性。
6. 当活动状态被临时销毁时,如何保存/恢复?
7. 什么是 Anko? 描述 Anko 框架中可用的用户界面布局 DSL。

16

使用 Ktor 进行 Web 开发

Web 开发是现代软件工程的一个重要组成部分,其应用范围从具有丰富 UI 和复杂工作流的成熟企业系统到特定于任务的微服务(microservices)。由于 Java/Kotlin 的互操作性,大多数旨在简化 Java 世界中 Web 开发各个方面的框架都可以在 Kotlin 环境中轻松使用。但是,应该特别提到现成的 Kotlin 支持设计的工具,因为它们允许 Kotlin 开发人员从其语言功能中获得更大的好处,从而提高工作效率。

在本章中,我们将向您介绍一种特定于 Kotlin 的框架,称为 Ktor。这是一个 Kotlin 框架,旨在简化连接系统的开发,其中可能包括各种客户端和服务器应用程序,如浏览器、移动客户端、Web 应用程序和服务。作为 Coroutines 库的扩展,Ktor 为异步通信提供了强大且易于使用的工具。本章当然不是要详尽地介绍 Ktor 功能,在本书的范围内,我们将把讨论局限于与 Web 应用程序相关的一小部分功能,尤其是它们的服务器端部分:调度客户端请求,获取请求数据,并生成各种响应。鼓励读者在 Ktor 的官方网站上继续了解 Ktor:https://ktor.io,以及其他资源。

结构

- 设置 Ktor 项目
- 服务器功能
- 客户端功能

目的

了解使用 Ktor 进行 Web 应用程序的客户端和服务器端开发的基本特征。

介绍 Ktor

Ktor 是一个用于开发通过网络相互通信的客户端和服务器应用程序的框架。虽然 Ktor 的主要应用是围绕使用 HTTP 协议进行数据交换的 Web 应用程序，但 Ktor 的最终目标是成为一个通用的多平台框架，用于构建各种连接的应用程序。它的设计者和主要开发者是 JetBrains，它还负责创建 Kotlin 语言本身。与各种 J2EE 框架相比，Ktor 的主要特点如下：

- Kotlin 支持领域特定语言的使用，允许您通过轻松地将它们与代码的其余部分结合起来，对某些应用程序方面（如请求路由规则或 HTML 内容）使用简洁、声明式风格的描述；
- Kotlin 协同程序库提供对高效异步计算的开箱即用支持。

在本节中，我们将快速浏览 Ktor，并引导您完成在 IntelliJ IDEA 中设置项目所需的基本步骤。这个过程可以通过使用一个特殊的 IntelliJ 插件来简化，该插件为项目向导添加了 Ktor 支持。要安装插件，请遵循给定的步骤：

1）在 IDEA 菜单的左边选择 File | Settings... 命令，点击插件 Plugins，您将看到一个插件管理器视图；
2）确保在顶部选择了 Marketplace 选项，并在顶部文本字段中键入 ktor，您应该在搜索结果中看到 Ktor 插件（如图 16.1 所示）；
3）现在，点击安装按钮，IDE 将自动下载插件并继续安装。安装完成后，系统会提示您重新启动 IDE 以激活插件中的更改。确认并等待 IDE 重启完成。

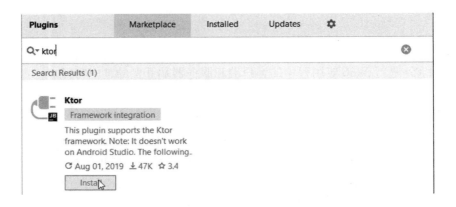

图 16.1　IntelliJ IDEA 安装 Kotlin 插件

　IDE 提示：与大多数用于 Web/J2EE 开发的 IntelliJ 插件不同，Ktor 不需要最终版本，也可以在 IDEA 社区中使用。

现在，我们可以创建一个项目。选择 File｜New｜Project…命令，并在 New Project 对话框中选择 Ktor 选项。除了基本的客户端/服务器功能外，Ktor 还提供了一组可插拔的功能，这些功能需要依赖于其他工件和/或一些配置代码。向导的第一步，如图 16.2 所示，允许您为应用程序的客户端和服务器端部分选择必要的功能。示例 IDE 将自动添加所有必要的使用依赖项和代码。

在我们的示例中，我们将在服务器列中选择 HTML DSL 选项，它使我们能够使用简单的 Kotlin DSL 生成 HTML 标记。由于这里不需要任何 HTTP 客户端功能（基本上我们不会向其他服务器发送请求），所以我们不填充客户端列。

除了特定功能外，Ktor 还允许您选择项目构建系统（如 Gradle 或 Maven）、HTTP 服务器引擎类型（基于 Netty/Jetty/Tomcat/Coroutine）和框架版本。我们的项目将基于 Gradle，使用 Ktor 1.2.3 和 Netty 引擎。确保所有选项设置正确后，单击下一步。

在下一步中，IDE 将要求您填写构建项目工件所需的基本信息（组/工件 ID 和版本）。您可以保持这些值不变，然后单击下一步。

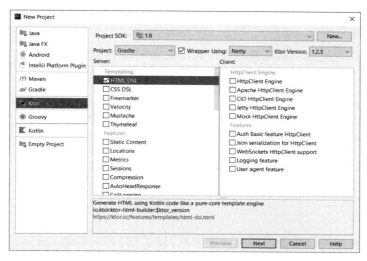

图 16.2　Ktor 项目向导

另一个向导步骤将要求您选择项目名称和位置。单击 Finish 之后,IDE 将继续生成项目源,并在完成时打开一个新项目。

在最后一步中,您将看到"从 Gradle 导入模块"对话框,您可以在其中设置 Gradle/IntelliJ 互操作性的基本选项。现在,让我们选择 Use default gradle wrapper 选项,并保持所有其他设置不变。单击 OK 后,IDE 将开始与 Gradle 项目模型同步的过程。完成后,您将能够在 IDE 项目视图中看到以下文件(图 16.3):

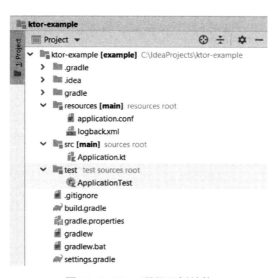

图 16.3　Ktor 项目示例结构

注意 resources 文件夹中的 application. conf 文件。此文件包含服务器应用程序的 HOCON(人工优化配置对象符号 Human-Optimized Config Object Notation)格式配置。在我们的示例中,它指定了服务器端口号和组成应用程序的模块列表:

```
ktor {
    deployment {
        port = 8080
        port = $ {? PORT}
    }
    application {
        modules = [ com.example.ApplicationKt.module ]
    }
}
```

有关 HOCON 和支持的配置选项的详细信息,请访问 Ktor 网站:https://ktor. io/servers/configuration. html.

Ktor 模块基本上是应用程序类的一个扩展功能,它负责配置功能、处理客户端请求和其他服务器任务。要加载的模块必须由服务器配置文件中的限定名称指定。我们的示例项目包含在 Application. kt 实现的单个模块:

```
package com.example

import io.ktor.application.*
import io.ktor.client.HttpClient
import io.ktor.client.engine.apache.Apache
import io.ktor.html.respondHtml
import io.ktor.http.ContentType
import io.ktor.response.respondText
import io.ktor.routing.*
import kotlinx.html.*

fun main(args: Array<String> ): Unit =
    io.ktor.server.netty.EngineMain.main(args)

@ Suppress("unused")                    // Referenced in application.conf
@ kotlin.jvm.JvmOverloads
fun Application.module(testing: Boolean =  false) {
    routing {
        get("/") {
            call.respondText(
            "HELLO WORLD!",
            contentType =  ContentType.Text.Plain
            )
```

```
    }
    get("/html- dsl") {
    call.respondHtml {
        body {
            h1 { + "HTML" }
            ul {
                for (n in 1..10) {
                    li { + "$ n" }
                }
            }
        }
    }
    }
}
}
```

Main()函数也在这个文件中定义,它只是启动所选的 HTTP 服务器引擎(在我们的例子中,它是 Netty),然后读取 application. conf 并加载由 Application. module()函数表示的服务器模块。

模块主体包含路由块,该路由块根据客户端请求的 URL 路径设置处理客户端请求的规则。特别是,当客户端应用程序(例如 Web 浏览器)访问服务器的根路径时,Ktor 调用以下处理程序:

```
call.respondText(
    "HELLO WORLD!",
    contentType = ContentType.Text.Plain
)
```

此代码为正文生成带有纯文本消息的 HTTP 响应。如果编译并启动服务器应用程序,然后在某些浏览器中打开 localhost:8080,您将看到类似于图 16.4 的内容:

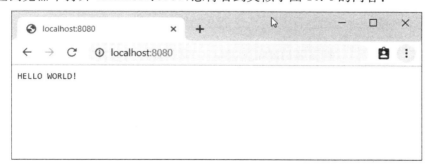

图 16.4　在浏览器中访问 Hello,World 应用程序的根路径

类似的，/html－dsl 路径显示了使用 HTML DSL 库生成服务器响应的示例。此 DSL 允许您以对应于不同 HTML 标记的嵌套块的形式呈现 HTML 标记。您可能已经猜到了以下处理程序：

```
call.respondHtml {
    body {
        h1 { + "HTML" }
        ul {
            for (n in 1..10) {
                li { + "$ n" }
            }
        }
    }
}
```

生成带有级别 1 标题和数字项目符号列表的 HTML 页面。图 16.5 显示了将 DSL 代码呈现到 HTML 页面的结果：

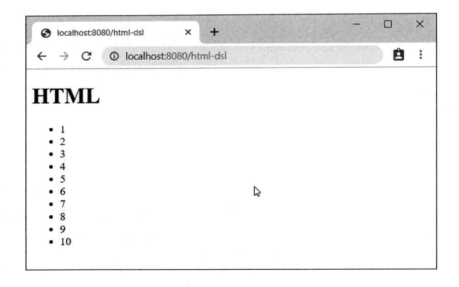

图 16.5　HTML 响应与/HTML DSL 路径关联

在接下来的部分中，我们将更详细地了解 HTML DSL 和路由规则，以及 Ktor 的一些其他服务器功能。

IDE 生成的项目还包括一个示例服务器测试。让我们打开 ApplicationTest 类：

```
package com.example

import io.ktor.http.*
import io.ktor.server.testing.*
import kotlin.test.*

class ApplicationTest {
    @ Test
    fun testRoot() {
        withTestApplication({ module(testing = true) }) {
            handleRequest(HttpMethod.Get, "/").apply {
                assertEquals(HttpStatusCode.OK, response.status())
                assertEquals("HELLO WORLD!", response.content)
            }
        }
    }
}
```

这段代码将测试应用程序配置为与给定的一组模块一起运行（请注意 testing＝true 参数的使用，该参数允许模块代码区分测试和生产环境），然后检查对根路径的简单 HTTP 请求的处理结果。您可以将该类用作编写涵盖服务器行为各个方面的测试的起点。

作为 IntelliJ 插件的替代品，您可以使用以下网站提供的在线项目生成器：https：//start.ktor.io. 通用 UI 允许您指定相同的基本选项，包括一组希望在应用程序中使用的客户端/服务器功能。单击 Build 按钮后，后端会建议您下载包含生成项目的归档文件。图 16.6 显示了一个示例：

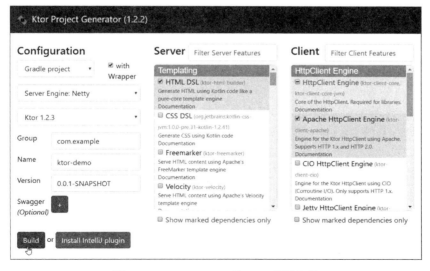

图 16.6　start.ktor.io 的 Ktor 项目向导

我们对基本项目设置的介绍到此结束。在接下来的部分中,我们将重点介绍 Ktor 框架的客户端和服务器端提供的特定功能。

服务器功能

在本节中,我们将考虑一些有关 Web 服务器应用程序开发的主题。Ktor 的大部分功能被组织为一组可插入的功能,可以通过调用 install()方法进行配置,该方法接受一个功能对象和一个可选的配置块。例如,要启用传出内容的压缩,可以将以下代码添加到模块函数中:

```
install(Compression)
```

如果要指定其他(特定于功能的)选项,如选择压缩方法,可以在配置块中执行此操作:

```
install(Compression) {
    gzip()
}
```

本章中的示例使用嵌入式 HTTP 服务器,该服务器允许它们作为独立程序运行。在许多情况下,您可能需要在某些 Web/应用程序容器(如 Apache Tomcat、Docker 或 Google App Engine)的上下文中部署 Ktor 应用程序。要安装应用程序,您需要组装一个包含应用程序类及其所有依赖项的归档文件,并准备特定于容器的配置文件。关于集装箱具体细节的讨论超出了本书的范围,但您可以在 Ktor 官方网站上找到详细说明 https://ktor.io/servers/deploy.html.

路由

路由特性允许您基于模式匹配器的层次系统实现 HTTP 请求的结构化处理。路由配置由功能安装块内的特殊 DSL(领域特定语言)表示:

```
fun Application.module() {
    install(Routing) {
        // routine description
        get("/") { call.respondText("This is root page") }
    }
}
```

或者一个 routing()块，用作相应 install()调用的简写：

```
fun Application.module() {
    routing {
        get("/") { call.respondText("This is root page") }
    }
}
```

最简单的路由方案由 get()函数给出，该函数告诉服务器对具有给定 URL 路径前缀的任何 HTTP GET 请求执行给定的处理程序。例如，前面的代码使用纯文本字符串响应站点根上的 GET 请求，而对同一站点上的任何其他路径或任何其他 HTTP 谓词的请求将导致 404（参见图 16.7 中的示例）：

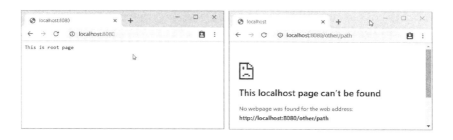

图 16.7   get("/")路由的结果

Ktor 支持所有 HTTP 谓词的类似路由函数，包括 post()、put()、delete()、patch()、head()和 options()。

路由函数中提到的路径可以使用与请求路径的特定段匹配的参数，并且可以稍后从应用程序调用中检索。要引入参数，只需将其名称括在大括号中。例如，下面的路由将匹配任何以/hello/开头且正好包含两个段的 URL：

```
routing {
    get("/hello/{userName}") {
        call.respondHtml {
            body {
                h1 { + "Hello, $ {call.parameters["userName"]}" }
            }
        }
    }
}
```

一个参数本身只能匹配一个段，因此像/hello 或/hello/John/Doe 这样的路径将保持不匹配(如图 16.8 所示)。

图 16.8　通过单个段路径参数进行匹配

如果未真正使用参数值,可以用 * 字符(通配符)替换它:

```
routing {
    get("/hello/* ") {
        call.respondHtml {
            body {
                h1 { + "Hello, World" }
            }
        }
    }
}
```

上面的路由接收与前一个路由相同的路径集,而不捕获任何参数。

如果要引入可能与空路径段匹配的可选参数,只需名字后添加? 以下路由将同时接收/hello/John 和/hello URL,如图 16.9 所示:

```
routing {
    get("/hello/{userName?}") {
        val userName = call.parameters["userName"] ?: "Unknown"
        call.respondHtml {
            body {
                h1 { + "Hello, $ userName" }
            }
        }
    }
}
```

图 16.9　可选匹配

省略号(尾卡)… 放置在参数名称之后将匹配路径端的所有 URL 段。在这种情况下，可以使用 Parameters 类的 getAll()方法来获取拆分为列表的所有捕获段。例如，让我们创建一个简单的服务，该服务对整数执行基本的算术运算，并以 URL 路径的形式接收输入数据，例如/calc/＋/123/456：

```
routing {
    get("/calc/{data...}") {
        val data = call.parameters.getAll("data") ?: emptyList()
        call.respondHtml {
            body {
                h1 {
                    if (data.size ! = 3) {
                        + "Invalid data"
                        return@ h1
                    }
                    val (op, argStr1, argStr2) = data
                    val arg1 = argStr1.toBigIntegerOrNull()
                    val arg2 = argStr2.toBigIntegerOrNull()
                    if (arg1 = = null || arg2 = = null) {
                        + "Integer numbers expected"
                        return@ h1
                    }
                    val result = when (op) {
                        "+ " -> arg1 + arg2
                        "- " -> arg1 - arg2
                        "* " -> arg1 * arg2
                        "/ " -> arg1 / arg2
                        else -> null
                    }
                    + (result?.toString() ?: "Invalid operation")
                }
            }
        }
    }
}
```

您可以在图 16.10 中看到它的一些响应。左上角的图像显示了一个成功响应/calc/＋/12345/67890 路径的示例,该路径符合预期格式,带有一个操作符号和一对整数。由于传递了三个数字而不是两个数字,右上角的图像对应无效的数据情况,而左下角的图像报告未知操作的错误。最后,右下角的图像描述了为操作数传递非整数值的情况:

图 16.10　尾卡匹配

值得指出的是,tailcard 也匹配空路径尾部,所以 get("/calc/{data…}")前面的处理程序也为/calc 路径调用。特殊{…}tailcard 接受所有剩余的路径尾部,但不会像 ＊ 通配符一样捕获任何参数。例如,像 get("/calc/{…}")这样的处理程序将匹配以/calc 开头的所有路径,包括/calc 本身。

除了与整个 URL 路径匹配的 get()类函数外,Ktor 还允许您定义一个与 URL 的后续部分和/或各种请求数据匹配的路由树。考虑以下示例:

```kotlin
routing {
    method(HttpMethod.Get) {
        route("user/{name}") {
            route("sayHello") {
                handle {
                    call.respondText("Hello, $ {call.parameters["name"]}")
                }
            }
            route("sayBye") {
                handle {
                    call.respondText("Bye, $ {call.parameters["name"]}")
                }
            }
        }
    }
}
```

当服务器收到 HTTP 请求时，它开始从树根开始查找匹配的路由规则。在我们的例子中，根节点是 method(HttpMethod. Get)，它将任何请求与 Get 动词匹配。如果客户机请求满足此条件，服务器将遍历树并检查 route("user/{name}")规则，该规则接收具有给定路径前缀的 URL。如果路径合适，服务器会更深入地检查 route("sayHello")和路由("sayBye")规则中的一条，这两条规则检查 URL 路径的其余部分。在最低级别，我们有 handle()块，只要对应分支上的所有规则都匹配，它们就会生成响应。

可以在 route()调用中指定 HTTP 谓词，而无须显式使用 method()函数。前面的 get()函数基本上是带有处理程序的顶级 route()块的简写。如以下代码：

```
routing {
    get("/hello/{userName}") {
        call.respondText("Hello, $ {call.parameters["userName"]}")
    }
}
is equivalent to:
routing {
    route("/hello/{userName}", HttpMethod.Get) {
        handle {
            call.respondText("Hello, $ {call.parameters["userName"]}")
        }
    }
}
```

route()和 method()不是您可以使用的唯一匹配器。还有其他：

- header(name，value)：接收具有特定标头的请求；
- param(name，value)：接收具有特定参数值的请求；
- param(name)：接收具有特定名称的参数的请求并捕获其值；
- optionalParam(name)：接收具有给定名称的可选参数。

在以下示例中，我们根据 action 参数的值选择响应：

```
routing {
  route("/user/{name}", HttpMethod.Get) {
    param("action", "sayHello") {
      handle {
        call.respondHtml {
          body { h2 { + "Hello, $ {call.parameters["name"]}" } }
        }
      }
```

```
        }
    param("action", "sayBye") {
      handle {
        call.respondHtml {
          body { h2 { + "Bye, $ {call.parameters["name"]}" } }
        }
      }
    }
  }
}
```

例如,/user/John? action＝sayHello 将生成 Hello, John 作为服务器响应,而/user/
John? action＝sayBye 给出 Bye。任何其他操作都将保持不匹配,从而产生找不到的响应。

图 16.11 显示了结果:

图 16.11　按请求参数匹配

Ktor API 允许您创建自己的匹配器,从而扩展路由 DSL。为此,需要提供 RouteSelector
类的实现,并添加相应的生成器函数。

处理 HTTP 请求

HTTP 服务器的主要工作是为客户端请求提供适当的响应。为了简化此任务,Ktor 为
您提供了一个灵活且易于使用的 API,允许您轻松访问请求数据,如 URL 路径组件、参
数、标头(通用和自定义)和请求正文的各种内容类型,以及生成响应数据。您所要做的
就是实现一个实际的处理逻辑,所有底层细节都隐藏在框架后面。

在本节和以下各节中,我们将演示 Ktor 中请求/响应处理的基本功能。我们已经看到了
通过路由处理程序中的 responseText()或 respondHtml()生成简单响应的各种示例。例
如,考虑以下代码:

```
routing {
    get("/") { call.respondText("This is root page") }
}
```

此处理程序中可用的 call 属性是 ApplicationCall 的一个实例,它基本上将传入的请求与要组合的响应相结合。一种常见的情况是基于 responseText() 函数处理的文本构建响应。在前面的示例中,我们发送一个简单的纯文本正文,但您也可以使用 contentType 参数指定正文 MIME 类型,如以下代码所示:

```
call.respondText("<h2> HTML Text</h2> ", ContentType.Text.Html)
```

这将发送基于 HTML 的响应。或者,响应文本可以由挂起的 lambda 提供:

```
call.respondText(ContentType.Text.CSS) {"p { color: red; }" }
```

也可以使用 PrintWriter 编写正文:

```
call.respondTextWriter(ContentType.Text.Html) {
    write("<head> <title> Sample page</title> <title> ")
    write("<body> <h2> Sample page</h2> </body> ")
}
```

要发送任意二进制数据,可以使用 respondBytes() 函数,该函数采用 ByteArray 而不是字符串:

```
get("/") {
    val data =  "<h2> HTML Text</h2> ".toByteArray()
    call.respondBytes(data, ContentType.Text.Html)
}
```

respondFile() 函数的作用是将文件从服务器传输到客户端:

```
get("/{fileName}") {
    val rootDir =  File("contentDir")
    val fileName =  call.parameters["fileName"]!!
    call.respondFile(rootDir, fileName)
}
```

除了正文之外,还可以使用调用设置响应标头数据。响应属性:

- status(code:HttpStatusCode):设置 HTTP 响应状态;
- header(name:String,value:String):将给定的头附加到 HTTP 响应。

Ktor 支持状态为 301(永久移动)或 302(临时移动)的自动重定向响应:

```
routing {
```

```
    get("/") {
        call.respondRedirect("index")
    }
    get("index") {
        call.respondText("Main page")
    }
}
```

要访问请求参数,可以使用 request. queryParameters 对象,用作从参数名称到其值的一种映射。假设我们想要返回一对整数的和,给定 URL 的形式为/sum? left＝2&right＝3。在这种情况下,我们只需在 queryParameters 对象上使用索引操作符即可获得左右参数的值:

```
routing {
    // e.g. /sum? left= 2&right= 3 responds with 5
    get("/sum") {
        val left = call.request.queryParameters["left"]?.toIntOrNull()
        val right = call.request.queryParameters["right"]?.toIntOrNull()
        if (left ! = null && right ! = null) {
            call.respondText("$ {left + right}")
        } else {
            call.respondText("Invalid arguments")
        }
    }
}
```

当一个参数被多次使用时,get()函数只返回其第一个值。相反,getAll()函数以列表的形式返回参数值的完整列表:

```
routing {
    // e.g. /sum? arg= 1&arg= 2&arg= 3 responds with 6
    get("/sum") {
        val args = call.request.queryParameters.getAll("arg")
        if (args = = null) {
            call.respondText("No data")
            return@ get
        }
        var sum = 0
        for (arg in args) {
            val num = arg.toIntOrNull()
            if (num = = null) {
                call.respondText("Invalid arguments")
                return@ get
```

```
        }
        sum + = num
    }
    call.respondText("$ sum")
  }
}
```

类似的,您可以使用 request. headers. get( )和 reqiest. headers. getAll( )获取请求头数据
的值。

HTML DSL

HTML DSL 库和 Ktor HTML 生成器允许您根据 HTML 内容生成响应,这为 JSP 等将
可执行代码嵌入 UI 标记的技术提供了一种替代方法。使用 HTML DSL,您既有简洁的
语法,又有 Kotlin 代码的所有优点,包括类型安全性和强大的 IDE 代码洞察力。在本节
中,我们将不讨论 DSL 库的任何细节,只关注一个示例来演示其用于构建 HTML 表单
的用法。有关更多信息,请访问 HTML DSL 网站:https://github. com/Kotlin/kotlinx.
html.

让我们创建一个简单的 Web 应用程序来生成随机数。我们的服务器将显示一个页面,
其中包含一个表单,用户可以在其中输入所需的范围和一些要生成的值,如图 16. 12 所
示。服务器还将对输入数据执行基本验证,确保:

• 所有值都是有效整数;
• From bound 小于或等于 To bound;
• How many 字段包含正数。

如果在提交表单时违反了上述某些要求,服务器会将表单返回给客户端,并在相应的文
本字段旁边显示一条错误消息。

服务器模块的全文相当长,因此我们将不再赘述,而将重点放在一些特定的段落上。感
兴趣的读者可以在补充知识库的 ch16/random—gen 目录中找到它:GitHub:https://
github. com/asedunov/kotlin—in—depth.

我们已经看到了一个使用 HTML DSL 呈现列表和段落等简单元素的示例。现在,让我
们看看如何使用它来构建 HTML 表单。考虑以下来自应用程序模块源的代码:

```
body {
```

```
h1 { + "Generate random numbers" }
form(action = "/", method = FormMethod.get) {
    p { + "From: " }
    p {
        numberInput(name = FROM_KEY) {
            value = from?.toString() ?: "1"
        }
        appendError(FROM_KEY)
    }
    p { + "To: " }
    p {
        numberInput(name = TO_KEY) {
            value = to?.toString() ?: "100"
        }
        appendError(TO_KEY)
    }
    p { + "How many: " }
    p {
        numberInput(name = COUNT_KEY) {
            value = count?.toString() ?: "10"
        }
        appendError(COUNT_KEY)
    }
    p { hiddenInput(name = GENERATE_KEY) { value = "" } }
    p { submitInput { value = "Generate" } }
}
...
}
```

注意 body()中的 form()块：这个调用定义了一个 HTML 表单，并引入了一个范围，您可以在其中添加输入组件，如文本字段和按钮。action 参数指定表单数据发送到目标 URL。

HTML DSL 提供了一整套用于创建所有基本类型输入组件的功能，例如：

- input()：通用文本字段；

- passwordInput()：用于输入密码的文本字段；

- numberInput()：带有下一个/上一个按钮的数值文本字段；

- dateInput()/timeInput()/dateTimeInput()：用于输入日期和时间的专用文本字段；

- fileInput()：一个文本字段，带有用于上载本地文件的浏览按钮，依此类推。

submitInput( )调用创建一个 Submit 按钮,该按钮将表单数据打包到 HTTP 请求中,并将其发送到服务器。

如果查看浏览器中呈现的页面的源,将显示一个类似于以下代码的标记:

```
<! DOCTYPE html>
<html>
    <head>
        <title> Random number generator</title>
    </head>
    <body>
        <h1> Generate random numbers</h1>
        <form action= "/" method= "get">
            <p> From: </p>
            <p> <input type= "number" name= "from" value= "200"> </p>
            <p> To: </p>
            <p>
                <input type= "number" name= "to" value= "100">
                <strong> 'To' may not be less than 'From'</strong>
            </p>
            <p> How many: </p>
            <p>
                <input type= "number" name= "count" value= "- 10">
                <strong> A positive integer is expected</strong>
            </p>
            <p> <input type= "hidden" name= "generate" value= ""> </p>
            <p> <input type= "submit" value= "Generate"> </p>
        </form>
    </body>
</html>
```

在服务器代码中不难看出,HTML 标记和 DSL 块之间的直接对应关系。就像使用 Anko 布局一样,我们可以轻松地重构和重用此 UI 代码,如果我们决定将其保留为 HTML 文件,借助 JSP 或 Velocity 之类的模板引擎来提供动态内容,这将是显而易见的。

图 16.12 显示了提交包含无效数据的表单后的呈现结果:

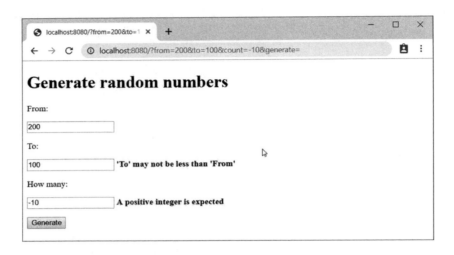

图 16.12　显示错误消息

图 16.13 显示了在页面底部添加生成数字的有效数据的情况。

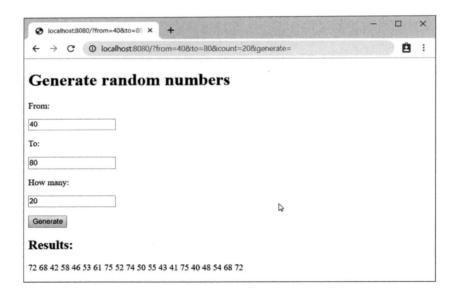

图 16.13　具有生成结果的表单

HTML DSL 也可以与 Ktor HTML builder 库分开使用。在这种情况下，您需要包含对 DSL 工件本身的依赖。例如，在 Gradle 中，这相当于将以下行添加到相应的 dependencies 块中：

```
compile "org.jetbrains.kotlinx:kotlinx- html- jvm:0.6.12"
```

如果您的项目不使用 Gradle 或 Maven 这样的外部构建系统，您可以通过在项目结构对话框中配置一个新的库来添加 HTML DSL 支持（类似于我们在第 13 章"并发"中使用协程库的方式）。

除了 HTML 之外，Ktor 还支持一些流行的模板引擎，如 Velocity、Thymeleaf 和 Mustache。您可以在 Ktor 网站上找到详细信息和示例。

会话支持

Ktor 提供了对会话机制的内置支持，允许 Web 应用程序在不同 HTTP 请求之间保留一些数据，并识别特定的客户端或用户。用户首选项、购物车项目和授权数据是可以保存在会话中的常见信息。

要使用会话，需要安装相应的功能并指定存储其数据的方式。例如，要将会话保存在客户端 cookie 中，您将编写以下代码：

```
install(Sessions) {
    cookie<MyData> ("my_data")
}
```

这里的 MyData 是一个表示会话数据的类，可以使用 ApplicationCall 在服务器端访问其实例，并在与客户端通信时自动序列化/反序列化。默认序列化程序可以处理具有简单类型属性（如 Int 或 String）的类，但您可以通过创建自己的 SessionSerializer 实现并在 install() 块中提供它来覆盖它。my_data 值用作 cookie 键，它将 MyData 实例与服务器中安装的其他会话区分开来。

让我们考虑一个示例：它呈现一个简单的 HTML 页面，并可以跟踪特定客户端访问该页面的次数。首先，我们需要一个类来保持计数器：

```
data class Stat(valviewCount: Int)
private const val STAT_KEY =  "STAT"
```

STAT_KEY 将用作关键字，用于将 Stat 实例与其他会话数据区分开来。

现在，我们可以使用调用的 get()/set()/getOrSet()方法访问 call. sessions 对象。以下处理程序呈现消息，告诉用户访问根页面的次数：

```
private suspend fun ApplicationCall.rootPage() {
    val stat = sessions.getOrSet { Stat(0) }
    sessions.set(stat.copy(viewCount = stat.viewCount + 1))
    respondHtml {
        body {
        h2 { + "You have viewed this page $ {stat.viewCount} time(s)" }
        a("/clearStat") { + "Clear statistics" }
        }
    }
}
```

保持会话实例不变是合理的,因为服务器通常在多线程环境中运行,所以在可变对象中保持会话状态可能会导致代码容易出错。相反,您可以使用 get()/set() 函数读取并替换整个会话。函数的作用是:如果会话还不存在,可以初始化会话。

最后一步是为根路径和/clearStat 路径定义例程规则。在后一种情况下,我们只需丢弃会话数据并将用户重定向回根页面(此时将显示零计数):

```
@ Suppress("unused")                    // Referenced in application.conf
fun Application.module() {
    install(Sessions) {
        cookie<Stat> (STAT_KEY)
    }
    routing {
        get("/") {
            call.rootPage()
        }
        get("/clearStat") {
            call.sessions.clear(STAT_KEY)
            call.respondRedirect("/")
        }
    }
}
```

如果您运行应用程序并在浏览器中打开 localhost:8080,将看到每次刷新页面时,视图计数都会增加。图 16.14 显示了一行四次更新的结果:

图 16.14　使用会话数据跟踪页面视图计数

单击 Clear statistics 链接将强制服务器删除会话数据并将计数重置为零。注意/clear-Stat 处理程序末尾的 responseRedirect()调用;清除会话后,需要再次呈现页面。

作为 cookie 的替代方案,您还可以将会话存储在 HTTP 请求和响应的标头中:

```
install(Sessions) {
    header<MyData> ("my_data")
}
```

Ktor 会话可以存储在客户端或服务器端。默认情况下,所有会话数据都会传输到保留它们的客户端,并在下一个请求中发回。这可能会带来安全问题,因为内置序列化程序将会话数据表示为纯文本。为了克服这个问题,Ktor 提供了一种会话转换器机制,它实现了对传输数据的额外编码/解码。

作为内置转换器之一,SessionTransportTransformerMessageAuthentication 身份验证伴随会话数据,并根据特定算法(默认情况下为 SHA256)计算其哈希值。在最简单的情况下,您只需要提供一个密钥:

```
install(Sessions) {
    cookie<Stat> (STAT_KEY, SessionStorageMemory()) {
        val key = Random.Default.nextBytes(16)
        transform(SessionTransportTransformerMessageAuthentication(key))
    }
}
```

原始会话数据保持不变,因此第三方仍然可以在客户端查看它们。然而,如果没有服务器的同意,它们将无法更改会话数据,因为这将使摘要无效,而计算新的摘要依赖于对密钥的了解。

SessionTransportTransformerEncrypt 提供了更强的安全保障,它对会话数据进行加密,防止第三方读取。要配置此转换器,您需要提供加密密钥和身份验证密钥(后者用于创建会话数据的数字签名):

```
install(Sessions) {
    cookie<Stat> (STAT_KEY) {
        val encryptionKey = Random.Default.nextBytes(16)
        val signKey = Random.Default.nextBytes(16)
        transform(
            SessionTransportTransformerEncrypt(encryptionKey, signKey)
        )
    }
}
```

还可以通过实现 SessionTransportTransformer 接口来添加您自己的转换器。

默认情况下,cookie()和 header()块都配置客户端会话;在这种情况下,所有会话数据都存储在客户端,并随每个请求/响应一起传输到服务器或从服务器传输。或者,您可以配置一个会话存储,告诉 Ktor 将会话正文存储在服务器端,并仅传输会话 ID:

```
install(Sessions) {
    cookie<Stat> (STAT_KEY, SessionStorageMemory())
}
```

SessionStorageMemory 是一个内置实现,它将会话数据保存在服务器内存中。请注意,内存消耗随着大量活动客户端的增加而增加,因此服务器端会话需要尽可能紧凑。

本文概括介绍了 Ktor 服务器应用程序可用的基本功能。在下一节中,我们将重点讨论通信的另一面,并研究如何使用 Ktor 对 HTTP 客户端进行编程。

客户端功能

Ktor 不仅限于编写服务器应用程序,还可用于大大简化与各种服务通信的异步客户端的开发。在本节中,我们将重点介绍其以 HttpClient 类为中心的一小部分功能,该类允许您使用 HTTP 协议与 Web 服务器通信。

请求和响应

任何 HTTP 客户端的基本功能都围绕着为某些 Web 服务器编写请求并读取其后续响应。Ktor 提供了一组丰富的现成原语，用于处理您可能在 HTTP 请求和响应中看到的文本和二进制内容。

通过 HttpClient 发出 HTTP 请求的最简单方法是使用其通用 get() 方法并传递目标 URL。方法类型参数决定客户端返回什么类型的对象来表示服务器响应。例如，要获取作为单个文本的响应正文，可以使用 get<String>()：

```kotlin
import io.ktor.client.HttpClient
import io.ktor.client.request.get
import kotlinx.coroutines.runBlocking

enum class DayOfWeek {
    SUNDAY,
    MONDAY,
    TUESDAY,
    WEDNESDAY,
    THURSDAY,
    FRIDAY,
    SATURDAY
}

fun main() {
    runBlocking {
        HttpClient().use {
            val url = http://worldtimeapi.org/api/timezone/Europe/London.txt

            val result = it.get<String>(url)
            val prefix = "day_of_week:"
            val from = result.indexOf(prefix)
            if (from < 0) return@ runBlocking
            val to = result.indexOf('\n', from + 1)
            if (to < 0) return@ runBlocking
            val dow = result
                .substring(from + prefix.length, to)
                .trim()
                .toInt()
            println("It's $ {DayOfWeek.values().getOrNull(dow)} in London!")
        }
    }
}
```

除了字符串表示之外，我们还可以通过将响应体转换为字节数组，使用二进制形式访问响应体：

```
val bytes = client.get<ByteArray> (url)
```

或获取异步 ByteReadChannel：

```
val channel = client.get<ByteReadChannel> (url)
```

HttpClient 的请求生成方法是挂起函数，因此必须在某些协程上下文中调用。这就是为什么我们在上面的示例中使用 runBlocking()。通常，您可以自由使用 Kotlin 协程提供的任何异步计算原语。

请注意，HttpClient 需要通过 close()方法显式完成。当其作用域受到限制时，我们可以将其调用隐藏在 use()块后面，就像我们对 Closeable 类型的任何其他实例所做的那样。

您可能已经猜到，get()方法直接对应于 HTTP GET。Ktor 客户端为 HTTP 1. x/2. x 支持的所有方法提供了类似的速记：post()、put()、delete()、patch()、head()、options()。

这些方法接收 HttpRequestBuilder. () —> Unit 类型，您可以在其中配置其他请求参数，例如添加标头或正文。要添加标头，可以使用 HttpRequestBuilder 中定义的 headers 方法：

```
client.get<ByteArray> (url) {
    header("Cache- Control", "no- cache")
}
```

也可以通过 headers 属性或其同名块使用 HeadersBuilder：

```
client.get<ByteArray> (url) {
    headers {
        clear()
        append("Cache- Control", "no- cache")
        append("My- Header", "My- Value")
    }
}
```

HttpClient 提供了一种简化的方式来提供用户代理标头，该标头允许服务器识别客户端软件（例如 Web 浏览器及其特定版本）。为此，只需安装 UserAgent 功能并使用 agent 属性指定标头值：

```
val client = HttpClient(Apache) {
    install(UserAgent) {
        agent = "Test Browser"
    }
}
```

您还可以使用预定义的用户代理设置之一：

- BrowserUserAgent()：包括 Chrome 或 Safari 等流行浏览器；
- CurlUserAgent()：对应于 Curl 代理。

上述功能将替换整个功能安装块。例如：

```
val client = HttpClient() {
    BrowserUserAgent()
}
```

要提供请求正文（例如，对于 POST 请求），可以使用 HttpRequestBuilder 的 body 属性。最简单的情况是编写字符串表示：

```
client.get<String> (url) {
    body = "my_key1= my_value1&my_key2= my_value2"
}
```

或者，您可以提供 OutgoingContent 的任何实现，例如类似于写入字符串的 TextContent，还允许您指定 MIME 类型、用于传递二进制数据的 ByteArrayContent、用于传输文件的 LocalFileContent 等等。此外，通过安装 JsonFeature，您可以启用 JSON 格式中任意对象的自动序列化。

submitForm() 函数的作用是通过模仿 HTML 表单的行为来实现一个常见的场景。例如，以下代码为我们在 HTML DSL 部分演示的服务器应用程序提交表单数据：

```
val result = client.submitForm<String> (
    url = "http://localhost:8080",
    encodeInQuery = true,
    formParameters = parametersOf(
      "from" to listOf("0"),
      "to" to listOf("100"),
      "count" to listOf("10"),
      "generate" to emptyList()
    )
)
```

参数作为一组键值对传递,而 encodeInQuery 参数将其表示形式确定为请求数据的一部分:

- true:HTTP GET,其参数编码在请求 URL 中;
- false:HTTP POST,其中参数在请求正文中传递。

Ktor 客户端提供了对 HTTP 重定向的现成支持。默认情况下安装此功能,因此每当服务器发回具有重定向状态的响应时,客户端都会自动跟踪新位置。

Cookies

HTTP cookie 提供了一种常见的方法,通过在 HTTP 头中传递小数据包,在客户端请求之间保留一些状态。客户端(如 Web 浏览器)最初从服务器获取一个 cookie,并将其存储在客户端,以添加到子序列请求中。cookie 对于维护服务器会话特别有用,这是我们在前几节中已经介绍过的功能。现在,我们来看看如何在客户端使用 cookie。

如果 HTTP 服务器使用 cookie 在客户端调用之间保留一些数据,客户端必须安排这些数据的适当存储,并在必要时向它们提供 HTTP 请求。Ktor 通过提供随时可用的 cookie 功能简化了此任务。为了演示其用法,让我们为在服务器部分讨论的视图计数器应用程序编写一个简单的代码(参见图 16.14):

```kotlin
package com.example

import io.ktor.client.HttpClient
import io.ktor.client.engine.apache.Apache
import io.ktor.client.features.cookies.HttpCookies
import io.ktor.client.request.get
import kotlinx.coroutines.*

fun main() {
    HttpClient(Apache) {
        install(HttpCookies)
    }.use { client ->
        runBlocking {
            repeat (5) {
                val htmlText = client.get<String> ("http://localhost:8080")
                val from = htmlText.indexOf("<h2> ")
                val to = htmlText.indexOf("</h2> ")
                if (from < 0 || to < 0) return@ runBlocking
                val message = htmlText.substring(from + "<h2> ".length, to)
                println(message)
```

```
                    delay(500)
                }
            }
        }
    }
```

如您所见，我们的客户端检索根路径(/)响应，找到一个包含在<h2> 标记中的头，并将其打印到标准输出。注意 install(HttpCookies) 调用，该调用将 HttpClient 配置为处理cookies。由于请求/响应周期重复五次(每次都使用更新的 cookie)，因此输出如下所示：

```
You have viewed this page 0 time(s)

You have viewed this page 1 time(s)

You have viewed this page 2 time(s)

You have viewed this page 3 time(s)

You have viewed this page 4 time(s)
```

默认情况下，HTTP 客户端以空 cookie 开始，并使用服务器提供的数据将其与下一个请求一起传递，这与典型的浏览器行为相对应。有时，您可能需要发送带有预配置 cookie集的请求，而不需要从服务器获取这些 cookie。例如，在验证服务器响应的测试用例中使用它们。在这种情况下，您可以通过将存储属性更改为 ConstantCookiesStorage 并提供一组 Cookie 对象来更改 Cookie 存储策略。然后，客户端将忽略服务器返回的任何新cookie，并将相同的数据添加到每个请求中。要查看此功能的运行情况，我们需要运行服务器的纯文本版本，而不需要任何 cookie 转换。现在，将客户端定义更改为以下内容：

```
val client = HttpClient(Apache) {
    install(HttpCookies) {
      storage = ConstantCookiesStorage(Cookie("STAT", "viewCount= % 23i2"))
    }
}
```

不难看出，这个 cookie 强制 viewCount 变量取 2 的值。因此，当我们重建并运行客户端应用程序时，服务器只需将相同的响应重复五次：

```
You have viewed this page 2 time(s)

You have viewed this page 2 time(s)

You have viewed this page 2 time(s)

You have viewed this page 2 time(s)
```

自动从服务器获取 cookie 的默认行为由 AcceptAllCookiesStorage 类提供。除此之外，您还可以通过实现 CookiesStorage 接口来添加自己的存储策略。

结论

本章向我们介绍了旨在创建连接的客户机/服务器应用程序的 Ktor 框架的基本功能。我们了解了 Ktor 项目的基本结构及其为服务器端和客户端应用程序提供的常见功能，如处理请求和响应、描述路由规则和使用会话。这里的材料将帮助您掌握基本思想，为更彻底地研究 Ktor 可以为 Java/Kotlin 开发人员提供什么做准备，我们建议您从 Ktor 官方网站开始（https://ktor.io）并特别考虑 https://ktor.io/samples。

在下一章中，我们将继续讨论连接主题，并讨论使用 Kotlin 开发微服务。我们将讨论微服务体系结构的基础知识，并了解 Kotlin 如何帮助我们在 Ktorans Spring Boot 平台上创建它们。

问题

1. 描述 Ktor 项目配置的基本步骤。
2. 如何在 Ktor 中生成基于 HTML 的内容？解释 HTML 领域特定语言的基本特性。
3. 如何从 HTTP 请求中提取客户端提供的数据？
4. 解释在 Ktor 中生成 HTTP 响应的基本方法。
5. 描述 Ktor 路由 DSL。
6. 如何向 Web 应用程序添加会话支持？解释客户端会话和服务器会话之间的差异。
7. 描述如何使用 Ktor 构建和发送 HTTP 请求。
8. 如何使用 Ktor 客户端访问 HTTP 响应的正文和标头？
9. 描述客户端在 Ktor 中使用 cookie 的情况。

17

构建微服务

微服务体系结构提供了一种构建由多个互连组件组成的应用程序的方法,这些组件旨在执行细粒度的领域特定任务。这种体系结构与创建整体部署的单片应用程序更传统的技术形成对比。微服务通过允许您在物理上分离功能片段,简化单个应用程序部分的开发、测试和部署/更新,促进模块化开发。

在本章中,我们将解释微服务体系结构的基础知识及其定义原则,并以 Spring Boot 和 Ktor 框架为例,了解 Kotlin 如何帮助您实现微服务。Spring 框架是 Java 世界中常用的工具,它在最新版本中特别关注 Kotlin 支持,而我们在前一章中已经讨论过的 Ktor 则专门针对各种类型的连接应用程序的开发,并大量使用 Kotlin 特性。读完本章后,您将能够编写简单的服务,并为进一步学习更具体的微服务框架奠定必要的基础。

结构

- 微服务架构
- Spring Boot 介绍
- 微服务与 Ktor

目标

了解微服务体系结构的基本原理,学习使用 Spring Boot 和 Ktor 框架创建微服务的基础知识。

微服务架构

微服务体系结构的主要思想是用一组轻量级松散耦合的服务来取代作为一个整体部署和交付的单块应用程序；每个都有一个特定的任务，并使用定义良好的协议与其他服务通信。

为了给出一个更具体的示例，假设我们想要构建一个类似于在线商店的应用程序，该应用程序为用户提供一组基本功能：如浏览商品目录和下订单。通过遵循单块应用程序方法，我们可能会提出类似于图 17.1 所示的设计：

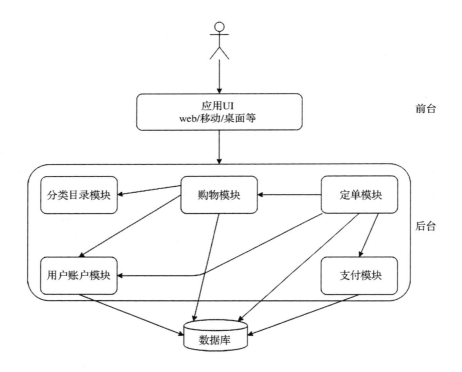

图 17.1 单块应用程序示例

这是一种常见的三层体系结构，包括应用程序 UI（桌面、Web 或移动客户端）、业务逻辑和数据存储/检索的独立层。负责实现其特定领域工作流的应用程序后端部分可以分解为更具体的模块，例如提供目录访问、维护用户的购物车、下单/跟踪/取消订单、付款和身份验证以及用户配置文件管理。请注意，尽管模块本身可能是松散耦合的，但它们通常不是独立分布或部署的，从而使服务器应用程序成为一个整体。

然而,随着应用程序的增长,这种方法可能会带来某些问题。代码库中的任何更改,无论是一些新特性的实现还是 bug 修复,都需要更新/重新部署整个应用程序,这会增加其启动时间,并带来出现新 bug 的可能。这也阻碍了应用程序的可伸缩性。使用单块方法,您必须处理扩展整个应用程序的问题,这比扩展特定模块或函数要复杂得多。另一个需要考虑的问题是可靠性,因为在同一进程下运行所有后端模块会使应用程序更容易受到内存泄漏和其他类型错误的影响。

面向服务的体系结构(SOA)通过将单个应用程序分解为一组自包含的服务来缓解这些问题,这些服务可以在很大程度上独立开发、更新和部署。微服务可以被视为 SOA 演进的一个步骤,其重点是使服务尽可能小和简单;虽然在实践中,这两个术语通常被用作同义词。

如果我们尝试分解原始的单块应用程序设计,最终可能会得到类似图 17.2 的结果:

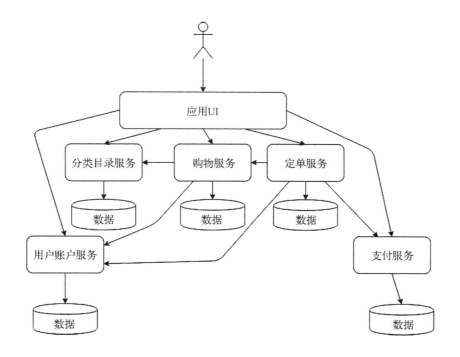

图 17.2　微服务架构

您可以看到,原来的模块被执行相同功能并使用某种网络协议(如 HTTP)相互通信的服务所取代。现在,可以或多或少独立地开发、更新和配置各个服务。它们还可以使用单独的数据库,这些数据库甚至可以由不同的 DBMS 管理。

尽管微服务缺乏严格的定义,但其所有实际实现都基于一组共同的原则:

- 在我们的电子商务应用程序示例中,每个微服务都专注于执行一些特定于领域的任务,例如管理商品目录或用户的购物车;
- 微服务使用一些定义良好的协议进行通信,这些协议有效地建立了它们的 API,常见的情况包括使用 HTTP 结合 XML 和 JSON 格式传输复杂数据以及基于 RPC(远程过程调用)的协议;
- 可以独立地对微服务进行版本控制、部署和更新;
- 微服务与语言和框架无关,这意味着,一般来说,您可以在任何您认为合适的编程语言中实现它们适合您的目的并使用您选择的任何开发框架,重要的是您的服务将用于与他人交互的通信协议。

这应该让您基本了解了什么是微服务体系结构,以及在什么情况下您可能希望在应用程序中使用它。稍后,我们将演示微服务编程在 Kotlin 语言上下文中的特点。它将为您自己调查更具体的技术堆栈和框架(如 Spring、Netflix 或 Ktor)提供基础。

介绍 Spring Boot

Spring 是最常用的 Java 框架之一,它为构建各种应用程序提供了丰富的工具集,主要关注 J2EE 平台。在本章中,我们将以 Spring Boot 项目为例,讨论如何使用功能强大的 Spring/Kotlin 组合来开发微服务。通常,Spring Boot 是一组实用程序,简化了各种 Spring 项目类型和框架配置的设置。同样,我们将从指导您完成创建 Spring Boot 微服务所需的基本步骤开始。

设置项目

启动 Spring 应用程序最简单的方法之一是使用一种称为 Spring Initializer 的特殊 Web 工具,根据所选的应用程序类型自动生成项目框架。要使用此工具,请在浏览器中打开 https://start.spring.io(请参阅图 17.3):

图 17.3 使用 Spring 初始值设定项生成新项目

此页面允许我们选择一组基本选项,以确定初始化器将生成的项目类型:

- 构建系统类型(Maven/Gradle),用于从源配置和构建项目;对于我们的示例,我们将使用 Gradle,因为它为您提供了一种更灵活、更简洁的方法来调整项目配置。
- 初始值设定项将用于生成示例源代码的新项目的主语言(在本例中为 Kotlin)。这也会影响项目配置,例如,使用 Kotlin 需要 Maven/Gradle 构建文件中的一些附加依赖项。
- 要使用的 Spring Boot 版本:在编写本书时,我们将选择 Spring 的最新版本,即 2.1.8。
- 项目组和工件 ID,用于定义工件发布的 Maven 坐标。

此外,您可以使用 Dependencies 字段指定一些要包含到项目中的常见包。因为我们的服务将使用 HTTP,所以我们需要 Web 支持。在字段中键入 Web,并在建议列表中选择 Spring Web 选项。

选择所有必要的选项后,单击生成项目按钮并下载包含初始值设定项创建的项目 ZIP 文件。要在 IntelliJ IDEA 中打开项目,需要执行以下操作:

1) 将归档文件解压缩到某个本地目录;
2) 从 Existing Source…menu 调用 File | New | Project 命令,并指定未打包项目根目录的路径以及构建系统类型(Gradle);
3) 等到 IDE 完成与 Gradle 构建模型的同步后,您将看到类似于图 17.4 中的项目结构。

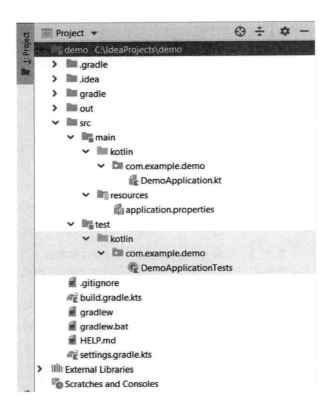

图 17.4　Spring Boot 示例项目的结构

类似的,在 Ktor 向导生成的项目中,build. gradle. kts 文件将包含项目依赖项的定义,记下. kts 扩展。这意味着构建文件是用 Kotlin 而不是 Groovy 编写的。因此,该脚本的语法与我们在 Ktor 和 Android 示例中看到的略有不同:

```
import org.jetbrains.kotlin.gradle.tasks.KotlinCompile

plugins {
    id("org.springframework.boot") version "2.1.7.RELEASE"
    id("io.spring.dependency- management") version "1.0.8.RELEASE"
    kotlin("jvm") version "1.3.41"
    kotlin("plugin.spring") version "1.3.41"
}
group =  "com.example"
version =  "0.0.1- SNAPSHOT"
java.sourceCompatibility =  JavaVersion.VERSION_1_8

repositories {
    mavenCentral()
```

```
}
dependencies {
    implementation("org.springframework.boot:spring- boot- starter- Web")
    implementation("com.fasterxml.jackson.module:jackson- module- kotlin")
    implementation("org.jetbrains.kotlin:kotlin- reflect")
    implementation("org.jetbrains.kotlin:kotlin- stdlib- jdk8")
    testImplementation(
        "org.springframework.boot:spring- boot- starter- test"
    )
}

tasks.withType<KotlinCompile> {
    kotlinOptions {
        freeCompilerArgs = listOf("- Xjsr305= strict")
        jvmTarget = "1.8"
    }
}
```

在继续之前,您可能需要进行一些调整,例如将 Kotlin 版本升级到较新的版本。就像任何其他 Gradle 项目一样,IDEA 将建议您在 build. gradle 文件构建中发生任何更改时重新同步项目模型(除非已打开自动导入,在这种情况下,同步会自动启动)。

应用 application. properties 文件包含影响 Spring 行为的各种属性(以简单的 key＝value)。默认情况下,它是空的,但稍后,我们将使用它更改服务将侦听的端口。

我们项目的入口点在 DemoApplication. kt 文件中定义,其中包含 DemoApplication 类的定义和将应用程序启动委托给框架的 main()函数:

```
package com.example.demo

import org.springframework.boot.autoconfigure.SpringBootApplication
import org.springframework.boot.runApplication

@ SpringBootApplication
class DemoApplication

fun main(args: Array<String> ) {
    runApplication<DemoApplication> (* args)
}
```

runApplication()函数的作用是:创建 DemoApplication 实例,并自动实例化和连接应用程序所需的所有服务。对于像我们这样具有默认配置的 Web 应用程序,它还启动一个捆绑的 Tomcat 服务器,该服务器将处理客户机请求,并将它们发送到 Spring 提供的

servlet。DemoApplication 实例将用作全局上下文,必要时可以将其注入其他应用程序组件。注意@SpringBootApplication 注释,这是一个方便的快捷方式,允许您将给定的类配置为 Spring 应用程序上下文。

应用程序启动后(您可以使用 IDEA 主菜单中的 Run 命令来执行此操作),我们可以使用 HTTP 客户端(如 Web 浏览器)访问它。由于我们的应用程序还不包含实际的请求处理代码,Spring servlet 将在我们发出的每个请求上使用一个标准错误页进行响应。图 17.5 显示了一个示例:

图 17.5 Spring 框架提供的默认响应页面

请注意,除非在 application. properties 文件中显式更改,否则 Spring 使用 8080 端口侦听客户端请求。

IDE 提示:有一些插件为 IntelliJ IDEA 添加了 Spring 支持,特别是允许生成各种 Spring 驱动的项目,类似于 Initializer 工具。但是请注意,这些插件在 IDEA 社区版中不可用。另一方面,IDEA Ultimate 将其打包。

在接下来的部分中,我们将使用此项目存根作为创建示例微服务的基础。但在开始实际编码之前,我们必须做的第一件事是定义我们的服务将做什么,以及它们将如何与客户通信。为了演示将微服务作为小型 Web 应用程序实现的常见实践,我们将使用 HTTP 作为示例通信协议的基础。

决定服务 API

在本章中,我们将向您介绍一个设计一对通信服务的简单示例。第一个服务类似于我们在第 16 章"使用 Ktor 进行 Web 开发"中演示的随机数生成器,但将有一个更正式的输入和输出,以 API 的形式使用。当收到带有表单 URL 的请求时:

```
/random/int/from/X/to/Y/quantity/N
```

它将生成一个由 X 到 Y(包括 X 和 Y)范围内的 N 个随机数组成的列表。结果将作为一个 JSON 对象和一对字段给出:

- status(状态):包含错误消息的字符串,如果成功完成,则为 null;
- values(值):生成的整数数组(状态表示错误时为空)。

可能出现错误状态的情况:

- X、Y 或 N 的非整数值;
- 非正 n;
- Y<X。

让我们举例说明给定 URL 的预期服务输出(表 17.1):

表 17.1　数字发生器输出示例

网址示例	服务响应
/random/int/from/10/to/20/quantity/5	{"status":null, "values":[16,17,18,17,12]}
/random/int/from/20/to/10/quantity/5	{"status":"Range may not be empty", "values":[]}
/random/int/from/10/to/20/quantity/−1	{"status":"Quantity must be positive", "values":[]}
/random/int/from/1X/to/20/quantity/5	{"status":"Range start must be an integer", "values":[]}

我们服务的另一个功能是生成浮点数。我们将使用以下形式的 URL：

```
/random/float/quantity/N
```

此 URL 将使服务生成 N 个介于 0 和 1(不包括 1)之间的双精度数字。

第二个服务将提供类似的 API 来生成随机密码，给定表单的 URL：

```
/password/length/L/quantity/N
```

它将生成 N 个字母数字字符串，每个字符串的长度为 L。密码生成器将使用相同的输出格式；唯一的区别是"值"字段将是字符串数组，而不是数字数组(表 17.2)。

表 17.2 密码生成器输出示例

网址示例	服务响应
/password/length/8/quantity/5	{"status":null, "values":["B0zDWtvG","JrSkXl7X", "oDwR7cp2","X8sRfzDW","nUcRXzn1"]}
/password/length/bbb/ quantity/5	{"status": "Length must be an integer", "values":[]}
/password/length/－1/ quantity/ccc	{"status": "Length must be positive", "values":[]}
/password/length/8/quantity/ －5	{"status": "Quantity must be positive","values":[]}

为了演示服务通信，我们将制作一个依赖于数字的密码生成器。当要求输入新密码时，它将首先调用数字生成器生成一系列随机索引，然后将这些索引转换为字符并连接在一起生成字符串。

现在已经清楚了我们的服务 API 的外观，我们可以开始实际的实现了。我们将从随机数生成器开始，因为它将被其他服务使用。

实现一个随机生成服务

让我们按照设置项目部分的步骤为我们的生成器服务设置一个新的 Spring Boot 项目。服务入口点将基本保持不变。在我们的示例中，重命名应用程序类和包就足够了：

```
package com.example.randomGen

import org.springframework.boot.autoconfigure.SpringBootApplication
import org.springframework.boot.runApplication

@ SpringBootApplication
class RandomGenerator

fun main(args: Array<String> ) {
    runApplication<RandomGenerator> (* args)
}
```

在编写服务本身的实际业务逻辑之前,我们需要定义一些类,这些类保存我们将以 JSON 形式传递的数据。由于我们的服务输入由在 URL 路径中传递的原语值组成,因此唯一的结构化数据是其输出。这正是 Kotlin 数据类的工作:

```
package com.example.randomGen

data class GeneratorResult<T> (
    val status: String?,
    val values: List<T>
)

fun <T> errorResult(status: String) =
    GeneratorResult<T> (status, emptyList())
fun <T> successResult(values: List<T> ) =
    GeneratorResult<T> (null, values)
```

这对实用函数 errorResult()和 successResult()将方便地简化服务代码中 GeneratorResult 的构造。

服务的核心逻辑在所谓的控制器类中实现,该类处理客户端请求的处理。要将给定的类转换为 Spring 控制器,只需使用@RestController 对其进行注释。Spring 将在组件扫描期间自动加载类并创建其实例。这里我们不会详细讨论扫描过程,但您可以在 Spring 框架文档中找到它们(例如,请参见@ComponentScan 注释)。

因此,控制器类的存根如下所示:

```
package com.example.randomGen

import org.springframework.Web.bind.annotation.*

@ RestController
class RandomGeneratorController
```

为了定义请求处理程序,我们使用特殊注释标记控制器的方法,这些注释将它们与特定的请求属性相关联。例如,@RequestMapping 注释允许您将方法绑定到具有特定 URL 的请求:

```
@ RequestMapping("/hello")
fun hello() = "Hello, World"
```

类似的,在 Ktor 中,可以使用 * 和参数名称等通配符来定义路径模板。在以下示例中,URL 路径的最后一部分自动绑定到用@PathVariable 注释标记的方法参数:

```
@ RequestMapping("/hello/{user}")
fun hello(@ PathVariable user: String) = "Hello, $ user"
```

方法参数名称可能与您在路径模板中使用的变量不同;在这种情况下,需要将 path 参数指定为@PathVariable 参数:

```
@ RequestMapping("/sum/{op1}/{op2}")
fun hello(
    @ PathVariable("op1") op1Str: String,
    @ PathVariable("op2") op2Str: String
): Any {
    val op1 = op1Str.toIntOrNull() ?: return "Invalid input"
    val op2 = op2Str.toIntOrNull() ?: return "Invalid input"
    return op1 + op2
}
```

除了 URL 路径之外,@RequestMapping 注释还允许您根据各种请求数据(如 HTTP 方法(GET、POST 等))、头的内容和请求参数来关联处理程序。类似的,可以使用@Path-Variable 的一些替代方法将方法参数绑定到请求参数(@RequestParam)、请求头(@Re-questHeader)、会话数据(@SessionAttributes)等。映射选项与 Ktor 的路由机制非常相似;虽然在 Ktor 的情况下,它被指定为一段普通的 Kotlin 代码,而不是注释形式中的一些元数据。在这里我们不会深入研究细节,但感兴趣的读者可以在 Spring 站点的 docs.spring. io. 上找到相关文档。

当控制器的多个方法共享一个公共路径前缀时,也可以方便地将@RequestMapping 添加到控制器类。在这种情况下,方法级注释中提到的路径是相对于类 1 定义的。例如,替代写:

```
@ RestController
```

```
class SampleController {
    @ RequestMapping("/say/hello/{user}")
    fun hello(@ PathVariable user: String) = "Hello, $ user"

    @ RequestMapping("/say/goodbye/{user}")
    fun goodbye(@ PathVariable user: String) = "Goodbye, $ user"
}
```

我们可以将 common/say 部分提取到 SampleConroller 的注释中：

```
@ RestController
@ RequestMapping("/say")
class RandomGeneratorController {
    @ RequestMapping("hello/{user}")
    fun hello(@ PathVariable user: String) = "Hello, $ user"

    @ RequestMapping("goodbye/{user}")
    fun goodbye(@ PathVariable user: String) = "Goodbye, $ user"
}
```

考虑到这一点，让我们实现控制器方法，该方法将根据我们的服务 API 处理/random/int
路径：

```
@ RequestMapping("/int/from/{from}/to/{to}/quantity/{quantity}")
fun genIntegers(
    @ PathVariable("from") fromStr: String,
    @ PathVariable("to") toStr: String,
    @ PathVariable("quantity") quantityStr: String
): GeneratorResult<Int> {
    val from = fromStr.toIntOrNull()
        ?: return errorResult("Range start must be an integer")
    val to = toStr.toIntOrNull()
        ?: return errorResult("Range end must be an integer")
    val quantity = quantityStr.toIntOrNull()
        ?: return errorResult("Quantity must be an integer")
    if (quantity <= 0) return errorResult("Quantity must be positive")
    if (from > to) return errorResult("Range may not be empty")
    val values = (1..quantity).map { Random.nextInt(from, to + 1) }
    return successResult(values)
}
```

可以以类似的方式处理与/random/float 路径相对应的浮点数。此服务的完整源文本可
在以下位置找到 https://github. com/asedunov/kotlin-in-depth/ch17/number-gen
-service。

如果我们启动应用程序并尝试通过浏览器访问服务,将得到预期的响应。您可以在图 17.6 中看到获取随机数列表的示例:

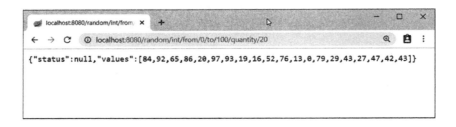

图 17.6　一个成功的响应示例

您还可以确保我们的服务能够正确处理客户端请求中的常见错误。例如,图 17.7 显示了请求 50 到 20 之间的数字时得到的结果:

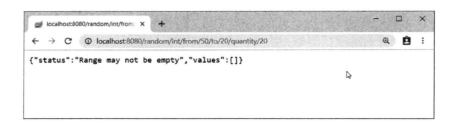

图 17.7　生成器响应错误

正如预期的那样,服务响应时会出现一个错误,指示指定的间隔为空,因为其上限小于下限。

实现一个密码生成器服务

现在,我们可以使用第一个作为起点轻松实现第二个密码生成服务。让我们创建一个类似的 Spring Boot 项目,将代码放入 com. example. passwordGen 包。

与随机数生成器的关键区别在于,第二个服务必须与第一个服务通信。Spring 提供了现成的 RestTemplate 类,它简化了向其他 Web 应用程序发出请求并检索其响应的过程。例如,代码:

```
val url = "http://localhost:8080/random/int/from/0/to/10/quantity/5"
val restTemplate = RestTemplate()
val result = restTemplate.getForObject(url, GeneratorResult::class.java)
```

```
as GeneratorResult<Int>
```

将返回一个结果,其中包含 0 到 10 之间的五个随机整数的列表。

现在让我们使用这个想法将数字转换为密码字符。以下是密码生成器控制器类的全文:

```
package com.example.passwordGen

import org.springframework.Web.bind.annotation.*
import org.springframework.Web.client.RestTemplate
private val chars = ('a'..'z') + ('A'..'Z') + ('0'..'9')

@ Suppress("unused")
@ RestController
@ RequestMapping("/password")
class PasswordGeneratorController {
    @ RequestMapping("/length/{length}/quantity/{quantity}")
    fun genPasswords(
        @ PathVariable("length") lengthStr: String,
        @ PathVariable("quantity") quantityStr: String
    ): GeneratorResult<String> {
        val length = lengthStr.toIntOrNull()
            ?: return errorResult("Length must be an integer")
        val quantity = quantityStr.toIntOrNull()
            ?: return errorResult("Quantity must be an integer")
        if (quantity <= 0) return errorResult("Quantity must be positive")
        val prefix = "http://localhost:8080/random/int"
        val url = "$ prefix/from/0/to/$ {chars.lastIndex}/quantity/$ length"
        val restTemplate = RestTemplate()
        val passwords = (1..quantity).map {
            val result = restTemplate.getForObject(
                url, GeneratorResult::class.java
            ) as GeneratorResult<Int>
            String(result.values.map { chars[it] }.toCharArray())
        }
        return successResult(passwords)
    }
}
```

请注意,密码生成器服务需要 GeneratorResult 类的定义来表示其自身的响应和数字生成器的响应。对于这样一个简单的例子,我们可以将这个定义复制到我们的第二个项目中。在具有多个类来表示请求/响应数据的更复杂场景中,可能值得使用一些代码共享。例如,我们可以设置一个多模块项目,其中包括服务和共享类的单独模块,或者将共享代码提取到一个单独的项目中,该项目的输出发布到某个工件库中,然后作为两个服务中的依赖项使用。

因为我们的两项服务都是作为独立应用程序运行的。它们必须监听不同的端口。因此，在运行密码生成器服务之前，请确保其端口与第一个端口不冲突。对于本例，我们将通过更改 application. properties 将其设置为 8081：

```
server.port= 8081
```

现在，我们可以启动第二个服务，并通过查询 localhost：8081/password/length/12/quantity/10 格式的 URL 来尝试利用其功能。在处理这样一个 URL 时，我们的密码服务将向随机数生成器发出多个请求，并使用其响应组成密码列表。图 17.8 显示了通过浏览器访问密码服务的示例结果：

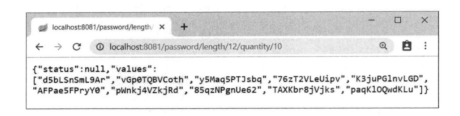

图 17.8　密码生成器响应示例

请注意，密码服务发出一系列请求，然后同步处理这些请求：

```
val passwords =  (1..quantity).map {
    val result =  restTemplate.getForObject(
        url,GeneratorResult::class.java
    ) as GeneratorResult<Int>
    String(result.values.map { chars[it] }.toCharArray())
}
```

换句话说，每次调用 getForObject()方法时，服务线程都会被阻塞，在获得所有预期响应之前，它无法执行任何有用的工作。当同时请求数量增加时，这可能会阻碍服务的可伸缩性，因此通常我们可能需要使用一些异步编程技术，如 Kotlin 协同路由库或 RxJava 或 Akka 等反应式框架。

正如我们将在下一节中看到的那样，使用 Ktor，这个问题在很大程度上得到了缓解，因为该框架已经构建在协同路由库之上，并通过挂起函数提供了对异步计算的现成支持。让我们看看使用 Ktor 工具实现密码生成器服务时的样子。

微服务与 Ktor

在前一章中,我们向您介绍了 Ktor 框架,它简化了连接的客户机/服务器应用程序的开发。在剩下的部分,我们将通过向您展示如何使用 Ktor 轻松实现微服务来扩展我们的知识。

本节由两部分组成。在第一个部分中,我们将介绍另一个 Ktor 特性,它处理客户端和服务器端基于 JSON 的对象序列化。此功能允许您在发送时自动将 Kotlin 对象转换为相应的 JSON 描述,并在接收时从 JSON 恢复它们,类似于 Spring 框架在我们前面的示例中所做的。在第二部分中,我们将使用 Ktor API 重新实现密码生成器服务。这将允许您将 Ktor 功能与 Spring 对应的功能进行比较(例如,路由 DSL 与请求映射注释),还可以演示由不同框架支持的微服务如何能够无缝地相互通信。

使用的 JSON 序列化功能

在前一章中,我们看到了使用 Ktor 的 respondText() 函数发送纯文本响应的示例。虽然我们可以使用它来编写 JSON,但 Ktor 通过 ContentNegotiation 特性提供了一个更简单的解决方案,它允许您配置转换器来序列化任意对象。通常,要将其用于特定的 MIME 类型,需要注册处理发送/接收操作的 ContentConverter 接口的相应实现。Ktor 提供了对三种基本序列化机制的现成支持:

- 杰克逊图书馆(https://github.com/FasterXML/jackson);
- google—gson 库(https://github.com/google/gson);
- kotlinx.serialization(https://github.com/Kotlin/kotlinx.serialization)。

在我们的示例中,我们将使用基于 Jackson 的实现。因为相应的转换器属于单独的 io.ktor:ktor—jacksonartifact,确保在 build.gradle 文件中包含必要的依赖项:

```
compile "io.ktor:ktor- jackson:$ ktor_version"
```

之后,可以使用 ContentNegotiation 安装块配置 JSON 序列化:

```
fun Application.module() {
    ...
    install(ContentNegotiation) {
        jackson()
```

```
    }
    ...
}
```

前面的 jackson() 函数将 JacksonConverter 与应用程序/json 内容类型关联，并设置输出格式的默认行为。序列化包括请求和响应数据。例如，我们可以将一些对象发送到响应中，它们会自动转换为 JSON 文本格式：

```
call.respond(successResult(listOf("12345678")))
```

类似的，我们可以反序列化通过客户端请求接收的 JSON 对象，将其转换为普通的 Kotlin 对象：

```
data class PasswordSpec(val length: Int, val quantity: Int)
...
val spec = call.receive<PasswordSpec>()
```

但是，在我们的例子中，在发出相应的请求后，我们将从另一个服务接收 JSON 数据作为响应，我们还必须为 HttpClient 实例配置序列化。Ktor 还支持客户机应用程序的相同三种序列化器实现。我们只需要将各自的依赖项添加到服务 build.gradle. 中：

```
compile "io.ktor:ktor- client- json:$ ktor_version"

compile "io.ktor:ktor- client- jackson:$ ktor_version"
```

为了在客户端启用序列化，我们随后安装 JsonFeature：

```
val client = HttpClient(Apache) {
    ...
    install(JsonFeature)
    ...
}
```

默认情况下，将根据包含的工件自动选择特定的序列化程序实现。必要时，我们还可以通过将 JsonSerializer 的实例分配给 serializer 属性来显式指定它：

```
val client = HttpClient(Apache) {
    ...
    install(JsonFeature) {
        serializer = JacksonSerializer()
    }
    ...
```

```
    }
```

配置了 JsonFeature 后,我们可以使用 get()函数从 HTTP 响应中自动读取对象:

```
val url = "http://localhost:8080/random/int/from/0/to/10/quantity/5"
val result = client.get< GeneratorResult<Int> > (url)
```

现在我们有了可以使用的自动序列化,让我们看看如何将其与其他 Ktor 特性一起用于实际的微服务实现。

实现一个密码生成器服务

为了演示 Ktor 和 Spring 方法之间的差异,我们将重新实现密码生成器服务。预期大多数代码将保持不变,因为两个实现将遵循相同的业务逻辑。

要访问我们的第一个服务,我们将使用 HttpClient 而不是 RestTemplate:

```
val prefix = "http://localhost:8080/random/int"
val url = "$ prefix/from/0/to/$ {chars.lastIndex}/quantity/$ length"
val passwords = (1..quantity).map {
    val result = client.get< GeneratorResult<Int> > (url)
    String(result.values.map { chars[it] }.toCharArray())
}
```

请注意,与基于 Spring 的示例不同,此代码是异步的;HttpClient. get()是在 Ktor 提供的协同例程上下文中调用的挂起函数。因此,服务线程不会被阻塞,我们的服务器可以在等待随机数生成器的响应时处理进一步的请求。

Ktor 路由 DSL 将取代基于 Spring 的@RestController/@RequestMapping 注释的请求调度:

```
route("/password") {
    get("/length/{length}/quantity/{quantity}") { ... }
}
```

如您所见,路径语法基本相同,但使用 DSL 可以在很大程度上消除样板代码。

要放置 Ktor 版本的密码生成器,请参阅服务器应用程序模块的全文:

```
package com.example
import com.fasterxml.jackson.databind.SerializationFeature
```

```kotlin
import io.ktor.application.*
import io.ktor.client.HttpClient
import io.ktor.client.engine.apache.Apache
import io.ktor.client.features.json.*
import io.ktor.client.request.get
import io.ktor.features.ContentNegotiation
import io.ktor.jackson.jackson
import io.ktor.response.respond
import io.ktor.routing.*

fun main(args: Array<String> ): Unit =
    io.ktor.server.netty.EngineMain.main(args)

private val chars = ('a'..'z') + ('A'..'Z') + ('0'..'9')

@ Suppress("unused")                    // Referenced in application.conf
fun Application.module() {
    install(ContentNegotiation) {
        jackson {
            enable(SerializationFeature.INDENT_OUTPUT)
        }
    }

    val client = HttpClient(Apache) {
        install(JsonFeature) {
            serializer = JacksonSerializer()
        }
    }

    suspend fun ApplicationCall.genPasswords(): GeneratorResult<String> {
        val length = parameters["length"]?.toIntOrNull()
            ?: return errorResult("Length must be an integer")
        val quantity = parameters["quantity"]?.toIntOrNull()
            ?: return errorResult("Quantity must be an integer")
        if (quantity <= 0) return errorResult("Quantity must be positive")
        val prefix = "http://localhost:8080/random/int"
        val url = "$ prefix/from/0/to/$ {chars.lastIndex}/quantity/$ length"
        val passwords = (1..quantity).map {
            val result = client.get< GeneratorResult<Int> > (url)
            String(result.values.map { chars[it] }.toCharArray())
        }
        return successResult(passwords)
    }

    routing {
        route("/password") {
            get("/length/{length}/quantity/{quantity}") {
                call.respond(call.genPasswords())
```

```
            }
         }
      }
   }
```

由于我们最初的 Spring Boot 实现是监听端口 8081，因此我们需要通过调整其 application. conf 文件对 Ktor 版本进行必要的更改：

```
ktor {
  deployment {
       port =  8081
       port =  $ {? PORT}}
  }
  application {
    modules = [ com.example.ApplicationKt.module ]
  }
}
```

现在，如果您同时启动数字和密码生成器服务，并在 localhost：8081/password/length/ 12/quantity/10 打开浏览器，您将看到与图 17.8 所示非常相似的结果（尽管密码列表不同）。请注意，尽管数字生成器基于 Spring，但密码生成器现在使用 Ktor；这两个服务都可以轻松地进行通信，而不考虑它们的实现差异。

结论

在本章中，我们基本了解了如何使用 Spring 或 Ktor 框架在 Kotlin 中实现基于微服务的应用程序。我们解释了微服务体系结构的关键思想，引导您完成了一个简单 Spring Boot 项目的设置步骤，并讨论了 Spring REST 控制器和模板在微服务实现中的使用。除此之外，我们还描述了如何在 Ktor 中配置和使用 JSON 序列化，这一特性对于提供某种形式化 API 的 Web 应用程序尤其有用。从这些基础知识开始，您现在可以通过参考其他资源来完善您的知识。我们建议您从 spring. io（https：//spring. io/guides）以及我们在上一章中提到的 Ktor 样本 https：//ktor. io/samples 开始学习指南。

问题

1. 解释微服务模型的基本原理。

2. 描述设置 Spring Boot 项目的基本步骤。

3. 什么是 Spring 控制器类？解释如何将请求数据映射到控制器的方法。

4. 比较 Spring 请求映射和 Ktor 路由。

5. 如何在 Ktor 中配置 JSON 序列化？

6. 给出一个使用 Spring Boot 和 Ktor 实现微服务的示例。